건축물의 화재안전진단 및 보수 · 보강지침

Recommendations for Diagnosis and Repair Methods of Fire-damaged Buildings

일본건축학회 저

(사)한국시설물안전진단협회 번역출판위원회 역

2021

사단법인 한국시설물안전진단협회

建物の火害診断および補修・補強方法

指針・同解説

Recommendations for
Diagnosis and Repair Methods of Fire-Damaged
Buildings

■ 本書のご利用にあたって

本書は，作成時点での最新の学術的知見をもとに，技術者の判断に資する技術の考え方や可能性を示したものであり，法令等の補完や根拠を示すものではありません．また，本書の数値は推奨値であり，それを満足しないことが直ちに建築物の安全性を脅かすものでもありません．ご利用に際しては，本書が最新版であることをご確認ください．本会は，本書に起因する損害に対しては一切の責任を有しません．

一般社団法人 日本建築学会

■ 본서의 이용에 대하여

본서는 작성시점에서 최신의 학술적 지식을 토대로 기술자의 판단에 유용한 방안이나 가능성을 나타낸 것으로, 법령 등의 보완이나 근거를 나타내는 것은 아닙니다. 또한 본서의 수치는 권장치로서 그것을 만족하지 못하는 것이 바로 건축물의 안전성을 위협하는 것은 아닙니다. 이용 시에는 본서가 최신판인 것은 확인하여 주시기 바랍니다. 본회는 본서에 기인하는 손해에 대해서는 일체의 책임을 지지 않습니다.

일반사단법인 일본건축학회

[총괄번역 및 검토자]

권영진 / 호서대 안전소방학부 교수

[번역 및 검토자]

김정희 / ㈜PNR시스템
이재영 / 동의대학교
류동우 / 대진대학교
김성배 / (주)더나은구조엔지니어링
윤웅기 / 동경이과대학
서동구 / 한국건설기술연구원
구인혁 / 호서대학교
이성찬 / (주)리스크테크
김봉찬 / 요코하마 국립대학

[번역 출판 위원회]

[위원장]

박철 / ㈜다음기술단 대표이사

[위원]

음성우 / ㈜성우구조안전기술 대표이사
나경준 / 대한민국상이군경회 소장
신종현 / ㈜테라이엔씨 대표이사
안치호 / ㈜ 홍익기술난 연구원상
정석봉 / ㈜ 한림구조엔지니어링 대표이사
나도식 / ㈜크로스구조연구소 대표이사
우종열 / ㈜힐엔지니어링 대표이사
설민영 / ㈜세종종합기술공사 대표이사
정웅원 / ㈜선진이엔씨 대표이사

철근 콘크리트조의 화해 상황

▲ 사진1 표면의 균열
(해설사진 3.3.6)

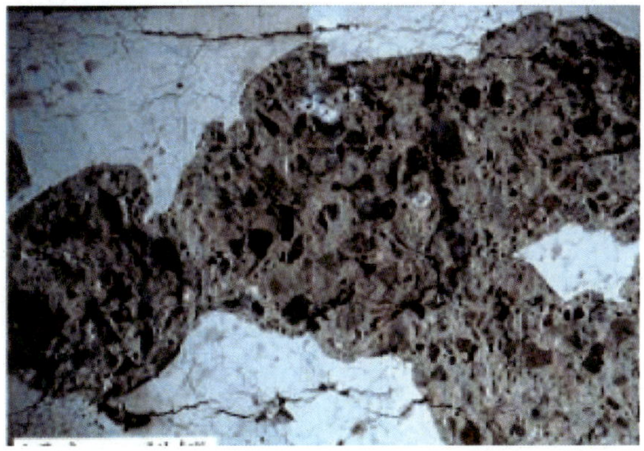

▲ 사진2 피복의 결손
(해설사진 3.3.7)

▲ 사진3 바닥 하부면의 폭열
(해설사진 3.3.8)

▲ 사진4 보 코너부의 폭열
(해설사진 3.3.9)

수열없음　　600℃ 수열　　800℃ 수열

▲ 사진5 콘크리트의 변색상황과 수열온도와의 관계 예
(해설사진 3.3.10)

설계기준강도 30N/㎟ 상당의 보통콘크리트. 시멘트는 보통포틀랜드시멘트, 잔골재는 육지모래, 굵은 골재는 경질사암 쇄석을 사용. 재령 10년이 넘은 시료를 머플로에서 가열하였다.

▲ 사진6 화재실의 상황(1)
(해설사진 3.3.11)

벽 상부에는 그을음의 소실, 콘크리트의 변색 · 미세균열 · 박락이 확인된다.

▲ 사진7 화재실의 상황(2)
(해설사진 3.3.12)

오른쪽 벽에는 그을음이 남아 있지만, 기둥, 보 및 왼쪽 벽에는 그을음의 소실, 콘크리트의 변색, 미세균열, 박락이 확인된다.

▲ 사진8 화재실의 상황(3)
(해설사진 3.3.13)

천장 데크플레이트가 콘크리트보다 박리, 철골 작은 보는 변형, 벽 상부에는 그을음의 소실, 콘크리트의 변색, 미세균열, 박락이 확인된다.

W/C (%)	가열없음	냉각방법							
		방수없음				방수있음			
		300℃	500℃	750℃	950℃	300℃	500℃	750℃	950℃
63									
50									
38									

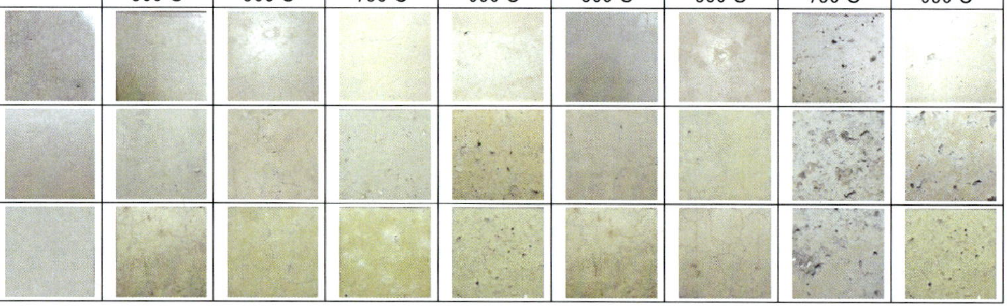

▲ 사진9 콘크리트의 변색상황
(부록 표 6.5.1)

물시멘트비 3종류의 보통콘크리트. 강도는 29.7N/mm^2(W/C:63%), 35.5N/mm^2(W/C:50%), 54.2N/mm^2(W/C:38%).
시멘트는 보통포틀랜드시멘트, 잔골재는 해사 · 쇄사 혼합(혼합비7:3), 굵은 골재는 경질사암계 쇄석을 사용. 재령 약 90일의 시료를 가스로에서 가열했다. 방수가 있는 경우는 가열후 3분간 방수했다.

강구조의 화해상황

▲ 사진10 강구조 기둥의 전체좌굴
(해설사진 4.3.1)

▲ 사진11 강구조트러스 하현재의 전체좌굴
(해설사진 4.3.2)

▲ 사진12 강구조 트러스의 전체좌굴(1)
(해설사진 4.3.3)

▲ 사진13 강구조 트러스의 전체좌굴(2)
(해설사진 4.3.4)

▲ 사진14 강구조 보 플랜지의 국부좌굴
(해설사진 4.3.5)

▲ 사진15 강구조 보의 비틀림 변형
(해설사진 4.3.6)

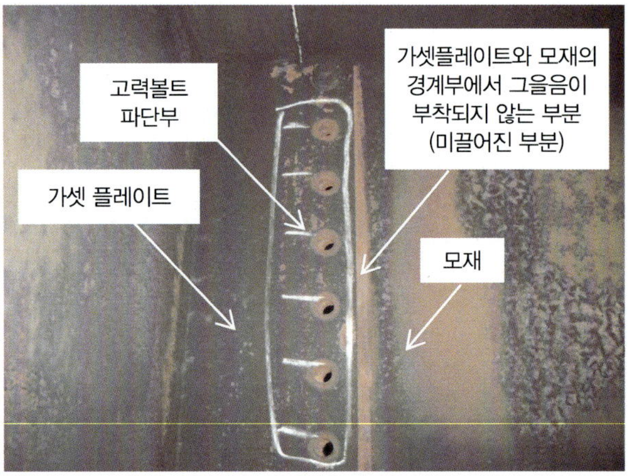

▲ 사진16 고력볼트의 파단 · 접합부의 미끄럼이 보인 보–보 접합부 (해설사진 4.3.7)

▲ 사진17 바닥슬래브의 화재 후 잔류처짐 (해설사진 4.3.8)

▲ 사진18 Flat deck plate의 변형 (해설사진 4.3.9)

▲ 사진19 요철이 있는 Deck plate의 변형(해설사진 4.3.10)

▲ 사진20 마감재가 잔존하는 강구조 기둥의 예 (해설사진 4.5.1)

▲ 사진 21 내화피복 제거 후의 강구조 보의 변형

▲ 사진 22 철골골조의 잔류변형
(해설사진 4.5.3)

▲ 사진 23 격자재 및 하현재의 보강예
(해설사진 4.6.1)

▲ 사진 24 하현재의 보강예
(해설사진 4.6.2)

마감재료의 열화상황과 추정수열온도의 관계

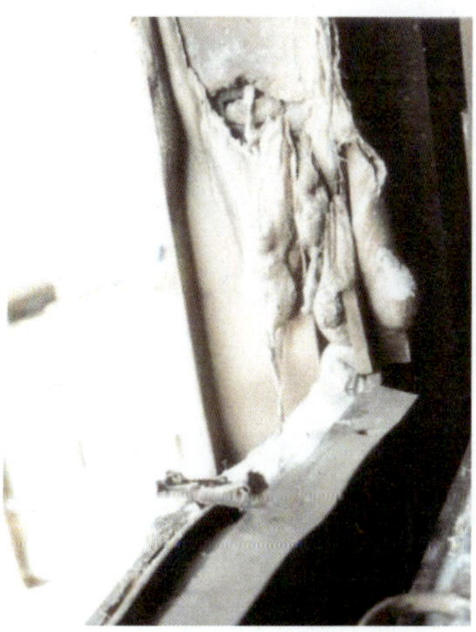

▲ 사진 25 알루미늄 창호의 용융(약 650℃ 이상)
(해설사진3.3.14)

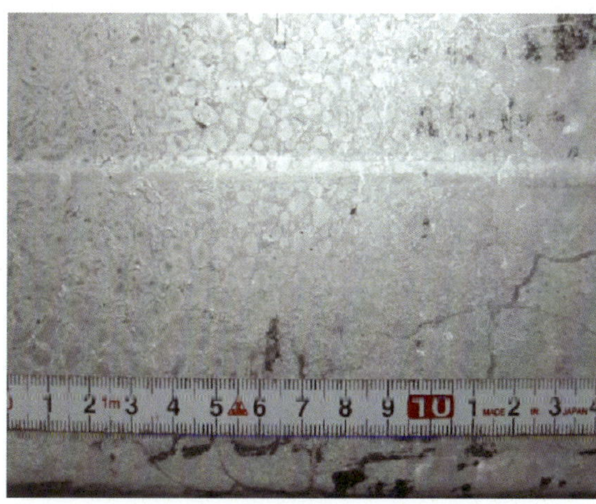

▲ 사진 26 아연 도금의 용융(약 400℃)
(해설사진 3.3.15)

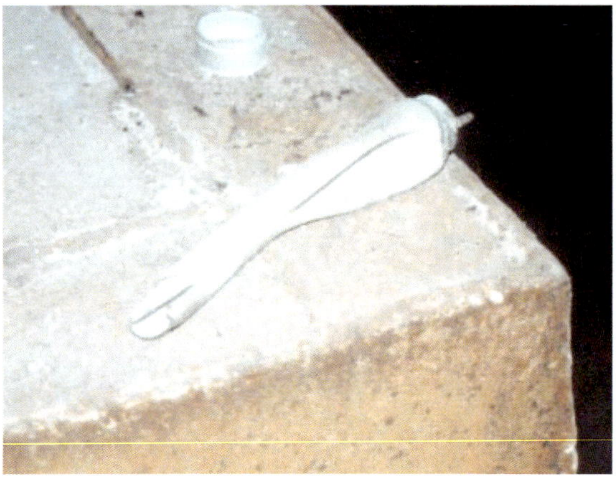

▲ 사진 27 형광등의 용융(약 750℃)
(해설사진 3.3.16)

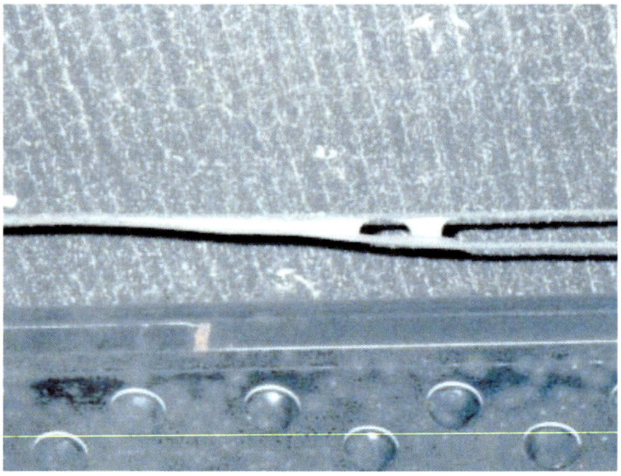

▲ 사진 28 비닐류의 용융 · 연화(약 50~100℃)
(해설사진 3.3.17)

▲ 사진 29 아크릴 류의 연화(약 60~95℃)
(해설사진 3.3.18)

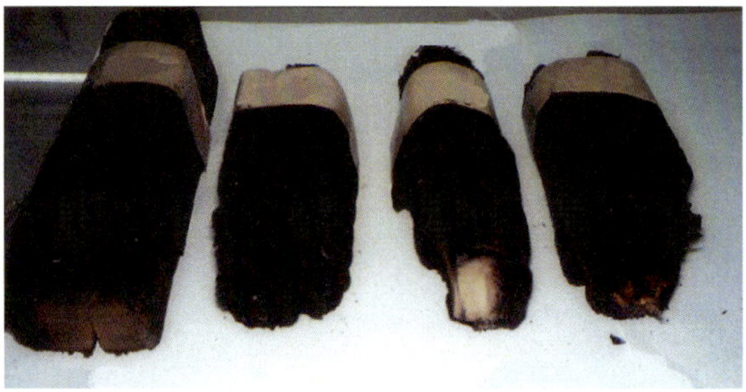

▲ 사진 30 목재의 탄화상태
(해설사진 3.3.1)

▲ 사진 31 녹방지도료의 건전한 부분(약 300℃미만)
(해설사진 4.3.14)

▲ 사진 32 마감도료의 균열 · 박리(약 100~300℃)
(해설사진 4.3.15)

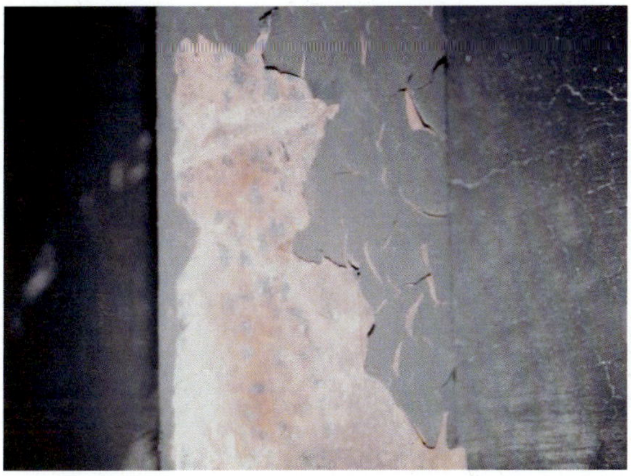

▲ 사진 33 마감도료의 흑변, 박리(약 300~600℃)
(해설사진 4.3.16)

▲ 사진34 녹방지 도료의 백아화(1)(350℃ 이상)
(해설사진 4.3.17)

▲ 사진 35 녹 방지 도료의 백아화 (2)
(해설사진 4.3.18)

▲ 사진36 녹 방지 도료의 백아화(3)
(해설사진 4.3.19)

▲ 사진 37 녹 방지 도료의 변색 (약 300~600℃)
(해설사진 4.3.20)

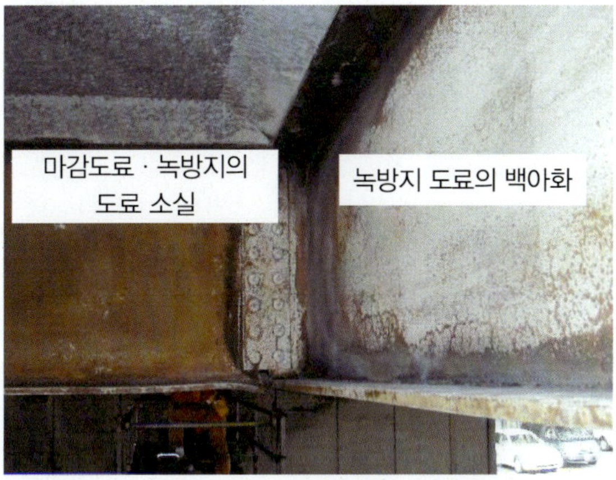

▲ 사진 38 마감도료 · 녹방지 도료 소실 (약 600℃ 이상)
(해설사진 4.3.21)

▲ 그림사진 39 알루미늄 창틀의 용융(약 650℃ 이상)
(해설사진 4.3.22)

▲ 그림사진 40 판유리의 용융 (약 850℃ 이상)
(해설사진 4.3.23)

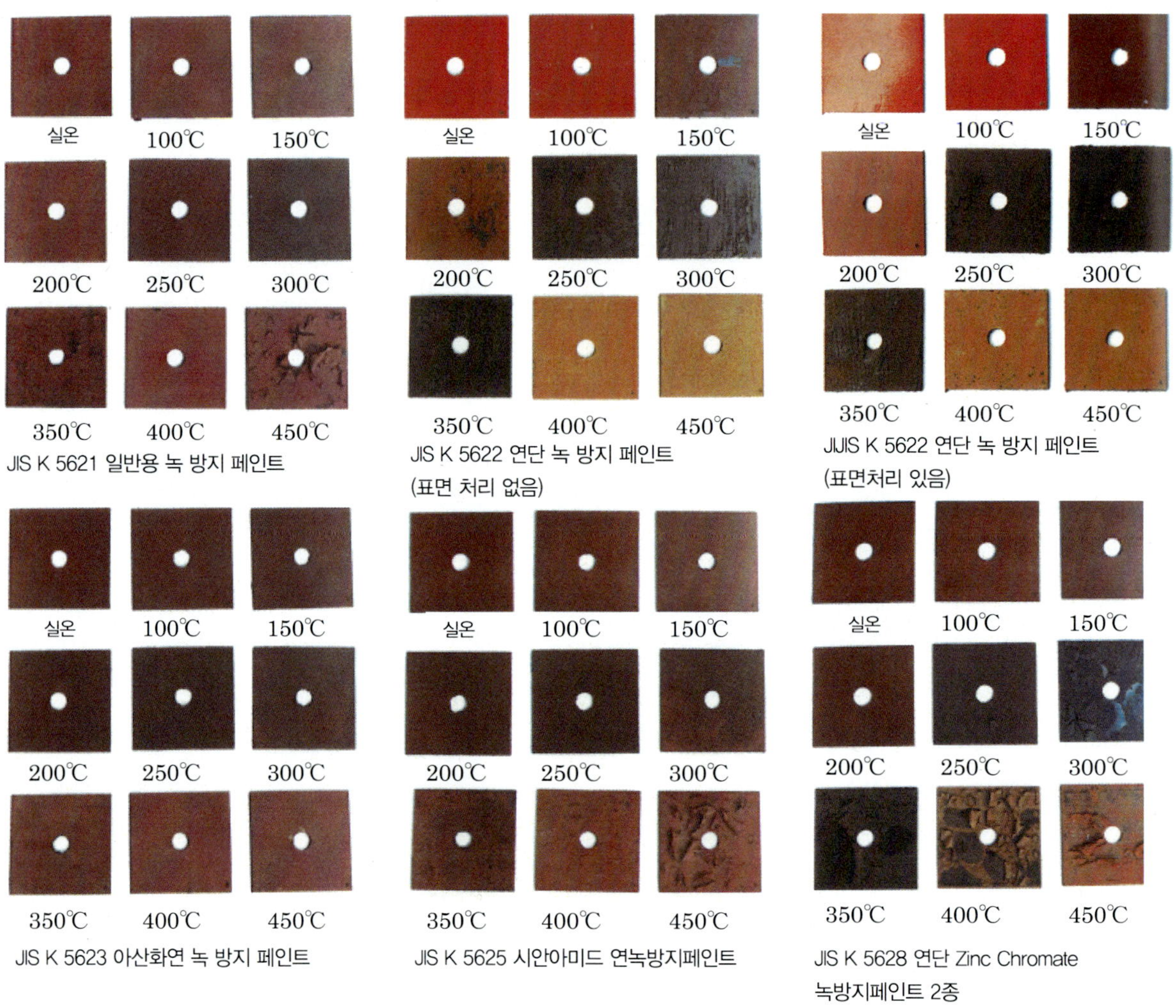

▲ 사진 41 가열 후 각종 녹방지도료의 상황
(해설그림 4.3.3)

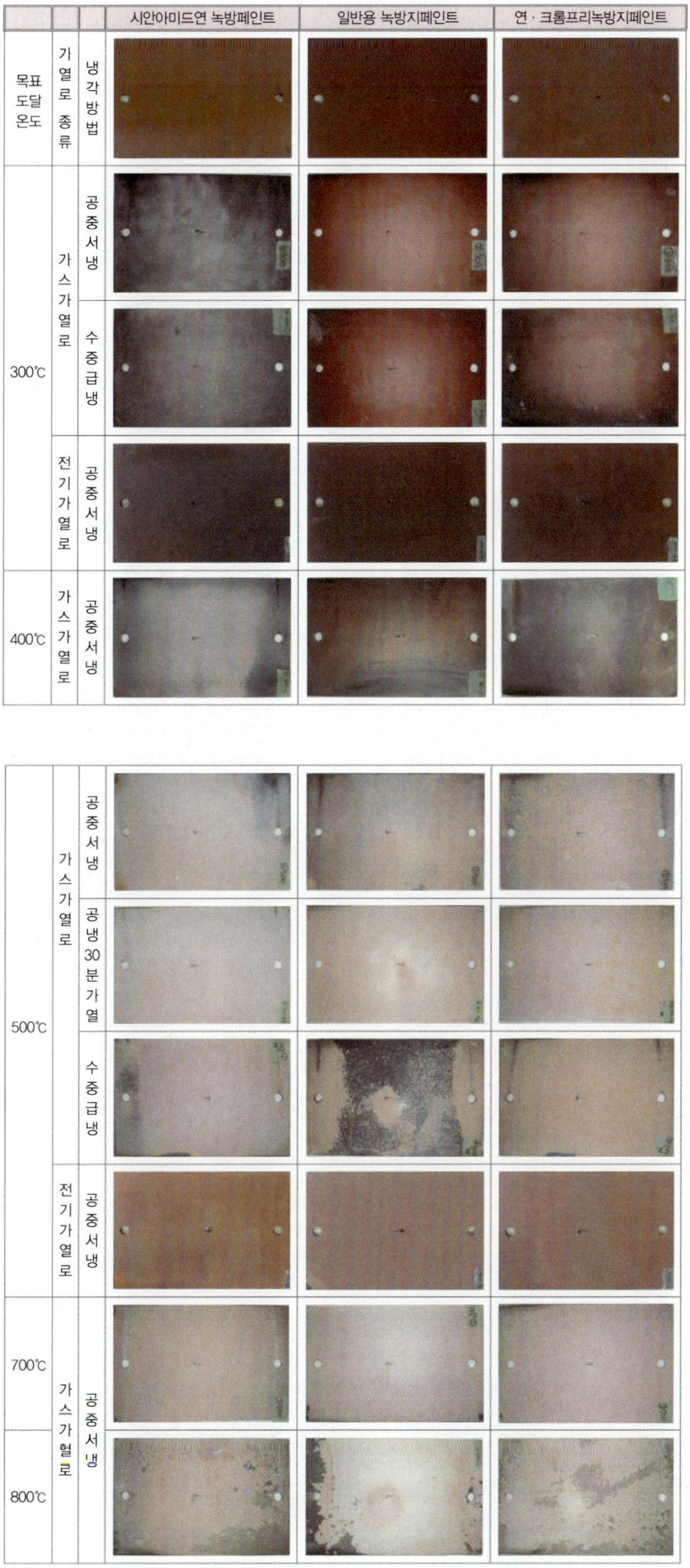

▲ 사진 42 가열 후 각종 녹방지도료의 상황
(해설그림 4.3.4)

(시안아미드 연녹방지도료, 일반용 녹방지도료, 연크롬프리 녹방지도료)

화재조사 실시 예(부록-8.1)

조사건물 전경 (부록사진 8.1.1)

조사대상실 전경 (부록사진 8.1.2)

벽2, 보2 (부록사진8.1.5)

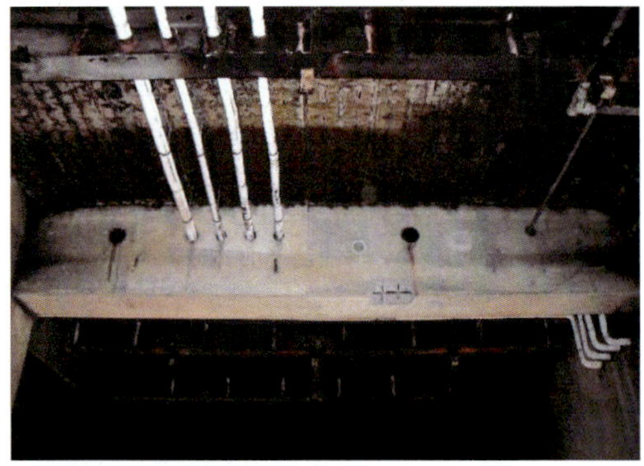

보4 (서면) (부록사진8.1.13)

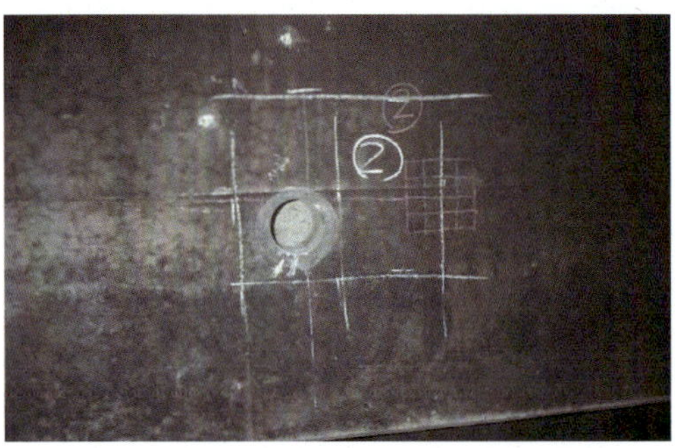

콘크리트 코어 채취 상황 (화해부) (부록사진 8.1.17)

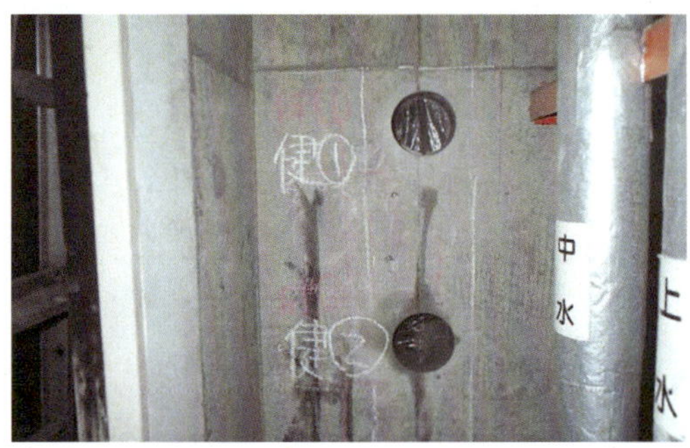

콘크리트 코어 채취 상황(건전부) (부록사진 8.1.19)

채취한 콘크리트 코어 (화해부) (부록사진 8.1.20)

중성화 시험 후 코어 (화해부) (부록사진 8.1.21)
주) 화살표부의 콘크리트 표면에 균열있음.

▲ 사진 43 화해조사 실시 예: 건물 피해상황 및 화해조사 실시상황

반발도 측정상황(부록사진 8.1.28)

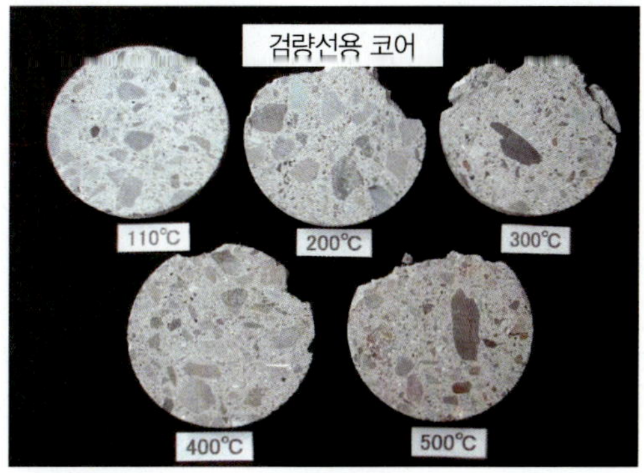

검량선용 콘크리트 코어의 외관 (부록사진 8.1.29)

▲ 사진 44 화해조사 실시예: 화해조사 실시상황

화해보수 실시예 (부록-8.2)

워터젯 치핑 상황 (벽C면) (부록사진 8.2.1)

치핑 후 세정 (벽C면) (부록사진 8.2.3)

와이어 메쉬 부착상황 (보B면) (부록사진 8.2.5)

흡수조정재 산포 상황 (벽C면) (부록사진 8.2.6)

무수축 모르타르 타설 상황 (보E면) (부록사진 8.2.11)

무수축 모르타르 충전공사 완료 (벽C면) (부록사진 8.2.13)

▲ 사진 45 화재 보수 실시 예(벽, 보)

슬래브 콘크리트 해체 상황 (부록사진 8.2.16)

슬래브 콘크리트 해체 완료 (부록사진 8.2.17)

데크 플레이트 설치 (부록사진 8.2.19)

슬래브 배근 (부록사진 8.2.20)

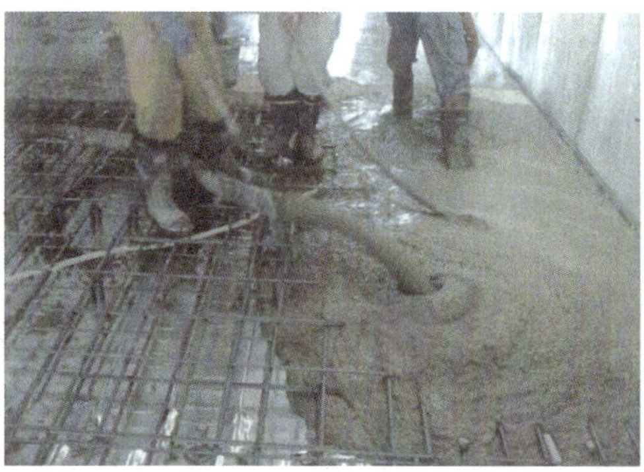

콘크리트 타설 (부록사진 8.2.21)

철골 보 녹방지도장 완료 (부록사진 8.2.22)

▲ 사진 46 화해보수 실시 예 (바닥)

화재보수실시 예 (부록 8.3)

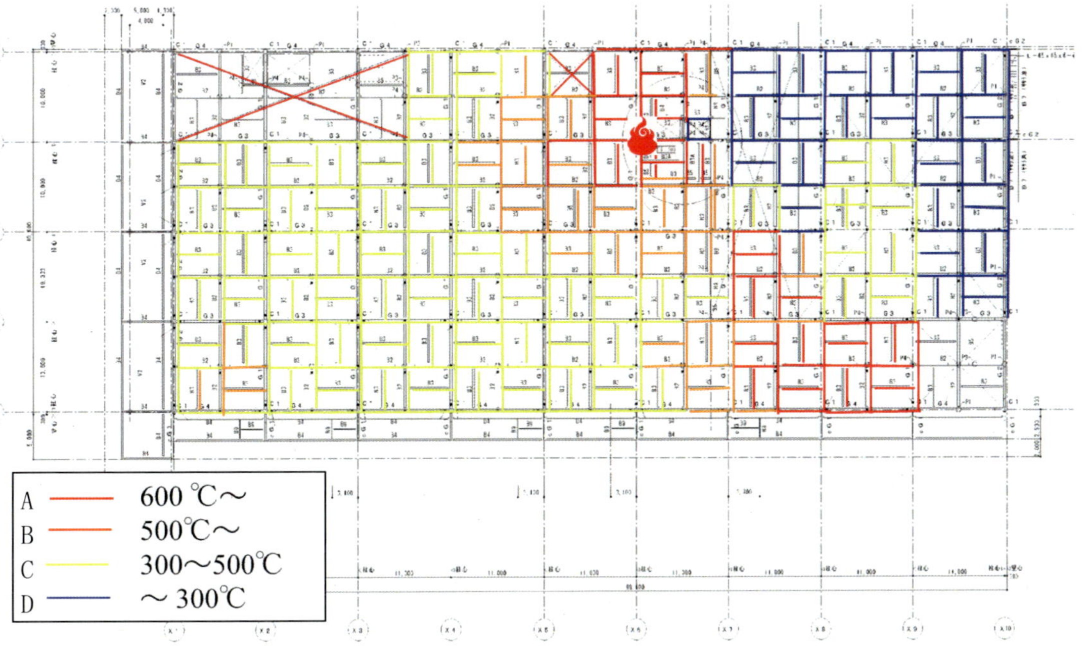

▲ 그림 1 부재의 수열온도 추정 결과 (부록 그림 8.3.3)

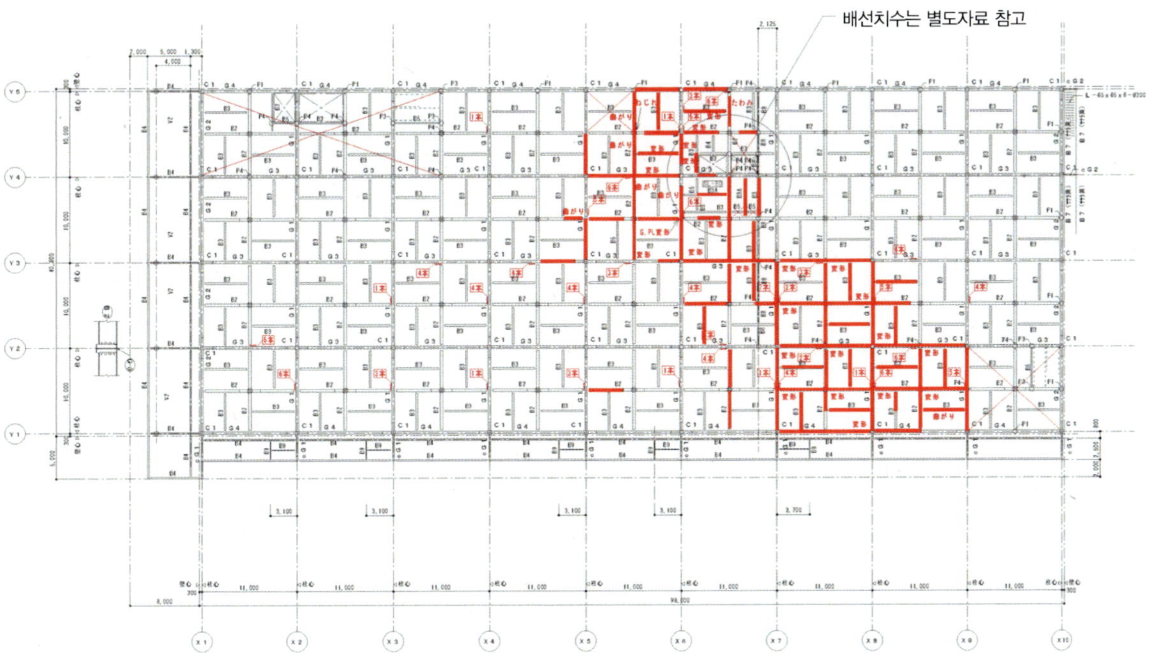

▲ 그림 2 육안으로 변형이 확인된 보 (부록 그림 8.3.4)

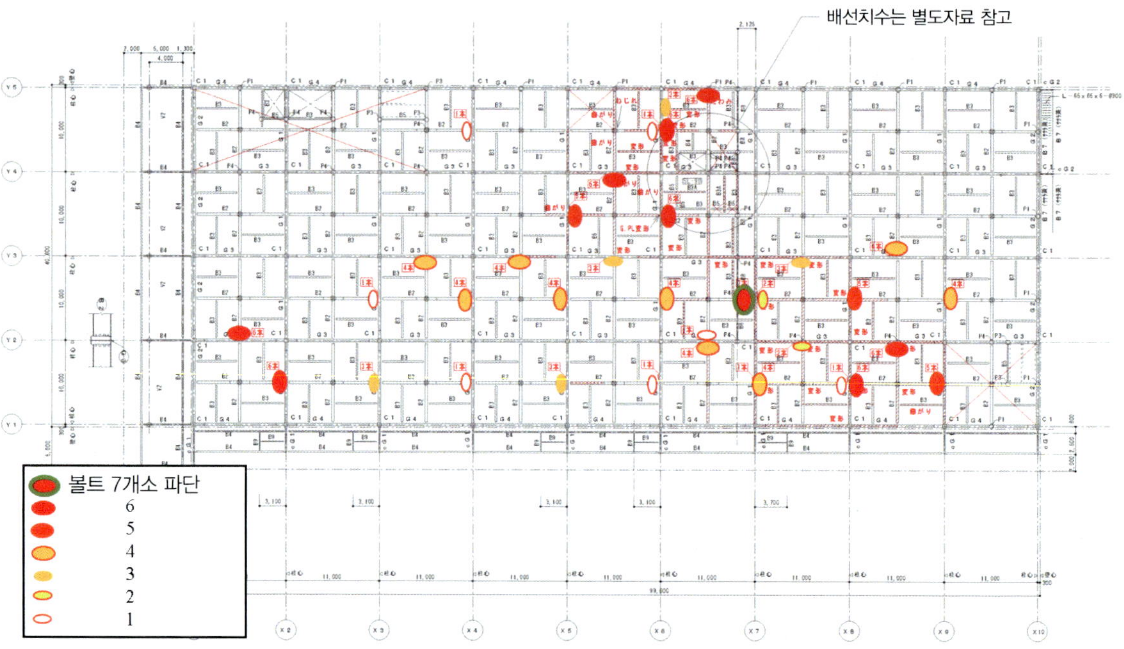

▲ 그림 3 고력 볼트의 파단 개소 및 수량(부록 그림 8.3.5)

▲ 사진 47 보의 변형(국부좌굴) (부록 사진 8.3.1)

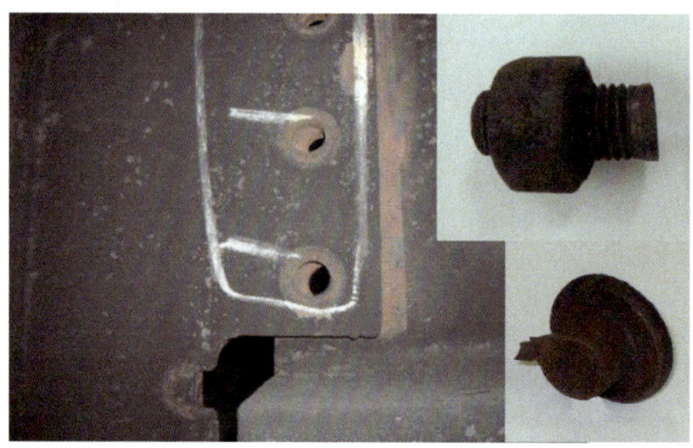

▲ 사진 48 고력 볼트의 파단된 보
보 접합부 및 파단된 볼트(부록 8.3.2)

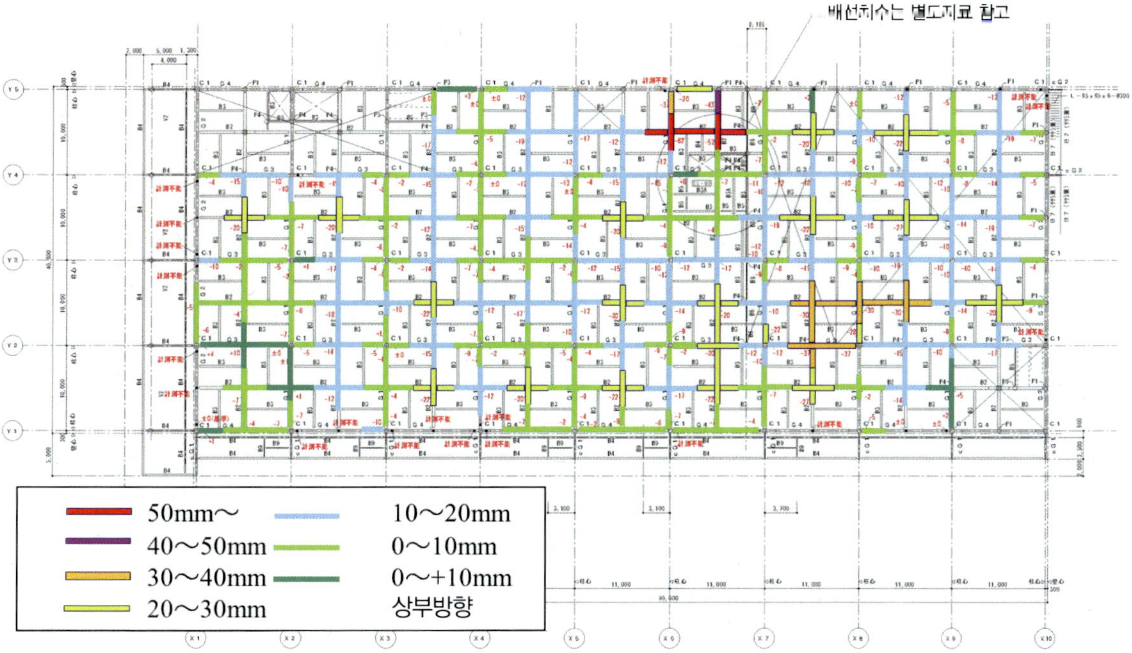

▲ 그림 4 보의 처짐량 측정결과 (부록그림 8.3.7)

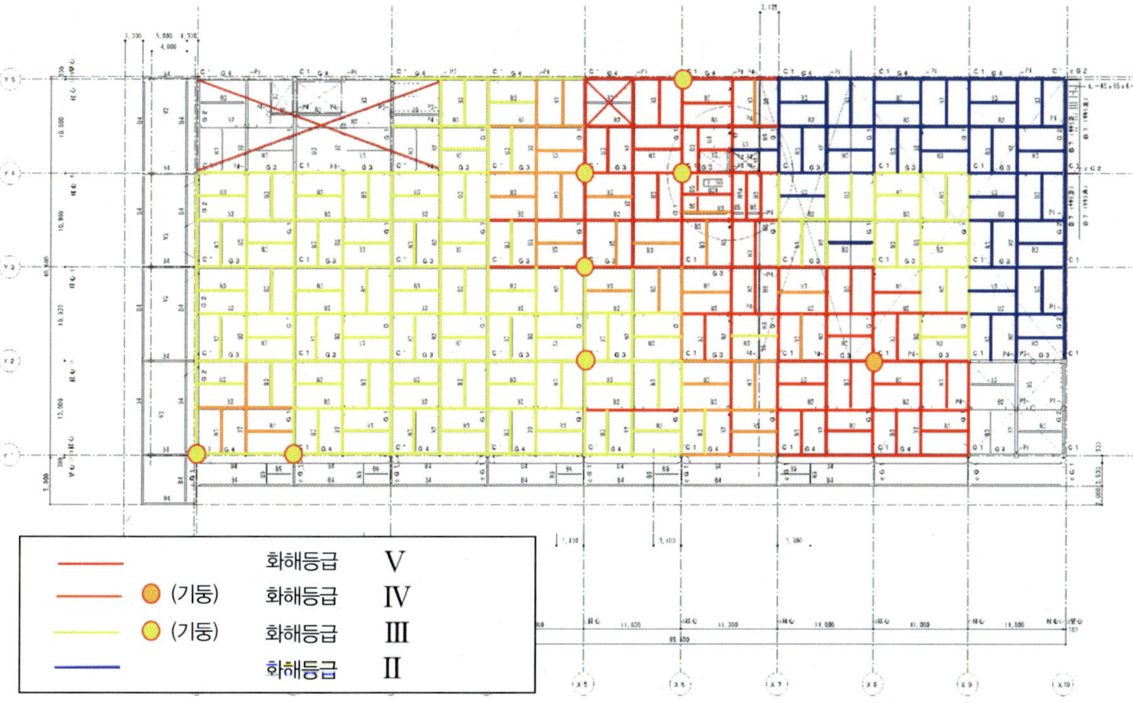

▲ 그림 5 추정된 화해 등급 목록 (부록그림 8.3.10)

대형 화재 피해 사례

(1) 화재건물 전경

(2) 화재 후 건물 상부

(3) 주두가 좌굴된 하층계 외주골조의 철골기둥

(4) 철골 기둥의 주두 좌굴

▲ 사진 49 RC 센터코어, 외주부 철골기둥 건물의 화재사례(스페인, 마드리드시 윈저빌딩, 2005)

▲ 사진 50 동일본대지진에서의 쓰나미 화재로 인한 RC조 건물 피해 사례(2011)

발간사

우리나라는 건설분야의 눈부신 발전에도 불구하고 1971년의 대연각호텔 화재사고, 2003년의 대구지하철 화재사고 등과 최근에 일어난 울산주상복합건물 화재사고는 귀중한 인명손실은 물론 국가적으로 불명예와 큰 손실을 가져왔습니다. 이러한 대형화재가 빈번히 일어나고 이에 따른 내화설계, 소방시설, 방역 · 배연기준 등이 하나하나 법제화 되어가고 있으나 화해(火害)를 조사, 진단하고 평가하여 보수 · 보강하는 진단분야는 아직 이렇다할 기술과 기준이 축적되고 정립되어 있지 않는 실정입니다.

이에, 우리 협회는 일본건축학회에서 최근에 발간한「건물의 화해진단 및 보수보강지침 · 동해설」과「구조재료의 내화성 가이드북」을 번역 편찬하여 화재 안전진단에 대한 학술적 기반과 방향을 제시하고자 합니다.

건축물의 화재진단은 강재와 콘크리트 외에 다양한 재료로 만들어져 있고 복잡한 구조, 외장재 등으로 구성되어 화재를 입은 부재의 보다 체계적인 조사가 필요하며 강재와 콘크리트의 팽창과 강도 저하에 따른 구조적 안정성 검토, X-ray 회절 분석, 전자주사현미경(SEM) 분석, 시차열분석 등을 통한 화해 등급 평가와 보수 · 보강범위 선정, 그리고 보수 · 보강설계와 시공에 이르기까지 더 많은 사례와 연구가 필요하다고 생각됩니다.

따라서 이번에 발간되는 2권의 기술도서가 우리나라 건축물의 화재에 대한 진단, 유지관리, 보수 · 보강 분야에 종사하는 기술자, 연구자 및 일반인들에게도 실무와 교육에 이해의 폭을 넓히고 실질적인 길잡이가 될 수 있기를 기대합니다.

그동안 코로나19로 어려운 상황에서도 우리 협회 전문위원으로서 책임 번역을 맡아주신 호서대학교 권영진 교수님과 번역진, 바쁘신 중에도 계획된 일정에 맞추어 출판과 감수를 해주신 출판위원회의 박철 위원장님과 나경준 부회장님, 위원님들께 깊은 감사드리며, 태림문화사 관계자 여러분께도 진심으로 감사드립니다.

2021년 1월

사단법인 한국시설물안전진단협회

회장 박 주 경

머리말

본 책자는 일본건축학회 방화위원회(위원장 山田常圭)에서 2015년에 집필한 『建物の火害診断及び補修補強指針・同解說』 내용을 한국시설물안전진단협회(회장 박주경)에서 번역한 것으로 국내의 성능기반 화재안전설계 및 보수보강 기술에 대한 학술적 기반을 조성하는 것을 목표로 출판되었습니다. 책임번역자인 저는 그동안 우리나라의 성능기반 화재안전설계 및 시설물의 보수보강기술에 대하여 아직 학술적 기반이 갖추어지지 못한 것으로 판단하던 중 한국시설물 안전진단협회의 출판위원회 (위원장 박철)로부터 본책자와 일본건축학회의 『구조재료의 내화성가이드북』등 2권을 출판하기에 이르게 되었습니다.

본 책자는 철근콘크리트구조와 강구조를 중심으로 화재진단 뿐만 아니라 보수설계 및 시공에 이르기까지 다양한 설계 자료와 시공지침을 제시하였고 아직은 정립되지 못한 부분에 대한 것은 부록처리를 함으로서 향후과제까지도 정리되고 있는 매우 유용한 자료로 평가됩니다. 따라서 시설물의 진단 및 보수분야에 종사하시는 분이나 학술적으로 연구하시는 연구자들에게도 매우 유용한 정보를 제공할 것으로 저는 판단하고 있습니다. 그동안 저는 한국콘크리트학회 제1대 내화위원장으로서 2003년에 『철근콘크리트의 내화특성』, 2006년도에는 한국구조물진단유지관리공학회에서 『한국구조물진단공학』 2008년도에는 대한건축학회에서 『고강도콘크리트의 구조내화설계』, 2014년에 한국건축시공학회에서 『내화도료의 시공지침』을 공동으로 집필하였고 그리고 2015년에 학국콘크리트학회 『특수콘크리트공학』에서 그동안의 연구실적을 중심으로 내폭열콘크리트를 집필한바 있습니다. 그후 아직 한국의 연구현황이 매우 부족한 것으로 판단하여 2019년에는 한국화재소방학회와 한국강구조학회 공동으로 일본건축학회의 『강구조내화설계지침』을 번역하여 출판하였고 2020년에는 뉴질랜드 캔터베리대학 브캐넌교수의 『건축구조 내화설계』의 번역서를 출간하여 구조내화설계를 위한 선진외국의 방법론을 조사하였습니다.

한편 그동안 10년이상 ISO TC 71, SC7의 화재피해를 입은 콘크리트구조물의 보수보강에 대한 국제 표준화를 담당하면서 국내의 기술 또한 아직 정립되지 못한 상황에서 일본건축학회의 본 지침과 구조재료의 내화성가이드북이 국내에서도 반드시 필요한 텍스트가 될 것으로 판단하여 본 지침과 가이드북이 출판되기에 이르게 되었습니다. 향후 본 내용을 토대로 면밀하게 검토되어 한국의 상황을 고려한 화재피해를 입은 시설물에 대한 안전진단 및 보수보강지침으로 업 그레이드 되어 재탄생 할 수 있기를 바랍니다. 본 결실을 볼 수 있도록 다방면으로 지원하여 주신 박주경 회장님을 중심으로 박철 출판위원장님과 나경준 부회장님께 깊은 감사드리며 함께 고생하여 주신 공동번역위원님들과 태림출판사 관계자분들께 다시 한번 감사드립니다.

한국시설물안전진단협회 전문위원
호서대학교 안전소방학부 교수 권 영 진

일본건축학회의『건물의 화재진단 및 보수 · 보강방법 지침 · 동 해설』한국어판의 발행에 대하여

내화 건축물의 화재로 인해 내장재나 세간제품 등 수납물의 피해는 광범위하게 미치지만, 전층 붕괴에 이르는 구조적 손상은 적고, 국소적으로 머무르는 것이 대부분입니다. 그래서 피해 후 구조체는 보수나 보강을 실시하여 재사용되는 것이 일반적입니다. 실제 화재가 발생하게 되면 진화후 빠른 재사용이 요구되는 경우가 많아 구조체에 어느 정도의 화해가 미쳤는가? 그리고 그 보수 · 보강을 어떻게 할 것인가? 와 같은 기술적인 과제에 대해서 판단을 하기 위하여는 많은 시간이 필요하나 진단 및 보수설계를 담당하는 기술자들은 단기간에 빠른 판단을 내려야 하는 상황들에 직면하게 됩니다. 이러한 상황이 되면 화재는 빈번히 발생하는 것은 아니기때문에 기술자들에게는 판단이 어렵게 되는 경우가 많습니다.이러한 상황에서 일본건축학회 방화위원회에서는 2001년에 화재 피해에 특화된 소위원회로『화해 진단보수 소위원회』를 발족시킨 후, 재사용할 가능성이 높은 철근콘크리트조와 강구조를 중심으로 화해진단 및 그 표준적인 보수 · 보강 방법에 대해 면밀한 검토를 수행하였습니다. 그 성과를 2004년에 표준적인 방법에 관한 출판물로서『건물의 화해 진단 및 보수 · 보강 방법』을 간행하고 강습회를 개최하였습니다. 그 후, 본 학회의 지침에 대한 보완을 원하는 요청이 쇄도하였으므로 2010년에『건물의 화재진단 및 보수 · 보강 방법 지침(안) · 동해설』을 간행하게 되었습니다. 또한 5년의 세월에 걸쳐 논의 및 검토를 거쳐 2015년에 본 학회의 지침으로서 다시 보완된 내용으로 발행하게 된 것입니다.

본 지침은 발족으로부터 14년간의 소위원회 활동과 심포지엄 및 강습회를 통해 얻어진 독자의 의견을 반영하는 동시에, 각 위원의 실무경험, 새로운 연구성과를 보완하여 정리한 것입니다. 본 지침에서는 구체적인 화재조사 실례를 포함하는 등 실무적으로 사용하기 쉬운 해설에 노력하는 동시에 철근 콘크리트조와 강구조에서의 화해진단의 개념이나 방법의 정합성 · 통일성에 중점을 두고, 성능설계나 기업의 컴플라이언스 등 건축계의 움직임에도 배려하였습니다.

이번 한국어판이 출판되는 것은 정말 기쁘게 생각하며 본 지침의 번역에 진력해주신 한국 호서대학교의 권영진교수에게 감사드립니다, 마지막으로 본 지침이 한국의 많은 설계자와 기술자 및 연구자에게 활용되어 자원의 재이용을 통해서 환경면에 대한 공헌도 기대할 수 있는 구조물의 화재안전대책이 더욱 향상될 것으로 기대합니다.

2021년 1월

ENEOS홀딩스(주) 환경안전부 고문

日本建築學會 前 防火委員長 山田常圭

〈건축물의 화재안전진단 및 보수보강 지침〉

목 차

〈건축물의 화재안전진단 및 보수보강 지침 해설〉

목 차

목 차

〈부록〉

목 차

건축물의 화재안전진단 및 보수보강 지침

제1장 총 칙

1.1 목적

본 지침은 화해를 입은 건물의 화해 진단 및 보수보강에 관한 표준적인 방법 및 고려해야 할 사항을 제시하는 것을 목적으로 한다.

1.2 적용범위

a. 본지침은 철근콘크리트조 및 강구조의 주요한 구조부재를 대상으로 한다.
b. 화해진단은, 재료, 부재, 골조레벨의 화해에 대해 시행한다. 단, 변형이 적은 부재에 대해서는 골조레벨의 진단을 생략할 수 있다. 또한, 건물이 명확하게 붕괴되고 있는 경우 등, 철거하는 것이 명백한할 경우에는 제외한다.
c. 보수, 보강방법은 일반적으로 사용하는 방법을 나타낸다.

1.3 용어의 정의

본 지침에서 사용되는 용어는 다음과 같이 정의한다.

- 화재성상 (fire property)

  가연물이 착화・발염에 이르는 과정이나 화재가 성장・확대되어, 최성기를 지나 진화에 이르는 과정을 나타냄과 동시에, 그 과정에서 발생하는 열이나 연기의 상황과 화염의 흐름이나 형상・온도・계속시간 등, 폭넓은 의미를 가지고 있다.

- 화재계속시간 (fire duration)

  출화로부터 진화까지의 시간

- 수열온도 (heated temperature)

  화재 열에 의해 온도가 상승한 부재 또는 재료의 최고온도

- 화해 (fire damage)

  건물의 내 외장재료 및 구성부재의 화재에 의한 열화 또는 상실

- **화해 건물** (fire–damaged building)

  화해를 받은 건물

- **화해 등급** (fire–damaged classification)

  화해를 입은 구조부재의 화해 정도 (표2.1)

- **피재도**(suffered classification)

  화재를 입은 건물전체의 화해 정도 (표2.2)

- **화해조사** (fire–damaged investigation)

  화재를 입은 건물에 대해, 구조부재 및 골조의 피재상황을 조사하는 것. 예비조사, 1차조사, 2차조사로 구성됨.

- **화해진단** (fire–damaged diagnosis)

  화해조사결과에 따라, 구조부재의 화해등급 또는 건물전체의 피재도를 판정하는 것

- **보수** (repair)

  화재를 입은 건물의 부재나 재료를 설계조건에 적합한 상태로 회복시키는 것

- **보강** (reinforcing)

  화재를 입은 건물에 부재나 재료를 부가하여, 필요한 내력이나 강도를 확보하는 것

- **회복목표** (recovery target)

  구조안전성 · 내화성 · 내구성 및 사용성 등의 성능을 복구하는 레벨

- **구조안전성** (structural safety)

  지진 · 풍설 등의 단기하중 및 일상에서 작용하는 장기하중에 의한, 부재의 내력 저하를 초래하거나, 또는 부재 · 골조에 과대한 변형이 생기지 않는 성능

- **내화성** (fire resistance)

  화재가열을 입은 골조부재 및 구획부재에 요구되는, 또는 이것이 가지는 붕괴방지성능 및 연소확대 방지성능

- **구조안전성** (structural stability in fire)

  화재시 가열에 의해 부재 · 골조가 큰 변형이나 붕괴가 생기지 않는 성능

- 차열성 (thermal insulation performance)

  구획부재가 화재실의 고열을 비화재실 면으로 전해지지 않도록 하는 성능

- 차염성 (integrity)

  구획부재가 화재의 확대를 방지하는 성질 중, 균열 등에서 화염을 통화시키지 않는 성능

- 내구성 (durability)

  장기간에 걸쳐 외부로부터 물리적 작용 및 화학적 작용에 저항하는 성능

- 사용성 (serviceability)

  구조물을 일상적으로 사용하기 위해 기능을 유지하기 위한 성능

제2장 화해조사 · 화해진단 및 보수보강의 방침

2.1 화해조사 · 화해진단의 방침

a. 화해조사 · 화해진단은, 화해건물의 재사용가부의 판단 및 재사용 할 경우의 보수 · 보강방법의 검토 · 선정에 사용하는 기초자료를 얻는 것을 목적으로 시행한다.

b. 화해조사는, 예비조사와 1차조사 및 1차조사의 결과를 토대로 필요에 따라 실시하는 2차조사로 구성 된다.

c. 화해진단은, 화해조사의 결과에 기초하고, 구조부재의 화해의 정도를 나타내는 화해등급 (표 2.1) 및 건물전체의 화해의 정도를 나타내는 피재도(표2.2)의 판정에 따라 시행한다.

d. 화해조사 · 화해진단은, 건물의 화해에 관한 전문지식을 가진 자가 시행한다.

표2.1 구조부재의 화해의 정도를 나타내는「화해등급」

화해등급	정 의	구조종별에 따른 구제 예	
		철근콘크리트조	강구조
I급	구조내력상, 화재의 영향을 전혀 받지 않음	피해가 없는 상태	강재의 도장 및 내화피복으로 화해의 영향이 없는 상태
II급	구조내력상의 영향은 없으나, 표면열화 등의 피해는 있음	표층에 한정되는 피해가 있는 상태	강재의 도장 및 내화피복만 손상이 있는 상태
III급	구조내력상, 영향이 적음 (경미한 보수로 재사용가능)	표면에서 철근까지의 부위에 피해가 있는 상태	볼트접합부의 변형 · 미끄럼이나 볼트의 재질변화가 있는 상태
IV급	구조내력상, 영향이 큼 (보수 · 보강에 따라 재사용 가능)	주근과의 부착에 지장이 있는 피해 상태	부재의 변형이 있는 상태
V급	구조내력상, 매우 큰 피해가 있음 (부재의 교체가 필요)	철근의 노출이 큰것과 같은 피해등이 있는 상태	부재에 구조성능을 담보할 수 없는 변형이나 재질의 변화가 있는 상태

표2.2 건물전체의 화해의 정도를 나타내는「피재도」

피재도	정의
A	구조체에 화재의 영향이 없는 경우
B	구조체가 화재의 영향을 받아, 보수 · 보강에 따라 재사용이 가능한 경우
C	도괴의 위험성이 있어, 재사용이 곤란한 경우

2.2 보수 · 보강의 방침

a. 보수 · 보강은, 화해를 입은 건물의 구조안전성 · 내화성 · 내구성 · 사용성 기타 필요한 성능을 설정 하고 회복 목표까지 복구하는 것을 목적으로 시행한다.

b. 보수 · 보강계획은, 화해조사 · 화해진단의 결과에 따라 보수 · 보강범위를 특정하고, 재료 및 공법을 정한다.

제3장 철근콘크리트조

3.1 기본사항

3.1.1 내용과 구성

본 장은 철근콘크리트조 건물의 화해조사 · 진단 및 보수 · 보강방법을 나타낸 것이며, 화재조사와 화해진단 및 보수 · 보강계획으로 구성되어있다.

3.1.2 철근콘크리트조의 화재 후 특성

조사 · 진단 및 보수 · 보강 계획에 앞서서 화재를 입은 콘크리트와 철근의 성질, 그리고 부재나 골조의 변형 성상에 관한 일반적인 특성을 파악한다.

3.2 예비조사 (정보수집)

예비조사에서는 1차 조사의 방침을 결정하기 위하여 건물개요 및 구조개요의 조사 및 화재 발생에 관한 정보의 수집을 진행한다.

3.2.1 건물개요의 조사

건물개요의 조사에서는 화해건물의 건물개요와 준공 후 여러 이력 및 적용된 관련 법규 등의 기본 정보를 수집한다.

3.2.2 구조개요의 조사

구조개요조사에서는 화해건물의 구조개요 정보를 수집합니다.

3.2.3 화재정보의 수집

화재정보의 수집은 신문이나 소방서 및 해당 건물 관계자 등으로부터 출화원인 · 화재위치 · 가연물의 양과 종류 · 소화의 상황 · 출화시각 · 진화시각 등, 화재상황에 대한 구체적인 정보를 수집한다.

3.3 1차조사 (육안 등에 의한 조사)

1차 조사에서는 2차 조사의 필요 여부를 확인하기 위해 부재의 표면상태에 따른 화재진행상황의 파악 · 조사범위의 결정 · 표면의 수열온도 추정을 주로 육안관찰에 의해 실시하며, 부재 및 건물의 화해의 정도를 판단한다.

3.3.1 화재 진전상황의 추정

화재 진전상황의 추정은 그을음의 부착상태 및 목재의 탄화깊이, 가연물의 연소상황 등으로부터 진행한다.

3.3.2 조사범위의 결정

조사 범위는 화재진행상황의 추정결과를 고려하여 주요한 부재의 육안관찰과 타음검사 등을 통해 결정한다. 필요에 따라 현장에서 중성화 깊이 측정, 리바운드 해머에 의한 반발도의 측정, 스크래치 폭의 측정 등도 실시한다.

3.3.3 표면의 수열온도 추정

표면의 수열온도 추정은 해당 부재 및 주변에 있는 재료와 물품 등의 열에 의한 손상상태를 관찰하여 실시한다.

3.4 2차조사 (시험 등에 의한 조사)

2차조사에서는 화해의 정도를 자세히 파악하기 위하여 균열폭 및 보 · 바닥 슬래브 등의 처짐의 측정, 역학적 시험, 재료분석 등을 행한다.

3.4.1 조사항목

화재의 규모와 화해의 정도 및 상정되는 보수 · 보강방법 등을 고려하여 표3.1의 내용에서 적절한 조사항목 및 시험측정방법을 선정한다. 그 밖의 시험방법에 관해서도 소요의 정밀도를 얻는 것을 신뢰할 수 있는 자료 또는 시험에 의해 확인할 수 있으면 이용할 수 있다.

표3.1 조사항목 및 시험측정방법

시험측정방법 \ 조사항목			콘크리트			철근	부재·골조		
			역학특성	내구성	깊이방향의 열화상황·수열온도	역학특성	변형	강성	내력
육안측정		균열폭의 측정		○					
육안측정		보·바닥슬래브의 처짐측정					○		
콘크리트 코어를 이용한 시험	역학적 시험	코어의 압축강도시험·정탄성계수시험	○						
콘크리트 코어를 이용한 시험	역학적 시험	소구경코어의 압축시험	○		○				
콘크리트 코어를 이용한 시험	역학적 시험	코어공극을 이용한 공극내부 재하시험	○		○				
콘크리트 코어를 이용한 시험	재료분석	코어의 중성화깊이 측정		○	○ (500℃)				
콘크리트 코어를 이용한 시험	재료분석	UV스펙트럼법			○ (600℃까지)				
콘크리트 코어를 이용한 시험	재료분석	과망간산칼륨에 의한 산소소비량의 정량분석			○ (300~600℃)				
철근의 인장시험						○			
바닥슬래브의 진동시험								○	
보·바닥슬래브의 재하시험							○	○	○

주: ○표시는 선택한 시험·측정·분석에 의해 평가할 수 있는 항목을 나타냄.

3.4.2 균열폭의 측정

콘크리트의 균열폭은 크랙 스케일 등을 이용해서 측정한다. 콘크리트의 균열폭은 콘크리트 표면의 화해 영향을 파악해서 보수의 정도를 결정할 때에 필요하다.

3.4.3 보·바닥슬래브의 처짐측정

보·바닥슬래브의 휨은 레벨광학측정기 등을 이용해서 측정한다. 화해부 및 화해를 입지 않고 있는 건전부의 처짐을 비교하는 것에 따라 화해의 영향 유무를 파악한다.

3.4.4 콘크리트 코어의 압축강도시험

3.4.4.1 표준적인 코어를 이용한 압축강도시험

채취한 콘크리트 코어의 압축강도시험은 콘크리트의 잔존강도를 확인할 경우에 실시한다. 화해등급이 Ⅲ급 이상의 위험성이 있을 경우에는 콘크리트 코어의 압축강도시험을 행하는 것을 원칙으로 한다. 또한 필요에 따라서 정탄성계수의 측정도 실시한다.

3.4.4.2 소구경 코어를 이용한 압축강도시험

소구경 코어의 압축강도시험은 3.4.4.1항에 규정하는 직경의 콘크리트 코어를 채취할 수 없을 경우에 실시를 검토한다. 또한 본 시험은 콘크리트의 열화깊이 등을 파악할 목적으로도 실시할 경우가 있다.

3.4.5 콘크리트 코어 공극을 이용한 공극내 국부 재하시험

콘크리트 코어 공극을 이용한 공극내 국부 재하시험은 콘크리트가 화해를 입은 깊이를 파악할 경우에 실시한다.

3.4.6 콘크리트 코어의 재료분석

콘크리트 코어의 재료분석에서는 중성화깊이의 측정, UV스펙트럼법 및 과망간산칼륨에 의한 산소소비량의 정량 분석 등으로부터 적절한 방법을 선택하고 수열온도의 추정을 행한다.

3.4.6.1 중성화깊이의 측정

콘크리트 코어에 의한 중성화깊이의 측정은 콘크리트 코어를 종방향으로 할렬하여 중성화깊이의 측정을 실시하고 건전부와 비교해서 화해부의 중성화가 진행하지 않았는지를 평가하는 것이다.

3.4.6.2 UV스펙트럼법

UV스펙트럼법은 콘크리트 깊이방향의 수열온도를 추정하기 위하여 실시한다. 콘크리트의 열화깊이를 특정하는 경우 등 보수범위를 명확히 하고 싶은 경우에 권장된다.

3.4.6.3 과망간산칼륨에 의한 산소소비량의 정량분석

과망간산칼륨에 의한 산소소비량의 정량분석은 UV스펙트럼법의 대체 방법으로써 콘크리트의 깊이방향의 수열온도를 추정하기 위해서 실시한다. 콘크리트의 열화깊이를 특정할 경우 등 보수범위를 명확히 하고 싶을 경우에 권장된다.

3.4.7 철근의 인장시험

철근의 인장시험은 철근의 잔존강도를 확인할 경우에 실시한다. 철근에 피해가 미치고 있는 것이 명백할 경우에는 철근의 인장시험을 행하는 것이 권장된다.

3.4.8 진동시험

진동시험은 바닥 슬래브 등에 대하여 화재에 의한 강성저하의 정도를 파악하기 위해서 실시한다. 특히, 사용성 등의 요구 성능이 높을 경우에 권장된다.

3.4.9 재하시험

재하시험은 보 · 바닥 슬래브의 화재에 의한 강성 및 내력저하의 정도를 파악하기 위해서 실시한다. 화해등급이 Ⅳ급 이상에서 구조체로서 손상을 받고 있는 가능성이 높을 경우, 또는 화재후에 부재를 다시 이용하고 싶을 경우에 권장된다.

3.5 진단

진단에서는 예비조사와 1차조사 및 2차조사의 결과에 따라 화해등급 및 피재도의 판정을 행하고 보수 · 보강의 여부를 판단한다.

3.5.1 1차조사에 의한 진단

a. 1차조사에 의한 화해등급의 판정은 다음의 (1)~(4)에 따라 부재별로 행한다.

(1) 무피해의 경우는 Ⅰ급으로 한다.

(2) 표층이나 마감부분만의 피해의 경우는 Ⅱ급으로 한다.

(3) 주철근 좌굴 등 실질적인 피해가 명백할 경우는 Ⅴ급으로 한다.

(4) 상기(1)~(3) 이외의 경우는 2차조사의 결과에 기초하여 화해등급의 판정을 행한다.

b. 1차조사에 의한 건물의 피재도 판정은 다음의 (1)~(3)에 따라 행한다.

(1) 모든 부재가 화해등급 Ⅱ급 이하로 있는 경우는 피재도를 A로 한다.

(2) 외관조사만으로 분명히 재사용이 불가능할 경우는 피재도를 C로 한다.

(3) 상기 (1), (2) 이외의 경우는 2차조사에 따라 피재도 B 또는 피재도 C의 판정을 행한다.

3.5.2 2차조사에 의한 진단

a. 2차조사에 의한 화해등급의 판정은 다음의 (1)~(4)에 따라 부재별로 행한다.
(1) 표층에 한정된 피해가 있을 상태는 II급으로 한다.
(2) 콘크리트 표면에서 철근까지의 위치에 피해가 있을 경우는 III급이상으로 한다.
(3) 주근과의 부착에 지장이 있는 피해가 있을 경우는 IV급 이상으로 한다.
(4) 구조내력상 중대한 피해가 있을 경우는 V급으로 한다.
b. 2차조사에 의한 건물의 피재도의 판정은 다음의 (1)~(2)에 따라 행한다.
(1) V급의 기둥부재의 비율이 화재층 전 기둥의 20%을 넘을 경우는 피재도를 C로 한다.
(2) 상기 (1)이외는 피재도를 B로 한다.

3.6 보수 · 보강계획

보수 · 보강계획은 화해의 정도와 피재 후 건물의 사용되는 방법을 고려해서 계획한다. 그 경우는 설정된 회복 목표를 만족시키는 보수 · 보강방법을 선정한다.

3.6.1 회복목표의 설정

회복목표는 화해 건축물의 소유자나 관리자로부터의 요구에 따라 구조안전성, 내화성, 내구성, 사용성 및 기타 필요한 성능을 만족하도록 설정한다.
a. 구조안전성의 회복목표는 설계조건을 만족하는 것을 표준으로 한다.
b. 내화성의 회복목표는 설계조건을 만족하는 것을 표준으로 한다.
c. 내구성의 회복목표는 보수 · 보강 후 계획공용년수 및 유지관리기간에 따라 결정한다.
d. 사용성 및 기타 필요한 제성능에 대한 회복목표는 보수 · 보강 후의 사용조건에 따라 결정한다.

3.6.2 보수 · 보강범위의 설정

보수 · 보강해야 할 범위 및 보강의 레벨은 조사 · 진단 결과를 바탕으로 결정한 화해등급 및 회복목표에 따라서 결정한다.

3.6.3 보수 · 보강공법 및 보수재료의 선정과 실시

보수 · 보강공법은 화해건물의 소유자 · 관리자 · 사용자의 의향에 따라 화해 진단자와 구조설계자 · 시공자가 충분히 검토한 뒤에 결정한다. 3.6.1항에서 정한 회복목표에 이르도록 3.6.2항에서 정한 보수・보강을 해야 할 범위마다 보수・보강공법을 선정하고 적절한 재료를 이용해서 보수・보강을 실시한다.

a. 보수・보강공법은 다음의 (1)~(5)을 표준으로 한다.

(1) 표층 콘크리트의 보수(표면피복공법 또는 균열 주입공법)

표층의 콘크리트 보수가 필요할 경우는 표면피복공법・균열주입공법 등에서 적절한 방법을 선정한다.

(2) 피복 콘크리트의 보수(표면도포공법 또는 단면복구공법)

피복 콘크리트의 보수가 필요한 경우는 폴리머시멘트모르타르 도포법・모르타르 그라우트법・모르타르 뿜칠법・콘크리트 교체타설법 등으로부터 내화성 확보의 필요여부와 보수부의 부재두께나 면적을 배려하여 적절한 단면복구 공법을 선정한다.

(3) 부재표면강화에 의한 보강

화해등급 Ⅳ급 또는 Ⅴ급 상당의 부재 보강이 필요할 경우는 기둥・보를 대상으로 하는 RC・강판・신소재 등에 의한 부재라이닝(감싸붙임)법이나 바닥・보를 대상으로 하는 강판접착법・증타설법(구조적으로 필요한 구체의 치수보다 크게 타설) 등에서 적절한 방법을 선정한다.

(4) 신 부재의 증설에 의한 보강, 부재의 재시공

화해부재의 손상이 현저하여, 신부재의 증설에 의한 보강이 필요한 경우는 작은보의 증설・벽의 증설・브레이스(brace)의 증설・측벽(wing wall)의 증설・스팬드럴(spandrel) 등의 외부골조의 증설 등에서 적절한 방법을 선정한다. 보강이 곤란할 경우는 부재의 철거・재시공도 포함시켜서 검토를 행한다.

(5) 기타 (표면처리・오염제거・탈취)

오염의 제거나 취약부의 제거 등의 표면처리・보수공사의 전처리・마감시공・탈취 등이 필요한 경우는 시공장소의 주변환경을 배려하여 적절한 방법을 선정한다.

b. 보수재료는 사용실적 또는 신뢰할 수 있는 자료에 따라 그 품질 및 성능이 확인되어질 수 있는 것을 채택한다.

c. 적절한 전처리 후, 화해상황에 따른 보강공사 또는 단면복구, 균열주입 및 표면도포, 마감 등을 시공하여 설정된 회복 목표를 충족하도록 보수 또는 보강을 행한다.

제4장 강구조

4.1 기본사항

4.1.1 내용과 구성

이장은 강구조건물의 화해조사 · 진단 및 보수 · 보강방법을 나타낸 것이고, 화해조사와 진단 및 보수 · 보강계획으로 구성된다.

4.1.2 강구조의 화재후 특성

조사 · 진단 및 보수 · 보강계획에 앞서 화재를 받은 강구조 부재 및 고력볼트의 성질, 부재와 골조의 변형성상에 관한 일반적인 특성을 파악한다.

4.2 예비조사(정보수집)

예비조사에서는 1차조사의 방침을 정하기 위해 건물개요와 구조개요의 조사 및 발생한 화재에 관한 정보수집을 한다.

4.2.1 건물개요의 조사

건물개요의 조사에서는 화해건물의 건물개요와 준공자의 이력 및 적용된 관련법규 등의 기본정보를 수집한다.

4.2.2 구조개요의 조사

구조개요의 조사는 화해건물의 구조개요에 대한 정보를 수집한다.

4.2.3 화재정보의 수집

화재정보의 수집은 신문과 소방서 및 해당건물의 관계자 등으로부터 화재원인 · 화재위치 · 가연물의 양과 종류 · 소화 상황 · 소화시각 · 진화시각 등, 화재상황에 관한 구체적인 정보를 수집한다.

4.3 1차조사(육안 등에 의한 조사)

1차조사에서는 2차조사의 필요여부를 확정하기 위해 부재의 표면상황에 의한 화재진행상황의 파악, 조사범위의 결정, 각 강구조 부재의 변형상태파악, 표면수열온도의 추정을 주로 육안관찰에 의해 실시하며, 부재 및 건물의 화해정도를 판단한다.

4.3.1 화재 진전상황의 추정

화재 진전상황의 추정은 그을음의 부착상태나 목재의 탄화깊이, 가연물의 연소상황 등으로 부터 실시한다.

4.3.2 조사범위의 결정

조사범위는 화재 진전상황의 추정결과를 고려하여 주요한 강구조 부재의 변형이나 손상상태를 육안관찰한 후 결정한다.

4.3.3 강구조 부재의 변형상태의 파악

강구조 부재의 변형상태는 조사범위내의 부재에 대해서 기둥의 붕괴나 보의 처짐 등의 잔류변형과 고력볼트의 파단 및 접합부의 미끄럼 유무를 육안으로 확인하고 파악한다. 브레이스, 좌굴방지 등의 내진부재에 대해서는 잔류변형의 유무를 육안으로 확인한다.

4.3.4 표면수열온도의 추정

표면수열온도의 추정은 해당부재 및 주변에 있는 재료와 물품 등의 열에 의한 손상상태를 관찰하는 것으로 실시한다.

4.4 2차조사(시험등에 의한 조사)

2차 조사에서는 재사용을 계획하는 강구조 부재나 접합부의 잔류변형량 및 기계적성질의 변화를 명확하게 하기 위해서 변형량의 측정이나 역학적시험 등을 실시한다.

4.4.1 강구조 부재의 조사

4.4.1.1 강구조 부재의 잔류변형량의 측정

기둥 · 브레이스의 전도나 비틀림, 보의 처짐이나 휨 등의 잔류병형량을 측정한다.

4.4.1.2 강구조 부재의 기계적성질의 측정

500℃ 이상으로 가열되었을 가능성이 있는 강구조 부재는 강도나 신율 등 강재의 기계적성질을 조사한다. 담금질 템퍼공정을 거쳐 제조된 열처리강에 의한 구조부재에서는 350℃ 이상으로 가열된 가능성이 있는 부재를 기계적성질의 조사대상으로 한다.

4.4.2 접합부의 조사

300℃ 이상으로 가열되었을 가능성이 있는 고력볼트접합부는 미끄럼내력의 저하상황을 추정하기 위한 수열온도의 상세조사와 고력볼트세트의 기계적성질의 조사를 실시한다.

4.4.3 Deck plate 바닥슬래브의 조사

a. 강철Deck를 사용한 Deck plate바닥슬래브에 대해서는 작은보 사이의 처짐을 측정한다.
b. 500℃ 이상으로 가열된 가능성이 있는 Deck합성슬래브 · Deck복합슬래브 · Deck구조슬래브에 대해서는 Deck plate의 기계적성질을 조사한다.
c. Deck합성슬래브 · Deck복합슬래브 · Deck거푸집슬래브에 대해서는 콘크리트 압축강도를 조사한다.

4.4.4 골조의 조사

골조전체의 잔류변형량으로서 골조의 전도에 대해서 조사한다.

4.5 진단

진단에서는 예비조사와 1차조사 및 2차조사의 결과에 근거하여 화해 등급 및 피재도를 판정하고 보수 및 보강여부를 판단한다.

4.5.1 화해등급의 판정

화해등급 판정 시에는 예비조사와 1차조사 및 2차조사의 결과를 토대로 화재로 인한 구조 내력상의 피해 정도에 따라 부재를 화해등급 I 급 ~ V 급으로 분류한다.

4.5.2 피재도 판정

피재도 판정 시에는 개관조사에 의한 피재도 C 판정 및 부재의 화해등급을 고려해 피재도 A~C로 분류한다.

4.6 보수 · 보강 계획

보수 · 보강 계획은 화재의 정도와 피재 후 건물의 사용 방법을 고려하여 계획한다. 이 때, 설정된 회복 목표를 충족할 수 있는 보수 · 보강 방법을 선정한다.

4.6.1 회복 목표의 설정

회복 목표는 화재 건물의 소유자, 관리자, 사용자의 요구를 토대로 구조 안전성, 내화성, 내구성, 사용성 기타 필요 성능을 충족하도록 설정한다.

a. 구조 안전성의 회복 목표는 설계 조건을 만족하는 것을 표준으로 한다.
b. 내화성의 회복 목표는 설계 조건을 만족하는 것을 표준으로 한다.
c. 내구성의 회복 목표는 보수 · 보강 후 계획 공용 연수 및 유지관리기간에 따라 결정한다.
d. 사용성 기타 필요 성능에 대한 회복 목표는 보수 · 보강 후 사용 조건에 따라 결정한다.

4.6.2 보수 · 보강 범위의 설정

보수 · 보강해야 할 범위는 조사 및 진단 결과를 토대로 정한 화해등급 및 회복 목표에 따라 결정한다.

4.6.3 보수 · 보강 방법의 선정과 실시

a. 보수 · 보강 방법은 화재건물의 소유자, 관리자, 사용자의 의향에 따라 화해진단자와 구조설계자, 시공자가 충분히 검토한 후 결정한다. 표 4.1에 근거해 화해등급에 따라 선정하는 것을 표준으로 한다. 추정 수열온도나 변형량으로부터 즉시 보수 · 보강 방법을 선정하는 경우는 보수 · 보강의 범위에 있는 부재별로 4.6.1항에서 정한 회복 목표를 달성할 수 있는 보수 · 보강 방법을 선정하여 실시한다.
b. 보수 · 보강재료는 사용 실적 등을 참고로 신뢰할 수 있는 자료로 그 품질, 성능이 확인된 것

을 이용한다.

c. 보수 · 보강의 전처리로 탈취나 오염의 제거가 필요한 경우는 사용 실적 등을 참고로 적절한 방법을 선정한다.

d. 보수 · 보강 방법 및 부위는 골조 전체의 강성 밸런스 영향을 고려하여 산정한다.

표 4.1 화해등급과 구조체의 보수 · 보강방법의 예

화해등급	보수 · 보강방법의 예
I 급	불필요
II급	고력 볼트의 조임
III급	고력 볼트 세트의 교체 및 접합부 보강
IV급	보강 플레이트나 부재 추가에 의한 보강
V급	부재 교체

4.6.3.1 고력 볼트 접합부의 보수 · 보강 방법

고력볼트 접합부의 보수 · 보강 방법은 고력볼트의 내력 저하나 미끄럼 변형의 정도를 확인한 후, 고력볼트 세트의 교체나 덧댐 보강 및 용접 보강을 선정한다.

4.6.3.2 기둥의 보강 방법

기둥의 보강 방법은 첨판 보강이나 기둥증설 등으로부터 선정한다.

4.6.3.3 보의 보강 방법

보의 보강 방법은 첨판 보강 또는 보증설 보강 또는 샛기둥 보강 등으로부터 선정한다.

4.6.3.4 슬래브의 보수 · 보강 방법

슬래브의 보수 · 보강 방법은 연직방향 잔류 변형의 정도를 확인한 후, 추가 작은보에 의한 보강과 슬래브 콘크리트의 일부 해체 및 보수로부터 선택한다.

4.6.3.5 기타 부재의 보수 · 보강

a. 엥커 볼트는 콘크리트 부재 속에 매립되어 있으므로 보수 · 보강이 어려우므로, 교체나 강판 접착 보강을 검토할 필요가 있다.

b. 내진용 · 내풍용 브레이스(brace)나 좌굴 스토퍼 등 주요 구조부에 해당하지 않는 부재가 화재를 입었을 경우, 요구되는 내진 성능이나 내풍 성능에 따라 보수 · 보강한다. 보강 방법에 대해서는 brace는 기둥, 좌굴 스토퍼는 보의 보강 방법에 준한다.

4.6.3.6 부재의 교체

부재의 교체는 화재 후 잔류 응력을 고려해 신중하게 실시한다.

4.6.3.7 기타 보강에 대한 개념

기둥의 보강이나 교체가 어려운 경우, 주변 가골조의 하중 전달 능력을 확인한 다음, 해당 기둥 상부에 접속하는 보나 인접하는 기둥을 보강하는 것도 고려할 수 있다. 보강 방법은 기둥 혹은 보의 보강 방법에 준한다.

건축물의 화재안전진단 및 보수보강 지침 해설

01

총칙

1.1 목적

본 지침은 화재가 발생한 건물의 화해진단 및 보수, 보강에 관한 표준적인 방법 및 고려해야 할 사항을 제시하는 것을 목적으로 한다.

해설

본 지침은, 과거의 연구를 근거로 하여, 화재가 발생한 건물의 화해진단 및 보수, 보강에 관한 표준적인 방법 및 고려해야 할 사항을 공학적 근거에 기초하여 제시하고 체계화한 것임. 따라서 본 회는 본 지침에 의거하여 실시된 화해진단 및 보수, 보강방법에 대해 책임을 지지 않는다.

1.2 적용범위

a. 본지침은 철근콘크리트조 및 강구조의 주요한 구조부재를 대상으로 한다.
b. 화재진단은, 재료, 부재, 골조레벨의 화재에 대해 시행한다. 단, 변형이 적은 부재에 대해서는 골조레벨의 진단을 생략할 수 있다. 또, 건물이 명확하게 붕괴되고 있는 경우 등, 철거하는 것이 명백한 경우에는 제외한다.
c. 보수, 보강방법은 일반적으로 사용하는 방법을 설명한다.

해설

a. 본지침이 대상으로 하는 부재는 주로 철근콘크리트조(이하, RC조 라고 명기) 및 강구조이며, 그 밖의 철골 철근콘크리트조에 대해서는 RC조에 준하여 취급하기로 한다. 프리스트레스트 콘크리트 부재에 대해서는 부록에 설명한다. 따라서 대상이 되는 건물을 구성하는 부재는, 주요 구조부재로 한정한다.
b. RC조, 강구조 어느 구조도 기본적인 방침, 개념은 동일하나, 그것의 구조특성상, 진단 및 보수, 보강방법은 상이하다. 기본적으로, 피해 후의 건물의 구조성능을 고려하고, 부재의 잔존내력만의 평가가 아닌, 부재나 가구의 변형도 고려하여 판단할 수 있도록 한다. 본 지침에서는 건물을 구성하는 부재의 화재 정도를 「화해등급」, 건물전체(골조)의 화재 정도를 「피재도」라고 하고, 「화해등급」 및 「피재도」에 대해서는 제 2장에 설명한다.
c. 보수, 보강에 관해 일반적으로 사용되는 방법은, 실적이 많고 공학적으로 설명이 가능한 방법이다. 그 방법으로, RC조에서는, 표층부콘크리트의 보수, 피복콘크리트의 보수, 부재표면 강화에

의한 보강, 신 부재 증설에 의한 보강, 부재의 재시공이 있다. 또 강구조에서는 첨판, 첨부재에 의한 보강방법 등이 있다. 고강도 콘크리트나 고강도 강재등, 근래에 개발 된 재료는 보수, 보강사례가 적기 때문에 최신정보 등을 입수하여 충분히 검토 할 필요가 있다.

1.3 용어의 정의

본 지침에서 사용되는 용어는 다음과 같이 정의한다.

- 화재성상 (fire property)

  가연물이 착화 · 발염에 이르는 과정이나 화재가 성장 · 확대되고, 최성기를 지나 진화에 이르는 과정을 나타냄과 동시에, 그 과정에서 발생하는 열이나 연기의 상황이나 화염의 흐름이나 형상 · 온도 · 계속시간 등, 폭넓은 의미를 가지고 있다.

- 화재 계속시간 (fire duration)

  출화부터 진화까지의 시간

- 수열온도 (heated temperature)

  화재 열에 의해 온도가 상승한 부재 또는 재료의 최고온도

- 화해 (fire damage)

  건물의 내 외장재료 및 구성부재의 화재에 의한 열화 또는 상실

- 화해건물 (fire–damaged building)

  화해를 받은 건물

- 화해등급 (fire–damaged classification)

  화재를 입은 구조부재의 화해 정도 (표2.1)

- 피재도(suffered classification)

  화재를 입은 건물전체의 화해 정도 (표2.2)

- 화해조사 (fire–damaged investigation)

  화재를 입은 건물에 대해, 구조부재 및 가구의 피재상황을 조사하는 것. 예비조사, 1차조사, 2차조사로 구성됨.

- 화해진단 (fire-damaged diagnosis)

  화해조사결과에 따라, 구조부재의 화해등급 또는 건물전체의 피재도를 판정하는 것

- 보수 (repair)

  화재를 입은 건물의 부재나 재료를 설계조건에 적합한 상태로 회복시키는 것

- 보강 (reinforcing)

  화재를 입은 건물에 부재나 재료를 부가하여, 필요한 내력이나 강도를 확보하는 것

- 회복목표 (recovery target)

  구조안전성 · 내화성 · 내구성 및 사용성 등의 성능을 복구하는 레벨

- 구조안전성 (structural safety)

  지진 · 풍설 등의 단기하중 및 일상에서 작용하는 장기하중에 의한, 부재의 내력 저하를 초래하거나, 또는 부재 · 골조에 과대한 변형이 생기지 않는 성능

- 내화성 (fire resistance)

  화재 열을 입은 골조부재 및 구획부재에 요구되는, 또는 이것이 가지는 붕괴방지성능 및 연소확대방지성능

- 구조안전성 (structural stability in fire)

  화재시 가열에 의해 부재 · 골조의 큰 변형이나 붕괴가 나타나지 않는 성능

- 차열성 (thermal insulation performance)

  구획부재가 화재실의 고열을 비화재실 면으로 전달되지 않도록 하는 성능

- 차염성 (integrity)

  구획부재가 화재의 확대를 방지하는 성질 중, 균열 등에서 화염을 통화시키지 않는 성능

- 내구성 (durability)

  장기간에 걸쳐 외부로부터 물리적 작용 및 화학적 작용에 저항하는 성능

- 사용성 (serviceability)

  구조물을 일상적으로 사용하기 위해 기능을 유지하기 위한 성능

해설

본 절에서는 본 지침에서 사용하는 주요 용어를 설명한다. 출처가 명확한 용어는 문헌을 기재하고, 명확하지 않는 것은 본 지침에서 독자적으로 정의한다. 여기서 사용되는 용어에 대해서는, 일본공업규격(JIS), 건축기준법령 등 관련법규 및 본 학회가 관련하는 기준 · 지침 등, 일본 콘크리트 공학회 · 일본강구조협회의 출판물, 기타의 용어 사전 등을 참고하여 정의했다. 용어의 상세한 기술은 각장에서 저술한다.

- 화재성상

  화해진단에 있어서는 화재 시 구조체의 가열의 영향이 중요하므로, 화염의 흐름이나 형상 · 온도, 화재계속시간을 의미한다.[1)]

- 화재계속시간

  「출화와 플래시오버를 지나도, 최성기를 통하여 가열물이 전소할 때까지의 시간, 개괄적으로는 화재하중 (=화재구획내의 가열물량과 동등한 발열량에 상당하는 목재중량을 등가가열물이라 하고, 이것을 화재구획의 바닥면적으로 나눈 값[2)])을 단위시간 당 연소중량 (중량연소속도) 로 나누면 화재계속시간이 된다.」[3)] 라고 정의하는 경우도 있으나, 실제 화재에서는 플래시오버에 이르지 않은 경우나 소화에 의해 가열물이 전소하지 않은 경우도 있기 때문에, 본 지침에서는 「출화로부터 진화까지의 시간」이라고 정의한다.

- 수열온도

  종래, 이 용어는 많이 사용되었으나, 이 용어에 대한 정의를 나타내는 문헌을 찾을 수 없으므로 본 지침에서는 독자적으로 정의한다. 화해등급의 분류에 사용한다. 상세한 내용은 제 3장, 제 4장에 설명한다.

- 화해

  출전이 명확하지 않는 용어로, 화재피해를 간략화해서, 본 지침에서는 「화해」라고 정의한다.

- 화해건물

  화해를 입은 건물

- 화해등급

  구조부재의 화해의 정도를 나타내는 지표를 말하며, 구체적인 랭크의 내용은 2.1절에 설명한다.

• 피재도

건물의 화해의 정도를 나타내는 지표를 말하며, 구체적인 랭크의 내용은 2.1절에 설명한다.

• 화해조사

2.1절에 화해조사의 방침, 3.2절~3.4절 및 4.2절~4.4절에 구체적인 방법을 설명한다.

• 화해진단

2.1절에 화해진단의 방침, 3.5절 및 4.5절에 구체적인 방법을 설명한다.

• 보수, 보강

일반적으로 「보수」는, 「건물의 손상부분을 보완하여 수선함으로서, 구조성능을 손상전의 상태로 복귀시키는 것」[4] 「피재된 구조물의 구조성능을 피재이전의 상태정도까지 회복시키는 행위」[5], 「부분적으로 열화한 부위 등의 성능을 실제 사용 시 지장이 없는 상태까지 회복시키는 행위로, 열화의 진행을 늦추기 위해 실시하는 행위를 포함하는 것 (초기의 수준 이상의 성능을 얻기 위한 행위는 포함하지 않음」[6], 「열화된 부재 또는 부품 등의 성능 또는 기능을 현상 또는 실제 사용 시 지장이 없는 상태까지 회복시키는 것」[7] 등 으로 정의되고 있다.

또, 「보강」이란, 「약한 부위, 부족한 곳을 보완하여 구조성능을 향상시키는 것. 피재건물에 있어서는, 피재 전보다 성능을 높이도록 하는 것」[4], 「피재된 구조물의 구조성능을 피재이전의 상태이상으로 개선하는 행위」[5] 등 이라고 정의되어 있다.

따라서 열화에 대한 처치는 일반적으로는 「보수」라고 칭하고 있으나, 본 지침에서는, 화해의 경우의 「보수」를, 「화재를 입은 구조물의 부재나 재료를 설계조건에 적합 한 상태로 회복시키는 것」, 화해의 경우의 「보강」을, 「화재를 입은 구조물의 부재나 재료를 부가시켜, 필요한 내력이나 강도를 확보하는 것」 으로 정의한다. 방침은 2.2절에, 구체적인 기술은 3.6절 및 4.6절에 나타낸다.

• 회복목표

상세한 설정은 3.6.1항 및 4.6.1항에 설명한다.

• 구조안전성

본 지침에서 독자로 정의한다. 2.1절에 화재에 따른 구조안전성에 관한 피해의 구체적인 예, 3.6.1항 및 4.6.1항에 구조안전성의 회복목표를 설명한다.

• 내화성

내화성의 대표적인 예로는 'ISO 834 Fire-resistance tests - Elements of building construction -' (건축구조부재의 내화성능시험)에 규정되어 있는, load bearing capacity (비손상성) · insulation (차열성) · integrity (차염성)이 있다.[2), 8)]

• 내구성

외부에서의 물리적 작용 및 화학적 작용으로는 기상작용 · 화학적 침식작용 · 기계적 마모[9), 10)] 작용이 있다. 2.1절에 화재에 따른 내구성에 관한 피해의 구체 예, 3,6,1항 및 4,6,1항에 내구성의 회복목표를 설명한다.

• 사용성

2.1절에 화재에 따른 사용성에 관한 피해의 구체 예, 3.6.1항 및 4.6.1항에 사용성의 회복목표를 설명한다.

인용 · 참고문헌

1) 日本建築学会：鋼構造耐火設計指針, pp.8-10, 1999.1
2) 日本建築学会：防火区画の設計・施工パンフレット, pp.3-4, 1990.12
3) 土岐憲三, 他：防災事典, pp.42 -43, 2002.7
4) 日本建築防災協会：既存鉄筋コンクリート造建築物の耐震改修設計指針・同解説 2001 年改訂版, 国土交通省住宅局建築指導課監修, p. 55, 2001
5) 日本コンクリート工学協会：被災構造物の復旧性能評価研究委員会報告書, p.5, 2007
6) 日本建築学会：原子力施設における建築物の維持管理指針・同解説, p.3, 2008.7
7) 日本建築学会：鉄筋コンクリート造建築物の耐久性調査・診断および補修指針（案）・同解説, p.2, 1997.1
8) International Organization for Standardization: ISO834 Fire-resistance tests－Elements of building construction –Part1: General requirements, 1999
9) 下出弦七編：建築大辞典, p.881, 1974.10
10) JIS A 0203　コンクリート用語, p.21, 1999 改正

02

화해조사 · 화해진단 및 보수 · 보강의 방침

2.1 화해조사 · 화해진단의 방침

a. 화해조사 · 화해진단은, 화해건물의 재사용가부의 판단 및 재사용 할 경우의 보수 · 보강방법의 검토 · 선정에 사용하는 기초자료를 얻는 것을 목적으로 시행한다.
b. 화해조사는, 예비조사와 1차조사 및 1차조사의 결과를 토대로 필요에 따라 실시하는 2차조사로 구성 된다.
c. 화해진단은, 화해조사의 결과에 기초하고, 구조부재의 화해의 정도를 나타내는 화해등급 (표2.1) 및 건물전체의 화해의 정도를 나타내는 피재도(표2.2)의 판정에 따라 시행한다.
d. 화해조사 · 화해진단은, 건물의 화해에 관한 전문지식을 확보한 자가 시행한다.

표2.1 구조부재에 대한 화해의 정도를 나타내는 「화해등급」

화해등급	정 의	구조종별에 따른 구제 예	
		철근콘크리트조	강구조
I급	구조내력상, 화재의 영향을 전혀 받지 않음	피해가 없는 상태	강재의 도장 및 내화피복으로 화해의 영향이 없는 상태
II급	구조내력상의 영향은 없으나, 표면노화 등의 피해는 있음	표층에 한정되는 피해가 있는 상태	강재의 도장 및 내화피복만 손상이 있는 상태
III급	구조내력상, 영향이 적음 (경미한 보수로 재사용가능)	표면에서 철근까지의 부위에 피해가 있는 상태	볼트접합부의 변형 · 미끄럼이나 볼트의 재질변화가 있는 상태
IV급	구조내력상, 영향이 큼 (보수 · 보강에 따라 재사용 가능)	주근과의 부착에 지장이 있는 피해 상태	부재의 변형이 있는 상태
V급	구조내력상, 매우 큰 피해가 있음 (부재의 교체가 필요)	철근의 노출이 크거나, 피해가 있는 상태	부재에 구조성능을 담보할 수 없는 변형이나 재질의 변화가 있는 상태

표2.2 건물전체의 화해의 정도를 나타내는 「피재도」

피재도	정의
A	구조체의 화재의 영향이 없는 경우
B	구조체가 화재의 영향을 받았으나, 보수 · 보강에 따라 재사용이 가능한 경우
C	도괴의 위험성이 있으므로, 재사용이 곤란한 경우

해설

a. 화해조사 · 화해진단은, 화재가 발생한 건물에 대해 화재에 따라 피해의 정도를 조사하고, 그 건물의 재사용이 가능한 지 불가능한지에 대해 진단하는 행위이다. 또한, 화해조사 · 화해진단의 결과, 보수 · 보강의 정도나 범위를 적절하게 판단하고, 보수 · 보강공법을 선정할 때의 기초자료가 된다.

해설도2.1.1에 화해조사 · 화해진단의 전반적인 개략순서를 설명한다. 화해조사 · 화해진단은, 화해조사(예비조사 · 1차조사 · 2차조사), 그리고 화해진단 (조사결과에 따른 화해등급 · 피재도의 판정)의 순서로 진행한다. 그후 이러한 조사 · 진단의 결과를 가지고, 건물을 해체할 경우를 제외하고, 보수 · 보강의 단계로 진행한다.

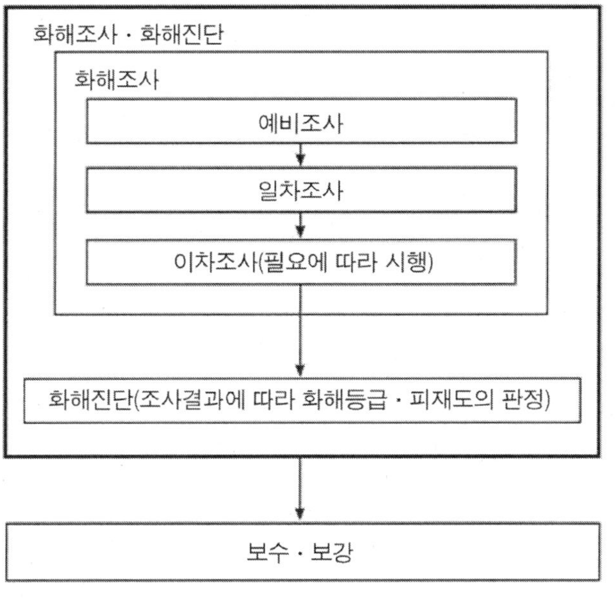

해설도 2.1.1 화해조사 · 화해진단의 전반적인 순서

건물이 화재를 입은 경우에 구조체가 입는 피해는, 1) 구조안전성, 2) 내화성, 3) 내구성, 4) 사용성, 5) 기타 의 5가지 성능항목으로 분류할 수 있다. (해설도 2.1.2) 이 항목들에 관하여 철근콘크리트조 (이하 RC조 라고 명기) 및 강구조 건물에서 발생할 수 있는 구체적인 피해 예를 해설표 2.1.1 및 해설표 2.1.2에 설명한다. RC조와 강구조는 구조특성이 다르기 때문에, 화재에 따른 피재도 당연히 다르다. RC조는 구조체의 열용량이 크기 때문에, 일반적으로는 화재에 따른 피해가 골조수준에 이르는 경우가 적고, 부재수준까지 도달하는 경우가 대부분이다. 한편, 강구조는 구조체의 열용량이 적기 때문에, 가열을 입은 부재는 변형되기 쉽고, 그 영향이 골조에까지 미칠 가능성도 높다.

화해조사에서는, 화해건물의 부위 · 부재 및 골조에 생기는 열 영향이나 손상의 정도를 공학적인 방법을 이용하여 조사한다. 그 때, 한 가지 조사방법으로 실시하면 열 영향이나 손상의 정도를 완전히 파악하기 어렵기 때문에 일반적으로는 구조안전성에 관련하는 조사항목이 많아진다. 그러나, 화재의 정도에 따라서는 그 외의 피해가 클 경우도 있을 수 있으므로 각 성능항목에 관한 피해를 충분히 인식한 후에 조사를 진행하여야 한다.

화해조사의 결과에 따라, 부재의 화해등급 및 건물의 피재도를 판정하는 것이 화해진단이다. 화해진단의 결과는, 화해조사의 결과와 같이, 화해건물의 재사용의 가부판단 및 재사용할 경우의 보수 · 보강방법의 검토 · 선정 시의 기초자료가 된다.

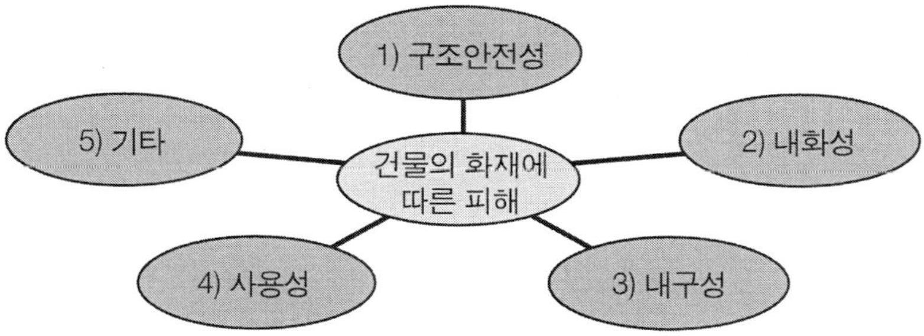

해설도 2.1.2 건물의 화재에 따른 피해

해설표 2.1.1 RC조 건물의 화재에 따른 구체적인 피해사례

성능항목		화재에 따른 구체적인 피해사례
1) 구조 안전성	부재강도 (기둥 · 보 · 바닥 · 벽 등)	• 콘크리트의 압축강도 저하 • 콘크리트의 영률 저하 • 철근의 강도저하 • 철근 영률의 저하 • 철근과 콘크리트의 부착강도의 저하 • 내력 · 강성의 저하(압축 · 휨 · 전단) • 콘크리트와 데크플레이트의 박리 (데크플레이트 바닥슬래브)
	부재 · 골조의 변형	• 바닥 뚫림 • 보 · 바닥의 처짐 • 기둥 · 벽의 전단 균열 • 주근의 좌굴 • 강비의 변화 • 콘크리트의 들뜸 · 박리 · 폭열 · 균열 ※ 화재가열을 직접 받지 않는 부재에도 열응력에 따른 손상이 나타날 가능성이 있으므로 주의가 필요

(표계속)

성능항목	화재에 따른 구체적인 피해사례
2) 내화성	• 피복콘크리트의 박락 • 피복재의 탈락 · 열화
3) 내구성	• 콘크리트의 중성화 진행 • 피복재의 탈락 · 열화 • 콘크리트의 들뜸 · 박리 · 폭열 · 균열
4) 사용성	• 바닥의 처짐 • 바닥의 진동특성의 변화 • 방수성의 저하
5) 기타	• 변색 · 냄새남 • 그을음 등이 부착된 오염

해설표 2.1.2 강구조건물의 화재에 따른 구체적인 피해사례

<table>
<tr><th colspan="2">성능항목</th><th colspan="2">화재에 따른 구체적인 피해사례</th></tr>
<tr><td rowspan="2">1)
구조안전성</td><td>부재강도
(기둥 · 보 ·
접합부 ·
바닥 ·
브레이스 등)</td><td>• 강재의 강도 저하
• 강재의 변태
• 고력볼트 축력의 저하
• 앵커볼트의 강도저하
• 콘크리트와 데크플레이트의 박리 (데크플레이트 바닥슬래브)</td><td>• 강재의 영률(강성) 저하
• 볼트접합부의 강도저하
• 용접접합부의 강도저하
• 콘크리트의 강도저하</td></tr>
<tr><td>부재 ·
골조의 변형</td><td>• 골조의 붕괴
• 바닥의 뚫림
• 부재의 비틀림 변형
• 강비의 변화
※ 화재가열을 직접 입지 않는 부재에도 열응력에 따른 손상이 나타날 가능성이 있으므로 주의가 필요</td><td>• 국부좌굴 · 전체좌굴
• 기둥 · 보 · 바닥의 처짐이나 변형
• 기둥의 전도
• 볼트의 변형</td></tr>
<tr><td colspan="2">2) 내화성</td><td colspan="2">• 내화피복재의 탈락 · 열화</td></tr>
<tr><td colspan="2">3) 내구성</td><td colspan="2">• 피복재의 탈락 · 열화
• 녹방지도료의 탈락 · 박리 · 균열
• 마감 도료의 탈락 · 박리 · 균열</td></tr>
<tr><td colspan="2">4) 사용성</td><td colspan="2">• 바닥의 처짐
• 바닥의 진동특성의 변화
• 방수성의 저하</td></tr>
<tr><td colspan="2">5) 기타</td><td colspan="2">• 도료의 변색 · 열화
• 냄새남
• 그을음 등이 부착된 오염</td></tr>
</table>

b. 화해조사는 다음 순서로 시행한다. 우선, 조사하는 건물의 구조상・방화상의 특징과 발생한 화재의 정도를 사전에 파악하는 「예비조사」를 실시한다. 다음으로 현지로 향하여, 화재의 규모나 건물의 피재개요를 육안으로 파악하는 「1차조사」를 실시한다. 필요에 따라, 1차조사에서 판단하는 것이 어려운 재료나 부재의 강도저하 등을 시험・분석에 따라 확인하는 「2차조사」를 실시한다. 예비조사의 방법은, 건물의 구조종별에 관계없이 거의 동일하나, 1차조사이후는, 건물의 구조종별에 따라 조사 방법 등이 달라진다.

일반적으로 RC조 부재는, 강구조 부재와 달리 단면이 크고, 화재 시에 부재내부가 용이하게 고온이 되는 경우는 없기 때문에, 화재의 가열을 받아도 폭열 등에 따른 단면결함이 발생하지 않는다면, 갑자기 내력을 잃는 경우는 없다. 또한 강구조 부재에 비해, 열팽창에 따른 피해가 나타나기 어려운 반면, RC조는 철근과 콘크리트 일체로 되어있기 때문에, 부재의 교체 (특히 기둥)는 매우 어렵다. 때문에, 화재가열을 받은 기설의 부재에 대해서는 열화된 부분을 제거하고 재료를 부가하는 등의 보수・보강이 일반적이다.

이런 RC조부재의 특성에 따라, 1차조사에서는 그을음의 부착상태나 주변 부재나 재료・물품등의 변색・변형상태와 더불어, 콘크리트의 변형, 균열, 뜸이나 박리・폭열이나 탈락・철근의 노출상태・보나 바닥 등의 처짐이나 변형 등을 육안으로 관찰하고, 표면 수열온도의 추정을 시행하며, 부재 및 건물의 화해의 정도를 판단한다. RC조의 2차조사에서는 콘크리트의 강도 확인이나 재료분석에 따른 중성화깊이나 깊이방향의 수열온도 등을 추정한 후, 화해의 정도를 상세하게 파악한다. 상세한 각 조사에 대해서는 3.2절 (예비조사), 3.3절(1차조사) 및 3.4절 (2차조사)에 기재한다.

한편, 일반적인 강구조 부재에 대해서는, RC조 부재와 달리, 화재가열을 받아도 단면결손이 나타날 가능성은 없다. 또한, 수열온도가 어느 정도 높지 않다면 (일반적인 강재의 경우로 약 500℃ 이하), 냉각 후에는 재료강도나 탄성계수가 원래대로 돌아온다. 따라서 재료적으로는 재사용의 가능성이 높다. 그러나 강구조 부재는 열용량이 적고 가열에 따라 온도상승이 용이하기 때문에 화재의 정도에 따라서는, 화재시의 변형이 커지고, 냉각 후에도 변형이 남아, 재사용이 어려운 경우가 있다.

이러한 강구조 부재의 특성에 따라, 강구조의 1차조사에서는, 부재의 재료성능의 저하・부재의 변형 상태등, 설계조건에 대한 변화의 파악을 목적으로 육안 관찰을 시행하여, 그을음의 부착상태나 주변부재의 변색・변형상태 및 도료의 변색상태에 따른 수열온도를 추정함과 더불어, 부재의 잔류변형상태를 확인한다. 2차조사에서는, 부재의 내력저하와 부재・골조의 변형상태의 파악을 목적으로, 절단시험에 따른 조사나 측정에 따른 검사를 시행한다. 상세한 각 조사에 대해서는 4.2절 (예비조사), 4.3절 (1차조사), 4.4절 (2차조사) 에 기재하고 있다.

c. 화해조사의 결과를 기초로, 부재 및 건물의 화해의 정도를 추정하고, 그 건물의 재사용이 가능한 지 여부에 대해 진단하는 행위가 화해진단이다.

화해진단을 시행할 때의 지표로서, 구조부재의 화해정도를 「화해등급」, 건물전체의 화해 정도를 「피재도」라고 하며, 각각의 정도를 명시하기로 한다.

표 2.1에 「화해등급」, 표2.2에 「피재도」의 분류를 설명한다. 화해등급은, 부재의 화해정도를 나타내는 척도로서 Ⅰ급~Ⅴ급의 5단계로, 피재도는, 건물전체의 화해의 정도를 나타내는 척도로 A~C의 3단계로 분류하고, 건물을 재이용할 때 기준으로 한다.

화해진단은, 예비조사 · 1차조사 · 2차조사 중 실시 한 조사결과를 종합해서 시행한다. 화해등급 및 피재도의 판정에 대해서는, RC조는 3.5절 (진단)에, 강구조는 4.5절(진단)에 설명한다. 또 RC조에 대해서는 화해에 따른 중성화나 철근의 부식 등에 따른 내구성의 저하에 관하여도 언급한다.

d. 화해진단 및 화해진단의 결과는, 화해건물의 보수 · 보강계획에 따른 기초자료가 되므로, 화해조사 · 화해진단에 관한 지식 및 구조설계에 관한 지식을 지닌 기술자에 의해 시행하는 것이 바람직하다. 구체적으로는, 일급건축사 · 기술사 · 건축시공관리기사 · 콘크리트주임기사 또는 기사 · 콘크리트 진단사 또는 이와 동등이상의 기술 · 경험을 지닌 자가 수행하는 것이 바람직하다.

2.2 보수 · 보강의 방침

a. 보수 · 보강은, 화재를 입은 건물의 구조안전성 · 내화성 · 내구성 · 사용성 기타 필요한 성능을 설정한 회복 목표까지 복구하는 것을 목적으로 시행한다.
b. 보수 · 보강계획은, 화해조사 · 화해진단의 결과에 따라 보수 · 보강범위를 특정하고, 재료 및 공법을 선정한다.

해설

a. 보수 · 보강은, 해설도2.2.1에 명시한 대로, 화해조사 · 화해진단의 결과에 따라, 보수 · 보강계획 (회복목표의 설정, 보수 · 보강범위의 설정, 보수 · 보강공법의 선정), 보수 · 보강공사의 순으로 진행한다. 즉, 본 지침에서는 보수 · 보강계획까지를 기술한다. 보수 · 보강공사의 구체적인 설계 · 시공에 대해서는 해당공사를 담당하는 설계자 및 시공자에게 위임한다.

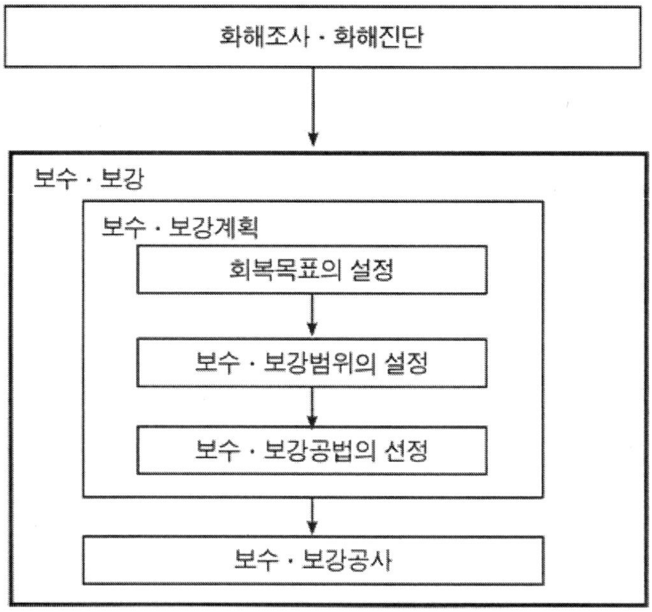

해설도 2.2.1 보수 · 보강의 전반적인 순서

화해조사 · 화해진단에 따라 화해건물의 화해등급 및 화해도를 판정하여, 해당건물을 재사용하기 위하여, 보수 · 보강이 필요하다고 판단되는 경우, 보수 · 보강의 회복목표를 설정한다. 화해에 대한 보수 · 보강의 회복목표로는, 아래에 명시한 몇 가지의 수준을 고려하여야 한다.

① 구조안전성 · 내화성 · 내구성 및 사용성을 피재전의 상태로 복구한다.
② 구조안전성 · 내화성 · 내구성 및 사용성을 건물의 설계조건까지 복구한다.
③ 구조안전성 · 내화성을 건물의 설계조건까지 복구하나, 내구성 · 사용성의 저하는 허용한다.

①은, 건물을 피재전의 건전한 상태로 되돌리는 것을 전제로 한 회복목표수준이다. 화재가 극히 단기간에 종료되어, 부재나 골조에 화재의 영향이 거의 없는 경우에는, 이러한 회복목표의 설정이 가능하다.

②는, 건물이 확인하고 있는 구조성능의 여유도를 활용하여 설계시의 요구 성능으로 되돌리는 것을 전제로 하는 회복목표수준이다. 예를들면, RC조 부재의 구조성능이라면, 콘크리트가 열 영향을 받았다고 하더라도 설계기준강도 이상의 압축강도가 확인된다면, 재료강도적으로는 설계시의 구조안전성을 만족하고 있는 것으로 판단한다. 강구조 부재의 구조성능이라 한다면 부재를 삽입하여 보강하고, 건물의 설계조건을 만족한다면, 반드시 피재전의 상태로 복구할 필요는 없다.

즉, 내구성에 관해서는 설계시의 내용년수를 만족시키도록 회복시키면 된다.

③은, 구조안전성과 내화성만을 설계시의 요구 성능으로 되돌리는 것을 전제로 한 회복목표 수준이다. 보수 후에 기대되는 내용년수로부터 내구성을 피재전의 상태로 되돌릴 필요가 없는 경우나, 증설부재에 의해 건물의 사용성 등의 기능저하를 허용하는 경우 등이, 이것에 해당한다.

또한 내구성의 회복목표수준은, 재사용시의 건물의 유지 · 관리계획에도 관계한다. 예를 들면, 열화요인을 완전히 제거하고 보수 · 보강하여, 초기의 내구성을 회복하는 수준 또는 조사 · 진단시에 나타난 열화원인만 제거하여 보수 · 보강하고, 재사용중에 열화가 확인될 경우에는 그 때마다 대응하는 방법으로서, 유지 · 관리의 개념에 따라 여러 가지 선택방법이 있다.

어떠한 경우라도, 보수 · 보강에 따른 건물성능의 회복목표에 대해서는, 건물의 소유자 · 관리자 · 사용자들과 충분히 협의하여, 이해 · 합의를 얻은 후에 결정하여야 한다.

b. 화재를 입은 건물의 보수 · 보강계획에서는, 회복목표의 결정 및 보수 · 보강의 범위를 결정하는 것이 중요한 사항이다. 보수 · 보강이 필요한 범위의 설정은, 화해검사에 의해 얻은 정보 및 회복목표를 종합적으로 고려하여 시행하여야 한다. 또한, 보수 · 보강에 사용되는 재료 및 공법의 선정은, 아래의 내구성이나 내진 개수 등에 관한 지침을 참고로 하여, 실적이나 신뢰성이 높은 재료 및 공법을 선정하는 것이 바람직하다. 더 나아가, 이 지침에 기재되어 있는 재료 · 공법으로는 대응이 어려운 화재특유의 영향이나 손상에 대한 보수 · 보강에 대해서는 보수 · 보강공사의 설계자 · 시공자와 전문지식을 가지고 있는 기술자와 협의하여, 재료 · 공법을 결정한다.

- 일본건축학회「철근콘크리트조 건축물의 내구성 조사 · 진단 및 보수지침 (안) · 동해설」
- 일본콘크리트공학회「콘크리트 진단기술」
- 일본건축방재협회「기존 철근콘크리트조 건축물의 내진개수 설계지침」
- 일본건축방재협회「기존 강구조 건축물의 내진진단지침 및 내진개수지침」

또한, 보수 · 보강의 재료 및 공법등은 시공의 양부로부터 영향을 받는 것이 많으므로, 재료의 종류나 조합, 보수후의 단면사이즈, 표면피복재의 두께, 시공 방법 등을 상세하게 정해두는 것이 좋다. 여기에서, 시공성 · 공사기간 · 경제성뿐만 아니라, 공사에 관한 안전성 · 법 규제 · 작업환경 및 주변 환경도 배려해야 한다.

03

철근 콘크리트조

3.1 기본사항

3.1.1 내용과 구성

본 장은 철근콘크리트조 건물의 화해조사 · 진단 및 보수 · 보강방법을 나타낸 것이며, 화재조사와 화해진단 및 보수 · 보강계획으로 구성되어있다.

해설

본 장은 일반적인 철근 콘크리트 구조 건물의 화해조사 · 진단 및 보수 · 보강방법을 나타낸 것이다. 진단의 대상이 되는 부재는 철근 콘크리트 구조(이하, RC조로 약기) 및 철골철근콘크리트조의 기둥 · 보 · 바닥 · 벽이다. 즉, 데크 플레이트 바닥이나 부분적으로 이용되는 강구조 부재는 제4장에서 다룬다. 또한, 프리스트레스트 콘크리트부재와 ALC벽 등의 비내력 부재는 부록에서 다룬다.

본 장에서는 RC조 부재의 화해조사와 화해진단 및 보수 · 보강방법에 관하여 조사 · 진단, 보수 · 보강의 각 단계에서 그 방침과 방법을, 각각의 절에서 설명한다. RC조는 철골구조에 비교하여 구조체의 열용량이 크며, 화해에 의한 피해가 골조(기둥 및 보)에 미치는 경우는 적으나, 적은사례이지만 건물의 골조에 피해가 미치는 경우도 있다. 부재와 재료의 화해에 대해서는 「화해등급」(해설표 3.1.1 참조)에 평가하여, 건물의 골조에 미치는 피해의 상황은 「피재도」(해설표 3.1.2 참조)로 평가한다. 화해등급을 판정할 때의 참고사례를 위해, 해설표 3.1.1에는 부재상황의 일례도 나타냈다.

1) 화해조사와 화재진단 및 보수 · 보강의 순서

화재조사와 화재진단 및 보수 · 보강은 화해조사(예비조사 · 1차조사 · 2차조사) → 화해신난(조사결과에 따른 화해등급, 피재도의 판정) → 보수 · 보강계획(회복목표의 설정, 보수 · 보강범위의 설정, 보수 · 보강공법 및 보수재료의 선정) → 보수 · 보강공사의 순으로 해설도 3.1.1에 나타낸 바와 같이 진행한다.

2) 화해조사의 개요

화해조사는 해설도 3.1.1의 순서에 따라, 화해의 정도에 대응하여 예비조사 · 1차조사 및 2차조사의 순서와 같이 상세한 조사로 진행해 나갈 필요가 있다.

예비조사는 소방활동기록 · 목격자 · 신문기사 등으로부터 정보를 수집하여, 화재상황을 파악하는 것과 더불어 화재를 입은 건물의 개요를 조사하기 위해서 진행한다. 상세한 예비조사의 방법은 3.2절에서 소개한다.

1차조사에서는 조사건물이 화재에 의하여 심각한 손상을 입은 경우, 우선 응급 위험도 판정을 진행한다. 응급 위험도 판정은 해설표 3.3.1에 기초하여, 육안검사로 진행하며 피재도C로 판정된 건물은 붕괴의 위험성이 있기 때문에 그 시점에 조사는 종료한다.

피재도C로 판정되지않은 건물은 육안검사에 의한 피해 상황을 관찰하고, 화해상황을 개략적으로 파악하여, 화재 진전상황을 추정한다. 조사 범위를 좁히려면 리바운드 해머에 의한 반발도의 측정이나 치핑에 의한 중성화 깊이를 측정하는 방법도 있다. 이러한 조사와 추정 결과를 바탕으로 조사 대상 부분을 제한하여 2차조사의 필요 여부를 결정한다. 1차 조사의 상세한 방법은 3.3 절에 나타낸다.

2차 조사는 1차 조사에 의해 좁혀진 조사 대상 부분에 대해 상세한 조사를 실시하는 것이다. 2차 조사는 주로 ①재료・부재의 강도특성 파악과 ②재료・부재의 수열온도추정으로 크게 2분야로 나눌수 있다. ①에서는 주로 콘크리트 코어의 압축강도시험, 철근의 인장시험, 부재의 진동시험 및 재하시험 등의 역학적인 시험으로 구성되고 ②에서는 콘크리트 내부의 무기 혹은 유기의 혼합물이 고온을 받은 경우의 조성변화 등에 주목하여 분석장치를 이용한 시험 등이 있다. 2차 조사의 각 항목의 특징을 1차 조사(조사범위 결정을 위한 조사)와 더불어 해설표 3.13에 나타낸다. 2차 조사의 상세한 방법을 3.4절에 나타낸다.

3) 화해진단의 개요

피재 후의 재사용 또는 보수・보강방법을 검토하기에는 부재 내부의 콘크리트와 철근의 수열온도를 추정한 상태에서 각 부재의 화해등급을 정확하게 진단하는 것이 중요하다. 해설도 3.1.2에 나타낸 순서에 따라서 화해등급을 판정하고, 그 판정결과에 따라 피재도를 판정한다. 화해등급 V급의 부재가 있을 때에는 건물의 피재도 B, C의 판정을 진행한다. 건물의 피재도 C의 판정은 3.3절의 해설표 3.3.1에서 설명하는 바와 같이, (재)일본건축방재협회의「피재 건축물 응급 위험도 판정 메뉴얼」[1)]에 따라 지진 직후의 응급 위험도 판정방법을 참고하여 결정한다. 상세한 화해진단은 3.5절에 나타낸다.

4) 보수・보강계획의 개요

보수・보강은 해설도 3.1.3의 순서에 따라서 실시한다.

화해조사 및 진단의 결과, 화해건물의 재사용이 가능하다고 판단된 경우, 우선 보수・보강에 의하여 어느 정도에 성능을 회복시킬지의 목표설정이 진행된다. 화해건물은 건물이 확보하여야만 하는 성능중 구조 안전성・내화성・내구성・사용성 등의 성능이 화재에 의하여 손상되어있다.

보수・보강의 설계자는 화해건물의 소유자로부터 요구에 따라 이러한 성능에 대하여 회복 목표를 설정해야만 한다. 다음으로, 부재의 화해등급이나 2차 조사의 결과에 따라, 보수・보강의 범위를 결정한다. 피복 콘크리트의 열화 부분을 제거하여 보수하는 경우에는 콘크리트의 깊이 방향의 수열온도분포 등의 2차 조사의 결과에 따라 제거 두께를 결정하게 된다. 보수・보강공법은 화해등급에 따라서 회복목표에 도달시킬 수 있는 공법을 선택한다. 보수・보강의 설계자는 이러한 것을 잘 취합하여 보수・보강계획의 설계도서를 작성한다.

보수・보강공사의 시공자는 보수・보강 설계도서의 내용을 면밀하게 조사하고, 공사에 앞서 시공조사를 진행하여, 공사의 범위・재료・공법의 적용 가부를 확인하여야 한다. 보수・보강계획 설계도서의 내용에 문제점이 시공조사로 파악된 경우에는 설계자와 협의하여 설계변경 등의 조치를 취해야한다. 또한, 사용하는 재료・공법에 대하여 공정・순서・작업요령・관련 지식을 정리한 시공요령서를 작성한다. 시공계획서에 기재된 시공요령에 따라서 공사를 진행하고 공사현장관리를 적절하게 수행해야만 한다. 또한, 보수・보강공사의 설계・시공은 시공하는 각 회사마다 상이한 내용이므로 본 지침에서 상세하게 다루는 것은 보수・보강공법의 선정까지로 하였다. 보수・보강의 상세한 내용은 3.6절에 나타낸다.

해설표 3.1.1 RC조 부재의 화해등급과 부재상황의 일례

<table>
<tr><th>화해등급</th><th>정 의</th><th>설 명</th><th colspan="7">상 황(예)</th></tr>
<tr><td>I 급</td><td>구조내력상, 화재의 영향을 전혀 받지 음</td><td>무피해의 상태</td><td colspan="7">① 피해가 전혀 없음.
② 마감재료 등이 전체면적으로 남아있음.</td></tr>
<tr><td rowspan="6">II급</td><td rowspan="6">구조내력상의 영향은 없으나, 표면열화 등의 피해는 있음</td><td rowspan="6">표층(마감재료 혹은 콘크리트 표면)에 한정된 피해가 발생한 상태</td><td colspan="7">① 마감재료에 피해가 있음.
② 구조체에 그을음, 유연 등의 부착됨
③ 콘크리트 표면의 추정 수열온도가 300℃ 이하
④ 표면에 0.2mm이하의 균열</td></tr>
<tr><th>부위</th><th>변색</th><th>폭열</th><th>균열</th><th>들뜸・박락</th><th>변형</th><th>기타</th></tr>
<tr><td>기둥</td><td>그을음 혹은 연기가 남음</td><td>없음</td><td>없음</td><td>마감의 일부에 박락 있음</td><td>없음</td><td>—</td></tr>
<tr><td>바닥 슬래브 (천장면)</td><td>그을음 혹은 연기가 남음</td><td>약간</td><td>표면에만</td><td>없음</td><td>없음</td><td>천장텍스부분이 넓은 범위로 붕괴함</td></tr>
<tr><td>보</td><td>그을음 혹은 연기가 남음</td><td>약간</td><td>0.2mm 이하</td><td>없음</td><td>없음</td><td>방수에 의한 표면의 박락이 있음</td></tr>
<tr><td>벽</td><td>그을음 혹은 연기가 남음</td><td>없음</td><td>없음</td><td>마감의 일부에 박락 있음</td><td>없음</td><td>—</td></tr>
</table>

(표계속)

<table>
<tr><th>화해
등급</th><th>정의</th><th>설명</th><th>상황(예)</th></tr>
<tr><td>Ⅲ급</td><td>구조내력상, 영향은 적음 (경미한 보수로 재사용 가능)</td><td>표면으로부터 철근까지의 위치에 피해가 발생한 상태</td><td>①콘크리트의 변색은 핑크색
②콘크리트 표면의 추정 수열온도가 300℃ 이상
③표면에 0.3mm이상의 균열
<table>
<tr><th>부위</th><th>변색</th><th>폭열</th><th>균열</th><th>들뜸 · 박락</th><th>변형</th><th>기타</th></tr>
<tr><td>기둥</td><td>핑크색</td><td>약간</td><td>미세한 균열</td><td>마감에 큰 피해</td><td>없음</td><td>–</td></tr>
<tr><td>바닥 슬래브 (천장면)</td><td>그을음의 부착 또는 핑크색</td><td>철근이 일부 보임</td><td>피복에 미세한 균열</td><td>하단 콘크리트에 들뜸 있음</td><td>없음</td><td>철근과 콘크리트의 부착 문제 없음</td></tr>
<tr><td>보</td><td>그을음의 부착 또는 핑크색</td><td>폭열 있음, 늑근이 보임</td><td>0.3mm 이상</td><td>하단 콘크리트에 들뜸 있음</td><td>없음</td><td>그을음이 소실된 부분도 있음</td></tr>
<tr><td>벽</td><td>핑크색</td><td>약간</td><td>미세한 균열</td><td>마감에 큰 피해</td><td>없음</td><td>–</td></tr>
</table></td></tr>
<tr><td>Ⅳ급</td><td>구조내력상, 영향이 큰 경우 (보수 · 보강에 의하여 재사용 가능)</td><td>주근과의 부착에 지장이 있는 피해가 발생한 상태</td><td>①표면에 수mm폭의 균열
②철근의 일부가 노출
<table>
<tr><th>부위</th><th>변색</th><th>폭열</th><th>균열</th><th>들뜸 · 박락</th><th>변형</th><th>기타</th></tr>
<tr><td>기둥</td><td>회백색</td><td>국부적 폭열 다수, 철근이 보임</td><td>수 mm 폭</td><td>마감이 완전히 탈락</td><td>철근은 좌굴되지 않음</td><td>–</td></tr>
<tr><td>바닥 슬래브 (천장면)</td><td>회백색</td><td>10%이상</td><td>수 mm 폭</td><td>있음</td><td>처짐은 크지 않음</td><td>합성 바닥의 리브는 폭열이 있으나, 부착은 문제 없음</td></tr>
<tr><td>보</td><td>회백색</td><td>하단에 큰 폭열, 주근의 원주 50%의 노출</td><td>수 mm 폭</td><td>있음</td><td>주근이 1개소 이상 좌굴. 처짐은 크지 않음</td><td>–</td></tr>
<tr><td>벽</td><td>회백색</td><td>국부적 폭열 다수, 철근이 보임</td><td>수 mm 폭</td><td>마감 부분이 완전히 탈락됨</td><td>철근은 좌굴되지 않음</td><td>–</td></tr>
</table></td></tr>
</table>

〈표계속〉

<table>
<tr><th>화해
등급</th><th>정의</th><th>설명</th><th colspan="5">상황(예)</th></tr>
<tr><td rowspan="6">V급</td><td rowspan="6">구조내력상, 막대한 피해가 있음 (부재의 교체가 필요)</td><td rowspan="6">철근의 노출이 큰상태 등의 피해가 있는 상태</td><td colspan="5">①바닥 슬래브(일부 또는 전면)가 함몰됨
②주근의 좌굴
③처짐이 눈에 두드러짐
④건전시 계산값에 대비하여 고유진동수의 측정값이 0.75미만
⑤재하시험에서 시험하중시 최대변형에 대한 잔류변형의 비율이 A법에서 15%, B법에서 10%를 초과함</td></tr>
<tr><td>부위</td><td>변색</td><td>폭열</td><td>균열</td><td>기타</td></tr>
<tr><td>기둥</td><td>담황색</td><td>광범위</td><td>1개소 이상의 철근이 좌굴되었고, 기둥이 비틀어져 보임</td><td>–</td></tr>
<tr><td>바닥 슬래브 (천장면)</td><td>담황색 또는 회백색</td><td>폭열은 큼 주근 위치보다 깊은 폭열</td><td>처짐이 큼, 콘크리트 탈락</td><td>부착 없음</td></tr>
<tr><td>보</td><td>담황색 또는 회백색</td><td>하단에 큰 폭열, 부분적으로 깊은 주근이 보임</td><td>처짐이 큼, 파괴, 주근의 좌굴</td><td>–</td></tr>
<tr><td>벽</td><td>담황색</td><td>광범위</td><td>1개소이상의 철근 좌굴</td><td>–</td></tr>
</table>

해설표 3.1.2 건물의 피재도의 정의와 판정방법

피재도	정 의	화재조사시 피재도의 판정방법 (부재의 화해등급과의 관계)
A	구조체에 화재의 영향이 없는 경우	모든 부재가 II급이하의 경우
B	구조체가 화재의 영향을 받았으나, 보수·보강에 의한 재사용이 가능한 경우	피재도 A, C이외의 경우
C	도괴의 위험성이 있어, 재사용이 곤란한 경우	V급의 기둥부재의 피해가 화재층의 총 기둥 수의 20%이상인 경우 또는 해설표 3.3.1의 판정표에서 피재도C로 판정된 경우

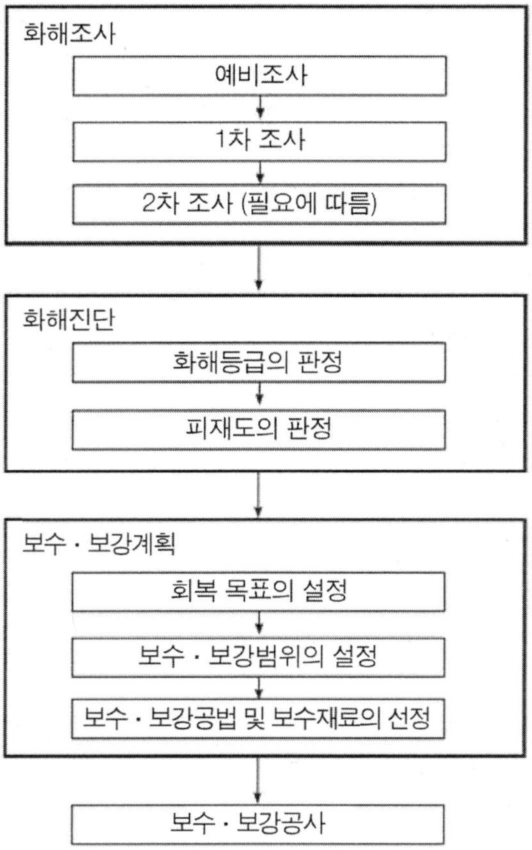

해설도 3.1.1 RC조의 화해진단 및 보수 · 보강방법의 전반적인 순서

해설표 3.1.3 1차 조사(조사범위결정을 위한 조사) 및 2차조사의 항목의 특징과 선택

	조사수단·방법		조사대상의 성능	장 점	단 점	추천되는 사용방법
1차조사	①리바운드 햄머에 의한 반발도 측정 (JIS A 1155)		•표면의 반발경도	•현장부재의 손상이 거의 없음	•표면의 경도밖에는 측정할 수 없으며, 강도추정은 어려움	•화해등급 II급 이하 •조사범위를 한정하는 목적으로 사용하기에 좋음
1차조사	②치핑에 의한 중성화 깊이 측정		•중성화 깊이 (내구성의 열화정도)	•현장에서 조사가능 •코어 채취가 어려운 부재에도 대응 가능함	•500℃ 이상인지 아닌지 이외에는 할 수 없음 •경년변화와의 판별이 곤란한 경우가 있음	•비교적 간편하지만, 조사범위의 한정 혹은 코어채취가 불가능한 부위에 대한 보완적으로 사용하는 것이 좋음
1차조사	③모스경도계에 의한 스크래치 경도시험		•표면 경도	•현장부재의 손상이 거의 없음 •간편함	•표면의 경도밖에는 측정할 수 없으며, 강도추정은 어려움	•조사범위를 한정하는 목적으로 사용하기에 좋음
1차조사	④스크래치 시험기에 의한 스크래치 폭의 측정		•표면의 스크래치 폭	•현장부재의 손상이 거의 없음 •간편함	•표면의 긁힌 폭밖에는 측정할 수 없으며, 강도추정은 어려움	•조사범위는 한정하는 목적으로 사용하기에 좋음
2차조사	⑤콘크리트의 균열 폭, 보·바닥슬래브의 처짐 측정		•균열 폭 •처짐의 량	•간편함	•특별히 없음	•균열 폭은 보수의 정도를 결정하는 목적으로 사용하는 것이 좋음 •처짐은 건전부와 비교하는 것이 좋음
2차조사	역학시험	⑥콘크리트 코어에 의한 압축강도·정탄성계수 시험 (JIS A1107, JIS A1149)	•압축강도 •정탄성계수	•콘크리트 압축강도 및 정탄성계수를 확실하게 측정할 수 있음	•부재의 단면손상이 큼 •강도, 정탄성계수의 깊이방향의 분포는 측정 불가능	•III급 이상이 의심되는 경우, 압축 강도 시험은 기본적으로 실시 할 필요가 있음
2차조사	역학시험	⑦작은 직경 코어의 압축시험	•압축강도	•부재의 단면손상이 적음	•압축강도의 추정을 위해서는 강도 추정식을 작성 할 필요가 있음	-⑥의 실시가 어려운 경우에 추천됨 -강도추정이 안될때에는 건전한 부분과 비교에 사용
2차조사	역학시험	⑧콘크리트 코어공을 이용한 구멍 내 국부재하시험	•관입저항값	•압축강도용으로 채취한 콘크리트 구멍을 이용 •콘크리트 표면으로부터 깊이 방향으로 10mm간격으로 측정 가능 •하중과 변형량을 계측하여, 관입 저항값을 구할 수 있음	•경미한 파괴임으로, 코어 구멍의 측면에 약간 측정 자국이 남을 수 있음 •측정기기가 비교적 복잡함 •강도추정은 어렵움	•⑥을 실시한 경우에는 추천됨 •보수깊이를 추정하고 싶을 경우에 추천됨

〈표계속〉

구분	구분	조사수단·방법	조사대상의 성능	장 점	단 점	추천되는 사용방법
2차 조사	재료분석	⑨콘크리트코아에 의한 중성화 깊이 시험(JIS A 1152)	•중성화 깊이 (내구성 열화 정도)	•중성화를 확실하게 측정할 수 있음	•부재의 단면손상이 크다. •500℃ 이상인지 아닌지 판단만 가능함 •경년변화와의 판별이 어려운 경우가 있음	•⑥을 실시한 경우에 추천됨
2차 조사	재료분석	⑩UV스펙트럼 법	•수열온도	•깊이방향의 수열온도가 추정 가능	•코어 채취를 위한 단면손상이 큼 •조사순서가 복잡 •콘크리트에 사용되는 혼화제의 종류에 따라서는 추정 불가능	•깊이 방향의 수열온도를 추정하여, 보수범위를 명확하게 하고 싶을 때에 추천함
2차 조사	재료분석	⑪과망간산칼륨에 의한 산소소비량의 측정분석	•수열온도	•깊이방향의 수열온도가 추정 가능 •대응가능한 혼화재의 종류가 많음	•코어 채취를 위한 단면손상이 큼 •조사순서가 UV법보다 더욱 복잡	•깊이 방향의 수열온도를 추정하여, 보수범위를 명확하게 하고싶을 때에 추천함
2차 조사	재료분석	⑫시차열분석	•수열온도	•깊이방향의 수열온도가 추정 가능	•500℃ 이외의 판단은 어려우며, 방수의 영향도 불명확	•다른 방법과의 병용이 추천됨
2차 조사		⑬초음파 전파 속도의 측정	•음속, 탄성계수	•비파괴 조사임 •표면스캐닝법에는 열화 깊이를 추정할 수 있는 가능성이 있음	•함수의 영향이 있음 •강도추정은 어려움. •직접법으로는 열화 깊이의 파악은 어려움	•다른 방법과의 병용이 추천됨
2차 조사		⑭콘크리트의 비색분석	•함수변화 및 탄화에 의한 변색 •수열온도	•비파괴 검사임 •코어측면에 열화 깊이를 추정할 수 있는 가능성이 있음	•골재종류의 영향이 있음. •강도추정은 어려움 •실적이 적음	•다른 방법과의 병용이 추천됨
2차 조사		⑮철근의 인장시험	•항복점 •인장강도 •파단 연신율 •탄성계수	•잔존강도가 파악 가능	•부재의 손상 있음	•철근에 피해가 있는 것이 명백한 경우, 추천됨
2차 조사	부재의 강성·내력	⑯바닥슬래브 등의 진동시험	•바닥슬래브 등의 강성	•바닥슬래브의 구조체로서의 건전성을 확인할 수 있음	•큰 변형시의 성상이나 내력을 파악하는 것은 불가능	•Ⅳ급 이상으로 구조체로서 손상을 받은 가능성이 있는 경우에 추천됨
2차 조사	부재의 강성·내력	⑰보·바닥슬래브의 재하시험	•보·바닥슬래브 등의 강도(내력)	•보·바닥슬래브의 구조체로서의 건전성을 확인할 수 있음	•광범위한 조사임 •쟈키를 사용하는 경우 최상층의 보에 적용이 어려움	•Ⅳ급 이상으로 구조체로서 손상을 받은 가능성이 있는 경우에 추천됨

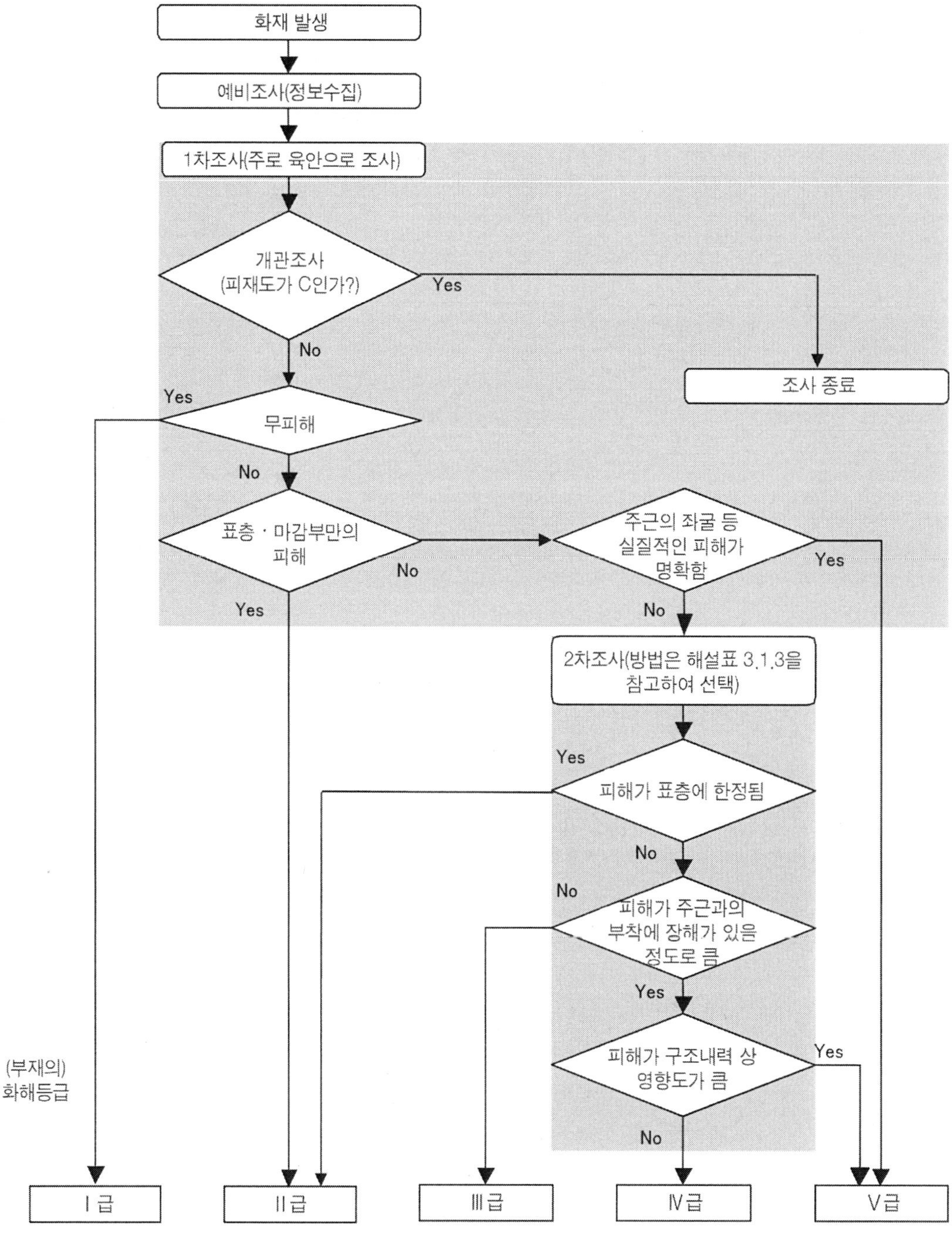

해설도 3.1.2 RC조 부재의 화해등급 판정의 흐름

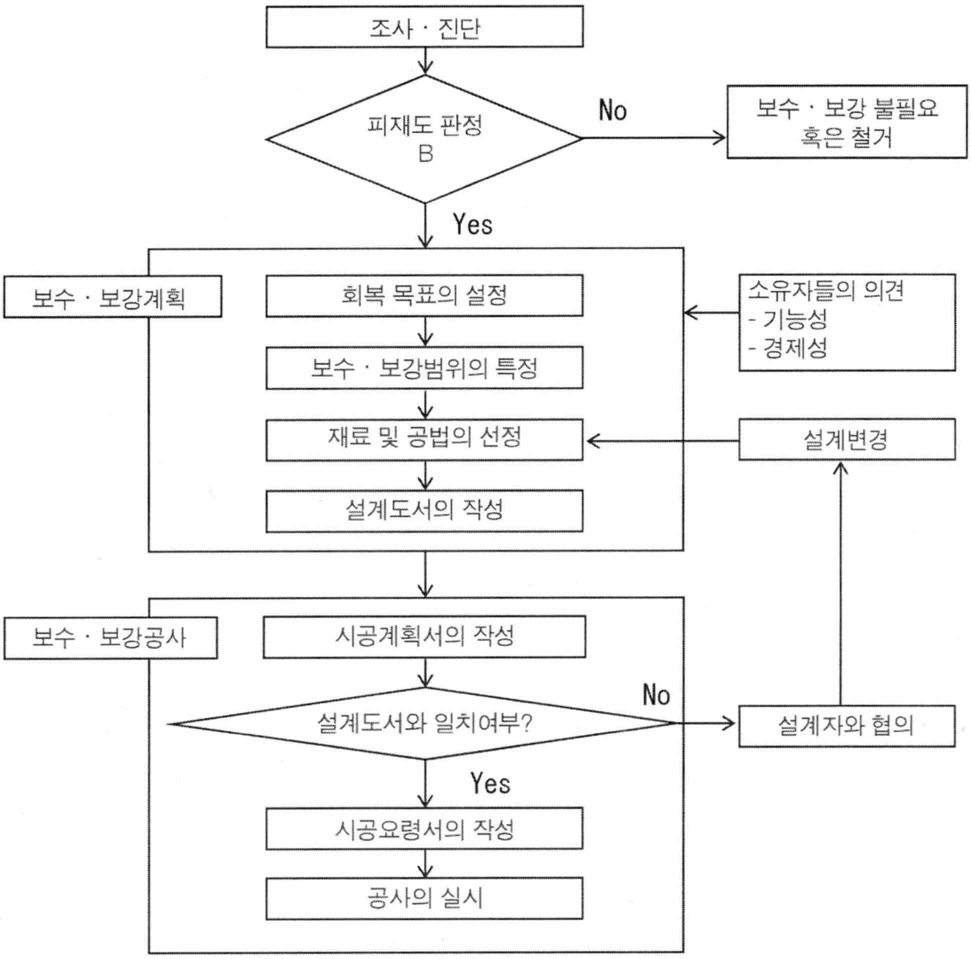

해설도 3.1.3 RC조의 보수 · 보강의 순서

3.1.2 철근콘크리트조의 화재 후 특성

조사・진단 및 보수・보강 계획에 앞서서 화재를 입은 콘크리트와 철근의 성질, 그리고 부재나 골조의 변형 성상에 관한 일반적인 특성을 파악한다.

해설

화해조사・화해진단을 할 때는 예비지식으로 화재 후 RC조의 특성을 파악해 두는 것이 바람직하다. 따라서 가열 냉각 후의 재료의 성질로서 콘크리트의 화학적 성질과 역학적 성질 그리고 철근의 역학적 성질과 부착 강도에 대해 설명한다. 또한, 화재를 받은 건물에서는 열변형 및 열응력의 영향이 화재 실 이외에도 미칠 수 있다는 점에서 RC조 부재 및 골조의 성상에 대해서도 간략히 설명한다.

또한 가열을 받은 콘크리트 및 철근의 특성에 대해서는 문헌[2)]에 자세하게 정리하고 있기 때문에, 필요에 따라 참고하기 바란다.

1) 콘크리트의 화학적・역학적 변화

가열을 받은 콘크리트의 외관 및 화학적・역학적 성질의 변화에 대하여 그 개요를 해설표 3.1.4에 나타내었다.

외관은 수열된 온도에 따라 색상과 균열의 상태가 변화되기 때문에 육안에 의한 표면 수열온도 추정의 지표가된다(해설사진 3.3.10 참조). 또한, 최근 가열온도 및 방수의 여부 등을 매개 변수로 분광색도계를 사용하여 콘크리트의 색상에서 수열온도를 추정하는 방법도 검토되고 있다[3)].

화학적 변화는 외관이나 역학적 성질의 변화를 초래하는 요인의 하나이다. 화학적 변화에 주목한 수열온도의 추정법으로서 본 지침의 부록에 나와 있는 X선 회절분석 및 시차열천평분석 등이 있다. 콘크리트는 화재시 고온이 될 뿐만 아니라 가연물의 연소에 의한 이산화탄소 및 기타 연소 생성물에 노출된다. 더욱이 소화활동에 의한 방수 및 피해 후 시간 경과에 따라 흡습하는 경우도 있다. 따라서 화학성분분석에 의한 수열온도의 추정에서는 피해 현장에서 시료의 샘플링・분석・평가의 각 단계에서 위에 서술한 화재 특유의 영향을 받고 있을 가능성이 있다는 것을 염두에 두고, 적절하게 판단할 필요가 있다. 또한, 콘크리트가 가열을 받으면 500~580℃의 온도에서 식(3.1.1)과 같은 화학 반응을 일으켜 콘크리트 중의 유리알칼리 성분인 수산화칼슘이 열분해하여 중성화된다. 이 중성화는 철근 부식에 대한 저항력의 저하 즉 구조체의 내구성 저하로 이어지기 때문에, 보수・보강계획을 수립할 때에 유의해야 할 화학변화이다.

$$Ca(OH)_2 \rightarrow CaO + H_2O \quad (500 \sim 580℃)^{4)} \qquad (3.1.1)$$

압축강도는 대체로 수열온도가 200℃를 넘으면 감소하기 시작하여, 500℃에 도달하면 상온 시의 1/2정도까지 저하된다. 수열온도가 300℃ 이하의 경우에는 냉각 후 압축강도는 수열 전의 70% 이상 잔존하고 있다고 하는 실험결과가 다수 보고되었다. 또한 낮은 강도의 콘크리트에 대해 500℃ 이하의 수열이라면, 잔존 압축강도가 시간의 경과와 함께 자연 회복한다는 실험결과[5]가 보고되었다. 그러나 3.5.2항에서 설명하지만 공기 중에서는 강도의 회복이 진행되지 않는 고강도 콘크리트의 예도 보고되었다. 따라서 압축 강도의 자연회복은 기대하지 않는 편이 좋다. 고온이력에 따른 탄성계수의 저하는 압축강도의 저하보다 약간 크게되는 경향이 있다.

2) 철근 및 PC강봉의 역학적 변화

고온을 받은 철근 및 PC강철봉의 항복점과 인장강도의 잔존율을 해설표 3.1.5에 나타냈다.

통상의 이형철근은 수열온도가 500~600℃ 이하라면 가열냉각 후의 잔존강도는 수열 전 강도와 동등하다. PC강봉은 강의 종류에 따라 다르지만, 수열온도가 300~400℃를 초과하면 강도는 회복되지 않는다.

실제로는 제품의 내력은 규격 치보다도 높으므로 보수·보강계획의 수립할 때에 회복목표로서 잔존강도가 규격치 이상인지 여부를 기준으로 하는 개념도 있다 (2.2 절 참조).

고온 이력 후의 이형철근과 콘크리트와의 부착강도의 일례를 해설표 3.1.6에 나타내었다. 부착강도는 수열온도가 500℃에서 1/4정도이고, 300℃ 이하인 경우는 수열 전의 70% 이상 잔존하고 있다.

해설표 3.1.4 고온 이력후의 콘크리트에 대한 화학적 · 역학적 성질의 변화

재료	열화의 개요
콘크리트	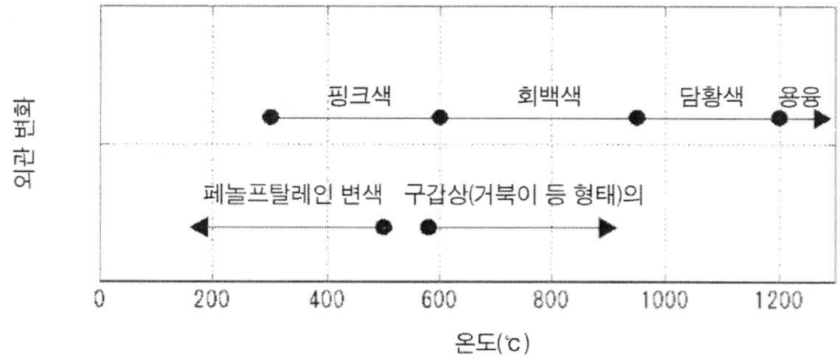 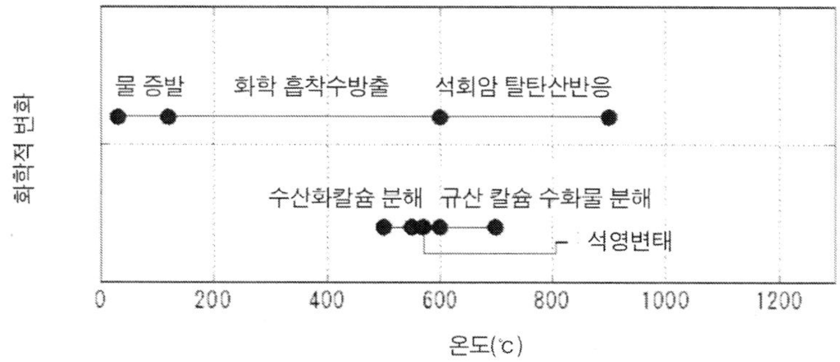 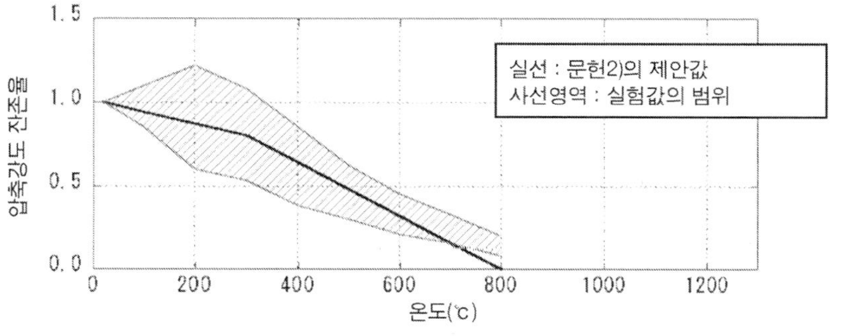 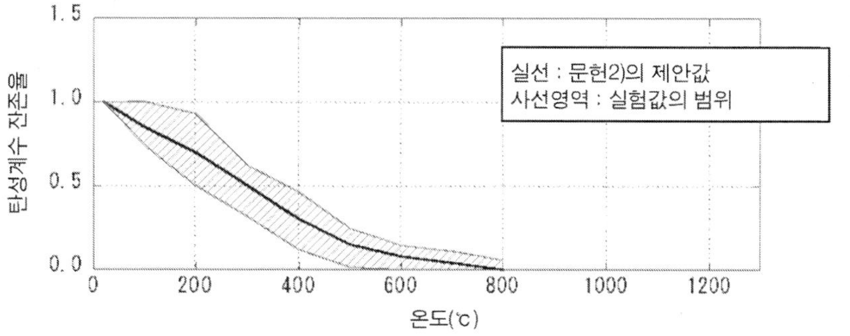

해설표 3.1.5 고온 이력후의 철근 및 PC강봉에 대한 화학적 · 역학적 성질의 변화

재 료	변화의 개요
철근 (SD345) PC강봉 (SBPR1080/ 1230)	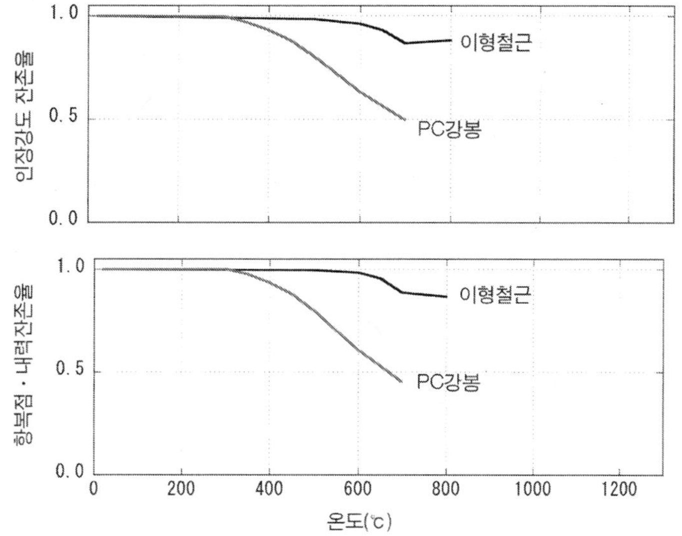
콘크리트 이형철근 (ϕ25)	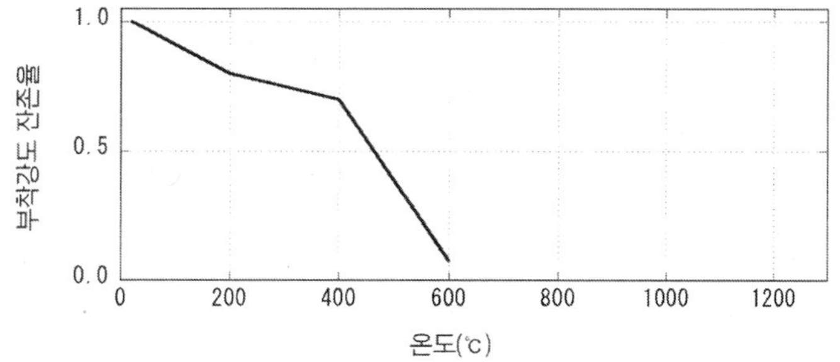

3) 부재 및 골조의 변형성상

중심 압축하중을 받는 RC조 기둥 및 연직 하중을 받는 RC조 바닥이 표준가열 (JIS A 1304)을 받은 경우의 화재 중 및 화재 후의 변형성상의 예[8]를 해설도 3.1.4 에 나타낸다. 기둥 (ϕ90mm의 중공부가 있는 300mm 각 단면, 높이 1200mm)은 180분 가열이며, 바닥 (150mm 두께, 스팬 3050mm)은 120분 가열이다.

기둥의 경우 가열 중에는 콘크리트와 철근의 열팽창에 의해 축 방향으로 늘어나지만, 재료강도의 저하에 기인하는 기둥의 내력저하 및 비가역 변형성분 (소성변형, 크리프변형, 과도변형)의 발생으로 축방향의 수축 변형량은 가열 전보다 증가한다. 이것은 골조의 수준에서 생각하면, 피 가열 기둥의 수축 변형량의 증가로 인하여 주변의 보 등도 변형되기 때문에, 골조로서는 가열 전과 다른

응력 상태가 된다는 것을 시사하고 있다.

바닥의 경우, 가열 중에는 부재의 두께 방향으로 발생하는 온도의 구배에 기인하는 만곡과 하단 철근의 강도저하 등에 기인하여 하향 처짐이 증가한다. 냉각 시에는 바닥 하단의 열팽창량의 감소와 철근의 강도회복으로 인하여 가열에 기인한 처짐의 증가는 감소한다. 그러나 가열 때문에 발생한 처짐은 완전히 회복하지 않는다는 것을 보여주고 있다.

RC조 골조가 표준가열을 받은 경우의 화재 중 및 화재 후의 변형성상의 수치해석 예[8]를 해설도 3.1.5에 나타냈다. 가열 중에는 외부측의 피가열기둥의 주두는 피 가열 보의 열팽창에 의해 수평방향으로 압출되는 동시에 위의 방향으로 변위가 발생하고 피가열보의 처짐은 증가한다. 이러한 거동은 최근 2층 1스팬 RC조 라멘 골조의 축소시험체 내화실험에 의해서도 확인되고 있다[9]. 가열 중에 발생한 변형은 냉각과 함께 감소하지만, 골조에 발생한 변형이 완전히 회복되지 않는 것이 시사점이다.

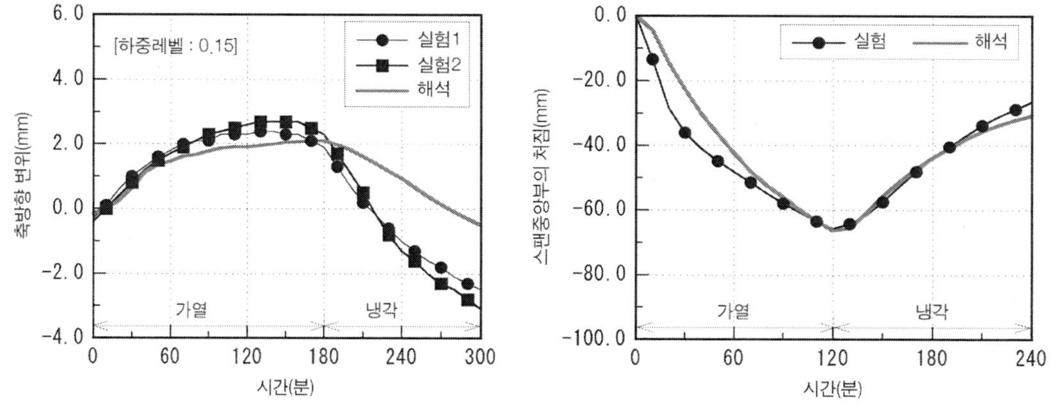

〈기둥의 축방향 변형〉
(+:늘어남, −:수축)

〈바닥 판의 중앙부 처짐〉
(−: 아래방향으로 처짐)

해설도 3.1.4 철근 콘크리트 기둥 및 바닥의 가열 · 냉각 시의 변형성상(실험 · 해석 예)

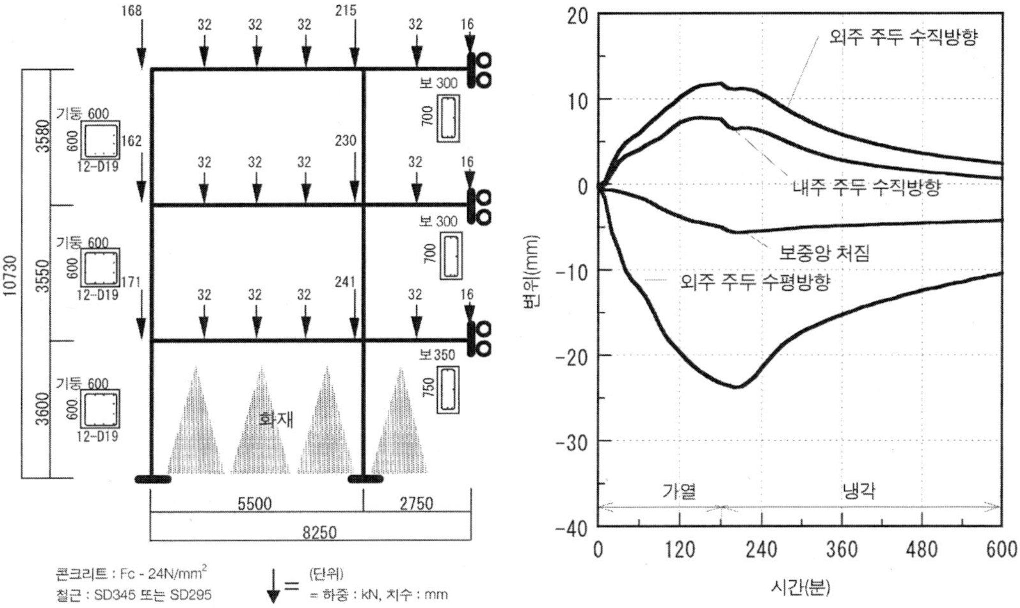

[해석모델] [해석결과:화재층의 시간–변위 관계]

(그래프 보완 : 마이너스 변위=보:아래방향으로 처짐, 기둥: 수직방향 수축변형, 외측방향 수평변형)

해설도 3.1.5 철근콘크리트조 골조의 가열 · 냉각 시의 변형성상(해석결과 예)

4) 화재 후 부재의 구조성능

화재 후 부재내력 및 강성의 산정방법은 확립되어 있지 않다. 해설도 3.1.6~3.1.8과 같이 철근의 강도가 회복할 수 있는 정도의 수열온도라 하더라도 부재내력의 저하가 나타난 사례나 강성이 50~60%정도로 저하되는 사례도 보고되고 있다.

해설도 3.1.6에 단순보 형식 (보 단면 : 200×200×1900mm, 지점 간 거리 : 1500mm, 재하 위치 : 지점 간 중앙)의 정부 반복하여 재하 실험한 예[10]를 나타낸다. 시험체는 주근을 4-D13, 전단 보강근의 비율을 0.56% (스터럽은 □-ϕ6@50), 콘크리트의 압축강도를 25N/mm^2 (252kgf/cm^2)으로, JIS A 1304 표준가열곡선에 따라 가열된 사례이다. 이 그림에 따르면, 가열시간이 긴 것일수록 장기하중 시 및 항복 시의 강성은 저하되는 경향이 있다.

해설도 3.1.7에 비교적 경미한 화재를 상정 한 온도 이력(30분에서 가열로 내부 온도 400℃, 180분에 550℃, 가열 중에는 무재하)을 가한 기둥의 처짐 전단 재하실험의 예[11]를 나타낸다. 기둥의 형상을 250×250×830 mm, 주근을 12-D13, 전단 보강근 비를 1.02% (후프는 U6@50), 콘크리트의 압축강도를 57N/mm^2 (578kgf/cm^2)으로, 재하시험의 시아스팬 비는 1.5이다. 이 그림에서는 가열이 없는 경우를 실선으로 가열이 있는 경우를 점선으로 나타내고 있다. 가열에 의한 처짐 내력의 저하는 거의 없으나 것의 강성은 저하하고 있다는 것을 알 수 있다.

해설도 3.1.8에 RC기둥 시험체를 가열냉각 한 후에 일정 축력 (4N/mm^2)을 작용시키면서 수평력을 정부 반복하여 재하한 처짐전단 가력실험의 예[12]를 나타낸다. 시험체는 기둥 형상을 350×350×1050mm (시아스팬비 1.5)・주근을 6-D13・전단 보강근 비를 0.46% (후프는 2-D6@40)・콘크리트 강도를 28~31 N/mm^{2}로, ISO 834표준가열곡선에 따라 가열되고 있다. 그림에서의 ○는 가열없음, □는 가열1시간, △은 가열 2시간의 결과를 보여주고 있다. 가열을 받지 않은 시험체는 주두 및 주각에 처짐 균열이 발생하는 처짐 파괴형이었던 반면, 가열을 받았던 시험체는 주근을 따라서 부착할렬균열이 지배적으로 발생했다고 설명하고 있다. 또한, 같은 형태의 시험체를 이용하여, 화해를 입은 건축물의 단기간 계속 사용의 가능성을 조사목적으로 하는 처짐 전단 가력에 대한 실험 예[13]를 해설도 3.1.9에 나타내었다. 가열 후 6개월의 양생 기간을 거쳐도 내진성능이 회복하는 경향은 보이지 않았으나, 2시간 가열 후에 탄소섬유 시트로 보강한 시험체는 가열하지 않은 시험체에 비해 강성은 다소 저하되나 강도와 변형성능은 동등한 성능까지 회복한 것 등이 보고되고 있다.

키누가사(衣笠) 등[14]은 화재에 의해 구조물 일부의 기둥이나 보에 강성 열화 및 내력 열화 등의 부분적인 성능 열하가 발생한 보 붕괴형 RC구조물에 대하여 지진응답해석을 진행하였으며, 처짐 여유도 및 전단 여유도를 이용하여 부분적 성능 열화가 붕괴기구에 미치는 영향 등에 대하여 검토하였다. 그 결과, 기둥 열화는 주변 기둥의 처짐 여유도・전단 여유도를 저하시켜 단층의 층 붕괴를 형성할 수 있다는 것과 보 열화는 열화시킨 보에 연결된 기둥 이외의 기둥의 여유도를 저하시켜 2층의 층 붕괴를 형성할 수 있다는 점 및 중간층과 최상층을 열화시킨 경우에는 층간 변형 각의 총합이 증가하는 것 등을 지적하고 있다. 보수 및 보강방법의 선정에는 이러한 메카니즘에 대한 최신 해석 예 등도 참고하면 좋다.

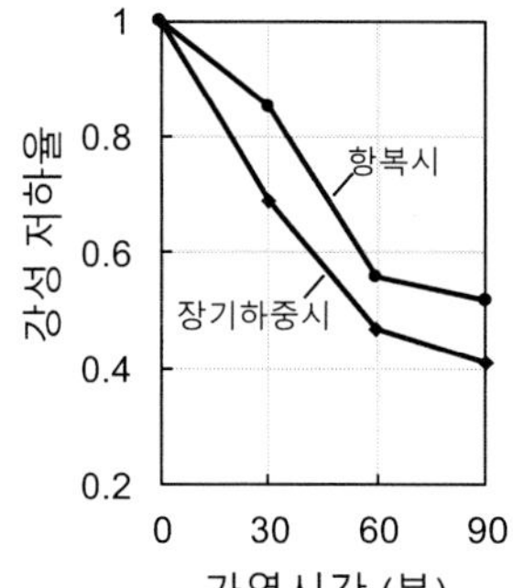

해설도 3.1.6 항복 시 및 장기하중 시의 강성저하율[10]

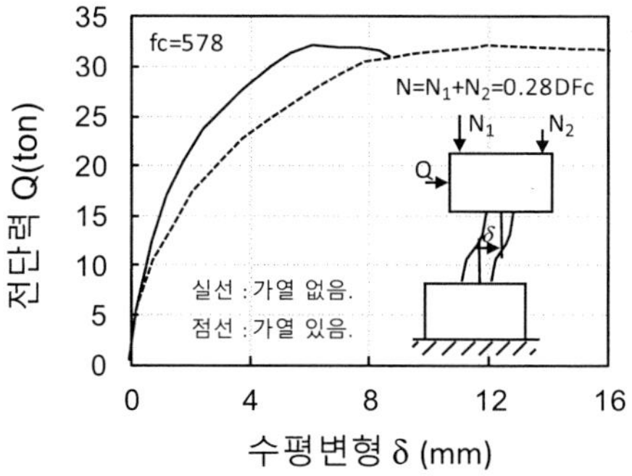

해설도 3.1.7 전단력과 수평변형관계[11]

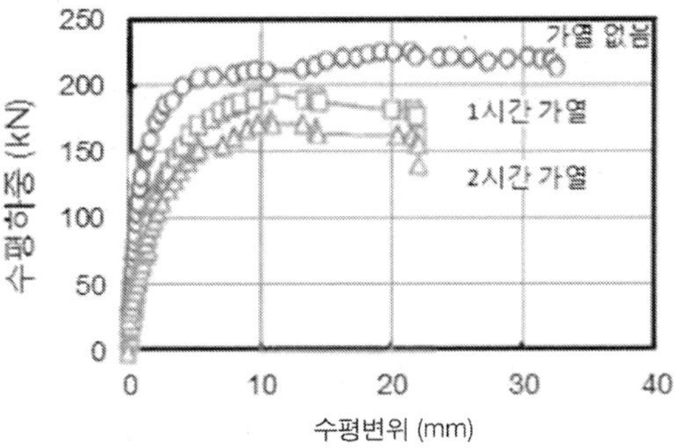

해설도 3.1.8 하중과 변위와의 관계 [12)]

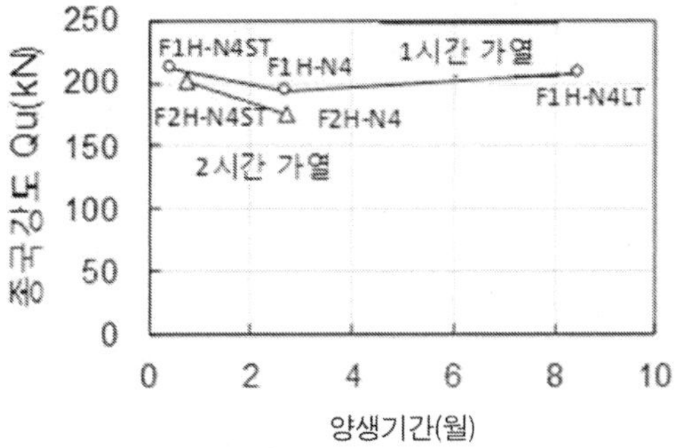

해설도 3.1.9 종국강도와 가열 후의 양생기간 [13)]

3.2 예비조사 (정보수집)

예비조사에서는 1차 조사의 방침을 결정하기 위하여 건물개요 및 구조개요조사 및 화재 발생에 관한 정보의 수집을 진행한다.

3.2.1 건물개요의 조사

건물개요의 조사에서는 화해건물에 대한 건물개요와 준공 후 여러 이력 및 적용된 관련 법규 등의 기본 정보를 수집한다.

해설

화재 현장에서의 조사 및 보수・보강방법을 결정하기에 앞서서, 화재 이전의 정보로서 건축 구조상의 특징 및 관련 법규를 파악하는 것을 목적으로, 건물의 개요조사를 실시한다.

(1) 건물 개요

건물 개요는 다음 항목으로 구성되며, 이들은 설계도서에 따라 조사한다.

- 준공 연차
- 설계자, 시공자, 소재지
- 구조형식(라멘구조・벽식구조 등)
- 건축면적, 연 면적, 층수
- 용도
- 구조 종별 (RC조・강구조・목조 등)
- 내장 마감재

(2) 건물의 준공 후 관련 기록

준공 후 제반 기록은 다음의 항목이 있고 이것들은 유지관리기록에 의해 조사한다.

- 과거의 화해 상황 및 보수 · 보강 기록
- 과거의 지진 등에 의한 피해 경험 및 보수 · 보강 기록
- 개장, 개축, 용도 변경

(3) 관련 법규

준공 및 화재 시의 관련 법규를 조사한다. 이것들은 설계도서 및 유지관리기록에 의해 조사한다.

- 건축 기준법 (건축기준법시행령 · 고시 및 각종 통지)
- 소방법 관련 법규
- 각 지방 행정청의 건축 관련 법규 (예: 도쿄도 안전 조례)
- 각 지방 행정청의 소방 관련 법규 (예: 화재안전조례-도쿄도)

설계도서는 다음과 같다.

- 각층 평면도, 평면 상세도
- 단면도, 단면 상세도
- 입면도 (동서남북)
- 마감 표, 각 실의 전개도
- 방화구획도
- 설비 관계 계통도 (특히, 방재 관계)
- 구조도 (바닥 복도 · 축조도 · 부재 단면 리스트 · 배근도 등)
- 구조 계산서
- 검사 필증

「준공 연차」는 당시의 관련 법규나 과거의 지진 등의 피해 상황을 알 수 있기 때문에 중요하며 최초에 파악해야만 하는 정보이다. 준공 이전(공사 중)의 화재는 방화구획의 시공이 완료되지 않은 단계에서 화재가 발생하는 사례도 있으며, 피해가 확대 될 수 있다. 「용도」는 화재시 가연물 양을 추정할 때의 단서가 될 수 있다. 「내장 마감재」는 가연성 내장 마감재의 경우라면 플래시오버가 발생하기가 용이하였다고 생각되며, 화재 진전상황의 추정에 참고가 된다. 더나아가 1차 조사에서 구조체의 수열온도를 추정할 때 중요한 정보가 된다.

「과거의 화재나 지진에 의한 피해」가 있을 때에는 관찰된 현상(특히 균열이나 변형)이 이번 화재에 의한 것인지 아닌지를 확인할 필요가 있기 때문에, 이전의 피해와 보수 내용을 알아두는 것이 좋다. 「개조 · 개축」가 이루어졌으면 준공 시의 설계 도서뿐만 아니라, 개조 · 개축 후의 설계도서를 입수하여야 한다.

「관련 법규」는 조사건물의 준공 도시의 것과 화재시의 모든 관련법규를 알아보는 것이 좋다. 화재시 관련 법규를 조사하는 것은 소방법이 변경된 경우, 변경 시 건물에 소급조치가 취하여 짐으로서, 반드시 준공 시의 법규에 근거하지 않은 상태가 발생할 수 있기 때문이다.

화해조사의 실무에서는 예비조사의 단계에서 건물의 소유자 · 관리자와 미리 협의하여, 조사의 개요에 대하여 의사를 확인해 두면, 다음의 조사를 원활하게 실시할 수 있는 경우가 많다. 또한, 이 단계에서 조사일정을 결정하기 위한 정보도 입수해 두는 것이 좋다. 화재 직후에 현장에 접근하지 않은 기간이나 높은 곳에 있는 부재를 조사하기 위한 비계설치에 필요로 하는 기간 등의 정보이다. 조사자에게는 화재 후의 현장을 정리하지 않고 현장상황을 유지하고 있는 것이 바람직하지만, 소유자와 사용자는 빨리 정리하고 싶어하므로 현장의 정리도 포함한 조사일정을 협의하는 것이 좋다.

3.2.2 구조개요의 조사

구조개요 조사에서는 화해 건물의 구조개요 정보를 수집한다.

해설

화재현장에서 조사를 하기 전에, 화해건물의 구조개요의 정보를 수집한다. RC조 건물의 경우, 수집해야할 정보는 다음과 같다.

- 콘크리트의 설계기준강도(Fc)
- 콘크리트의 종류 (보통 · 경량 등)
- 콘크리트의 사용재료 · 배합(골재의 종류 · 최대 크기 · 시멘트의 종류 · 혼화제 등)
- 철근의 종별, 강도

이러한 정보는 설계도서 또는 건물의 시공관리기록에서 입수할 수 있다. 콘크리트의 배합은 반드시 모든 정보가 필요한 것은 아니지만, 가능한 범위에서 입수하는 것이 좋다.

구조개요의 정보는 2차 조사의 역학적 시험의 측정결과를 평가할 때 반드시 사용하게 되고, 설계기준강도와 배합에 따라서 폭열성상이 상이하므로 예비조사단계에서 입수하여 구조개요를 염두에 두고 육안조사를 진행하는 것이 좋다. 콘크리트 코어를 채취하여 시험하는 경우에는 코어의 직경을 결정할 때에 조골재의 최대치수가 관계되기 때문에 예비조사단계에서 조사해 두는 것이 바람직하다.

3.2.3 화재정보의 수집

화재정보의 수집은 신문이나 소방서 및 해당 건물 관계자 등으로부터 출화원인 · 화재위치 · 가연물의 양과 종류 · 소화의 상황 · 출화시간 · 진화시간 등, 화재상황에 대한 구체적인 정보를 수집한다.

해설

화재 중의 정보를 얻어 조사방침을 세우는 것이 목적으로서, 신문정보 · 인터넷 정보 · 소방서 및 건물 관계자로부터 다음의 항목에 대해 정보수집을 진행한다. 화재중의 상황을 파악하고, 화해조사표 (부록-7.2 참조)를 작성한다.

- 출화의 원인
- 화재 위치
- 가연성 물질의 양과 종류
- 소화의 상황 (소방대의 활동상황)
- 출화 시각, 진화 시각 (화재지속시간)
- 연소경로 및 화해의 범위 (최대피해장소)
- 그 밖의 주의사항 (부재의 붕괴, 탈락 등)

신문기사는 신문기자가 일반적으로 5W1H로 사실로 신속하게 보도하고 또한 목격자의 인터뷰를 게재하는 경우도 있으므로, 화재의 진전을 추정하는 데 귀중한 정보이다. 또한, 인터넷의 정보는 신문보다 즉시성이 높고, 동영상도 배포되는 경우가 있기 때문에 이용가치가 높다. 그러나 신문기자와 인터넷 정보 발신자는 화재의 전문가가 아니므로, 기사의 내용의 신뢰성에 대해서는 화해조사자가 공학적 근거에 따라 판단할 필요가 있다.

또한, 빠르게 화재현장에 도착한 소방대로부터의 정보는 소화의 전문가들이므로, 신뢰성이 있는 중요한 정보이다. 화재가 발생하면 119번을 통하여 일반적으로 대략 20분 정도에 소방대가 도착하여 소화작업에 투입된다. 그 후 화재원인을 추정하기 위한 현장검증이 진행된다. 그때에는 소방이나 경찰 등 공적기관의 직무집행으로 화해조사자를 포함하여 관계자 이외의 사람은 현장에 출입할 수 없는 경우가 많다. 이러한 작업 후에 소방의 견해와 보고를 청취하는 것은 가능하지만, 건물소유자 이외에는 정보를 공개하지 않는 경우도 많고, 내용을 듣고자 할 때에는 건물소유자가 동석해야만 할 필요가 있다. 공공건물이라면 이러한 제한은 적고, 정보를 얻을 수 있는 경우가 대부분이다. 구조체의 손상을 추정하기 위해서는 최대한 빨리 화재 후의 상황을 확인하는 것이 필요하며, 그것이 정확한 진단으로 이어지므로 소방의 견해와 보고는 매우 중요한 정보가 된다.

건물관계자(목격자, 주민 등)로부터 정보가 얻어지면 적극 활용해야 한다. 특히 주민으로부터는 화재 전후에 창호가 덜컹거리는 등 사용감의 변화가 없었는지의 정보를 얻을 수 있게 되면, 화재 실로부터 떨어진 부분의 건물의 변화상태를 파악할 수 있는 가능성이 있다. 다만 건물관계자는 화재전문가가 아니므로, 정보의 정확성에 대해서는 화해조사자가 공학적 근거에 따라 판단할 필요가 있다.

조사 단계에서는 화재 잔존물이 이미 철거되는 경우도 많지만, 그 경우는 화재 직후에 촬영한 사진 등을 입수하여 가연물의 잔존상황을 파악하는 것이 좋다.

3.3 1차조사 (육안 등에 의한 조사)

1차 조사에서는 2차 조사의 필요 여부를 확인하기 위해 부재의 표면상태에 의한 화재진행상황의 파악 · 조사범위의 결정 · 표면의 수열온도 추정을 주로 육안관찰에 의해 실시하며, 부재 및 건물에 대하여 화해의 정도를 판단한다.

해설

1차 조사는 화재실 및 화해건물 본체의 화해의 정도를 육안으로 조사하여, 부재 및 건물의 화해의 정도를 판단하는 것을 목적으로 한다.

조사건물이 화재로 크게 손상을 받은 경우에는 우선 응급 위험도 판정을 실시한다. 응급 위험도 판정은 해설표 3.3.1에 나타낸 「철근콘크리트조 건축물의 피재도 RC판정표」에 따라 육안으로 실시한다. 구조체가 피재도 C로 판정된 건물은 붕괴의 위험이 있기 때문에, 이 시점에서 조사를 종료한다. 여기서 이용하는 피재도 C 판정표는 (일반재단법인)일본건축방재협회「재해건축물 응급 위험도 판정 메뉴얼」[1)]을 참고로 작성한 것이지만, 특히 화재로 인한 피해가 현저한 층을 확인대상으로 하고 있는 등 화해진단 시에 사용하는 것을 전제로하고 있다. 즉, 피재도 C인지 아닌지의 판정만을 목적으로 작성되는 점에 주의하여 사용하여야 한다.

조사자에 의해 예비조사의 재확인을 행한 후에, 주로 화재 실을 중심으로 화해상황의 요약을 육안 등으로 파악하여, 화재 진전상황(화재의 시작부터 확대상황과 화재지속시간 및 화재최고온도)의 추정을 진행한다. 조사결과 및 추정결과를 바탕으로 조사범위를 구체화한다. 그때, 현장에서의 중성화 깊이측정 · 리바운드 해머에 의한 반발도 측정 · 모스 경도계에 의한 스크래치 경도 측정 · 스크래치 시험기에 의한 스크래치 폭의 측정 등을 진행하여, 이것들의 결과를 이용해도 좋다. 조사범위가 결정되면 그 범위를 더욱 상세하게 육안관찰하여, 부재 표면의 수열온도를 추정한다.

조사건물의 모든 부재가 피해가 없는 상태이거나 마감재 부분만의 피해라면 조사는 종료한다. 일부라도 마감재 부분이상으로 피해가 발견된 경우에는 2차 조사를 실시한다.

해설표 3.3.1 철근 콘크리트 조 건축물의 피재도 C 판정표

본 판정표는 개관조사를 통해 피재도 C「붕괴의 위험성이 있고, 재사용이 어려운 경우」를 판정하는 것이다. ■ 개관조사 아래 항목에 해당하는 경우는 ○를 붙여 판정 • 전체적으로 위험하다고 판단되는 경우 (건축물 전체 또는 일부) a. 건물 전체 또는 일부의 붕괴 · 낙층 b. 건물 전체 또는 일부의 현저한 경사 • 구조체에 대한 위험도로 판정되는 경우 (피해가 최대인 층에서 손상된 기둥의 개수를 조사한다. 벽 구조의 경우에는 기둥의 개수를 벽의 길이로 환산하여 본다. c. 철근이 휘고, 내부의 콘크리트도 붕괴되어 떨어지고, 전체적으로 기둥에 높이 방향과 수평 방향으로 변형이 생겼다는 것을 알 수 있는 기둥 (침하 및 경사를 볼 수 있는 것이 특징. 철근의 파단이 발생하는 경우도 있음)의 개수가 최대피해 층의 총 기둥 갯수의 10% 이상 d. 큰 균열 (폭이 2mm 이상)이 다수 발생하여, 콘크리트의 박락도 현저하고 철근이 상당히 노출된 기둥의 개수가, 최대피해 층의 총 기둥 개수의 20% 이상 e. c.에 해당하는 기둥의 개수가 1% 이상이고, d.에 해당하는 기둥의 개수가 10% 이상 ■ 판정 개관조사의 1항목 이상의 ○가 있으면 피재도 C로 판정한다. 1. 피재도 C (화해조사 불필요) 2. 기타 (화해조사 필요)

손상의 기준은「철근 및 철골철근콘크리트조 건축물의 응급 위험도 판정 조사표의 구조체(기둥)의 피해 판단」1)을 참고로 작성

3.3.1 화재 진전상황의 추정

화재 진전상황의 추정은 그을음의 부착상태 및 목재의 탄화깊이, 가연물의 연소상황 등으로부터 진행한다.

해설

화재 진전상황의 추정은 1차 조사의 범위를 결정하기 위해 화재실을 중심으로 화해를 받은 것으로 보이는 부분을 대상으로 한다.

일반적인 내화설계는 국소화재 또는 최성기 화재를 상정하지만, 국소화재의 경우에는 화재발생장소가 한정되며, 최성기 화재는 실 전체가 균일한 화재로 상정하여 실시한다. 그러나 실제의 화재는 설계 시에 가정한 것처럼 일정하게 진전되지 않는다. 개구부의 위치나 크기, 실제 연소물의 종류나 양 등에 따라 다양한 진전상황을 나타낸다. 일반적으로 화재 진전상황의 추정은 화재현장에서 신선한 공기의 유입방향 · 연소가스의 유출방향 · 그을음의 부착 상태 및 소실 상황 · 가연물의 연소상황으로부터 수행하며 그때에는 다음의 원칙을 염두에 두면 좋다.

- 열기는 상승한다.
- 열기는 유체로서 관성력이 있다.
- 화재 당일의 바람의 방향에 의하여 화염의 흐름이 영향을 받는다.
- 개구부의 수와 배치 및 그 개폐상황에 따라 화염의 방향이 변한다.
- 가연물의 양과 위치에 영향을 받는다.

열기는 항상 상승하기 때문에 화재시의 주위온도는 상부로 갈수록 고온이 되지만, 코너 부에서는 진전하기 어려운 등의 성질이 있다. 또한, 화재는 신선한 공기의 유입 및 연소가스의 유출에 의해 확대되는 경향이 있고, 개구부가 여러 곳에 있으면 한 방향의 흐름으로 되어 확대될 수 있다. 따라서 개구부의 수, 배치, 화재시의 풍향에 착안하여 화재의 흐름을 추정한다. 실외 측 개구부 상부의 상황은 화염의 분출상황을 추정하는 데 도움이 될 수 있다. 또한, 화재 당시의 가연물 배치를 알고 있는 경우에는 해당 정보도 살려 진전상황을 추정하도록 한다.

상기의 원칙에 따라 피재부분 전체를 관찰한 후, 화재진행상황을 추정하고, 전체 화재의 흐름을 파악하도록 한다.

화재진행상황을 추정할 때의 주의사항은 아래와 같다.

① 출화원에 지나치게 얽매이지 않도록 한다.

출화원을 알고 있는 경우, 그 근처가 가장 연소가 심했을것으로 생각되지만, 공기의 유출입에 따라 출화원을 벗어나 화재가 진전될 수 있다.

② 화재 직후의 상황을 정확하게 파악한다.

화재 직후에 조사를 실시하는 경우를 제외하고는 조사 시점과 화재 직후상황이 다른 경우가 있다. 직후의 상황을 사진이나 경청을 통하여 정확하게 파악해야만 한다.

③ 화재에 의한 피해인지 소화활동에 의한 피해인지 구별한다.

개구부 창호가 탈락해 있거나, 유리가 깨져있거나, 천장이 낙하하는 등의 현상이 있을 때는 반드시 화재 자체가 원인이 아니라 소화활동 (방수 및 진입을 위한 파괴)가 원인인 경우가 있다. 소화상황도 예비 조사에서 정확하게 파악해 두는 것이 좋다.

④ 그을음이 없는 경우, 주변의 상황을 잘 관찰한다.

그을음이 없는 경우, (1)그을음이 전혀 부착되어 있지 않음, (2)그을음이 소실해 있음, (3)그을음이 소화활동으로 씻겨나간 것 중 하나라고 판단된다. 주위의 상황을 잘 관찰하여, (1)~(3)의 어떤 상황인지를 정확하게 판단할 필요가 있다.

⑤ 열기가 전달되어 이격된 장소로 확대되는 사례도 있다.

덕트를 통해 확산되어, 덕트 내부의 기름에 착화하는 경우 등이 있다.

피재부의 화재지속시간 t (분)는 예비조사에서 수집하는 정보(소방서 자료 등) 이외에도 목재의 탄화깊이 등에서도 추정 할 수 있다 (해설사진 3.3.1). 조사된 목재의 탄화 깊이 d (mm)를 목재의 평균탄화속도 (0.6mm/분)으로 나누는 방법[15]이 일반적이다(식 (3.3.1)).

$$t = \frac{d}{0.6} \tag{3.3.1}$$

목재의 탄화속도는 화재상황에 따라 다르며, 화재 실의 온도가 높을수록 탄화속도가 커지는 경향이 있다[16]. 화재온도상승계수 a가 추정될 때 화재지속시간 t 는 식(3.3.2)으로 추정할 수 있다.

$$t = \frac{d}{0.0022\alpha - 0.27}\ (\text{삼나무}), \quad t = \frac{d}{0.0020\alpha - 0.22}\ (\text{미송}) \tag{3.3.2}$$

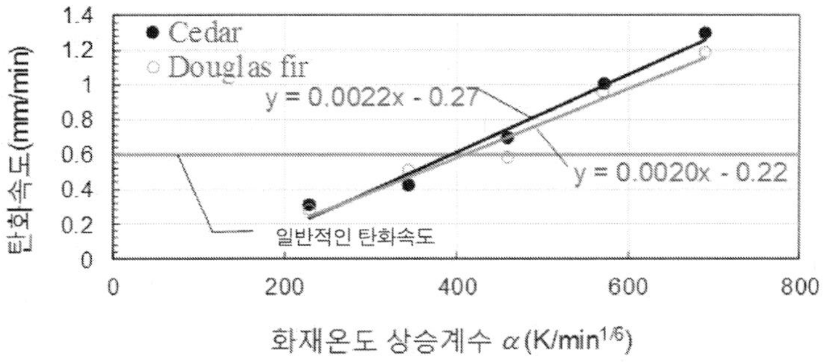

해설도 3.3.1 화재온도상승계수와 탄화속도의 관계 [16)]

해설도 3.3.1의 가로축은 화재온도상승계수 α [K/min$^{1/6}$], 세로축은 탄화속도 [mm/min]이다. 화재 실의 온도 T_f 는 시간 t (분)와 화재온도상승계수 α 에 대하여 $T_f = \alpha t^{1/6} + 20$ 의 관계가 있으므로, 이 실험에서는 α를 230, 345, 460, 575, 690의 5단계로 설정하고 있다. α=460은 내화실험에 사용되는 ISO 834 표준가열온도에 해당한다. 실험결과에서는 α가 클수록 목재의 탄화속도가 커지는 경향을 보이며, α에 대해 선형 적으로 증가하고 있다. 미송 (Douglas fir) 의 α=460에서는 탄화속도의 관용 값인 0.6mm/min에 거의 일치하는 결과를 나타내고 있다. 동일한 α라도 밀도가 높은 미송이 삼나무(Cedar)보다 탄화속도는 작아지고 있다.

α는 실내의 가연물의 발열량, 경계 벽 · 바닥 등의 면적과 열관성, 개구부의 위치와 면적을 알면, 2000년 일본건설성 고시 제1433호에 따라 산출할 수 있다.

목재 표면의 가열온도가 추정된 경우에는 식(3.3.3)에 대입하여 화재지속시간을 추정할 수 있다 [17)]. 즉, 식(3.3.3)은 기류가 없는 내부에서의 기건 목재에 대한 추정 식이다. 식(3.3.3)에서 사용하는 있는 α는 식(3.3.2)의 화재온도상승계수와는 다르다.

$$t = \frac{d^2}{\alpha^2(\theta/100 - 2.5)^2} \tag{3.3.3}$$

여기서, t : 화재지속시간 (분)

d : 탄화 깊이 (mm)

θ : 목재 표면의 가열온도(℃)는 주변 부재의 여러 상황으로부터 추정

α: 재종에 의한 상수 (삼나무: 1.0, 소나무: 0.78, 노송나무: 0.60)

일반적으로 비중이 큰 목재일수록 α는 작아진다. 소나무는 수지를 포함하기 때문에 노송나무보다 비중이 큼에도 불구하고 α는 커진다.

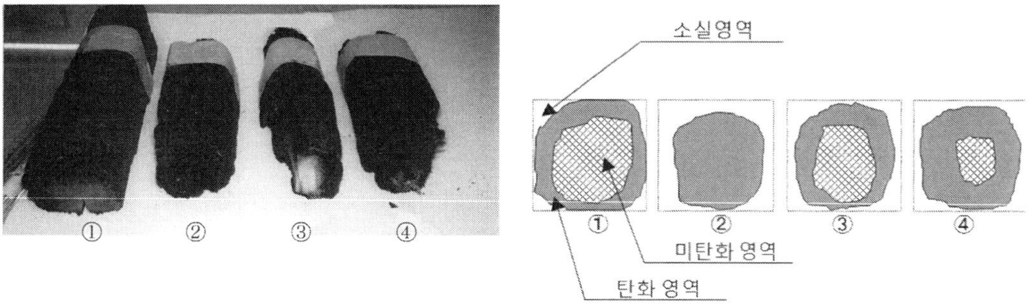

해설사진 3.3.1 목재의 탄화상태

피재부의 화재 최고온도의 추정은 곤란하기 때문에 일반적으로 각 사용재료 (알루미늄, 구리, 철 및 폴리에틸렌 등)의 연소특성 및 고온특성[18), 19)] (용융온도, 인화온도 및 발화온도 등) 등으로부터 다양한 사용재료의 수열온도를 추정하고, 추정된 수열온도의 최대 값을 화재 최고온도의 기준으로 하는 경우가 많다. 또한, 콘크리트는 고온에 노출되면 변색 등을 일으킬 수 있기 때문에 색상이나 균열 등의 표면상태로부터 수열온도를 추정할 수 있다. 각종 재료의 수열온도를 추정하는 지표나 콘크리트의 변색상황과 수열온도의 관계에 대해서는 3.3.3 항의 해설에 나타낸다.

다음에 화재 진전상황의 추정 예를 해설도 3.3.2에 나타낸다.

10층 공동주택의 3층 주택에서 발생한 화재에 대해 그 진전상황을 추정했다. 이 화해조사에서는 먼저 큰 피해 상황을 다음과 같이 파악했다.

- 화재 추정실의 A실 · 현관 및 복도는 콘크리트가 담황색으로 변색하고, 피해가 가장 컸다.(추정 수열온도 950℃ 이상).
- B실과 C실 및 D실의 피해는 그 다음이다 (950℃ 이하).
- 개구부 a 외부 발코니 천장 부분은 그을음이 부착 (300℃ 이하), 개구부b 외부 발코니 천장 부분은 그을음이 소실되어 있었다 (500℃ 이상).
- 개구부 c 외부 발코니 천장 부분은 콘크리트가 회백색으로 변색해 있었다 (600~950℃).
- 같은 층의 계단실은 그을음이 소실되었고, 큰 피해를 받았다 (500℃ 이상).
- 계단실 위쪽으로 연기가 확대되어, 최상층까지 그을음이 부착되어있었다 (300℃ 이하).

위의 상황에 따라서 아래와 같은 화재의 진전상황을 추정했다.

① A실에서 화재가 발생.

② A실내에서 화재가 진전.

③ 개구부 a가 파손(유리가 깨짐) 되었기 때문에 개구부의 하부로부터 급기, 상부를 배기로 하여

화재가 계속 · 확대.

④ 현관문은 어떤 이유로 인하여 개방되어 있다고 생각되며, 현관문 → 계단실 → 위층으로 연기가 배출되었다. 이때 개구부 a는 급기구로서의 역할을 한 것으로 판단하였다.(현관문이 열린 상태로 된 원인은 문의 구조, 자동 잠김 장치의 고장, 열에 의한 문의 변형, 인위적으로 문이 닫히지 않게 되어있었던 상황 등을 고려할 수 있다.)

⑤ 복도로부터 계단실, B실, D실로 화재가 진전.

⑥ B실로 진전된 화재가 건식 벽을 파괴하고 C실까지 진전됨.

⑦ 개구부 b. c가 파괴. 어느쪽의 개구부에서도 화염이 분출.

⑧ 개구부 a .b .c와 현관문의 4개 장소에 개구부가 생겨 충분한 공기가 공급되었기 때문에 화재가 계속 진전되었고, 연기는 계단실을 통하여 상부로 전달되었다고 추정할 수 있다.

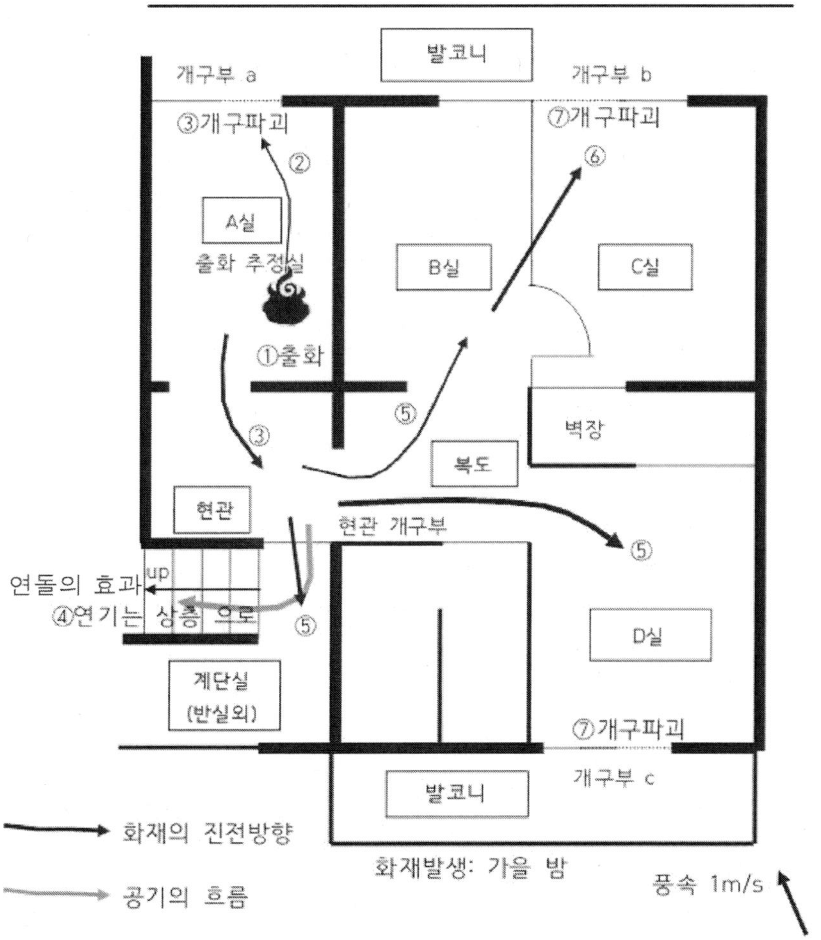

해설도 3.3.2 화재 진전상황의 추정 예

3.3.2 조사범위의 결정

조사 범위는 화재진행상황의 추정결과를 고려하여 주요한 부재의 육안관찰과 타음검사 등을 통해 결정한다. 필요에 따라 현장에서의 중성화 깊이 측정, 리바운드 해머에 의한 반발도의 측정, 스크래치 폭의 측정 등도 실시한다.

해설

화재 진전상황의 추정결과를 염두에 두고, 1차조사를하는 범위를 선정하기 위해 조사범위를 결정한다.

조사범위를 결정할 때의 육안관찰은 주로 그을음의 부착 형태에 주목하는 것이 좋다. 피해가 그다지 심하지 않은 부분에는 그을음이 부착되고 있으므로, 그을음의 부착이 없는 무피해 부분과의 경계를 정한다면 조사범위를 결정하는 기준이 된다.

구조체가 무피해인지 다소라도 손상을 받았는지는 주로 육안관찰에 의하지만, 타음검사도 병용하면 판별하기 쉽다. 육안으로는 무피해로 보였다 할지라도 구조체의 들뜸이나 박리 등이 발생하는 경우가 있으므로 타음검사를 통하여 피해를 입은 부위를 특정할 수 있어서 조사범위를 결정하는 기준이 된다.

타음검사는 해설사진3.3.2에 나타낸 바와 같은 타진봉 등으로 벽면을 타격하고 그 소리의 차이를 귀로 구별하여 건전부인지 들뜬부분인지 여부를 판별하는 것이다. 유의점으로는 숙련도에 따라서 들뜬부분의 판단에 차이가 발생할 수 있고, 장시간의 작업에 의해 판단력이 저하되므로 휴식을 필요로 하며, 조사를 위한 비계작업이 필요하므로, 경제성 · 안전성에 문제가 있을 수 있다.

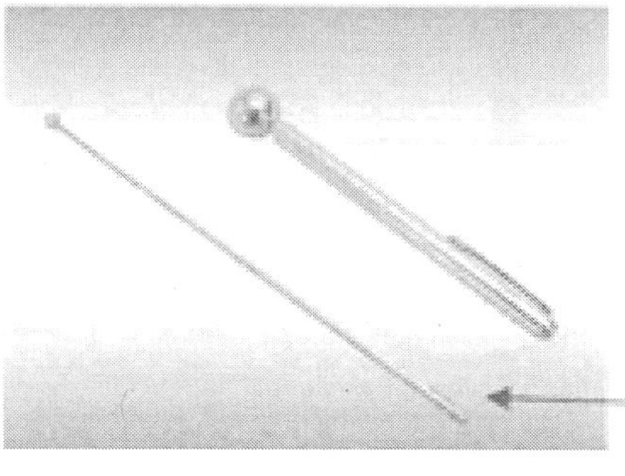

해설사진 3.3.2 타음 검사용 타진봉의 예

육안관찰과 타음 검사만으로는 조사범위를 좁힐 수 없는 경우에는 현장에서의 중성화 깊이 측정・리바운드 해머에 의한 반발도 측정・모스 경도계에 의한 스크래치 경도 측정・스크래치 시험기에 의한 스크래치 폭의 측정 등을 진행하여, 그 결과를 참고하여 조사범위를 정한다. 이러한 조사는 현장에서 즉시 결과가 판명되는 것이 특징이며, 명확한 화해부와 건전부의 조사결과로서, 조사범위 채택여부에 대한 미묘한 부분의 측정결과를 비교 검토함으로써 조사범위를 정식으로 결정한다.

또한, 화재에 의한 구조체의 피해는 화재가열에 직접 노출된 것에 따른 재료강도 및 부재내력의 저하만은 아니다. 건물의 슬래브가 화재에 의한 열팽창으로 변형됨에 따라 기둥이 전단 파괴된 사례도 있다. 이러한 것으로부터, 화재 후의 조사에서 관찰된 콘크리트의 균열이 고온상태에 노출됨에 의한 것 (해설사진3.3.6 참조)인가, 혹은 주변 부재의 열팽창에 의한 것인지를 판별하는 것도 피해 상황을 판단하는 경우 매우 중요하다.

1) 현장에서의 중성화 깊이 측정

콘크리트 표면을 치핑하여 중성화 깊이를 측정한다. 건전부와 비교하여 화해부에 중성화가 진행되고 있지 않은지를 판단하는 방법이다. 콘크리트의 중성화는 시간경과에 따라 진행하는 것이지만, 화재에 의해 가열을 받은 경우도 중성화가 진행된다.

콘크리트가 가열을 받으면 500℃~580℃의 온도에서 콘크리트 내부의 유리알칼리 성분인 수산화칼슘이 열분해되어 알칼리성이 저하된다. 이 부분이 표면으로부터 어느 정도의 깊이를 확인하기 위하여 페놀프탈레인 1% 에틸알코올용액이 사용된다. 즉, 페놀프탈레인 1% 에틸알코올용액을 분무하여 적색으로 보이지 않는 부분($Ca(OH)_2$가 열분해)과 보이는 부분($Ca(OH)_2$가 존재)을 조사하는 것이다. 적색을 나타낸 부분은 적어도 수열온도가 500℃ 이하인 것으로 추정 할 수 있다. 중성화 깊이 측정순서(JIS A 1152 : 2011「콘크리트의 중성화 깊이의 측정방법」)를 해설표3.3.2에 나타낸다. 중성화 깊이의 측정은, 1차 조사에서는 치핑면에서의 시험, 2차 조사에서는 코어 공시체에 의한 시험을 표준으로 한다.

시간의 경과(자연풍화)에 의해서도 콘크리트는 공기 중의 이산화탄소(CO_2)의 작용을 받아 콘크리트 내부의 수산화칼슘($Ca(OH)_2$)이 서서히 탄산화칼슘($CaCO_3$)으로 변화하기(탄산화라고 칭하는 사례도 있음) 때문에 중성화가 진행된다. 따라서 특히 타설 후의 장기간 경과 한 콘크리트에 대해서는 중성화의 진행이 경년열화에 의한 것인지 또는 화재에 의한 것인지 판단이 어려우므로 주의가 필요하다. 이 경우 화해부와는 별도로 그 건물에서 화해의 피해 정도가 적은 부분(건전부)의 콘크리트를 찾아 몇 군데에서 중성화 깊이를 측정하고 이를 표준의 값으로 화해부의 중성화를 판단할 필요가 있다. 여기에서 복수의 부위로 한 것은 환경상태인 이산화탄소 농도・습도 및 콘크리트의 수분 상태에 따라 경년변화에 따른 중성화 진행속도가 다르기 때문이다. 중성화 범위가 화재에 의한 진행으로 판단되면, 적색을 나타낸 부분은 500℃ 이하였다고 간주할 수 있다. 건전부의 조사가 불가능한 경우에는 일반적인 콘크리트의 중성화 진행상태를 설명표3.3.3에 나타낸 추정방법에 따라 추정할 수 있다.

중성화 깊이의 측정은 화해를 받은 부재 하나에 대하여, 예를 들어 기둥 1개에 대한 상부・중앙부・하부・4면의 몇 개소를 측정하는 것이 바람직하다. 또한, 콘크리트의 중성화 깊이는 마감재료(모르타르・플라스터・석고 보드・석면 슬레이트・합판 등)의 품질이나 두께에 크게 좌우되므로 주의가 필요하다.

해설표 3.3.2 중성화 깊이의 측정순서와 유의점

(JIS A1152 : 2011「콘크리트의 중성화 깊이의 측정방법」에 의함)

순서		내용
측정면의 준비	①-1	코어 공시체의 할렬 면을 측정하는 경우에는 압축시험기 등으로 공시체를 할렬하여, 할렬면에 부착되어 있는 콘크리트 잔해, 이물질 등을 솔이나 진공청소기 등으로 제거한다.
	①-2	코어 공시체의 측면을 측정하는 경우에는 코어를 채취한 후에 그 측면에 부착하는 이물질을 물로 씻어 제거한다.
	①-3	콘크리트 구조물의 표면에서 측정하는 경우의 표면은 부착된 콘크리트의 조각 및 가루 등을 솔이나 진공청소기 등으로 제거한다.
중성화 깊이의 측정	②	측정 면의 처리가 종료 한 후, 즉시 측정 면에 시약을 분무기로 액이 떨어지지 않을 정도로 분무한다. 측정 면을 공기 중에 장시간 방치해두면 측정 면이 중성화되어 정확한 깊이를 측정할 수 없게 될 우려가 있으므로, 즉시 측정할 수 없는 경우에는 랩을 사용하여 측정 면을 밀봉한다.
	③	측정장소에 대하여, 콘크리트 표면으로부터 자주색에 색이 나타난 부분까지의 거리를 0.5mm 단위로 측정한다. 코어 할렬 면을 측정하는 경우에는 10~15mm 간격으로 1개소, 코어의 측면을 측정하는 경우에는 5개소 이상으로 하는 것이 좋다. 표면의 경우에는 표면의 크기에 따라서 4~8개소 정도로 하는 것이 좋다.
	④	측정은 색이 나타난 부분이 안정된 후 실시한다. 색이 나타난 부분은 몇 분에서 3일 정도 이후나 또한 드라이어 등으로 측정 면을 건조하면 안정된다. 시간이 지남에 따라 색이 나타난 부분이 확대하는 경우에는 색이 나타난 부분이 안정될 때까지 기다리거나 다시 시약을 분무하여 즉시 측정하면 좋다. 선명한 자주색으로 착색된 부분보다 얕은 부분에 연한 자주색 부분이 나타나는 경우는 선명한 자주색 부분까지의 거리를 중성화 깊이하고, 연한 자주색의 부분까지의 거리도 측정해 두는 것이 좋다.
계산	⑤	평균 중성화 깊이는 측정값의 합계를 측정 장소 수로 나누어 구하고, 반올림하여 소수점 한 자리로 나타낸다. 중성화 속도를 나타내는 방법으로 중성화 깊이(mm)을 양생 종료부터 기간(년)의 제곱근으로 나눈 중성화 속도계수 (mm/√년)가 사용될 수도 있다.

해설표 3.3.3 일반적인 콘크리트의 중성화에 대한 진행추정방법

<table>
<tr><td>계산방법</td><td>건전부의 조사가 불가능한 경우에는 일반적인 콘크리트의 중성화 진행상태를 추정식(3.3.4)에 따라 추정한다.

$C = A\sqrt{t}$ (3.3.4)
여기서, C : 콘크리트의 평균 중성화 깊이(cm)
t : 재령 (년)
A : 콘크리트의 재료, 배합, 환경조건에 따라 결정하는 중성화속도 계수
A는 신뢰할 수 있는 자료 또는 시험 등에 근거하여 정하는 것으로 되어 있지만, 일치하는 정보가 없는 경우에는 식(3.3.5)로 구한다.

$A = k \cdot \alpha_1 \cdot \alpha_2 \cdot \alpha_3 \cdot \beta_1 \cdot \beta_2 \cdot \beta_3$ (3.3.5)
여기서, k : 정수 기시타니((岸谷)식은 1.72, 시로야마(白山)식은 1.41)
α_1 : 콘크리트 (골재)의 종류에 따른 계수 (보통콘크리트 1.0, 경량 1종 1.2, 경량 2종 1.4)
α_2 : 시멘트의 종류에 따른 계수 (보통포틀랜드시멘트는 1.0 등)
α_3 : 조합 (물 시멘트비)에 따른 계수 (w/c-0.38)
β_1 : 기온에 따른 계수 (동경 1.0 등)
β_2 : 습도에 따른 계수 (동경 1.0 등)
β_3 : 이산화탄소 농도에 따른 계수 (실외 1, 실내 2)
각 계수의 자세한 내용은 본회「철근콘크리트조 건축물의 내구설계시공지침(안) · 동해설」[20] 참조.</td></tr>
<tr><td>계산예</td><td>물 시멘트비 55%의 보통콘크리트에서 일반적인 실내환경하에 있는 콘크리트의 중성화 깊이의 계산 예는 다음과 같다.

[계산예] 재령   중성화 깊이
10년   1.82cm ← $1.72 \times 1 \times 1 \times (0.55-0.38) \times 1 \times 1 \times 2 \times \sqrt{10}$
30년   3.20cm
50년   4.14cm</td></tr>
</table>

2) 리바운드 해머에 의한 반발도 측정

N형 (보통 콘크리트용) 리바운드 해머로 보통 콘크리트 표면의 반발도를 측정하여, 화해부와 건전부의 반발도를 비교 평가한다. JIS A 1155:2012「콘크리트의 반발도 측정 방법」은 경화된 보통 콘크리트의 반발도의 측정방법만을 규정하고 있으며, 경량 콘크리트 및 조기재령 콘크리트 등은 대상에서 제외한다. 리바운드 해머에 의한 반발도의 측정 (JIS A 1155:2012「콘크리트의 반발도 측정 방법」)을 해설표 3.3.4에 나타낸다. 또한, 해설사진3.3.3에 리바운드 해머에 의한 반발도 측정 상황의 예를 나타낸다.

리바운드 해머에 의한 반발도로부터 압축강도를 추정하는 방법은 화해를 받은 콘크리트 부재의 압축강도 저하를 파악하기 위한 비파괴 시험방법의 하나이다. 그러나 수열온도 300~400℃ 이하의 범위에서는 수열온도가 높을수록 반발도가 증가하며, 500℃ 이상에서는 반발도가 저하된다는 연구결과[21)]가 있다. 또한, 리바운드 해머의 반발도의 측정결과로부터 압축강도를 추정하는 방법은 일본재료학회와 일본건축학회의 제안식 (본회 「콘크리트의 강도 추정을 위한 비파괴 시험방법 메뉴얼」 참조) 등 여러 가지가 있으나, 어느 것도 화해에 의한 열화를 염두에 둔 추정식은 아니므로 화해조사에 적용하는 것에는 신중을 기할 필요가 있다. 따라서 화해조사에서는 압축강도 그 자체를 추정하는 대신, 건전부와의 반발도 비교하여 상대적인 피해 수준의 확인에 사용하는 것이 타당하다. 구체적으로는 건전부보다 반발도가 저하되고 있는 부분은 반드시 조사범위에 포함할 필요가 있다. 리바운드 해머에 의한 반발도 측정절차는 JIS A 1155:2012「콘크리트의 반발도 측정방법」에 따라 실시한다.

압축강도를 추정하고 싶은 경우에 가장 정확한 추정방법은 본회「철근콘크리트조 건축물의 품질관리 및 유지관리를 위한 시험방법」의 CTM-16「반발도법, 초음파법 및 복합법에 의한 콘크리트의 강도추정을 위한 비파괴 시험방법(안)」에 소개된 방법이다. 이것은 추정식 작성용의 공시체를 제작하여, 실험으로부터 얻어진 압축강도와 반발도의 관계로부터 강도 추정식을 작성하여 진행하는 것이다

해설도3.3.3 콘크리트 표면의 수열온도와 리바운드 해머에 의한 반발도 비 (화해부의 반발도를 건전부의 반발도로 나눈 수치)의 관계를 나타낸 것이다. 이 예에서는 콘크리트 표면의 수열온도가 높아짐에 따라 반발도는 감소하고 있으며, 이러한 추세는 물-시멘트 비가 적을수록 현저하게 나타난다.

해설사진 3.3.3 리바운드 해머에 의한 반발도의 측정상황의 예

해설표 3.3.4 리바운드 햄머에 의한 반발도의 측정순서와 유의점
(JIS A 1155 : 2012「콘크리트의 반발도 측정방법」에 따름)

순서		내용
측정장소선정	①-1	측정장소는 두께 100mm 이상을 가지는 바닥 판 또는 벽 재료, 한 변의 길이가 150mm 이상의 단면을 가진 기둥 또는 보 부재의 콘크리트 표면으로 한다.
	①-2	측정장소는 부재의 가장자리에서 50mm 이상 떨어진 안쪽으로부터 선정하여야 한다.
	①-3	측정장소는 표면조직이 균일하며 평활한 평면부로하며, 곰보, 공극, 노출된 자갈 등의 부분 및 표면 박리, 요철이 있는 부분을 피한다.
표면처리	②-1	측정 면에 있는 요철 및 부착물은 연마처리장치 등으로 평활하게 연마처리한 후, 콘크리트 표면의 분말 및 그밖의 부착물을 닦아내고 측정한다.
	②-2	측정 면에 마감층 또는 덧칠층이 있는 경우에는 이를 제거하고 콘크리트를 노출시킨 후에 ②-1의 처리를 진행한 후에 측정한다.
	②-3	측정 면에 물이 묻어있는 경우에는 이를 제거하고 콘크리트 면을 노출시킨 후에 ②-1의 처리를 진행한 후 측정한다.
측정	③-1	측정은 환경온도가 0~40℃의 범위에서 실시한다.
	③-2	해머의 작동을 원활하게 하기 위해, 측정에 앞서 몇 번의 타격의 시도를 실시한다.
	③-3	리바운드 해머가 측정 면에 항상 수직이 되도록 유지하면서 천천히 눌러 타격을 일으킨다.
	③-4	1개소의 측정은 서로 25~50mm의 간격을 가진 9점에 대해 측정한다. 분명히 이상하다고 인정되는 값 또는 그 편차가 평균의 20% 이상이 값이 있으면, 그 반발도 측정값은 사용하지 않고 그것을 대체하는 측정값으로 보정한다.
	③-5	측정 후에는 리바운드 햄머의 점검을 통하여 리바운드 햄머의 반발도가 제조 시의 반발도로부터 3% 이상 차이가 있다면, 직전에 진행한 점검 이후의 측정값은 무효로 한다.
계산	④	반발도(R)는 다음의 식에 의하여 1개소의 유효한 측정값으로부터 계산한 평균값으로써, 반올림하여 유효숫자는 소수점 두 자리로 한다. R= (유효한 9개의 측정 값의 합계)/9

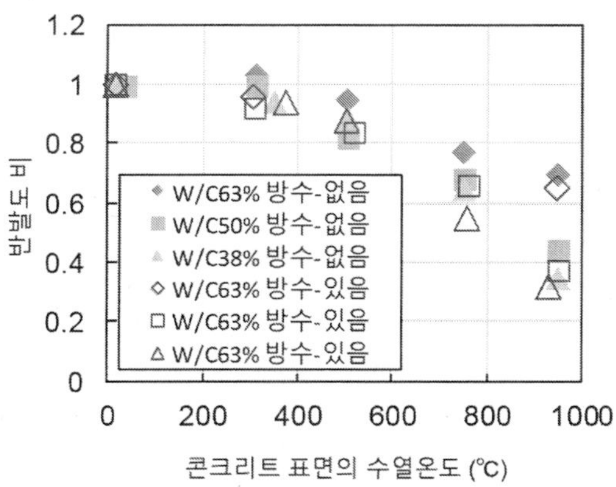

해설도 3.3.3 콘크리트 표면의 수열온도와 반발도비의 관계 [25)]

3) 모스 경도계에 의한 스크래치 경도 시험 [22)]

모스 경도계의 경도2 (석고)를 이용하여 화해를 받은 콘크리트의 스크래치 경도를 측정한다. 긁힌 후의 스크래치의 상황을 무상, 잔상, 심상(깊은 스크래치)의 3 단계 (해설사진 3.3.4 참조)로 판단하여, 건전부와 비교한 후, 화해를 받았을 가능성이 있는 범위를 한정할 때 참고로 한다.

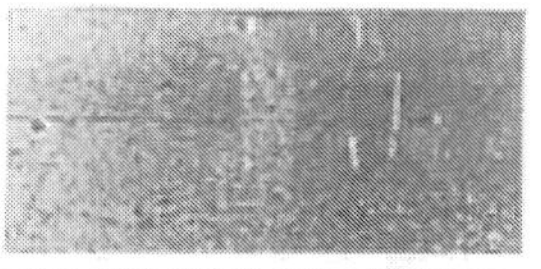

: 가열온도 450℃ 무상

: 가열온도 650℃ 잔상

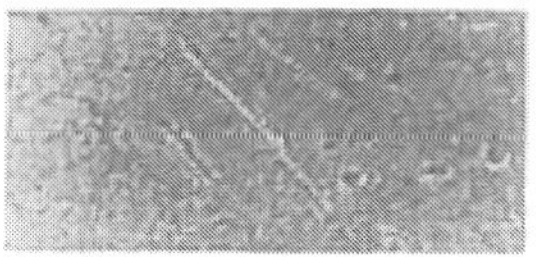

: 가열온도 850℃ 심상

해설사진 3.3.4 모스 경도계에 의한 무상, 잔상 및 심상

4) 스크래치 시험기에 의한 스크래치 폭 측정

스크래치 법은 일본 도장 바닥 공업회의 인증품인 스크래치 시험기를 이용하여 콘크리트 표면에 일정한 하중(9.8N)을 가하여 스크래치를 가한 후, 확대경 및 균열 스케일을 이용하여 측정한 스크래치 폭으로부터 콘크리트의 압축강도를 추정하는 방법[23)]이다. 해설사진 3.3.5에는 스크래치 측정상황의 예를 나타낸다. 그 밖에, 기계식 핸들을 돌려서 초속 1~1.2cm로 스크래치를 입힐 수 있는 스크래치 시험장치 및 광학 측정기(CCD카메라로 촬영하여 화상처리를 통해 0.02mm 단위로 스크래치 폭이 측정 가능)를 사용하여 스크래치 폭을 측정하는 방법[24)]도 있다.

스크래치 폭의 평가는 화해부의 스크래치 폭을 건전부의 흠집 폭으로 나눈 수치(스크래치 폭의 비율)로 진행하는 것이 좋다. 해설도3.3.4에 나타낸 바와 같이, 스크래치 폭의 비율과 콘크리트 표면의 수열온도의 양자에는 어느 정도의 상관관계가 있으며, 스크래치 폭의 증가량에 따라 콘크리트 표면의 수열온도를 추정 할 수 있다[25)]. 단, 스크래치 폭으로부터 압축강도 자체를 추정하는 것이 아니라 건전부의 스크래치 폭과 비교하여 상대적인 피해 수준의 확인에 사용하는 것이 타당하다. 구체적으로는 건전부보다 스크래치 폭이 증대하는 부분은 반드시 조사범위로 할 필요가 있다.

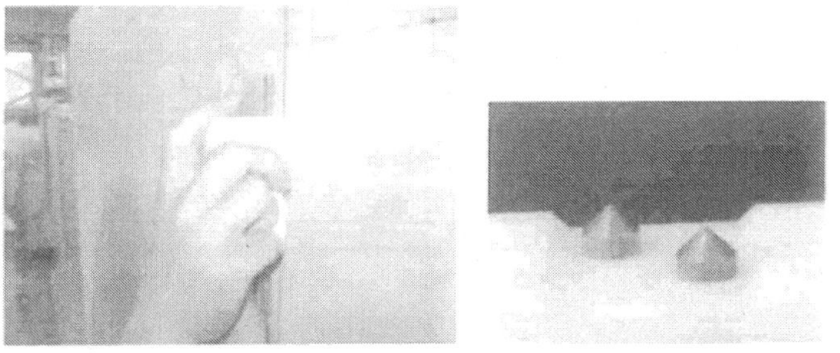

(오른쪽은 콘크리트 표면에 일정 하중으로 압착되는 핀의 끝부분)

해설사진 3.3.5 스크래치 법의 측정상황의 예

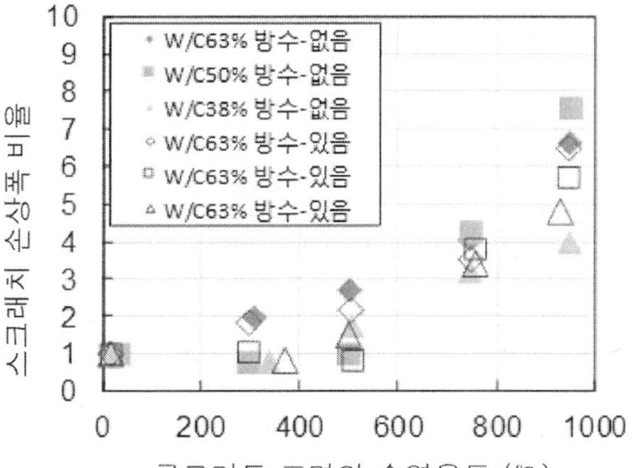

해설도 3.3.4 콘크리트 표면의 수열온도와 스크래치 손상폭 비율과의 관계 [25)]

3.3.3 표면의 수열온도 추정

표면의 수열온도 추정은 해당 부재 및 주변에 있는 재료와 물품 등의 열에 의한 손상상태를 관찰하여 실시한다.

해설

표면의 수열온도 추정은 2차 조사에 대한 실시여부의 판단자료를 얻는 것을 목적으로 한다. 표면 관찰 대상재료별로 다음과 같이 실시한다.

1) 콘크리트

외관 조사에서는 다음과 같은 화해 특유의 성질에 주목한다.

- 콘크리트의 변색
- 균열의 여부 및 필요에 따라 폭과 길이
- 보 · 바닥슬래브 등의 처짐이나 변형
- 폭열이나 탈락의 여부와 크기 및 깊이
- 들뜸 및 박리의 여부
- 철근의 노출 상황

RC조 건물이 화재를 받은 경우 외관상의 피해로는, 예를 들어 보와 바닥판의 처짐, 기둥이나 보에 생기는 구조적인 처짐 균열과 전단균열, 콘크리트 표면의 균열 (해설사진3.3.6 참조), 콘크리트의 결손 (들뜸 · 박리 · 폭열, 해설사진 3.3.7~3.3.9 참조) 등을 들 수 있다. 콘크리트 표면의 균열이 화재에 의한 것인지 또는 지진 등 다른 요인에 의한 것인지는 건전부 콘크리트 표면의 관찰 결과와 비교하거나, 그을음이 붙은 상태로부터 판단한다. 표면에 그을음이 묻어 있는데 균열 내부에는 그을음이 묻어있지 않아야 화재에 의한 균열일 가능성이 높다. 보와 바닥 판의 처짐과 기둥이나 보의 처짐 · 전단 균열은 콘크리트와 철근의 열의 열화에 따른 부재의 강도와 강성의 저하와 화재 시 발생하는 열응력에 의한 것이다 보와 바닥은 화재 층의 위층 (가열면의 반대쪽)에 균열이 발생하는 경우가 있어, 이것을 관찰하는 것도 효과적인 수단이다. 또한 1차 조사에서는 주로 균열의 유무를 확인한다. 구조성능 · 내구성능에 영향이 있을것으로 예상되는 균열의 상세한 조사는 2차 조사에서 행한다.

화재 시의 콘크리트의 폭열은 콘크리트 내부의 수증기압 및 열응력 등에 의해 콘크리트 표층부가 파편으로 되어 비산하는 현상이다. 함수율이 높은 콘크리트나 경량 콘크리트 및 치밀한 고강도

콘크리트 등에서 관찰된다. 따라서 폭열 면적의 대소 만으로 화해의 정도를 판단하는 것은 적절하지 않다. 폭열 후의 표면 성상도 잘 관찰하고, 폭열 후 어느 정도 고온에 노출 되었는지도 추정해야 할 필요가 있다.

RC조 부재의 처짐 · 균열 등의 외관상의 피해 외에, 콘크리트 표면의 변색상황이나 그을음의 부착상황 등도 화해의 정도를 개략적으로 판단하는 지표가 된다. 이것은 콘크리트 표면이 고온을 받게되면 그 이력온도에 따라 변색상황이 달라지는 것과 300℃를 넘어선 온도에서 가열되면 그을음이 소실하기 시작해, 500℃ 정도에서 완전히 소실하는 성질을 이용하는 것이다. 일반적으로 알려진 콘크리트의 변색상황과 온도의 관계를 설명표 3.3.5에 나타내었다. 즉, 콘크리트의 사용재료(특히 골재의 종류)에 따라 변색상황도 다르므로 화해건물의 건전한 부분에서 채취한 콘크리트 샘플을 100~200℃ 간격으로 가열하여 각 온도 단계의 변색 상태를 확인하는 것도 한 방법이다 (참조 사진 3.3.10 참조). 그을음의 부착상황의 조사내용은 소화활동에서 방수에 의하여 그을음이 씻겨버리는 경우나 최성기(가장 화재가 심한 기간) 이후에 그을음이 부착되는 경우도 있기 때문에 예비조사 등으로부터 얻은 화재의 진전상황에 관한 정보도 참고하여 콘크리트 표면을 잘 관찰할 필요가 있다.

실제의 콘크리트계 건물의 화해에서 그을음의 소실 · 콘크리트의 변색 · 균열 · 박락 등의 상황 예를 해설사진 3.3.11~3.3.13에 나타낸다.

해설표 3.3.5 콘크리트의 상태와 수열온도 [18)]

상 태	온 도(℃)
그을음의 부착	300이하
그을음의 연소	500이상
핑크색	300~600
회백색	300~600
담황생	950이상
용융	1200이상
구갑상(거북이등과 같은) 균열	580이상
페노프탈레인으로 발색	500이하

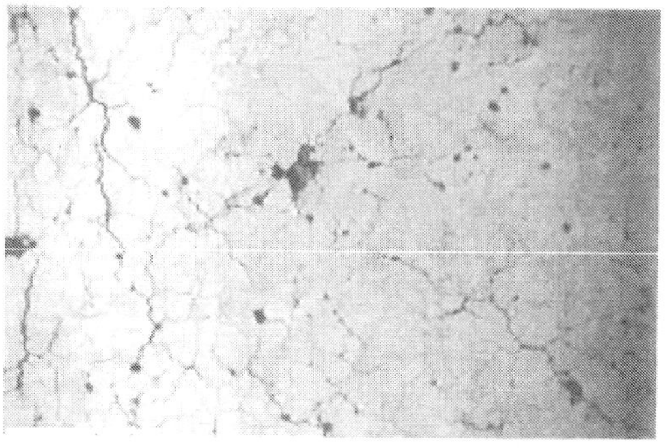

해설사진3.3.6 표면의 균열

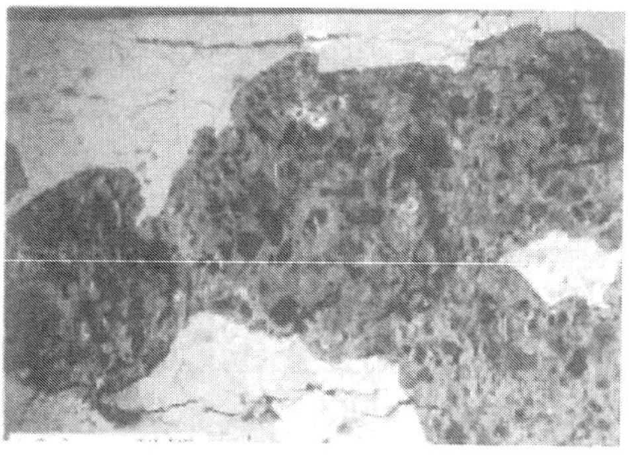

해설사진 3.3.7 피복의 결손

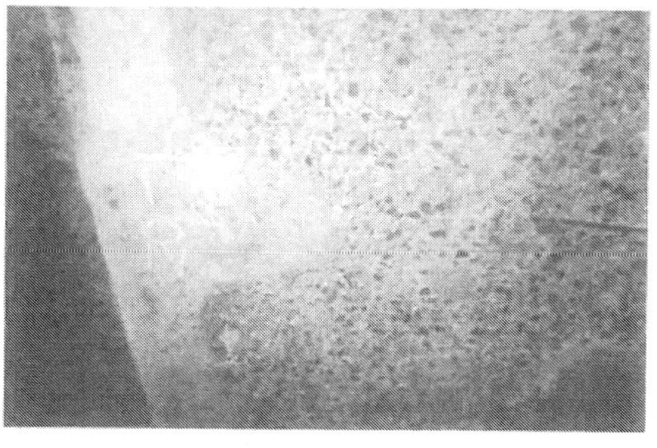

해설사진3.3.8 바닥 하부 면의 폭열

해설사진 3.3.9 보 코너부의 폭열

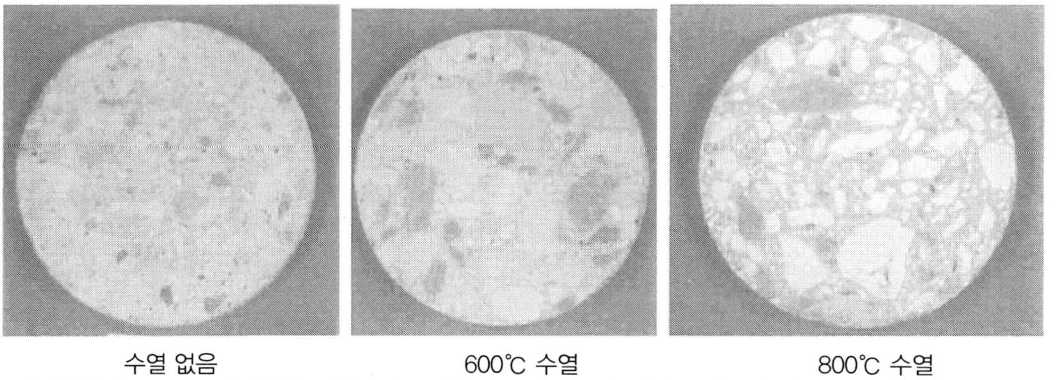

수열 없음 600℃ 수열 800℃ 수열

설계기준 강도 30N/mm^2 상당의 보통콘크리트. 시멘트는 보통포틀랜드시멘트, 잔골재는 육지모래, 굵은 골재는 경질 사암 쇄석을 사용. 재령 10년을 넘은 시료를 머플 로에서 가열함

해설사진3.3.10 콘크리트의 변색상황과 수열온도의 관계의 예

벽 상단에는 그을음의 소실, 콘크리트의 변색 · 미세균열 · 박락이 확인됨

해설사진3.3.11 화재실의 상황(1)

오른쪽 벽에는 그을음이 남아 있지만, 기둥, 보 및 왼쪽 벽에는 그을음의 소실, 콘크리트의 변색, 미세균열, 박리가 확인됨

해설사진3.3.12 화재실의 상황(2)

천장 데크플레이트가 콘크리트보다 박리, 철골 작은 보는 변형, 벽 상단에는 그을음의 소실, 콘크리트의 변색, 미세균열, 박락이 확인됨

해설사진3.3.13 화재실의 상황(3)

2) 콘크리트 이외의 재료, 물품 등

화재 현장의 부재의 수열온도는 주변의 부재나 마감재료 등의 손상상황으로부터 추정하는 방법이 일반적으로 행해지고 있다. 각종재료의 열화상황과 추정 수열온도의 관계를 해설표3.3.6에 나타내었으며, 그 상황의 예를 해설사진3.3.14~3.3.18에 나타낸다.

해설표 3.3.6 대표적인 재료의 열화상황과 추정 수열온도

재료 대분류	재료 소분류	상 태	추정수열 온도(℃)	사용 예	인용 문헌
전 반		그을음의 부착	300이상	–	18)
		그을음의 소실	500이상		
금 속	강 재	용 융	1400이상	–	18)
	알루미늄	연화된다	400	샤시, 철물, 작은 기기 부품	26)
		용융하여 물방울이 맺힌다.	650		
	강	용융한다	1000~1100 (융점1085)	배선, 케이블, 장식	27) 28)
	아 연	물방울이 맺힌다.	400 (융점420)	위생설비, 통, 데크 플레이트의 도금	26) 28)
도 료	마감 도료	그을음이나 기름연기가 부착(손상 없음)	100미만	내・외장재	19)
		균열이나 박리	100~300		
		검게 변하거나, 탈락	300~600		
		소 실	600이상		
	녹방지 도료	건 전	300미만	철골도장 하지	19)
		변 색	300~600		
		백아화	350이상		
		소 실	600이상		
유 리	유 리	연화되어, 코너부가 둥글게 됨	500~600	유리부품, 병	26)
		용융되어 흘러내림, 끈적임	850		
	글라스울	체적수축	600이상	단열재료	–
		용 융	650이상		
목 재		탄화 없음	260미만	–	18)
		탄화 있음	260이상		
유기계 재료	비닐류	연 화	50~100	배선, 배관재료	19)
	아크릴	연 화(연속가열에 의한 내열온도)	60~95	투광판, 장식재료, 도료	19)
	폴리스틸렌	연 화	120~140	단열재료	26)
		용 융	250		
	폴리우레탄	연화(연속가열에 의한 내열온도)	90~120	방수재료, 바닥칠 재료, 단열재료	19)

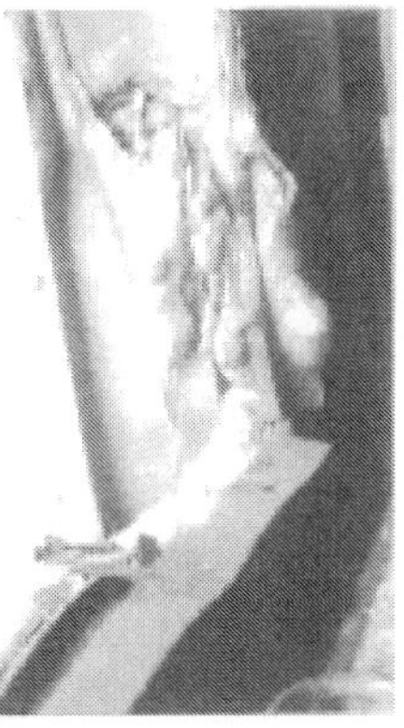

해설사진3.3.14 알루미늄 창호의 용융
(약 650℃이상)

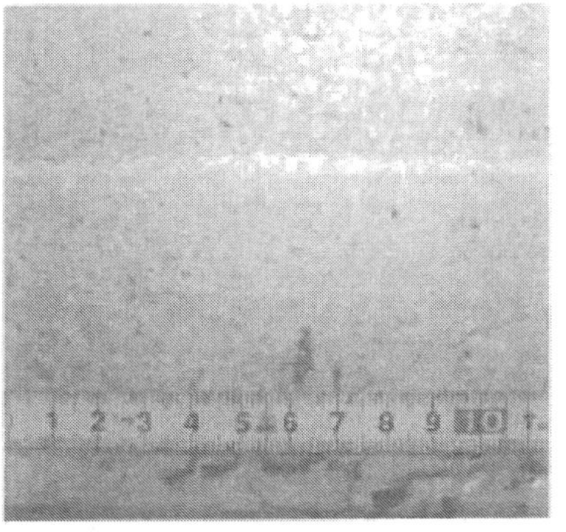

해설사진3.3.15 아연 도금의 용융
(약 400℃)

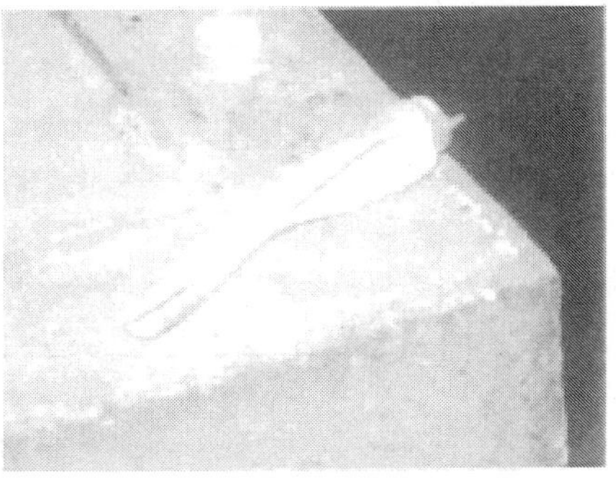

해설사진3.3.16 형광등의 용융
(약 750℃)

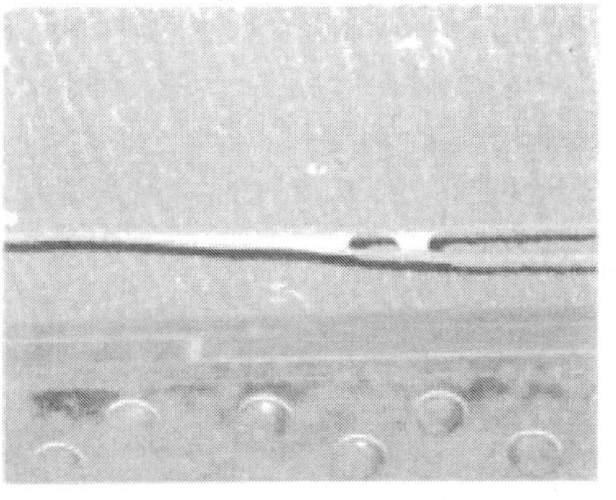

해설사진3.3.17 비닐류의 용융 · 연화
(약 50~100℃)

해설사진3.3.18 아크릴 류의 연화
(약 60~95℃)

3.4 2차조사 (시험 등에 의한 조사)

2차조사에서는 화해의 정도를 자세히 파악하기 위하여 균열폭 및 보・바닥 슬래브 등의 처짐의 측정, 역학적 시험, 재료분석 등을 행한다.

해설

RC부재의 화해등급판정 순서(해설도 3.1.2 참조)에 따라 1차조사를 종료한 단계에서 무피해 및 마감 부분만의 피해로 추정되는 개소에 관해서는 화해등급 I 급 또는 II급으로 판단할 수 있기 때문에 2차조사의 필요는 없다. 또한, 슬래브의 탈락・광범위의 폭열・주근의 좌굴・큰 처짐 등의 막대한 피해가 명확한 개소는 V급으로 판단할 수 있기 때문에 2차조사를 행하지 않아도 좋다. 2차조사를 행하는 것은 상기 이외의 경우이며, 2차조사의 결과가 화해등급 II급~V급을 판단하는 지표로 된다.

2차조사의 방법에는 균열폭 및 변형량의 측정・역학적 시험・재료분석 등이 있다. 역학적 시험에서는 콘크리트나 철근의 강도특성을 파악한다. 피해가 큰 경우에는 진동시험이나 재하시험에 의해 부재로서의 성능을 확인할 필요도 있다. 재료분석에서는 콘크리트 표면 및 깊이방향의 수열온도 추정이나 중성화깊이의 측정을 행한다.

3.4.1 조사항목

화재의 규모와 화해의 정도 및 상정되는 보수・보강방법 등을 고려하여 표3.1 중에서 적절한 조사항목 및 시험측정방법을 선정한다. 그 밖의 시험방법에 관해서도 소요의 정밀도를 얻을 수 있도록 신뢰할 수 있는 자료 또는 시험에 의해 확인할 수 있으면 이용할 수 있다.

표3.1 조사항목 및 시험측정방법

시험측정방법 \ 조사항목			콘크리트			철근	부재·골조		
			역학특성	내구성	깊이방향의 열화상황·수열온도	역학특성	변형	강성	내력
육안측정		균열폭의 측정		○					
육안측정		보·바닥슬래브의 처짐측정					○		
콘크리트 코어를 이용한 시험	역학적 시험	코어의 압축강도시험·정탄성계수시험	○						
콘크리트 코어를 이용한 시험	역학적 시험	소구경코어의 압축시험	○		○				
콘크리트 코어를 이용한 시험	역학적 시험	코어공극을 이용한 공극내부 재하시험	○		○				
콘크리트 코어를 이용한 시험	재료분석	코어의 중성화깊이 측정		○	○ (500℃)				
콘크리트 코어를 이용한 시험	재료분석	UV스펙트럼법			○ (600℃까지)				
콘크리트 코어를 이용한 시험	재료분석	과망간산칼륨에 의한 산소소비량의 정량분석			○ (300~600℃)				
철근의 인장시험						○			
바닥슬래브의 진동시험								○	
보·바닥슬래브의 재하시험							○	○	○

주: ○표시는 선택한 시험·측정·분석에 의해 평가할 수 있는 항목을 나타냄.

해설

2차조사의 조사항목과 시험방법의 관계는 표3.1에 나타내었다. 콘크리트의 역학적 성질에 관한 시험 중 구조체에서 채취한 코어에 의한 압축강도시험(3.4.4항)은 화해등급이 Ⅲ급이상의 위험성이 있은 경우에는 콘크리트 강도를 직접 확인할 수 있으므로 기본적으로 실시하여야 한다. 철근이 밀실한 경우는 소형 코어의 압축시험(3.4.4.2항)을 대체시험으로써 이용해도 좋다. 코어공극을 이용한 공극내 국부재하시험(3.4.5항)을 행하면 화해를 받은 깊이를 파악할 수 있다.

콘크리트의 내구성 파악은 균열폭의 측정(3.4.2항)이나 코어의 중성화 깊이측정(3.4.6.1항) 등에 의해 행한다. 이것은 내구성의 회복목표에 따른 보수방법을 결정할 때의 자료가 된다.

콘크리트 깊이방향의 열화상황이나 수열온도는 UV 스펙트럼법(3.4.6.2항)이나 과망간산칼슘에 의한 산소소비량의 정량분석(3.4.6.3항) 등의 재료분석에 의해 파악할 수 있다. 이것은 깊이방향의 보수범위를 명확하게 하고 싶은 경우에 권장된다.

철근에 피해가 미치고 있을 가능성이 있는 경우는 철근의 인장 강도 시험(3.4.7항)이 권장된다. 보 · 바닥 슬래브 등의 부재의 변형, 강성, 내력 등의 건전성을 판단하려면 변형(처짐)량의 측정(3.4.3항)이나 진동시험(3.4.8항) 및 재하시험(3.4.9항)을 실시하면 좋다. 재하시험은, 화해등급이 Ⅳ급 이상에서 구조체로써 손상을 받고 있을 가능성이 있는 경우에 권장된다. 2차조사의 어느 항목을 실시할지는 화재의 규모와 화해의 정도 및 상정되는 보수 · 보강 방법 등에 의해 해설표 3.1.3의 권장되는 사용방법을 참고로 해서 조사자가 취사선택하게 된다. 또한 어느 부위를 2차조사의 대상부위로 할지도 조사자가 정한다. 기본적으로는 육안관찰에서 가장 수열온도가 높은 부분을 2차조사의 대상으로 하지만, 이것 이외에 추정수열온도가 다른 부분도 2차조사의 대상으로 하는 것이 보다 상세한 보수계획을 세우는 데 바람직하다. 조사자는 조사대상건물의 보수 · 보강의 범위와 방법을 결정하는 것을 염두에 두면시 적절한 조사항목과 대상부위를 선정할 필요가 있다.

3.4.2 균열폭의 측정

콘크리트의 균열폭은 크랙 스케일 등을 이용해서 측정한다. 콘크리트의 균열폭은 콘크리트 표면에 대한 화해의 영향을 파악함으로서 보수의 정도를 결정할 때에 필요하다.

해설

콘크리트가 화해를 입었을 경우, 수열온도에 의해 콘크리트 표면에 균열이 발생한다. 콘크리트 표면의 균열폭을 크랙 스케일 등에 의해 측정하고, 균열폭을 파악하는 것은 3.6절의 「보수 · 보강 계획」시에 필요하다. 균열폭의 측정에는, 해설표 3.4.1에 나타낸 기기 등을 사용한다. 해설사진 3.4.1에 균열폭 측정상황의 예를 나타낸다.

해설표 3.4.1 콘크리트의 균열폭 - 조사사항과 사용기기-

조사사항	대표적인 사용기기
균열폭의 측정	• 크랙 스케일 • 컨벡스 룰(convex rule) • 버니어 캘리퍼스

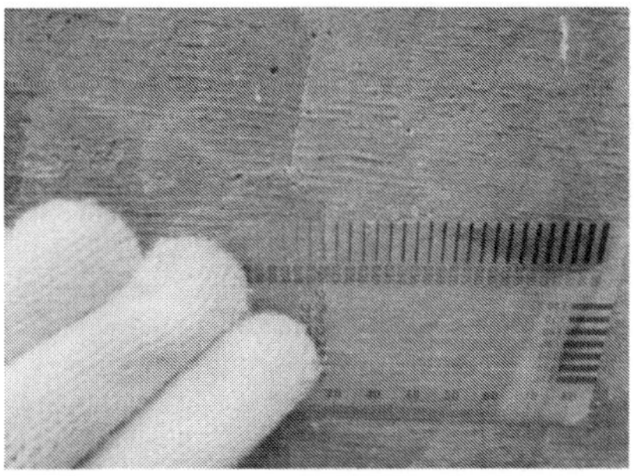

해설사진 3.4.1 크랙 스케일에 의한 균열폭의 측정상황 예

3.4.3 보 · 바닥슬래브의 처짐측정

> 보 · 바닥슬래브의 처짐은 레벨광학측정기 등을 이용해서 측정한다. 화해부 및 화해를 입지 않은 건전부의 처짐을 비교함으로서 화해의 영향 유무를 파악한다.

해설

보 · 바닥 슬래브 등이 화해를 입었을 경우, 부재 전체의 강성저하가 주요평가 사항이다. 1차조사시에 화해를 입었던 부재를 육안으로 확인하지만, 그 때 처짐을 정량적으로 파악해 두는 것은 중요하다. 또한 화해를 입은 보 · 바닥 슬래브 등과 건전부의 처짐을 비교함으로서 화해의 영향 유무를 파악한다. 처짐의 측정에는 해설표 3.4.2에 나타낸 기기 등을 사용한다. 해설사진 3.4.2에 처짐의 측정상황 예를 나타낸다.

해설표 3.4.2 보 · 바닥슬래브의 처짐측정 - 조사사항과 사용기기-

조사사항	대표적인 사용기기	비 고
보 · 바닥슬래브의 처짐 측정	• 레벨+강제 경사자 • 트랜싯(세오돌라이트) • 수평실 또는 피아노선 • 금속제 직각자	• 대공간에서의 측정이나 대상부위의 발밑부분이 불안정한 경우에는 트랜싯을 이용한 측량법이 유용함 • 트랜싯은 세오돌라이트라고도 칭함. 레이저광선을 이용한 것도 있음. • 3차원 측량이 가능한 측량기도 있다.

해설사진 3.4.2 처짐의 측정상황 예

3.4.4 콘크리트 코어의 압축강도시험

3.4.4.1 표준적인 코어를 이용한 압축강도시험

채취한 콘크리트 코어의 압축강도시험은 콘크리트의 잔존강도를 확인할 경우에 실시한다. 화해등급이 Ⅲ급 이상으로 판단되는있을 경우에는 콘크리트 코어의 압축강도시험을 행하는 것을 원칙으로 한다. 또한 필요에 따라서 정탄성계수의 측정도 실시한다.

해설

압축강도 시험방법에는, JIS A 1107:2012「콘크리트에서의 코어의 채취방법 및 압축강도 시험방법」, CTM-14「콘크리트로부터 소구경 코어 채취방법 및 소구경 코어 공시체를 이용한 압축강도 시험방법(안)」, 소구경 코어에 의한 구조체 콘크리트 강도의 추정(소프트코어링)등이 있다. 여기에서는 표준적인 치수의 코어를 이용한 JIS A 1107:2012에 의한 시험방법을 나타내었으며 다음 항 3.4.4.2에 기타 소구경 코어를 이용한 방법을 나타낸다.

콘크리트 코어의 압축강도시험은 콘크리트에서 코어를 채취하여 압축강도를 조사하는 것으로 화해를 입은 콘크리트의 잔존강도를 직접 확인할 수 있는 방법으로 신뢰성이 높다. 따라서 화해등급이 Ⅲ급 이상으로 판단되는 경우에는 원칙적으로 콘크리트 코어의 압축강도시험을 행하는 것으로 한다.

콘크리트 코어의 압축강도시험은 화해부 및 화해를 입지 않은 건전부의 콘크리트에서 채취한 코어를 이용하여 행한다. 압축강도 시험결과에 관해서는 화해부와 건전부의 비교나 설계기준강도 이상여부에 대한 확인을 행한다.

열화깊이를 특정하고 싶을 경우에는 화해측 표층에서 깊이가 다른 위치의 공시체 (예를 들면, 5mm 이상 깊이, 25mm 이상 깊이, 45mm 이상 깊이 등)을 준비해서 압축강도 시험을 실시하는 방법이 있다.

1) 시험방법

① 콘크리트 코어에 의한 압축강도시험의 시험 순서는 다음과 같다.

i) 콘크리트 코어의 채취 : 육안관찰 및 리바운드 햄머에 의한 반발도 등의 결과에 따라 조사범위를 파악하여 조사대상부위를 결정한다. 건전부와의 강도비교를 실시할 경우에는 건전부의 코어채취위치도 결정한다. 코어의 직경은 최대골재치수에 3배이상으로 한다(코어의 직경이 50mm 이하가 될 경우는, 3.4.4.2항을 참조). 또한 코어의 길이는 직경의 2배 이상인 것이 바람직하지만 부족할 경우는 JIS A 1107:2012에 나타낸 보정계수에 의해 보정한다.

ii) 콘크리트 코어의 상태확인 : 반입된 콘크리트 코어에 관해서 압축강도시험이 실시 가능한지 여부를, 형상 및 재하면 등으로 확인한다. 또한 코어의 중량 및 치수를 확인하고 코어에 철근이 포함되는 경우는 그 위치 및 개수를 기록한다.

iii) 단면 처리 : 공시체의 단면마감은 JIS A 1107:2012을 따라 캐핑 또는 연마에 의해 행한다. 캐핑의 경우는 경질석고 캐핑 등을 실시한다. 특히, 가열된 표층의 취약부를 제거하여 공시체를 제작할 경우는 시험의 목적에 따라 표층의 제거두께를 조정한다.

iv) 압축강도시험 : 압축 강도 시험은 JIS A 1107:2012에 따른다.

v) 측정결과의 평가 : 설계기준강도 이상인가를 확인한다. 또한 필요에 따라서 화해부와 건전부의 비교를 행한다.

② 콘크리트 코어에 의한 정탄성계수(영계수)의 측정은 JIS A 1149:2010「콘크리트의 정탄성계수 시험방법」에 따른다. 순서는 압축강도시험과 같지만, 압축강도 시험시에 변형측정기를 이용해서 하중과 변형을 계측하여 정탄성계수를 구한다.

2) 주의사항

① 콘크리트 코어에 의한 압축강도시험

화해를 입은 콘크리트 구조체는 표면에서 깊이 방향으로 열화정도가 상이하나 이 방법에서는 채취한 코어 전체의 압축강도를 평가하게 된다. 또한, 구조체 콘크리트 강도에는 편차가 있기 때문에 어느 정도의 샘플링 개수가 필요하다. 샘플로 하는 코어의 개수는 공학적 판단이 가능해지는 최저한의 개수로 해서 의뢰자와 조사자 등의 화해 진단에 관한 지식을 가진 기술자가 화해의 정도나 조사방침 등을 고려한 뒤에 결정하는 것이 바람직하다.

② 콘크리트 코어에 의한 정탄성계수의 측정

콘크리트 코어에 의한 정탄성계수(영계수)의 측정은 코어의 직경과 높이의 비가 1:2로 되는 공시체에 적용한다. JIS A 1149:2010「콘크리트의 정탄성계수 시험방법」의 해설에서는 변형게이지를 이용할 경우, 코어공시체의 측면이 평활하지 않을 때에는 올바른 변형이 얻어질 수 있도록 적절한 표면처리가 필요하다. 콤프레소미터(COMPRESSOR METER)는 표면요철의 영향이 적으므로 코어의 정탄성계수계수의 측정에 적합하다.

3.4.4.2 소구경 코어를 이용한 압축강도시험

소구경 코어의 압축강도시험은 3.4.4.1항에 규정하는 직경의 콘크리트 코어를 채취할 수 없을 경우에 실시를 검토한다. 또한 본 시험은 콘크리트의 열화깊이 등을 파악할 목적으로도 실시할 경우가 있다.

해설

직경이 JIS A 1107:2012의 규격값을 만족할 수 없을 것 같은 개소에서 콘크리트 코어를 채취 해야 할 경우에 대해서는 소구경 코어를 채취해서 압축강도시험을 실시하는 경우가 있다. 소구경 코어를 이용해서 얻은 압축강도의 결과에 관해서는 화해부와 건전부의 비교 등을 행한다. 또한 콘크리트의 열화깊이를 특정하고 싶을 경우에는 콘크리트 표면부터 내부에서 압축강도를 확인하고 싶은 임의의 깊이에 대하여 소구경 코어 공시체를 채취하고 압축시험을 실시하여 압축강도의 저하로부터 열화깊이를 판단하는 방법이 있다. 소구경 코어를 이용한 압축시험방법은 다음과 같다.

① CTM-14「콘크리트에서 소구경 코어의 채취방법 및 소구경 코어 공시체를 이용한 압축 강도 시험 방법(안)」[29)]

조골재의 최대치수가 25mm 이하로 추정압축강도가 60N/mm^2 이하의 콘크리트에서 직경 50mm 이하의 소구경 코어를 채취하여 소구경 코어 공시체의 압축강도를 구할 경우에 적용한다.

② 소구경 코어에 의한 구조체 콘크리트 강도의 추정 [30)31)]

직경이 15-30mm까지의 소구경 코어를 채취해서 압축강도시험을 행할 경우에 실시한다. 직경 ϕ20mm 정도의 소구경 코어와 직경 ϕ100mm 코어의 압축강도에 상관관계가 있는 것을 이용하여 소구경 코어의 압축강도에 독자적인의 보정계수를 곱하여 건축구조물의 콘크리트 강도를 추정한다.

1) 시험 방법

소구경 코어에 의한 압축강도시험의 시험 순서는 다음과 같다.[29)]

i) 콘크리트 코어의 채취 : 육안관찰 및 리바운드 햄머에 의한 반발도 시험의 결과 등에 따라 조사 범위를 파악한 후 코어 드릴의 고정이 가능한 동시에 부재 내부 철근을 절단하지 않는 개소로 한다. 건전부와의 강도비교를 실시하는 경우에는 건전부에 관해서도 코어의 채취 위치를 결정한다. 소구경 코어 공시체의 직경은 50mm 이하로 한다. 또한, 코어의 채취 길이는 직경의 2배를 원칙으로 해서 높이와 직경의 비를 1.90~2.10로 한다

ii) 소구경 코어의 상태확인 : 반입된 콘크리트 코어에 대해서 압축강도시험을 할 수 있는가를 형상 및 재하면 등을 확인한다. 또한 콘크리트 코어의 중량 및 치수 등도 확인한다.

iii) 소구경 코어의 단면 처리 : 소구경 코어의 시험체 단면과 코어의 축으로 되는 각도가 90±0.5°가 되도록 처리한다. 공시체의 양단면은 캐핑 또는 연마로 처리한다. 캐핑의 경우, 비부착 캐핑은 하지 않는다. 한편, 통상은 가열된 표층의 취약부를 제거해서 공시체를 제작하지만 시험의 목적에 따라 표층의 제거 두께를 조정한다.

iv) 소구경 코어의 압축시험 : 압축시험은 JIS A 1107:2012「콘크리트에서의 코어 채취 방법 및 압축강도 시험방법」에 의한다. 다만, 재하속도는 매초 0.2~0.3N/mm^{2}이 되도록 한다.

2) 주의사항

① CTM-14「콘크리트에서 소구경 코어의 채취 방법 및 소구경 코어 공시체를 이용한 압축 강도 시험방법(안)」[29)]

소구경 코어의 압축강도로부터 구조체 콘크리트의 압축강도를 추정하기 위해서는, JIS A 1107:2012에서 얻을 수 있는 코어 압축강도와 소구경 코어 압축강도와의 관계식 (강도추정식)을 작성할 필요가 있다. 직경이 30mm 이하의 매우 작은 코어에 관해서는 건전부에서도 채취가 곤란하기 때문에 화해부의 채취에는 특히 주의를 필요로 한다. 소구경 코어의 압축강도를 측정할 경우는 소구경 코어에 대하여 높은 지식 및 숙련한 기술을 가진 기술자에 의해 소구경 코어의 채취로부터 측정까지를 행하는 것이 바람직하다.

② 소구경 코어에 의한 구조체 콘크리트 강도의 추정[30) 31)]

직경 15-30mm의 소구경 코어 공시체에 의한 시험결과로부터 압축강도를 추정하는 방법에 대해서는, 문헌 30), 31)을 참조하면 유용하다.

3.4.5 콘크리트 코어 공극을 이용한 공극내 국부 재하시험 [32) 33)]

콘크리트 코어 공극을 이용한 공극내 국부 재하시험은 콘크리트가 화해를 입은 깊이를 파악할 경우에 실시한다.

해설

「공극내 국부 재하법」은 지금까지 하천통문이나 사방댐 · 교량 · 터널과 같은 토목구조물의 시공불량이나 동해 등에 의한 콘크리트구조물의 열화깊이의 평가 · 진단에 이용되어져 왔던 방법이다. 이 방법을 사용함으로서 콘크리트의 표층부터 내부에 대한 열화깊이의 범위를 판단할 경우에 유효하며 부재의 보수계획에 이용할 수 있다.

본 방법은 해설사진 3.4.3에 나타낸 재하시험장치를 이용하여 직경 42mm 이상으로 삭공한 공극내에서 콘크리트의 역학적 성질을 측정하는 「미세 파괴시험」이다. 재하시험장치는 직경 6mm로 반구상의 재하선단을 갖춘 "탐사봉(sonde)" (직경 40mm × 길이 270mm)과 유압 펌프 및 데이터 수록 장치로 구성되어 있다. 측정값은 재하선단을 콘크리트 공극내의 원주면 (이하 공극벽)에 접촉시켜 국부재하(지압) 함으로서 얻을 수 있는 하중 및 그 때의 관입량이다. 이 양자의 관계에서 「관입저항치」를 산출하고 각 측정깊이의 콘크리트 물성의 평가지표로 한다 (측정상황 : 해설사진 3.4.4 참조). 또한, 해설도 3.4.1에 콘크리트 표면에서 깊이에 대한 관입저항치의 예를 나타낸다. 이 예에서는 콘크리트의 수열온도가 높아짐에 따라 관입저항치가 저하하는 경향이 보여 콘크리트 표면으로부터 열화깊이를 파악할 수 있다. 다만, 열화깊이의 위치를 판단할 경우는 화해를 입은 콘크리트의 공극내 국부 재하시험에 대하여 높은 지식을 소유한 기술자가 실시하는 것이 바람직하다.

1) 시험방법

콘크리트 코어 공극을 이용한 공극내 국부 재하시험의 시험 순서는 다음과 같다.

i) 콘크리트 코어 채취후의 공극벽을 브러쉬 등으로 세정한다.

ii) 탐사봉(sonde)을 측정깊이에 설치한다 (콘크리트 표면에서 깊이방향으로 10mm 피치의 측정이 가능).

iii) 유압펌프에 의해 재하선단을 공극벽에 재하한다 (재하는 원주방향으로 6점 이상 측정이 가능).

iv) 재하시의 하중과 관입량을 데이터 수록 장치에 수록한다.

v) 동일 깊이에서 원주방향으로 ii)~ iv)를 반복하여 6점 정도의 데이터를 취득한다.

vi) 깊이를 바꾸어서 ii)~ v)을 되풀이 하여 데이터를 취득한다.

2) 주의사항

- 각 측정깊이에서의 측정은 골재나 기포 등에 따라 생기는 편차의 영향을 저감시키기 위해 탐사봉(sonde)을 콘크리트 공극내에서 원주방향으로 회전시켜 동일 깊이에서 6점 이상의 측정을 행한다.
- 화해의 열화를 검토하기 위해서는 화해부 이외에 건전부의 관입저항치를 수록해서 비교한다.
- 측정방법과 측정기의 취급 등에 관한 상세한 내용은 NETIS:KT-090056-A「공극내 국부 재하시험장치 및 시험방법」[34]을 참조한다.

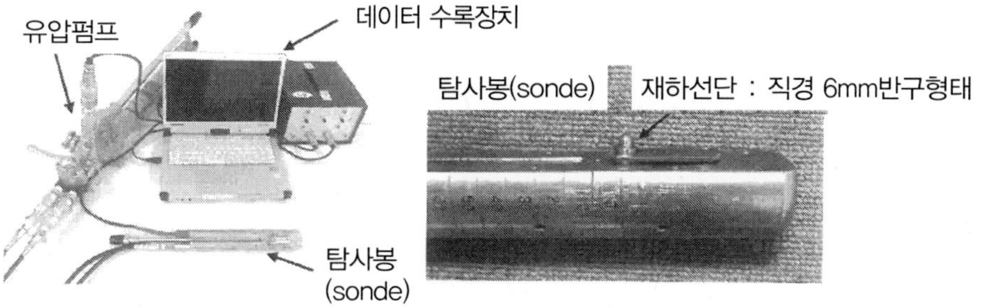

해설사진 3.4.3 공극내 국부 재하시험장치

해설사진 3.4.4 측정기의 선단

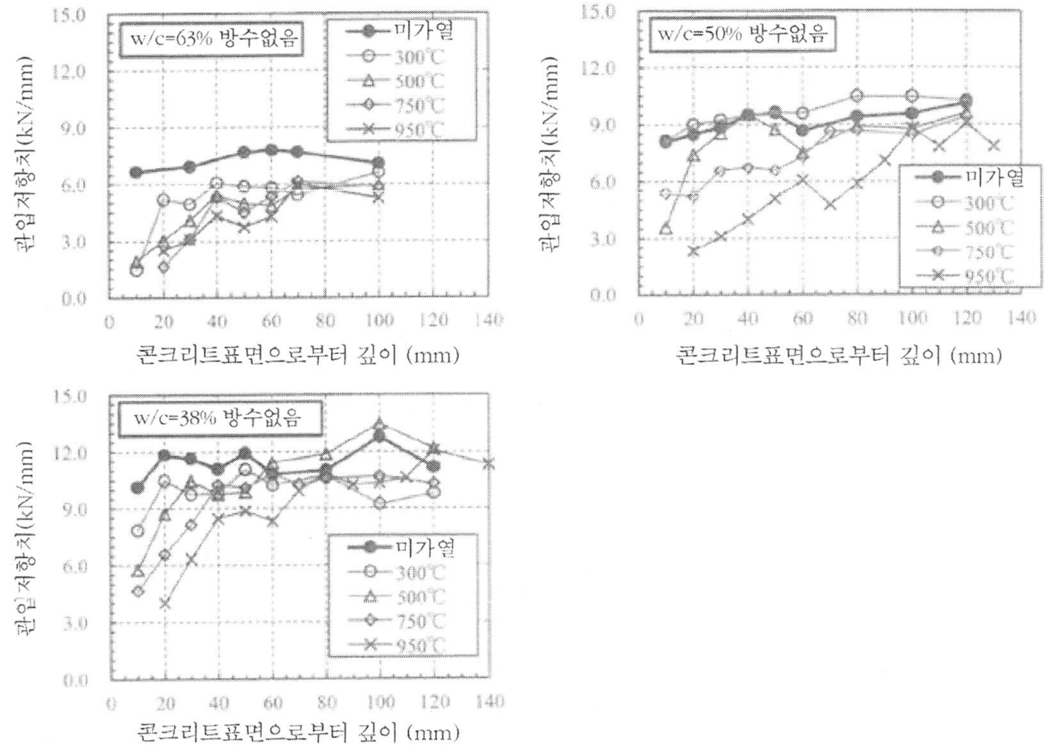

해설도 3.4.1 공극내 국부 재하법의 시험결과 예 [33)]

3.4.6 콘크리트 코어의 재료분석

> 콘크리트 코어의 재료분석에서는 중성화깊이의 측정, UV스펙트럼법 및 과망간산칼륨에 의한 산소소비량의 정량 분석 등으로부터 적절한 방법을 선택하고 수열온도의 추정을 행한다.

해설

보수범위나 보수방법을 검토할 경우 건전부와 비교해서 화해부의 중성화가 진행되고 있지 않은가를 파악하는 것과 콘크리트 깊이방향의 수열온도 분포추정은 대단히 유용한 자료가 된다. 특히, 콘크리트 표면이 500℃ 이상의 수열온도로 추정됨으로서 피해가 철근위치에 이르고 있는 것인가를 판단하고 싶을 경우 등 재료분석에 의한 콘크리트의 깊이방향으로 수열온도추정이 도움이 된다. 콘크리트 코어의 재료분석에는 중성화깊이의 측정과 자외선 흡수 스펙트럼법(이하 UV스펙트럼법) 및 과망간산칼륨에 의한 산소소비량의 정량분석 (이하 과망간산법으로 칭함) 등이 있다.

중성화깊이의 측정은 콘크리트구조체의 깊이방향으로 중성화 진행상황을 화학반응을 이용한 가시화에 따라 판단하는 것이다. 용액(페놀프탈레인 1% 에틸알콜)을 분무하는 것만으로 판정이 가능하기 때문에 간단하면서 직접적으로 중성화 평가를 실시할 수 있기 때문에 넓게 보급되고 있다.

UV스펙트럼법이나 과망간산법은 모두 콘크리트에 포함된 유기계 혼화제의 고온성상에 착안하여 건전부 시료를 가열 냉각 후 분석하는 것으로 사전에 검량선을 작성하고 화해부 시료의 분석결과를 검량선에 맞춤으로써 수열온도를 추정한다. 따라서 혼화제의 종류에 의해 유효한 분석이 가능할 경우와 그렇지 않을 경우가 있다. 리그닌설폰산계 (이하 리그닌계로 칭함) 혼화제 첨가 콘크리트에서는 UV스펙트럼법을 이용함으로서 상온에서 600℃까지의 수열온도추정이 가능하다. 나프탈렌설폰산계 (이하, 나프탈렌계라고 약기) 혼화제에 관해서는 UV스펙트럼법에 따라 450℃에서 600℃까지의 수열온도가 추정가능 (검량선의 예를 해설도3.4.2에 나타냄)하며, 과망간산법을 이용하는 것으로 추정가능온도가 넓어진다. 기타, 멜라민설폰산계와 천연수지산계 및 옥시카르본산계 혼화제 등에서도 과망간산법이 유효하다.

한편, 과망간산법은 UV스펙트럼법과 비교하면 분석순서가 복잡하다. 또한, 추정가능한 온도범위가 300℃~500℃로 좁다. 실용적으로는 과망간산법은 혼화제가 리그닌계가 아닌 것이 분명한 경우에 한해서 사용하면 좋다. 혼화제가 리그닌계일 경우 혹은 혼화제 종류가 전혀 불분명할 경우는 우선 UV스펙트럼법으로 분석하고 추정이 불가능할 경우에 과망간산법을 실시하는 것이 좋다.

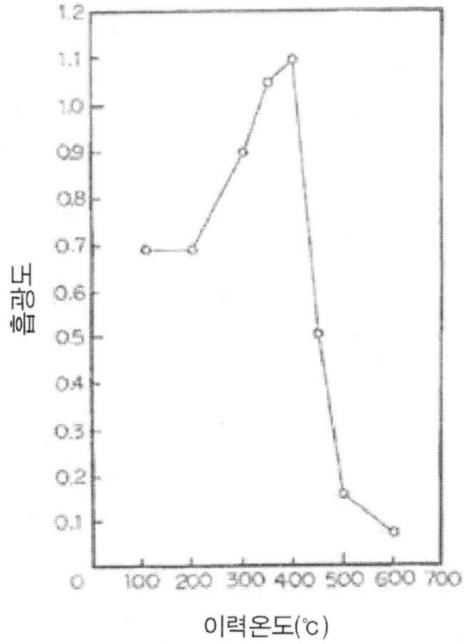

해설도 3.4.2 나프탈렌계 혼화제의 검량선 예

3.4.6.1 중성화깊이의 측정

콘크리트 코어에 의한 중성화깊이의 측정은 콘크리트 코어를 종으로 할렬하여 중성화깊이의 측정을 실시하고 건전부와 비교해서 화해부의 중성화가 진행하지 않았는지를 평가하는 것이다.

해설

1) 시험 방법

콘크리트 코어에 의한 중성화깊이의 측정은 JIS A 1152:2011「콘크리트의 중성화깊이 측정 방법」에 따라 다음의 순서로 실시한다.

i) 콘크리트 코어채취 : 육안관찰 및 리바운드 햄머에 의한 반발도시험의 결과에 따라 조사 범위를 엄선한 조사대상부위 및 건전부(비교용)에 대하여 콘크리트 코어(원칙은 ϕ100mm 로 하지만 소구경이라도 관계없음)를 채취하고 시험장소에 반입한다. 콘크리트 코어는 압축강도 시험을 실시한 것 (분쇄되어 있지 않은 것)을 대신 사용해도 좋다.

ii) 콘크리트 코어의 할렬 : 콘크리트 코어를 종방향으로 할렬한다.

iii) 용액의 뿜칠 : 콘크리트 코어의 할렬면에 용액(페놀프탈레인 1% 에틸알콜)을 분무한다.

iv) 발색의 확인 : 용액을 분무한 개소의 자홍색으로의 발색을 확인한 후 중성화 깊이를 측정한다.

v) 측정결과의 평가 : 화해부의 중성화깊이가 건전부와 비교해서 더욱 진행되고 있지 않은지를 확인한다.

2) 주의사항

3.3.2항의 해설에도 나타낸 것 같이 콘크리트의 중성화는 시간이 지남에 따라 진행하는 것이기 때문에 화재로 인한 중성화의 진행여부를 건전부와 비교해서 판단할 필요가 있다. 특히, 경년에서의 중성화의 진행은 마감재의 유무 · 종류 · 실내외 및 실내의 이산화탄소 농도 등에 의한 영향도 크기 때문에 측정시에는 주의 하여야 한다.

중성화깊이를 측정하는 경우 조골재가 있으면 조골재 양단의 중성화위치를 연결시킨 직선상으로 측정하게 되나 소구경코아에서는 조골재를 피하여 측정하는 것이 좋다.

3.4.6.2 UV스펙트럼법

UV스펙트럼법은 콘크리트 깊이방향으로 수열온도를 추정하기 위하여 실시한다. 콘크리트의 열화깊이를 특정하는 경우 등 보수범위를 명확히 하고 싶은 경우에 권장된다.

해설

콘크리트중의 포함되어 있는 혼화제에 착안하여 화해를 입은 콘크리트를 UV스펙트럼 분석하고, 흡광도와 가열온도의 관계로부터 수열온도를 추정하는 것이다. 혼화제 조성의 종류는 리그닌계 · 나프탈렌계 · 폴리가르본산계 등이 있다. 혼화제로써는 리그닌계의 AE감수제가 가장 많이 사용되어 왔다. UV스펙트럼법은 주로 리그닌계의 혼화제를 첨가한 콘크리트에 대한 분석에 유효하다. 나프탈렌계 혼화제를 넣은 콘크리트에서도 불가능하지는 않지만 해설도 3.4.2와 같이 추정가능 온도범위가 좁아진다. 리그닌계 혼화제를 넣은 콘크리트 이외의 경우는 3.4.6.3항에 나타낸 과망간산법의 경우가 유효하다.

또한, UV스펙트럼법과 과망간산법에 관해서는 수열온도추정을 실시한 예가 다수 있지만 시험법으로서 JIS 등의 규정이 없기 때문에 여기에 그 상세한 방법을 기술한다.

1) 분석 방법

분석 순서 및 수열온도의 추정순서는 다음과 같다. 수열온도의 추정은 콘크리트코어 중에 포함되어 있는 혼화제를 UV스펙트럼법에 의해 분석하고 흡광도와 가열온도의 관계에 따라 수열온도의 추정을 행한다.

i) 콘크리트 코어 채취 : 1차조사 결과에 따라 조사 범위를 엄선한 조사대상부위 및 건전부 (검량선용 시료)에서 콘크리트 코어를 채취하고 반입한다. 특히, 콘크리트 코어는 압축강도시험을 실시한 것 (분쇄되지 않은 것)을 사용해도 좋지만 중성화깊이의 측정을 실시하여 페놀프탈레인 용액을 분무한 것은 사용할 수 없다. 코어구경이 소구경이라도 상관없지만 그 경우 깊이방향으로 분석하는 것이 어려워진다. 깊이방향으로 15mm의 분해성능을 확보하도록 하려면 직경 75mm정도의 코어가 필요하다.

ii) 검량선용 시료의 제작 · 가열 : 검량선 시료는 건전부의 콘크리트코어를 분할하여 시료를 8개 채취한다. 그 후 전기로 내에서 소정온도(110℃ · 150℃ 혹은 160℃ · 200℃ · 250℃ · 300℃ 400℃ · 500℃ 및 600℃)로 1개씩 1시간 이상 가열을 행한다. 코어 분할수는 건전부 코어의 상황에 따라 줄여도 좋지만 그 경우라도 6개는 확보하고 가열 온도를 11

0℃ · 200℃ · 250℃ · 300℃ · 400℃ 및 500℃로 한다.

iii) 수열온도추정용 시료의 채취 : 화해부에서 채취한 콘크리트 코어를 화해측의 표층(10mm정도)을 제외한 부위로부터 코어 내부에서 10mm 두께마다 절단하여 시료를 수 개 채취한다. 코어의 직경이 작을 경우, 절단간격을 크게 하면 규정량 이상의 시료분말을 얻을 수 있고 분석이 가능해진다. 특히, 화해측의 표면을 잘라서 제외하는 것은 콘크리트 표면에 마감재료의 잔존물이나 매연이 부착되어 있거나 화해를 입었을 때에 유기화합물의 연소가스가 콘크리트 내부에 침투하고 있을 가능성이 있으므로 이러한 요인에 의한 분석 결과에 미치는 영향을 제외하기 위해서다.

iv) 시료분말의 제작 : 10mm 두께로 절단한 시료를 철판내에서 콘크리트중의 쇄석이 원래의 상태로 남는 정도로 분쇄한 후 36메쉬(425㎛)의 체를 통과한 부분을 진동밀로 미분쇄화 (5~10㎛)하여 시료분말로 한다.

v) 시료용액의 제작 : 시료분말 3g을 비이커에 채취하여 90mL의 증류수를 더해서 1시간 끓인 후 흡인 여과를 한다. 사전에 염산(1+1) 1mL을 넣은 메스플라스크에 여과액을 채취하고 여과 후 100mL의 일정부피로 한다. 또한, 여과 후 여과지 위의 잔류물은 다시 상기 사용의 비이커에 물로 세정한 후 100mL로 해서 1시간 재가열하고 이후 같은 조작을 실시하여 2회째 추출의 시료용액으로 한다.

vi) UV스펙트럼의 측정 : 시료용액을 석영 셀에 옮기고 분광광도계를 사용해서 UV스펙트럼를 측정한다. 파장 260nm에 대한 흡광도는 1회째 추출 시료용액의 흡광도와 2회째 추출 시료용액의 흡광도와의 합계량(합계흡광도)으로 한다.

vii) 수열온도의 추정 : 검량선용 시료용액의 UV스펙트럼의 파장 260nm에 대한 흡광도를 읽어내어 가열온도와 흡광도의 관계를 나타내는 검량선을 작성한다. 그 다음에 수열온도 측정용 시료용액의 파장 260nm에 대한 흡광도를 측정하여 검량선으로부터 수열온도를 구한다.

viii) 측정결과의 평가 : 추정한 수열온도가 콘크리트의 강도에 영향을 미치는 온도로 있는지를 평가한다.

2) 주의사항

일반적으로는 화해측의 수열온도가 높은 추정결과를 얻을 수 있지만 드물게 역전하는 경우가 있다. 이것은 추정 수열온도가 낮은 화해측의 표층에 가까운 시료에 측정대상으로 한 혼화제 이외의 접착제나 도료 등의 유기물이 혼입되어 있었던 것이 원인으로 판단된다. 추정수열온도가 낮게 된 곳 이외의 수열추정 온도는 적절한 것으로 평가되지만 화해측에 가장 가까운 시료에서 이러한 현상이 나타나는 경우에는 최고수열온도를 추정할 수 없게 되므로 주의가 필요하다.

3) UV스펙트럼법의 적용 예

건설중 RC조 건물 (3층)의 옥상부분에서 옥상방수용 아스팔트 컴파운드의 과열에 의해 출화되어 약 50분간 화재가 지속되었다. 옥상의 북쪽 구석부 (약12m × 8m)의 슬래브 및 파라펫 부분이 피해를 입었다. 슬래브 부분의 화해는 경미했지만 파라펫 부분에서 특히 현저한 화해손상을 입었다. 화해를 입은 부분의 평면도를 해설도 3.4.3에 나타내었다. 여기에서 현저한 화해를 입은 파라펫 부분의 콘크리트의 수열온도를 추정했다. 또한 본 예에서는 혼화제에 리그닌 혼화제가 사용되고 있었다.

추정은 다음의 순서에 따라 진행되었다.

i) 파라펫보다 화해가 현저하다고 생각되는 부분 2개소 (샘플번호 : 1, 2)와 화해를 입지 않고 있는 부분 1개소 (샘플번호 : 3)에 대해서 콘크리트 코어(직경 10cm, 길이 15cm)을 채취했다 (해설도 3.4.3참조).

ii) 화해를 입지 않고 있는 부분의 콘크리트 코어를 분할하여 각 소정온도 (110℃ · 200℃ · 250℃ · 300℃ · 350℃ · 400℃ · 450℃ · 500℃ · 및 600℃의 9종류)로 가열했다.

iii) 시험편을 분쇄하여 분말을 흡인 여과한 후, 여과액을 시료용액으로 했다.

iv) 시료용액에 대해서 UV스펙트럼을 측정했다.

v) 얻어진 9종류의 온도이력을 가진 시료의 흡수곡선으로부터 파장 260nm에서의 이력온도와 흡광도의 관계(검량선)을 구하였다 (해설도 3.4.4참조).

vi) 다음으로 화해가 현저하다고 생각되는 부분의 콘크리트 코어를 표면에서 약 4cm 마다절단한 후 각 코어에 대해서 샘플을 3개씩 채취했다. 각 샘플의 UV스펙트럼을 측정하여 파장 260nm에서의 흡광도를 구하여 수열온도를 추정했다.

vii) 얻어진 흡광도 · 추정수열온도 및 코어의 압축강도 측정결과를 해설표 3.4.3에 나타낸다. 콘크리트 내부에 관해서는 흡광도보다 약 250℃로 전후의 수열온도로 추정되었다.

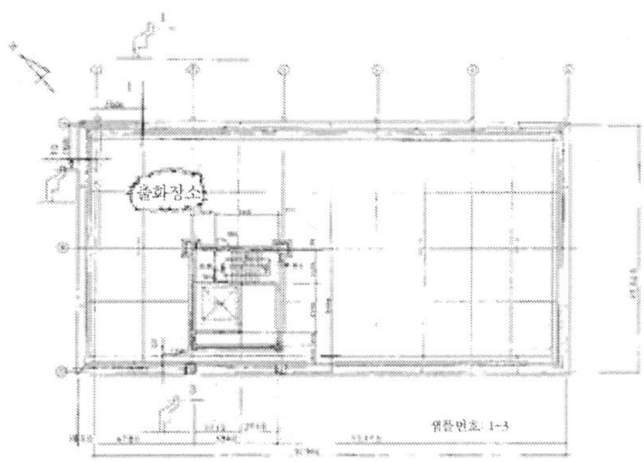

해설도 3.4.3 화해를 입은 옥상평면

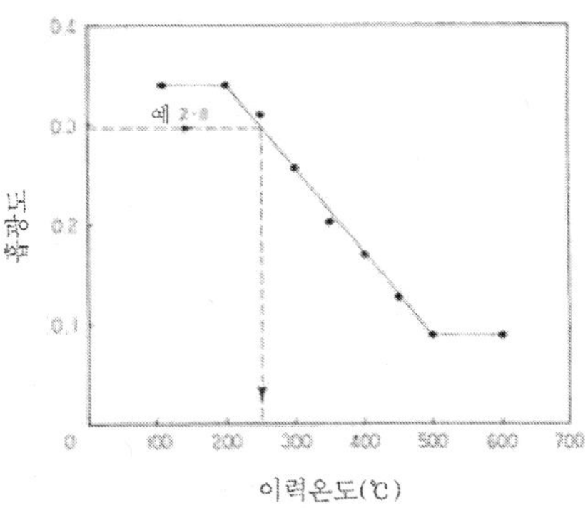

해설도 3.4.4 이력온도와 흡광도의 관계 예

해설표 3.4.3 콘크리트의 추정수열온도와 압축강도

구분	샘플번호		표면에서의 깊이(cm)	흡광도	추정수열 온도(℃)	압축강도 (N/mm^2)	중성화깊이 (cm)
화해 부분	1	A	2	0.276	275	21.6	0
		B	6	0.317	225		
		C	10	0.317	225		
	2	A	2	0.290	260	22.3	0~0.3
		B	6	0.297	250		
		C	10	0.317	225		
건전부분	3		–	–	–	23.3	0.2~0.5

3.4.6.3 과망간산칼륨에 의한 산소소비량의 정량분석 [36)]

과망간산칼륨에 의한 산소소비량의 정량분석은 UV스펙트럼법의 대체 방법으로써 콘크리트의 깊이방향으로 수열온도를 추정하기 위해서 실시한다. 콘크리트의 열화깊이를 특정할 경우 등 보수범위를 명확하게 하고 싶을 경우에 권장된다.

해설

유기계화합물중의 탄소를 대상으로 한 과망간산칼륨에 의한 산소소비량 정량분석(과망간산법)의 특징은 많은 혼화제에 대응해서 유기계 화합물을 정량할 수 있다. 따라서 리그린계 혼화제를 혼입한 콘크리트 이외의 경우에 유효한 방법이다. 나프탈렌계 혼화제를 혼입한 콘크리트의 가열온도와 N/40 과망간산칼륨 소비량의 관계 예를 해설도 3.4.5에 나타낸다. 110～600℃의 범위에서는 tri-linear 관계가 얻어지고 있다. 나프탈렌계 혼화제의 경우, 110℃에서 300℃까지는 거의 열분해하지 않기 때문에 N/40 과망간산칼륨 소비량은 변하지 않고 또한 500℃이상에서의 열분해잔유물은 과망간산칼륨으로 분해되지 않기 때문에 각각의 온도범위에서 일정값으로 된다고 판단된다. 따라서 탄소를 함유하는 유기계화합물을 대상으로 하는 정량분석법을 이용하면 약 300～500℃까지의 수열온도 추정이 가능하다.

1) 분석 방법

분석순서 및 수열온도의 추정순서는 다음과 같다. 수열온도의 추정은 콘크리트 코어의 N/40 과망간산칼륨 소비량과 가열온도의 관계에 따라 행한다.

i) 콘크리트 코어 채취 : 1차조사 결과에 따라 조사 범위를 엄선한 조사대상부위 및 건전부 (검량선용 시료)에서 콘크리트 코어를 채취한다. 또한, 콘크리트 코어는 압축강도시험을 실시한 것 (분쇄되지 않은 것)을 대용해도 좋다.

ii) 검량선용 시료의 제작 · 가열 : 검량선시료는 건전부의 콘크리트를 분할하여 시료를 8개 채취한다. 그 후, 전기로 내에서 소정온도(110℃ · 200℃ · 250℃ · 300℃ · 350℃ · 400℃ · 450℃ · 500℃ · 및 600℃)에서 1개씩 1시간이상 가열한다.

iii) 수열온도추정용 시료의 채취 : 화해부에서 채취한 콘크리트 코어를 화해측의 표층 (10mm정도)을 제외한 부위로부터 코어 내부로 10mm 두께마다 절단하여 시료를 수개 채취한다.

iv) 시료분말의 제작 : 10mm 두께로 절단한 시료를 철판내에서 콘크리트중의 쇄석이 원래의 상태로 남는 정도로 분쇄한 후 36메쉬(425㎛)의 체를 통과한 부분을 진동밀로 미분쇄화 (5~10 ㎛)하여 시료분말로 한다.

v) 정량분석 : 정량분석은 다음과 같은 순서로 실시한다.

- 시료분말 0.5g을 약 10mL의 물에 분산시켜 황산(1+8) 10mL를 더하여 가열분해 한다.
- 물을 부어 전체용량 약 50mL로 하고 재가열후에 암모니아수(1+1)로 중화한 후, 철이온을 제거하기 위해서 다시 한번 암모니아수를 2～3방울 더욱 첨가한다.
- JlS K 0102:2010-14.1「현탁물질 측정방법」에 따라 유리섬유 여과지를 이용해서 흡입여과하고 암모니아수(1+1)로 수회 세정하여 여과액을 300mL의 플라스크에 채취한다.
- 상기의 여과액에 물을 첨가해 100mL로 하고 황산(1+1) 10mL을 더한 후에 황산은 미분말 1g을 넣고 교반한다.
- N/40 수산나트륨 10mL을 더하고 60～80℃에 유지하면서 N/40 과망간산칼륨용액으로 역적정(back titration)한다.
- 용액의 색이 엷은 홍색을 보이는 점을 종점으로 해서 N/40 과망간산칼륨 소비량을 구한다.

vi) 수열온도의 추정 : 검량선용 시료의 정량분석에 따라 가열온도와 N/40 과망간산칼륨 소비량의 관계를 나타내는 검량선을 작성한다. 그 다음으로 수열온도측정용 시료의 N/40 과망간산칼륨 소비량을 측정하고 검량선으로부터 수열온도를 구한다.

vii) 측정결과의 평가 : 추정한 수열온도가 콘크리트의 강도에 영향을 미치는 온도로 있는지 평가한다.

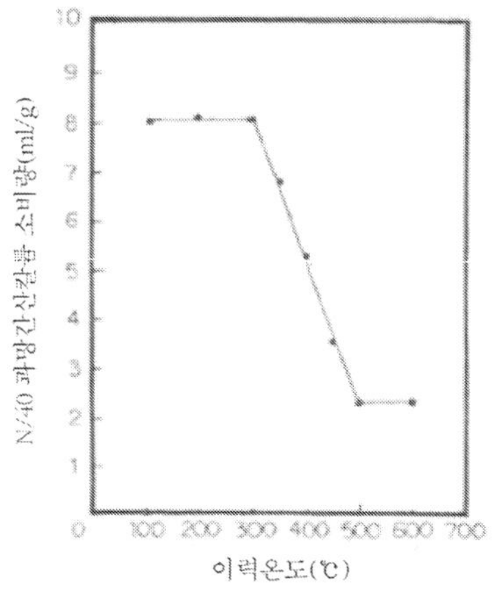

해설도 3.4.5 이력온도와 N/40 과망간산칼륨 소비량의 관계 예

3.4.7 철근의 인장시험

철근의 인장시험은 철근의 잔존강도를 확인하는 경우에 실시한다. 철근에 피해가 미치고 있는 것이 명백할 경우에는 철근의 인장시험을 행하는 것이 권장된다.

해설

콘크리트의 폭열에 의해 철근이 노출되어 강도저하의 가능성이 있는 경우, 철근의 위치보다 깊은 위치까지 중성화가 진행되어 있을 경우 등 철근에 피해가 미치고 있는 것이 명백할 경우는 철근의 인장시험을 실시하는 것이 권장된다. 철근의 인장시험에서는 부재에서 채취한 철근을 이용하여 기계적 성질(항복점 · 인장강도 · 신율 등)을 구하여 규격치 이상 인가를 확인한다.

1) 시험 방법

시험 순서는 다음과 같다.

i) 철근채취 : 육안관찰에서 조사를 엄선한 조사대상부위 및 건전부 (필요에 따라 강도비교를 실시하기 위함)에 있어서 JIS Z 2241:2011「금속재료의 인장시험방법」을 따라 철근을 채취하고 시험장소에 반입한다.

ii) 형상 · 치수 등 확인 : 반입된 샘플이 인장강도시험편으로서 가공이 가능한지 여부를 확인하고 가공한다.

iii) 인장시험 : 인장시험은 JIS Z 2241:2011「금속재료의 인장시험방법」에 따른다.

iv) 측정결과의 평가 : 화해부의 철근의 기계적 성질 (항복점 · 인장강도 · 신율 등)이 JIS 등의 규격치 이상인가를 확인한다. 철근의 강종이나 강도 등이 불분명할 경우는 건전부의 값과 동등한가를 확인한다.

2) 주의사항

통상의 철근이라면 가열냉각후의 잔존강도에 관한 실험자료는 비교적 다수 있기 때문에 철근위치의 온도를 알면 잔존강도는 대체로 추정할 수 있다. 그러나, 철근에 피해가 미치고 있는 것이 명백할 경우에는 철근의 인장시험을 실시하여 잔존강도를 확인할 필요가 있다.

3.4.8 진동시험 [37) 38)]

진동시험은 바닥 슬래브 등의 화재에 의한 강성저하의 정도를 파악하기 위해서 실시한다. 특히, 사용성 등의 요구 성능이 높을 경우에 권장된다.

해설

진동시험은 바닥이나 보 등의 휨진동을 실측해서 미소진동 레벨에서 구조특성을 명확하게 조사하고, 건전부와 피재부의 탄성거동을 비교 · 검토함으로서 피재부의 구조면의 건전성과 사용상의 장해를 판단하기 위해서 행하여진다. 또한, 보수전후의 부재에 대하여 실시하고 보수의 효과를 확인할 경우도 권장된다. 진동시험으로 나타나는 부재의 변형은 스팬 중앙의 변위량에서 수십~수백 ㎛ 정도이므로 미소변형의 탄성거동밖에 관측할 수 없고, 큰 변형시의 성상이나 내력을 조사할 수는 없다.

1) 시험 방법

진동시험에는 기진기에 의한 강제진동방식과 모래주머니나 충격시험장치를 이용한 충격진동 시험의 두가지 방법이 있다. 전자는 특별한 목적에서 행하여지는 조사 이외에 적용되는 예가 최근은 적고 후자의 방법이 일반적으로 사용된다. 여기에서는 가진장치를 필요로 하지 않고 간편하게 실시할 수 있는 방법으로서 모래주머니를 이용하는 시험방법과 측정결과의 평가에 대해서 서술한다.

① 시험방법 : 10kg 정도의 모래주머니를 20~30cm정도의 높이에서 낙하시켜, 그 때의 진동파형 (상시 미동의 영향이 들어가지 않는 자유진동파형)을 진동계 → 데이터 레코더 → 스펙트

럼 애널라이저(spectrum analyzer) → 펜기록 오실로(ink writing oscillograph)에 의해 기록한다. 시험오차를 줄이기 위해서 낙하 → 기록의 작동은 3회/개소 정도가 바람직하다. 또한 건전성 판단을 위해서 슬래브 중앙뿐만 아니라 슬래브 단부에서도 시험할 경우도 있다.

② 측정결과의 평가

i) 건전부와의 비교 : 자유진동 파형으로부터 고유진동수 · 변위진폭 등을 구하고 피재부와 건전부에서 측정값을 비교한다. 균열이나 처짐이 많은 슬래브는 적은 슬래브에게 비교해서 고유진동수가 작게 되고 변위진폭은 커지는 경향이 있다. 진폭-진동수특성에 관해서는 동일 형상의 슬래브가 다수 있을 경우에 실측한 진폭과 진동수의 분포도를 작성함 따라 강성이 뒤떨어지는 슬래브나 사용상 장해(사용성 등)가 있는 슬래브를 판정할 수 있다. 진폭-진동수 특성의 예를 해설도 3.4.6에 나타낸다.

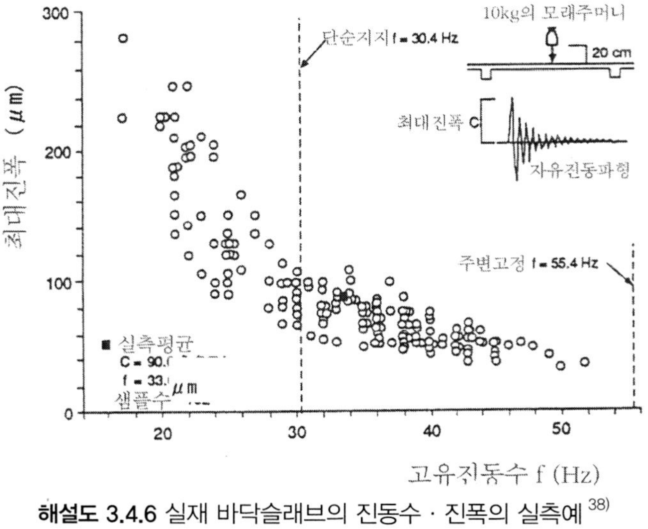

해설도 3.4.6 실재 바닥슬래브의 진동수 · 진폭의 실측예 [38)]

ii) 계산값과의 비교 : 실제의 슬래브는 주변이 고정되어 있으므로 고유진동수가 단순지지 계산값을 밑돌지 않은지가 건전성판정의 기준으로 된다. 계산값과의 비교의 일례를 해설도 3.4.7에 나타낸다. 고유진동수는 구조체의 고유한 특성으로 부재치수, 질량, 휨강성, 주변지지 조건에 의해 정해지고 가진력에는 좌우되지 않는다. 진동시험으로 기본이 되는 진동수는 1차 고유진동수이며 주변이 단순지지 및 완전고정된 바닥에 관헤서는 각각 식(3.4.1)과 식(3.4.2)로 나타낼 수 있다.

$$f_s = \frac{\pi}{2a^2}\left(1+\frac{a^2}{b^2}\right)\sqrt{\frac{D}{\rho h}} \tag{3.4.1}$$

$$f_c = \beta \cdot f_s \tag{3.4.2}$$

여기에서 f_s : 단순지지 1차 고유진동수(Hz)

f_c : 완전고정 1차 고유진동수(HZ)

β : f_c와 f_s의 진동수비(해설도 3.4.8) 참조

a : 바닥슬래브의 단변길이(해설도 3.4.7) 참조(cm)

b : 바닥슬래브의 장변길이(해설도 3.4.7) 참조(cm)

h: 바닥슬래브의 두께(해설도 3.4.7) 참조(cm)

D: 바닥슬래브의 강성 : 콘크리트의 영계수를 E, 프와송비를 v로 하면

$D = Eh^3/12(1-v^2)$으로 약 $20,000h^3(kg \cdot cm)$

ρ : 밀도(중력가속도로 나눈 값), 철근콘크리트에서는

약 2.45×10^{-6} $(kg.s^2/cm^4)$

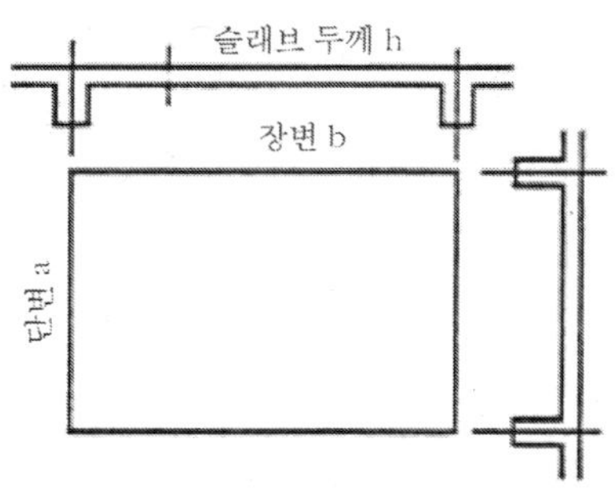

해설도 3.4.7 바닥슬래브 제원의 계측방법 [38)]

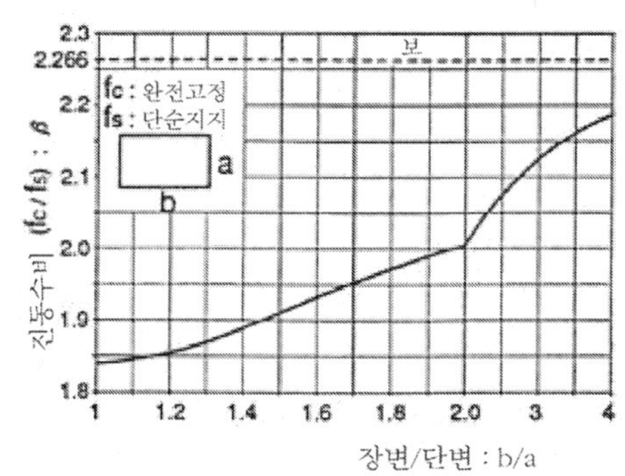

해설도 3.4.8 완전고정 슬래브의 1차 고유진동수 [38)]

작은 보를 가진 경우의 바닥 슬래브의 1차 고유진동수에 관해서는 fs와의 진동수비를 해설도 3.4.9에 나타낸다. 실제의 슬래브에서는 주변의 구속 상태가 다양하지만 통상의 경우는 (fs 〈 f 〈 fc)의 순서이다. 그러나, RC조에서는 균열의 발생과 신율에 의하여 일체성이 손상됨으로서 강성이 저하되고 고유진동수도 작게 된다. 고유진동수가 (f ≤ 〈 fs)로 되면 진폭도 상대적으로 증가하고 진동의 감쇄도 나빠짐으로서 거주성이 악화된다.

2) 주의사항

진동특성에 편차를 초래하는 요인은 마감모르타르의 들뜸이나 박리, 치수정밀도나 콘크리트의 품질 등의 시공성의 편차, 적재하중의 상태, 칸막이벽의 유무 및 설비배관의 부착 상태 등으로 판단되므로 진동측정결과의 검토시 이러한 영향의 유무도 고려하여야 한다.

3) 적용예

바닥슬래브의 충격진동시험의 예를 헤설도 3.4.10에 나타낸다.

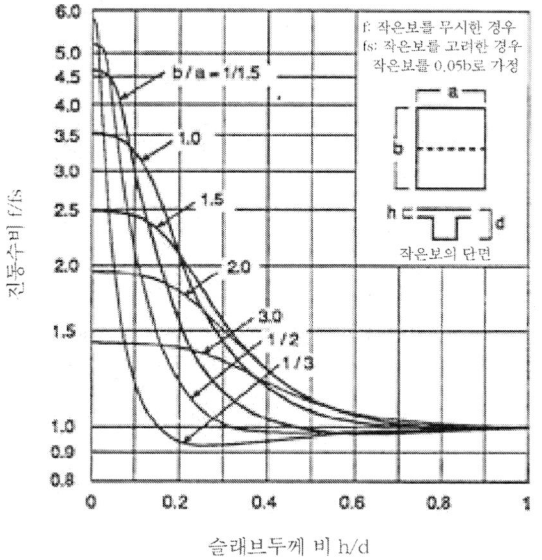

해설도 3.4.9 작은 보를 가진 단순지지판의 1차 고유진동수 [38)]

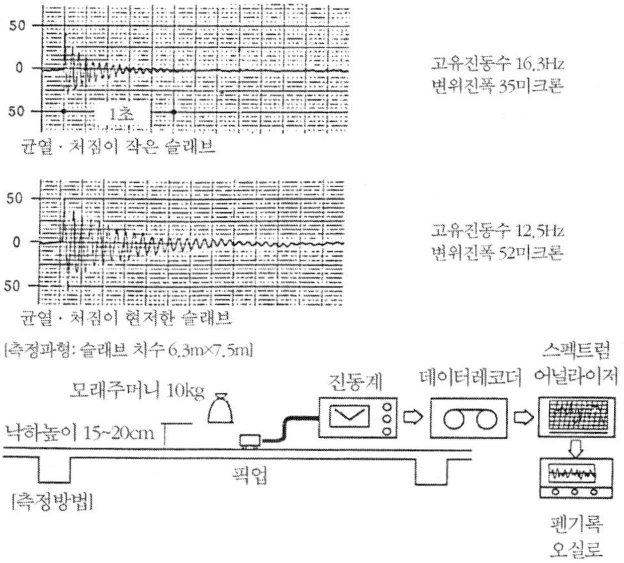

해설도 3.4.10 바닥슬래브의 충격진동시험의 예[38)]

3.4.9 재하시험

> 재하시험은 보 · 바닥 슬래브의 화재에 의한 강성 및 내력저하의 정도를 파악하기 위해서 실시한다. 화해등급이 Ⅳ급 이상으로서 구조체에 손상을 받고 있을 가능성이 높을 경우, 또는 화재 후에 부재를 다시 이용하고 싶을 경우에 권장된다.

해설

재하시험은 보부재나 바닥슬래브에 설계하중 또는 그 몇배의 하중을 재하하고 처짐 등을 측정함으로서 보 · 바닥 슬래브의 화재에 의한 강성 및 내력저하의 정도를 판단하는 것이다. 화해등급이 Ⅳ급 이상으로 구조체에 손상을 받고 있을 가능성이 높을 경우, 또한 화재후에 부재를 다시 이용하고 싶을 경우에 권장된다.

화재를 받은 부재는 재하시험을 실시함으로서 얻어진 새로운 결과에 따라 구조체로서 손상을 받고 있는 상황을 파악할 수 있다. 예를 들면, 보부재는 화재에 의해 철근의 부착에 손실이 있을 경우 휨균열 및 전단균열이 분산되기 어렵고 그 수도 적어지기 때문에 그 손상정도에 따라 균열패턴이나 부착특성이 유효할 경우와 상이하게 된다. 따라서 균열개수와 균열폭은 같은 처짐변형에서도 서로 상이하게 된다.

1) 시험방법

① 재하방법

재하방법에는 포대에 넣은 모래 · 자갈 · 시멘트나 물 등의 중량물을 적재해서 분포하중을 가하는 방법과 유압잭을 이용해서 집중하중을 가하는 방법이 있다. 현재 재하시험방법의 규격은 찾기 힘들지만 1957년판의 JASS 5 (이후, 구 JASS 5로 칭함)에서는 전자를 A법, 후자를 B법으로서 규정하고 있다. A법은 실시상 상당한 노동력과 시간을 요하지만 실정을 고려한다는 점에서 바람직하고 B법은 A법에 비교하여 간편하고 많은 부재를 시험할 경우에 적당하다.

② 시험 순서

i) A법 : 구조물의 처짐에 추종하는 주머니에 넣은 모래 · 자갈 · 시멘트나 물의 중량물을 준비한다. 설계에 사용된 장기하중의 분포상태를 따르도록 보 · 바닥 · 슬래브 위에 중량물을 서서히 늘어놓는다. 하중의 불연속에 의한 영향을 제거하기 위해 보의 하중분담 면적뿐만 아니라 인접한 보에도 마찬가지로 재하한다. 규정하중을 재하 후 4시간 존치했을 때의 최대 처짐을 측정하고 하중제거 1시간후에 잔류처짐을 측정한다.

ii) B법 : 재하하려고 하는 보부재의 중앙과 직상층의 보부재 사이에 유압쟈키와 로드셀 등의 하중계를 매개로하여 지주를 세운다. 유압책에 의해 서서히 힘을 가하고 설계하중에 2배에 달한 시점에서 최대 처짐을 측정하고 하중을 강하시켜서 잔류 처짐을 측정한다. 설계하중의 2배로 하는 것은, 인접한 보는 무가력인접과 2배 정도의 가력을 행하지 않으면 판정이 불명료하게 되기 때문이다. 또한, A법과는 다르게 최대 처짐 · 잔류 처짐에서도 최대시 및 제하시에 계기의 안정한 상태에서 즉시 계측하도록 하고 있다.

2) 측정결과의 평가

시험의 결과는 A법 · B법 모두 잔류 처짐 · 최대 처짐 × 100(%)로부터 산출한 잔류처짐을 백분률로 표시한다. 전 처짐에 대한 잔류 처짐의 비율이 A법에서는 15%을, B법에서는 10%를 넘을 경우에는 보다더 상세한 시험을 하거나, 그 구조부를 보강하는 등 적절한 방법을 강구할 필요가 있다. 다만 구 JASS 5에서는 이 값에 이론적인 근거는 없고 여러 외국의 규정 및 다소의 실시예로부터 정한 것이기 때문에 엄밀하게는 이 수치에 구애받지 말고 판정시에는 하중-처짐 곡선 등도 병행하여 시험결과를 평가하는 것이 좋다고 기술하고 있다.

3) 주의사항

A법은 중량물의 배치를 적절하게 할 필요가 있다. 물채움의 경우는 보 · 바닥 슬래브의 처짐에 의해 하중의 분포상태가 변화하는 경우가 있기 때문에 주의한다. 또한 측정기기를 장시간 방치하

기 때문에 온도변화에 의한 변위계 설치부위의 신축 · 진동 등에 주의한다. B법은 반력을 받는 부재가 필요하기 때문에 최상층 보의 시험은 어렵다. 어느쪽의 재하방법도 피해를 입고 있는 부재에 재하하기 때문에 시험시에는 안전확보를 위해 충분히 주의하여야 한다. 또한 재하시험의 결과, 만일에 화해등급이 Ⅳ급 이상의 부재에 구조내력상 필요한 강성 및 내력이 확인되었을 경우, 구조체로서 재사용은 가능하지만 콘크리트의 중성화 등의 내구성에 관한 보수는 별도검토 할 필요가 있다.

4) 적용예

보 및 바닥 슬래브에의 재하시험예(B법)을 해설도 3.4.11에 나타낸다.

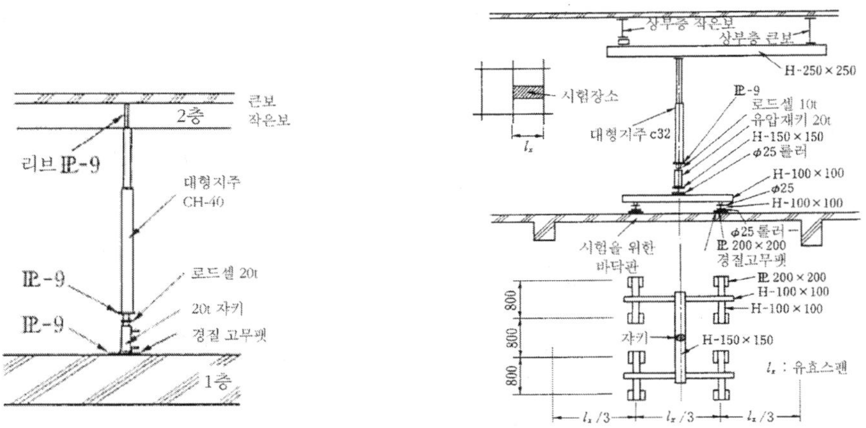

a) 보의 가력방법 b) 바닥슬래브의 가력방법

해설도 3.4.11 재하시험의 적용예 [40)]

3.5 진단

> 진단에서는 예비조사와 1차 조사 및 2차 조사의 결과에 기초하여 화해 등급 및 피재도의 판정을 행하고 보수 · 보강의 여부를 판단한다.

해설

조사결과는, 그 후의 보수 · 보강계획 입안에 이용하는 자료인 것을 고려하여 부위 · 부재마다 정리한다. 진단은 조사결과에 기초해서 부위 · 부재마다의 화해등급을 판정하고, 화해등급에 따라 건물의 피재도를 판정한다. RC조의 화해등급은 5단계, 피재도는 3단계로 구분하였으며 그 내용은 해설표 3.1.1 및 해설표 3.1.2에 나타내었다.

화해등급은 부재의 재사용 여부와 부재의 보수 · 보강 더 나아가 부재의 교환 또는 신부재의 설치 등을 결정하는 중요한 근거가 된다. 따라서 특히 육안조사인 1차조사의 결과에서 화재에 의한 손상이 인정되어진 부재의 경우는 2차조사에 의해 내부의 콘크리트나 철근의 수열온도를 정확하게 추정 · 파악하고 재료 · 부재의 역학적 시험의 결과와도 대조한다. 복수의 조사 결과에 기초하여 보수 · 보강 계획을 상정해서 각 부재의 화해등급을 될 수 있는 한 정확하게 판정하는 것이 중요하다.

피재도는 육안조사의 결과 및 부재의 화해등급에 따라서 판정되는 것이며, 건물로서 재사용의 여부를 나타낸다. 피재도A의 건물은 구조체에 화재의 영향이 없는 것으로, 보수 · 보강을 하지 않아도 재사용 가능하다. 피재도B의 건물은 구조체가 화재의 영향을 받고 있지만 본 지침에 나타낸 일반적인 보수 · 보강에 따라 재사용 할 수 있는 것으로 판단하는 것이며, 3.6절의 보수 · 보강계획의 대상이 된다. 피재도C의 건물은 본 지침에서는 재사용이 불가능한 것으로 판정되는 것으로 3.6절의 보수 · 보강 계획에 대한 적용범위에 해당되지 않으며, 재사용을 행할 경우에는 별도의 검토가 필요하다.

3.5.1 1차조사에 의한 진단

a. 1차조사에 의한 화해등급의 판정은 다음의 (1)~(4)에 따라 부재별로 행한다.
  (1) 무피해의 경우는 Ⅰ급으로 한다.
  (2) 표층이나 마감부분만의 피해의 경우는 Ⅱ급으로 한다.
  (3) 주근의 좌굴 등 실질적인 피해가 명백할 경우는 Ⅴ급으로 한다.
  (4) 상기(1)~(3) 이외의 경우는 2차조사의 결과에 따라 화해등급의 판정을 행한다.
b. 1차조사에 의한 건물의 피재도 판정은 다음의 (1)~(3)에 따라 행한다.
  (1) 모든 부재가 화해등급 Ⅱ급 이하로 있는 경우는 피재도를 A로 한다.
  (2) 외관조사만으로 분명히 재사용이 불가능할 경우는 피재도를 C로 한다.
  (3) 상기 (1), (2) 이외의 경우는 2차조사에 따라 피재도 B 또는 피재도 C의 판정을 행한다.

해설

화해등급판정의 순서는 해설도 3.1.2에 나타낸 바와 같다. 1차조사는 육안에 의해 외관상의 피해상황을 관찰하고 화해상황을 개략 파악하여 화재 진전상황을 추정하는 것이다. 1차조사만으로 판정할 수 있는 부재의 화해등급은 무피해의 경우 I 급, 표층이나 마감부분만의 피해의 경우 II급, 주철근의 좌굴 등 실질적인 피해가 명백할 경우의 V급이 있다. 1차조사만으로 판정할 수 없는 화해등급은 2차조사의 결과에 근거해서 판정을 행한다. 또한 피재도는 모든 부재가 화해등급 II급 이하로 있는 경우는 건물의 피재도를 A, 육안조사만으로 분명히 재사용이 불가능할 경우는 피재도를 C로 판정하고 이것들 이외는 2차조사의 결과도 포함시켜서 피재도의 판정을 행한다.

3.5.2 2차조사에 의한 진단

a. 2차조사에 의한 화해등급의 판정은 다음의 (1)~(4)에 따라 부재별로 행한다.
  (1) 표층에 한정된 피해가 있는 상태는 II급으로 한다.
  (2) 콘크리트 표면에서 철근까지의 위치에 피해가 있는 경우는 III급이상으로 한다.
  (3) 주근과의 부착에 지장이 있는 피해가 있는 경우는 IV급 이상으로 한다.
  (4) 구조내력상 막대한 피해가 있을 경우는 V급으로 한다.
b. 2차조사에 의한 건물의 피재도의 판정은 다음의 (1)~(2)에 따라 행한다.
  (1) V급의 기둥부재의 비율이 화재층 전 기둥의 20%을 넘을 경우는 피재도를 C로 한다.
  (2) 상기 (1)이외는 피재도를 B로 한다.

해설

해설도 3.1.2의 화해등급판정의 순서와 같이 2차조사에서는 1차조사에 의해 엄선한 조사 대상 개소에 한하여 자세한 조사를 실시한다.

여기에서, II급으로 판정되는 「표층에 한정되는 피해」란 약간의 표면열화는 있어도 구조내력에 영향을 미치지 않는 경우가 해당하며 또한 표층에 한정한 미세한 균열은 있어도 보수에 대한 주입시공 등이 곤란한 범위 (폭 0.2mm 이하)에 한정하고 있는 경우 등이 해당한다. III급 이상이라고 판정되는 「콘크리트 표면에서 철근까지 위치의 피해」란 피복 부분의 콘크리트 강도저하 · 균열(폭 0.3mm 이상) · 부분적인 들뜸 등이 보여질 경우가 해당하고 균열의 주입이나 피복 콘크리트의 철거를 필요로 하는 보수가 필요한 경우에 해당한다. IV급 이상의 「주근과의 부착에 지장이 있는 피해」란 수mm 폭의 균열이나 국부적인 폭열이 다수 보여질 경우 등이 해당하고 구조내력의 회복이 필요할 경우에 해당한다. V급의 「구조내력상 막대한 피해」란 광범위하게 폭열이 생기고 있는 경우 등이 포함된다. 2차조사에 의한 화해등급의 판정에서는 II급 및 III급과 같이 부재표면 및 내부의 추정수열온도를 근거로 할 경우가 있다. 이것은 콘크리트나 철근의 수열온도가 이러한 강도를 현저하게 저하시키는 온도에 달하고 있는지 여부에 따라 보수 · 보강의 범위나 방법이 달라지기 때문이다. 콘크리트의 강도를 현저하게 저하시키는 온도의 경계값에 관해서는 여러 가지의 개념이 있지만 본 지침에서는 300℃를 기준으로 했다. 그 이유는 3.1.2항의 1) 및 해설도 3.5.1~3.5.3에 나타낸 바와 같이 콘크리트의 냉각후 각종 강도의 잔존비는 500℃를 넘으면 50%을 밑돌지만 300℃ 이하로 있으면 압축강도 및 부착강도의 모두 70% 이상이라고 하는 기존의 실험결과가 많기 때문이다. 한편, 가열을 받은 콘크리트의 압축강도는 수열온도 500℃ 이하로 있으면 시간과 함께 자연 회복한다고 하는 실험결과가 잘 알려져 있지만, 이것은 비교적 낮은 강도의 콘크리트에 한한 것이다. 고강도 콘크리트에서는 해설도 3.5.4~3.5.5에 나타낸 바와 같이 공기중에서의 강도회복은 인정되지 않고 있고 설계기준강도 100N/mm^{2}을 넘는 초고강도 콘크리트에서는 해설도 3.5.6에 나타낸 바와 같이 양생 조건에 관계 없이 강도회복은 인정되지 않기 때문에 압축강도의 자연회복은 기대하지 않는 것으로 하였다. 한편, 철근콘크리트조에 사용되는 강재의 가열 냉각후의 잔존 강도에 관해서는 3.1.2항의 2) 및 해설도 3.5.7~3.5.8에 나타낸 바와 같이 통상의 철근은 500℃ 정도까지, PC 강봉은 400℃ 정도까지로 있으면 수열전과 동등하다. 특히, PC 강봉이나 일부의 고력 철근 등의 열치리강의 잔존강도는 담금질 온도에 의존한다. 담금질 온도이상의 가열은 강도를 저하시킨다. 담금질 온도는 일반적으로 300℃ 이상이지만 메이커와 협의가 필요하다.

화해등급의 판정은 예비조사와 1차조사 및 2차조사의 결과를 해설표 3.1.1에 나타낸 화해등급과 부재상황의 일람표와 대조하는 동시에 3.6절의 보수・보강 계획을 상정해서 행하면 좋다. 표면의 수열온도가 300℃ 이하인가 아닌가는 그을름의 부착상태, 내부의 수열온도가 500℃ 이상인가 아닌가는 중성화깊이, 보다 상세한 내부온도분포는 UV스펙트럼법 등에 의해 판단할 수 있다. 그러나, 화해등급의 판정은 수열온도에 의해서만 하는 것이 아니라 콘크리트 코어의 시험결과나 공극 내 국부 재하시험의 결과 등과 비교・검토하여 재료에 요구되는 성능 및 부재에 요구되는 성능도 감안하여 종합적으로 판단하는 것이 필요하다.

2차조사에 의한 건물의 피재도 판정은 화해등급 V의 기둥부재가 화재를 받은 층의 총 기둥 갯수의 20%를 초과하면 피재도C로 판정한다. 또한, 3.3절의 해설표 3.3.1에 나타낸 것과 같이 이것보다도 피해가 심한 기둥이 화재를 받은 층의 총 기둥 갯수의 10%을 넘게되면 피재도C로 판정한다. 2차조사에 의해 피재도 「C」로 판정된 것 이외는 피재도 「B」로 판정한다.

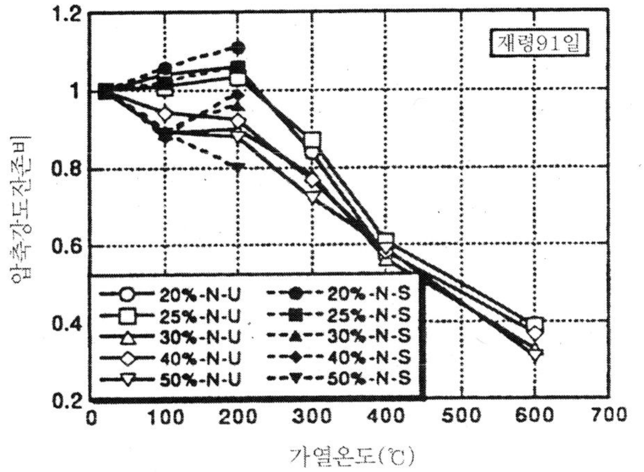

(고온이력전의 강도는 37~110 N/mm²)

해설도 3.5.1 콘크리트의 잔존압축강도비(1) [41)]

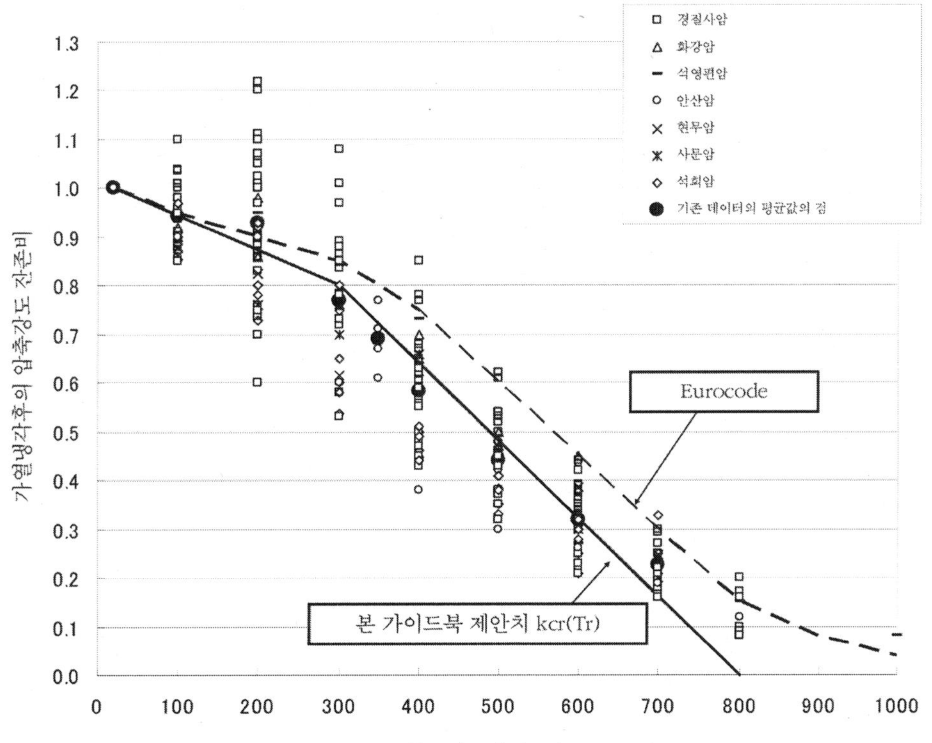

해설도 3.5.2 콘크리트의 잔존압축강도비(2) [2)]

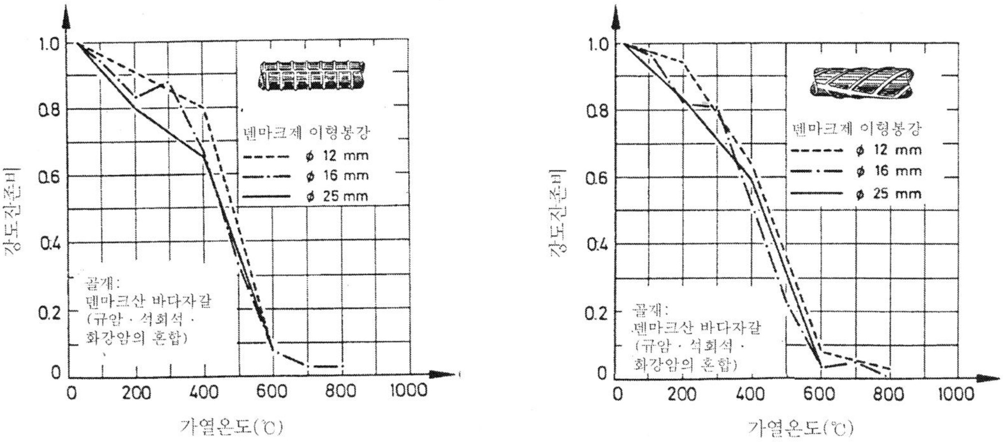

해설도 3.5.3 가열냉각후 잔존부착강도

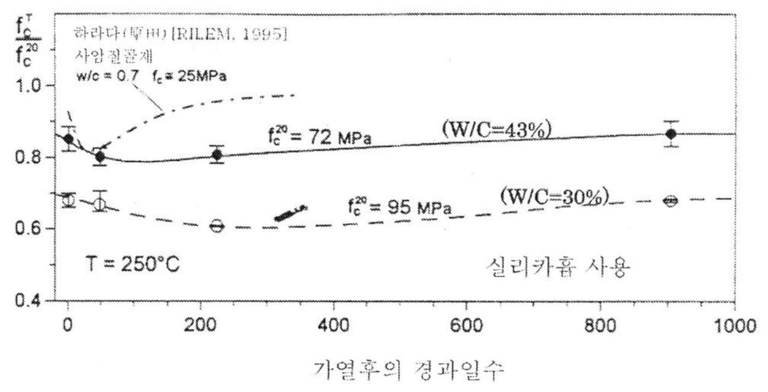

해설도 3.5.4 가열을 받은 콘크리트의 강도회복의 예 [43)]

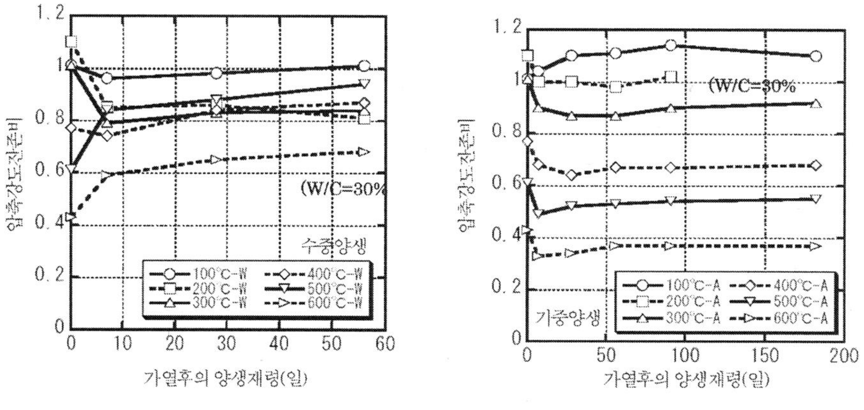

a) 가열후 수중양생 b) 가열후 기중양생

해설도 3.5.5 가열을 받은 고강도 콘크리트의 강도회복의 예 [44)]

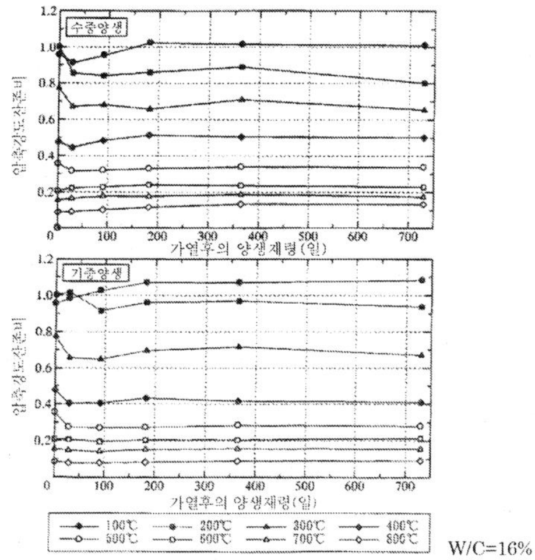

해설도 3.5.6 가열을 받은 초고강도 콘크리트의 강도회복의 예 45)

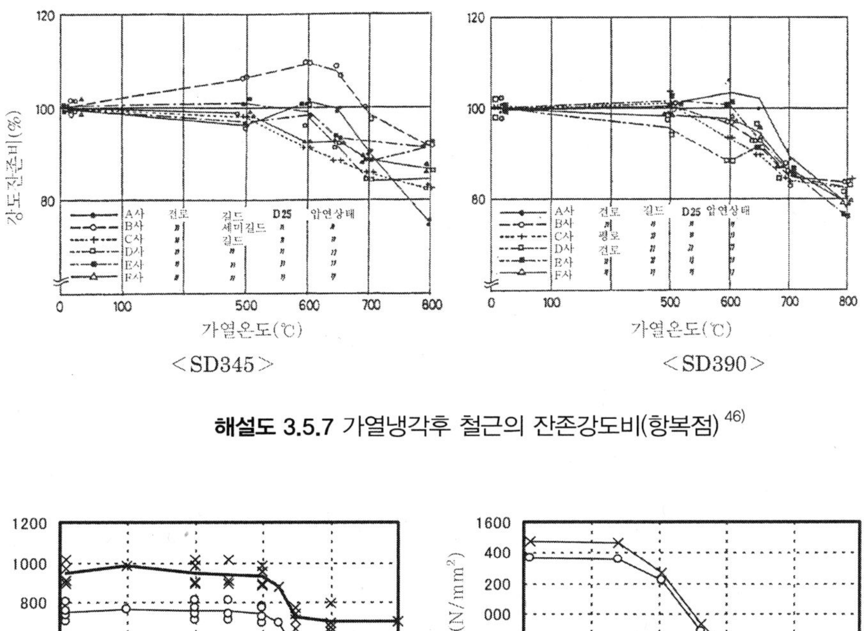

해설도 3.5.7 가열냉각후 철근의 잔존강도비(항복점) 46)

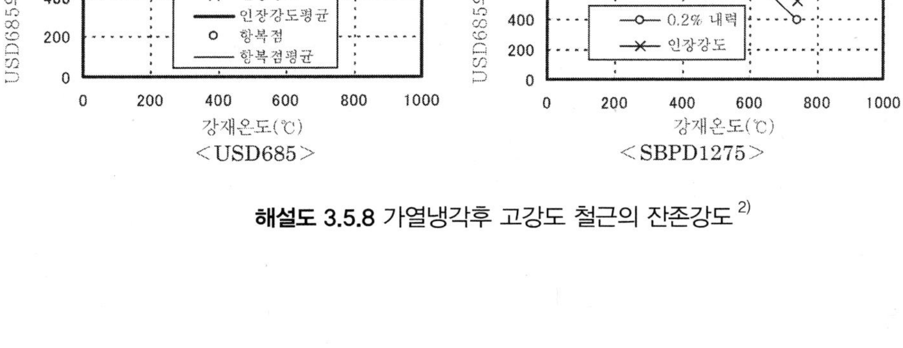

해설도 3.5.8 가열냉각후 고강도 철근의 잔존강도 2)

3.6 보수 · 보강계획

보수 · 보강계획은 화해의 정도와 피재 후 건물의 사용되는 상황을 고려해서 입안한다. 또한 보수보강시에는 설정된 회복 목표를 만족시키는 보수 · 보강방법을 선정하여야 한다.

해설

화해를 입은 건물의 보수 · 보강은 화해등급이 II급∼V급인 동시에 피재도 B의 건물이 대상으로 된다. 화해의 정도와 피재 후 건물의 사용되는 상황을 고려해서 구조체의 회복 목표를 설정하여야 한다. 보수 · 보강 범위를 결정한 후 범위내의 구조체 부위마다 보수 · 보강 공법을 선정하여야 한다.

3.6.1 회복목표의 설정

회복목표는 화해 건축물의 소유자나 관리자로부터의 요구에 따라 구조안전성, 내화성, 내구성, 사용성 및 기타 필요한 성능을 만족하도록 설정한다. a. 구조안전성의 회복목표는 설계조건을 만족하는 것을 표준으로 한다. b. 내화성의 회복목표는 설계조건을 만족하는 것을 표준으로 한다. c. 내구성의 회복목표는 보수 · 보강 후 계획공용년수 및 유지관리기간에 따라 결정한다. d. 사용성 및 기타 필요한 제성능에 대한 회복목표는 보수 · 보강 후의 사용조건에 따라 결정한다.

해설

본 항의 목적은 화재를 입은 RC조 건물의 구조체 성능을 보수 또는 보강에 의해 회복시키는 목표를 나타낸 것이다. 회복의 대상으로 하는 주된 성능은 구조체의 구조안전성 · 내화성 · 내구성 등이다. 더 나아가 회복목표로서는 바닥부재의 방진성 등의 사용성 및 보수 · 보강의 방법에 따라서 큰 영향을 받는 기능성과 미관성 등도 고려해야 할 성능이다. 이러한 성능에 대한 회복목표는 화해건물의 소유자 · 관리자 · 사용자들이 이후 어떻게 사용해 갈 것인가 또는 공용기간으로서 향후 몇 년 정도를 예정하고 있는가 등에 따라 달라진다. 본 지침에서 「표준」으로 하는 회복목표를 다음 항 이후에 우선은 나타내고 있지만 보수 · 보강을 담당하는 설계자는 소유자 · 관리자 · 사용자들의 요구에 따라 회복목표를 설정해야 하고, 법적 · 사회적 요건을 만족할 수 있으면 「표준」 이외의 회복목표를 설정해도 좋다.

a. 구조안전성에 대한 보수 · 보강의 회복목표는 손상의 정도에 관계없이 설계시의 조건을 만족시키는 것을 표준으로 한다. 회복목표에는 2.2절「보수 · 보강의 방침」의 해설에 나타낸 바와 같이 몇 가지의 레벨이 있다. 여기서 표준으로 한 것은 다소의 여유를 가지고 시공된 건물에 대해서는 화재에 의해 이 여유분이 상실되었다고 해도 설계시에 기대한 성능을 현시점에서 보증할 수 있으면 좋다는 의미이다. 따라서 현 시점 이후의 경년열화의 대책에 대해서는 c항의 내구성 회복목표로 검토되어야 할 것으로 판단하고 있다. 한편, 피복 콘크리트를 제거해서 보수를 행할 경우는 보수재의 강도나 성능이 설계시의 재료규격치를 만족하고 있는 재료라면 문제없다. 보수부분의 비율이 클 경우에는 안전측의 방법을 검토해야 한다.

특히, 설계 당초의 용도나 적재하중 등의 조건이 향후 사용조건에 대하여 위험측으로 되는 경우에는 별도의 검토가 필요하다. 또한 대규모 보수 · 보강이 될 경우는 현행법규에 대응여부에 대한 확인도 필요하다. 더 나아가 화해등급 V급 등에서는 신부재의 증설에 의한 보강이 이루어지는 경우도 있기 때문에 이 경우는 구조내력 등의 검토를 별도로 행할 필요가 있다.

b. 화해후의 건물에 요구되는 내화성은 화해전과 다를 게 없다고 생각해서 내구성에 대한 보수 · 보강의 회복목표는 설계시의 조건을 만족하는 것을 표준으로 했다. 여기에서, 내화성이 요구되는 거실 등에 있어서 설계시의 조건을 만족하는 것이란 건축기준법에 규정된 피복두께 또는 거기에 요구되는 성능을 확보하는 것이다. 화재에 의해 열화한 표층부를 제거한 후에 피복두께가 부족할 경우는 그 부분의 두께를 증가시켜 보수할 필요가 있다.

보수재료로서는 일반적으로 수지계의 재료를 사용하는 것이 많지만 반드시 모든 재료에 내화성이 요구될 필요는 없다. 그러나 피복 콘크리트는 강재의 내화피복으로써의 역할을 담당하고 있으므로 콘크리트 이외의 재료를 이용할 경우는 보수재료의 내화성능에 더해 기존 콘크리트와의 일체성도 포함시켜서 선정할 필요가 있다.

c. 내구성에 대한 보수 · 보강의 회복목표는 보수 · 보강 후에 기대되는 계획공용연수 및 유지관리기간으로부터 결정하여야 한다. 반드시 설계시의 성능을 만족하는 것이나 화해 전의 상태로 되돌릴 필요는 없다.

d. 바닥부재의 방진성 등의 사용성과 증설부재의 영향을 받는 동선이나 채광 등의 기능성 및 미관성 등의 회복목표에 관해서는 보수 · 보강 후의 사용조건에 따라 결정한다. 이러한 회복목표는 건물의 소유자 · 관리자가 충분한 이해의 기초로 정해야 할 사항이다.

3.6.2 보수 · 보강범위의 설정

보수 · 보강해야 할 범위 및 보강의 수준은 조사 · 진단 결과를 바탕으로 결정한 화해등급 및 회복목표에 따라서 결정한다.

해설

보수 · 보강을 담당하는 설계자는 3.2절 (예비조사) · 3.3절 (1차조사) · 3.4절 (2차조사) 및 3.5절 (진단)의 결과를 바탕으로 결정한 화해등급 및 회복목표에 따라 보수 · 보강해야 할 범위와 부재를 결정한다. 그 때 설계자는 화해의 정도에 더해서 건물용도 · 사회적 중요성 등을 고려할 필요가 있다.

RC조 건물의 화해등급에 대응하는 보수 · 보강의 기본방침을 정리한 것을 해설표 3.6.1에 나타낸다. 부재성능에 미치는 영향의 정도를 단계로 나누어 표 중에는 병기했다. 화해등급 및 부재성능에 미치는 영향 정도에 따라서 설정된 회복목표를 만족하도록 보수 · 보강을 행하여야 한다.

RC조에서는 내부의 철근보다도 표층 콘크리트에 열화의 증상이 나타난다. 보수전에 균열의 유무 등을 조사하고 이 증상의 정도에 따라 보수 · 보강범위의 설정을 행한다. 화해를 입은 부위에서 채취한 코어강도가 설계기준강도보다도 높을 경우, 원칙적으로 마감의 보수만 행하여도 좋다. 다만, 수열온도가 낮은 경우라도 균열이 나타나고 있는 경우는 그 후의 내구성을 저하시킬 가능성이 있기 때문에 주의가 필요하다.

보수의 여부에 관한 균열폭 한도의 일례를 해설표 3.6.2에 나타낸다. 이것들은 강재부식의 관점에서 본 균열폭이 부재성능에 미치는 영향의 정도를 나타내고 있다. 화해를 입은 콘크리트의 표층부는 열의 영향을 받아서 물질이동저항성이 저하하고 있는 것도 고려하여야 한다. 따라서 구조물이 놓여진 환경조건에 따라서 허용균열폭을 정하고 그것 이상의 균열이 발생하고 있는 경우는, 보수나 표면피복 등의 방청처리를 하는 것이 좋다

한편, 화해를 입은 개소로부터 채취한 코어강도가 설계기준강도보다도 낮을 경우, 열화 부분의 콘크리트를 제거한 후 설계기준강도를 충족하는 콘크리트를 새로 타설하거나 또는 코어 강도에 따른 구조계산에 의해 구조안전성을 확인하는 등을 설계자가 판단할 필요가 있다

특히, 콘크리트는 수열온도가 500℃를 넘는 곳이라면 콘크리트중의 $Ca(OH)_2$가 CaO와 H_2O로 열분해됨으로서 중성화된다. 따라서. 철근부식에 대한 저항력은 저하되고 철근콘크리트구조물로서의 내구성은 현저하게 손상된다. 구조계산에 따라 구조안전성이 확인되어도 화재에 의해 중성화가 진행하고 있는 상황하에서는 내구성을 회복시키기 위한 처치가 필요하게 된다.

해설표 3.6.1 화해등급과 부재성능에의 영향에 따른 보수 · 보강의 기본방침

화해등급 (기둥 · 바닥 · 보 · 벽)	화해에 따른 피해의 육안상황	부재성능에 미치는 영향			보수 · 보강의 기본방침
		(극소) 소	중	대 (심대)	
I급	무피해의 상황	●			보수 · 미관성 회복의 필요가 없음
II급	표층에만 피해가 있는 상태(그을음 · 연기오염 · 마감재에 한정)	●			마감(보드, 도료 등)시공, 재부착, 도장, 세정, 미관성회복
III급	표층에서 철근위치까지의 피복콘크리트에 피해가 있는 상태(강도저하 · 중성화진행)		●		균열보수, 표면피복, 철근방청, 강도열화 또는 내구성열화가 생긴 부분의 제거 · 재타설, 구조안전성의 확인, 마감시공, 미관성회복
IV급	주철근과의 부착에 지장이 있는 피해가 있는 상태(강도저하 · 내구성열화 · 중성화진행)		●	●	피복콘크리트의 재타설과 보강, 방청처리, 마감시공, 구조안전성의 확인, 미관성회복
V급	피복콘크리트가 박락하여 많은 철근이 노출하고 있는 등의 피해가 있는 상태			●	구조검토, 열화부재의 제거 및 신설(재시공), 단면복구, 섬유시트 · 강판에 의한 보강, 마감시공, 미관성회복

해설표 3.6.2 보수의 여부에 관한 균열폭 한도의 일례[47]
(건조수축 균열 등에 적용되는 강재부식의 관점에서의 균열이 부재성능에 미치는 영향)

환경조건		염해 · 부식환경하	일반옥외환경하	지중 · 실내환경하
콘크리트표면의 균열폭 : w(mm)	$0.5 < w$	대(20년 내구성)	대(20년 내구성)	대(20년 내구성)
	$0.4 < w \le 0.5$	대(20년 내구성)	대(20년 내구성)	중(20년 내구성)
	$0.3 < w \le 0.4$	대(20년 내구성)	중(20년 내구성)	소(20년 내구성)
	$0.2 < w \le 0.3$	중(20년 내구성)	소(20년 내구성)	소(20년 내구성)
	$w \le 0.2$	소(20년 내구성)	소(20년 내구성)	소(20년 내구성)

※ 평가 결과 「소」「중」「대」의 의미는 다음과 같다.
소 : 균열이 성능저하의 원인으로 되지 않고 부재가 요구성능을 만족한다.
중 : 균열이 성능저하의 원인이 되지만 경미(간이)한 대책에 따라 대처가 가능.
대 : 균열에 의한 성능저하가 현저하고 부재가 요구성능을 만족하지 않고 있다.

※※ 괄호내의 숫자는 내구성평가결과를 보증할 수 있는 기간의 기준으로서의 년수를 나타내고 있고 (20년 내구성)은 균열의 평가시점부터 15~25년후 정도의 내구성 평가 결과를 보증할 수 있는 기간의 기준을 설정한 것이며, 15~25년의 평균으로 나타낸 것이다.

해설표 3.6.3에 조사결과와 보수방법의 조합 일례를 나타낸다.

【표중 ①】 콘크리트 표면의 수열온도가 300℃ 이하인 경우에는 내부에서 강도가 저하되고 있는 부분은 매우적다. 표면이 300℃ 이하 또는 코어강도가 설계기준강도 이상인 조건에서는 허용 균열폭 이하의 구조체는 건전하며 미관성 회복을 위한 마감 보수로 무방하다.

【표중 ②】 수열온도가 300℃ 이하 또는 코어 강도가 설계기준강도 이상인 조건에서는 허용폭 이상의 균열이 있을 경우는 균열 보수나 표면피복 등의 내구성 회복을 위한 처치가 필요하다.

【표중 ③-a), ④-a)】 표면의 수열온도가 300℃를 넘어 500℃ 이하인 경우는 코어 강도가 설계기준강도 이상으로 있는 지를 확인하고 설계기준강도 이상으로 있다면 필요에 따라 균열에 대한 처치를 행한다.

【표중 ③-b), ④-b)】 표면의 수열온도가 300℃를 넘어 500℃ 이하인 경우, 코어 강도가 설계기준강도를 하회하는 경우는 콘크리트구조체 자체의 처치가 필요하다. 강도가 저하된 부분의 콘크리트를 제거한 후 새로 타설하거나, 취약부 만을 제거한 상태로 콘크리트를 증타설한다. 열화부분의 제거 두께는 3.4.5항에 나타낸 콘크리트 코이 공극을 이용한 공극 내 국부재하시험의 결과나 UV스펙트럼법에 의한 추정수열온도를 참고로 해서 결정하면 좋다. 또한 코어를 여러 개 준비하여 단계적으로 표면을 절삭한 후 압축강도 시험을 실시하는 방법도 있다.

해설표 3.6.3 조사결과와 보수방법 복합의 일례

		수열온도, 코어강도		
		표면이 300℃ 이하, 또는 코어강도가 설계기준강도이상	300~500℃	500℃ 이상
균열폭	해설표 3.6.2등에 따라 정해진 허용치 미만	① • 화해등급 : II급 • 증상 : 구조체 건전 • 처치 : 마감의 보수	• 화해등급 : III급 • 증상 : 강도열화 • 처치 : ③-a) 코어강도≥설계기준강도: 마감의 보수 ③-b) 코어강도〈설계기준강도: 열화부분 제거후 재타설 또는 구조안전성의 확인 등의 설계자 판단	⑤ • 화해등급 : III급 • 증상 : 강도열화, 내구성 저하 (중성화) • 처치 : 열화부분 제거후 재타설 또는 보강과 표면 처리 등 방청처치

(표계속)

		수열온도, 코어강도		
		표면이 300℃ 이하, 또는 코어강도가 설계기준강도이상	300~500℃	500℃ 이상
균열폭	해설표 3.6.2 등에 따라 정해진 허용치 이상	② • 화해등급 : Ⅲ급 • 증상 : 내구성 저하 • 처치 : 균열보수 또는 표면피복 등의 방청처리	• 화해등급 : Ⅲ급 • 증상 : 강도열화, 내구성저하 • 처치 : ④-a) 코어강도≥설계기준강도: 균열보수 또는 표면피복 등의 방청처치 ④-b) 코어강도〈설계기준강도: 열화부분 제거후 재타설 또는 구조안전성의 확인 등의 설계자 판단	상동
	수mm 이상	• 화해등급 : Ⅳ급 • 증상 : 구조내력의 저하, 내구성 저하 • 처치 : 열화부분 제거후 재타설 또는 균열보수나 표면피복 등 방청처치		

특히, 표층에 약간의 강도열화가 있어도 계산 등에 따라 부재내력이 충분할 경우는 설계자에 따라 균열 보수만으로 좋다고 판단할 경우도 있다.

【표중 ⑤】 표면의 수열온도가 500℃를 넘은 부분은 강도도 저하되어 강도회복도 기대 못하고 중성화 진행에 따라 내구성도 저하하고 있다고 상정되기 때문에 취약화한 콘크리트를 제거해서 단면복구하는 등의 처치가 필요하다.

한편, 대규모 화재의 보수 · 보강 범위의 설정시 재료의 강도뿐만 아니라 부재 · 골조 수준까지의 배려가 필요하나, 3.1.2항에 화재후의 부재의 구조성능에 관한 몇 가지의 실험 예를 소개했다. 화재를 입은 부재는 강성열화를 일으키지만 보수에서는 부재강성의 완전한 회복은 어렵다.

부분적으로 건물이 손상을 받고 있을 경우, 지진시의 붕괴 기구를 변화시킬 우려가 있다. 또한, 신부재의 증설에 의한 보강에서는 건물의 강성이나 편심에 대한 배려가 필요하다. 따라서 이러한 경우에는 구조 계산 등에 의한 확인을 행할 필요가 있다.

보수의 규모에 관한 법적인 취급은 2001년 일본국토교통성 고시 제1372호 및 고시의 해설에[48)] 나타내고 있다. 이 해설에 의하면, 보수재를 제외한 단면에 의한 부재 또는 골조를 상정하였으며, 일본건축기준법 시행령 제79조 제1항 등에 규정하는 피복두께를 만족하는 부재 또는 골조와 비교해서 현저한 구조내력의 저하가 없는 것을 이 고시에 따라서 보수할 수 있는 것으로 하고 있다.

한편, 당초의 설계상의 단면성능이 변화되어 다시 한번 구조계산에 의해 안전성을 확인할 필요가 있다고 판단되는 대규모 보수에 관해서는 정령에 규정되어 있는 대로 장관인정을 취득 할 필요가 있다고 규정되어 있다고 규정되어 있다. 또한 고시 1372호에서 상정하는 보수의 범위에 관해서는 이 고시의 제2항 제5호에 규정[48]되어 있으며, 예를 들면 다음과 같이 판단할 수 있다.

① 고시 1372호 제2항의 1에 나타낸 규정을 만족하는 보수재(폴리머 시멘트모르타르 및 에폭시 수지 모르타르)에 의한 단면 5% 이하의 보수.

② 모재와 동등이상의 압축강도를 확보한 보수재에 의한, 단면 30% 이하의 보수(골조의 일부 부재만의 보수로 할 경우에 한한다.)

화해조사결과와 예정공용기간을 고려한 보수레벨의 설정을 위한 구체적인 절차의 예를 해설도 3.6.1에 나타낸다. 화해등급과 해설표 3.6.4에 나타낸 소유자에 의한 예정 공용기간(회복목표)이 설정되면 요구성능에 따른 보수 수준이 결정된다. 보수수준에 대한 구체적인 보수내용에 관해서는 해설표 3.6.5을 참고하여 결정한다.

해설표 3.6.4 소유자에 의한 예정공용기간(회복목표)와 화해등급에 의한 보수 여부의 일례

화해등급	소유자에 의한 예정공용기간(회복목표)		
	10년 미만	10~20년	20년 이상
I	보수불요	보수불요	보수불요 (정기적인 균열조사를 실시)
II~III	기본적으로는 보수불필요 (경우에 따라서는 보수필요)	기본적으로는 보수불필요 (경우에 따라서는 보수필요, 정기적인 균열조사를 실시)	보수필요
III~IV	기본적으로는 보수필요 (경우에 따라서는 보수불필요)	보수필요	보수필요 (부재의 철거 · 재시공)

해설표 3.6.5 보수수준 및 보수내용

보수레벨	보수내용						
	미관성 회복	마감보수	표면피복	균열보수	단면보수	피복보수	(보강)
레벨1	○	○		●			
레벨2	○	○	○	○			
레벨3	○	○	○	●	○		
레벨4	○	○	○	●	○	○	○

● 폭이 0.4mm를 초과한 균열만 보수

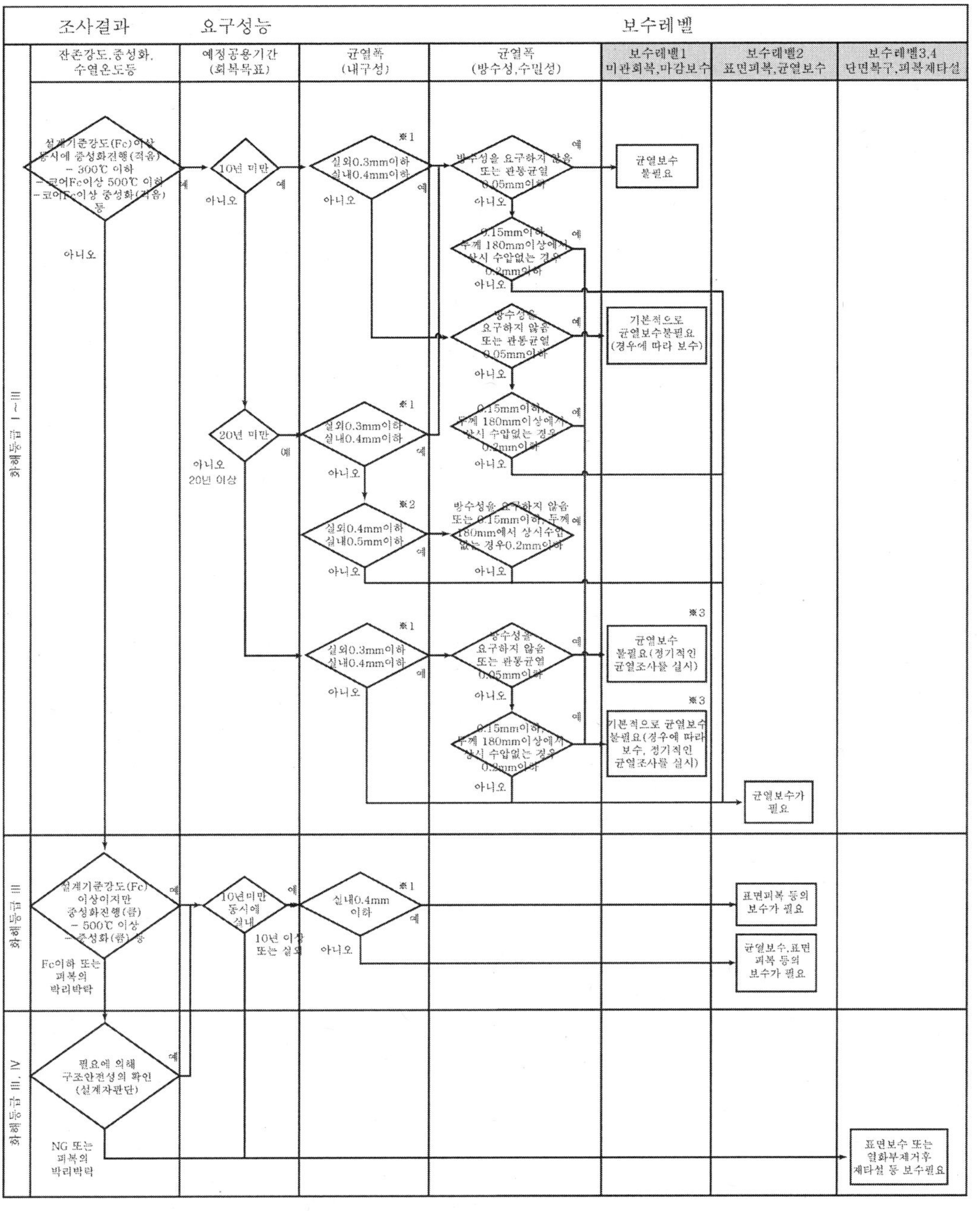

※ 1: 염해 · 부식환경하의 경우, 0.2mm 이하

※ 2: 염해 · 부식환경하의 경우, 0.3mm 이하

※ 3: 예정공용기간이 20년 이상의 경우로 수열온도가 300℃ 정도를 넘는 경우는 중성화 저항성의 회복을 위하여 규산염계 표면함침재 등을 도포한다.

해설도 3.6.1 화해조사결과와 예정공용기간에 따른 보수레벨의 설정을 위한 절차 예

3.6.3 보수 · 보강공법 및 보수재료의 선정과 실시

보수 · 보강공법은 화해건물의 소유자 · 관리자 · 사용자의 의향에 따라 화해 진단자와 구조설계자 · 시공자가 충분히 검토한 후에 결정한다. 3.6.1항에서 정한 회복목표에 이르도록 3.6.2항에서 정한 보수 · 보강해야 할 범위별로 보수 · 보강공법을 선정하고 적절한 재료를 이용해서 보수 · 보강을 실시한다.

a. 보수 · 보강공법은 다음의 (1)~(5)을 표준으로 한다.

(1) 표층 콘크리트의 보수(표면피복공법 또는 균열 주입공법)
표층의 콘크리트 보수가 필요할 경우는 표면피복공법 · 균열주입공법 등에서 적절한 방법을 선정한다.

(2) 피복 콘크리트의 보수(표면도포공법 또는 단면복구공법)
피복 콘크리트의 보수가 필요한 경우는 폴리머 시멘트모르타르 도포법 · 모르타르 그라우트법 · 모르타르 뿜칠법 · 콘크리트 교체타설법 등으로부터 내화성 확보의 여부와 보수부의 부재두께 및 면적을 고려하여 적절한 단면복구 공법을 선정한다.

(3) 부재표면강화에 의한 보강
화해등급 IV급 또는 V급 상당의 부재 보강이 필요할 경우는 기둥 · 보를 대상으로 하는 RC · 강판 · 신소재 등에 의한 부재라이닝(감싸붙임)법이나 바닥 · 보를 대상으로 하는 강판접착법 · 증타설법 등으로부터 적절한 방법을 선정한다.

(4) 신부재의 증설에 의한 보강, 부재의 재시공
화해부재의 손상이 현저하여 신부재의 증설에 의한 보강이 필요한 경우는 작은보의 증설 · 벽의 증설 · 브레이스(brace)의 증설 · 측벽 및 버트레스의 증설 등의 외부골조의 증설 등으로부터 적절한 방법을 선정한다. 보강이 곤란할 경우는 부재의 철거 · 재시공도 포함시켜서 검토를 행한다.

(5) 기타 (표면처리 · 오염제거 · 탈취)
오염의 제거나 취약부의 제거 등의 표면처리 · 보수공사의 전처리 · 마감시공 · 탈취 등이 필요로 되는 경우는 시공장소의 주변환경을 배려해서 적절한 방법을 선정한다.

b. 보수재료는 사용실적 또는 신뢰할 수 있는 자료에 따라 그 품질 및 성능이 확인되어질 수 있는 것을 사용한다.

c. 적절한 전처리 후, 화해상황에 따른 보강공사 또는 단면복구, 균열주입 및 표면도포, 마감 등을 시공하여 설정된 회복 목표를 충족하도록 보수 또는 보강을 행한다.

해설

부재마다 화해의 정도는 다르므로 3.5절의 진단으로 부재별 화해등급을 결정한다. 본 항에서는, 3.6.1항에서 정한 회복목표에 도달할 수 있는 보수 · 보강 공법을 3.6.2항에서 정한 보수 · 보강해야 할 범위와 부재에 따라서 선정한다. 특히, 본 지침에서는 「보수」를 「화재를 받은 건물의 부재나 재료를 설계조건에 적합한 상태로 회복시키는 것」, 「보강」을 「화재를 받은 건물에 부재나 재료를 부가해서 필요한 내력이나 강도를 확보하는 것」이라고 정의했다. 손상이 큰 부재에 대한 보강에는 내진보강에 가까운 공법이 검토되어야 한다. 이러한 공법의 계획시 구조역학적인 검토와 확인이 불가피하게 되므로 일본건축방재협회 「기존 철근콘크리트조 건축물의 내진개수설계지침」 등을 참조한다.

a. 부재의 보수 · 보강공법에 관해서는 내구성 열화에 대한 보수나 내진보강공법 등이 참고로 된다. 화해등급이 비교적 낮을 경우의 표면피복 · 균열보수 · 단면복구공법 등은 내구성열화의 보수방법으로서 실적이 있다. 또한 화해등급이 높을 경우의 RC조에 의한 라이닝 보강이나 강판 보강 등은 내진보강기술로서의 실적이 있다. 이러한 기술은 화재를 받은 건물의 보수 · 보강 공법으로서도 적용할 수 있다. 해설표 3.6.6에 열화현상과 적용가능한 보수 · 보강 공법의 일람을 해설표 3.6.7에 보수 · 보강 공법의 특징을 나타낸다. 열화현상에 따라서 이러한 공법을 복합시켜 적용하여 보수 · 보강을 실시하여야 한다. 여기에서는 일반적인 공법을 예를 든 것이고, 특수한 경우는 포함시키지 않고 있다.

해설표 3.6.6 열화현상과 적용가능한 보수 · 보강공법

보수 · 보강의 종류	적용공법 \ 열화현상	오염	표면 취약	폭열	균열	들뜸 · 박락	철근 좌굴	처짐 변형
(1) 표층 콘크리트의 보수 (표면피복공법) (균열주입공법)	1) 균열피복공법				○			
	2) 주입공법				○			
	3) 충전공법				○			
(2) 피복콘크리트의 보수 (표면도포공법) (단면복구공법)	1) 폴리머시멘트모르타르 도포법	○	○	○		○		
	2) 모르타르그라우트법		○	○		○		
	3) 모르타르 뿜칠법		○	○		○		
	4) 콘크리트 재타설법			○		○		
(3) 부재표면강화에 의한 보강	1) 부재라이닝법					○		
	2) 강판접착법 · 증타설법					○	○	○
(4) 신부재의 증설에 의한 보강 · 부재의 재시공	1) 신부재증설법						○	○
	2) 부재의 재시공			○		○	○	○
(5) 표면처리 · 오염제거 · 탈취	고압세정 · 워터젯	○	○					
	샌드블라스트	○	○					
	드라이블라스트(드라이아이스)	○	○					

1) 표층의 콘크리트 보수

강도저하나 중성화는 촉진되지 않고 있지만 균열에 의한 내구성의 저하가 우려될 경우 등에 이용할 수 있는 보수방법으로서는 1) 표면피복 공법 · 2) 주입공법 · 3) 충전공법이 있다. 표면피복 공법은 극히 미세한 균열 (일반적으로 0.2mm 이하)이 대부분인 경우에 이용되어지며, 주입공법은 일반적으로 0.2~1mm 의 균열 보수에 이용되어진다. 주입재로서는 수지계와 시멘트계가 있고 수지계의 주입재 중에서 에폭시 수지가 가장 일반적이다. 저압 수지주입공법의 예를 해설도 3.6.2에 나타낸다. 에폭시 수지의 품질에 관해서는 JIS A 6024:2008「건축보수용 주입 에폭시 수지」중에서 경화물의 인장파괴신율과 점성 및 시공 시기에 따라 구분하고 규정되고 있다. 충전공법은 1mm 이상의 폭 균열보수에 적용된다. 균열부를 U커트하고 그 부분에 실링재나 가요성 에폭시 수지 또는 폴리머 시멘트모르타르를 충전하는 공법이다.

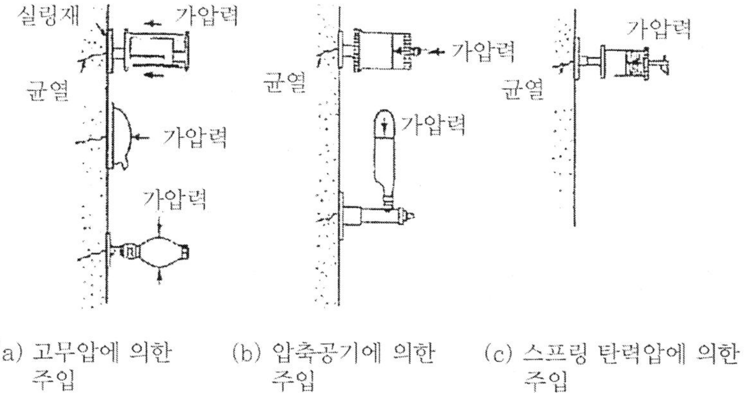

해설도 3.6.2 저압수지주입법의 예 [47]

해설표 3.6.7 보수 · 보강공법의 특징

	대상 등급의 예	보수 · 보강을 위한 적용공법		장 점	단 점	추천되는 사용방법
보수 · 보강	II,III	(1)표층 콘크리트의 보수 (균열보수)	표면도포공법	• 시공이 용이	• 균열부의 거동이 큰 경우는 추종하기 어렵다	• 콘크리트 들뜸이 없고 미세한 균열이 있는 개소 등
			주입공법	• 시공이 용이	• 0.10mm이하의 균열에는 충전되기 어렵다.	• 콘크리트의 들뜸이 없고 0.2~1mm의 균열이 있는 개소 등
			충전공법	• 시공이 용이	• 마감면에 영향을 미치는 경우가 있다.	• 콘크리트의 들뜸이 없고 1mm이상의 균열이 있는 개소 등
	III,IV	(2)피복 콘크리트의 보수	폴리머시멘트 모르타르 도포법	• 시공이 용이 • 계면의 접착력도 높다.	• 첨가된 수지가 많은 경우, 내화성의 저하가 우려됨	• 작은 범위[*1]에서 콘크리트의 단면 결손이 보여지는 개소 등
			모르타르 그라우트법	• 데크플레이트 등을 거푸집으로서 병용 가능 • 그라우트의 주입도 용이	• 거푸집의 설치간격이 넓은 경우는 부풀어 오를 수 있다.	• 처짐이나 단면결손이 보여지는 슬래브 등
			모르타르 뿜칠법	• 면이 고르지 않은 바탕에도 대응 • 거푸집 불필요	• 표면의 평활한 마감이 어려움.	• 비내력벽 등
			콘크리트 재타설법	• 신설콘크리트에 따라 철근방청효과가 부여된다.	• 거푸집설치 등 작업이 방대해진다.	• 중성화가 진행한 부위 · 부재 등
	V	(3)부재표면강화에 의한 보강	부재라이닝법	• 보강공법의 종류가 풍부	• 기둥 등이 사이즈가 확대됨	• 내력저하가 인정되어지는 기둥 · 보 등
			강판접착법 · 증타설법	• 슬래브전체를 한번에 시공가능	• 구조체의 중량이 증가하기 때문에 강도가 부족한 개소에는 사용불가 • 접착제로 붙일 경우는 내화성이 저하한다.	• 내력저하가 인정되어지는 기둥 · 보 등
	IV, V	(4)부재의 증설, 부재의 재시공	부재증설법 부재재시공	• 건설시의 상태로 복구가능, 보수보다 용이한 경우가 있음	• 공사가 커진다.	-

(표계속)

	대상 등급의 예	보수 · 보강을 위한 적용공법		장점	단점	추천되는 사용방법
기타	I , II	(5) 표면처리 · 오염제거	고압세정 · 워터젯	• 분진의 발생이 적다	• 물처리가 필요	• 그을음의 제거 • 열화도막의 제거 • 표층의 취약한 콘크리트층의 제거 • 미관성을 회복시키는 부위의 보수
			샌드블라스트	• 범용장치임 • 값이 싸다	• 쇼트재가 폐기물로서 남는다 • 분진발생, 양생필요	
			드라이 블라스트	• 드라이아이스가 기화하기 때문에 쇼트재가 폐기물로서 나오지 않음	• 이산화탄소가 발생하기 때문에 작업자의 안전관리가 필요 • 드라이아이스의 준비	
		마감보수	도장	• 작업이 용이 • 값이 저렴함	-	• 그을음의 제거 • 열화도막의 제거 • 표층의 취약한 콘크리트층의 제거
			보드 · 벽지 등의 재부착	• 작업이 용이 • 미관성회복	-	

*1 : 고시 1372호 및 건고 1399호의 규정을 참고로 적용

2) 피복 콘크리트의 보수

피복 콘크리트의 보수는 피복 콘크리트 가운데 화해에 의해 취약화 등 열화된 부분을 제거하고 코어 부분을 남겨서 콘크리트를 재타설, 증타설 하는 것이다. 화해에 의한 강도저하나 중성화 촉진이 인정되는 부분의 콘크리트를 해설표 3.6.7에 나타낸 바와 같이 표면처리 등에 의해 제거하고 단면을 원래의 형상으로 복원시키는 공법이다. 공법에는 열화깊이에 의해 1) 폴리머 시멘트모르타르 도포법, 2) 모르타르 그라우트법, 3) 모르타르 뿜칠법, 4) 콘크리트 재타설법이 있다.

열화의 범위가 피복두께의 도중에 머물고 있을 때는 폴리머 시멘트모르타르 도포법, 모르타르 그라우트법 등이 이용되어진다. 폴리머 시멘트모르티르니 그라우트재에는 ① 압축과 처짐 및 인장강도 등이 기존 콘크리트와 동등 이상일 것, ② 열팽창계수와 탄성계수 및 포아송비 등이 기존 콘크리트와 동등할 것, ③ 건조수축이 작고 접착성이 높을 것 등이 요구된다.

한편, 열화의 범위가 깊고 철근위치 (피복두께)까지 도달하고 있을 때 등은 철근표면까지 콘크리트를 제거하고 메시근등을 설치한 후 등 콘크리트나 무수축 모르타르 등으로 다시 타설한다. 더 나아가 취약부를 제거한 후에 구조상 필요로 되는 단면을 확보할 수 있도록 콘크리트 등으로 증타하는 것도 고려할 수 있다.

특히, 폭이 수 mm 단위의 균열이 인정되어지는 경우는 주근과 콘크리트의 부착이 손실되고 부재내력이 저하될 우려가 높다. 피복 콘크리트를 제거하고, 주근을 완전히 노출시켜 메쉬근을 배치한 후 콘크리트 등으로 다시 타설하면 좋다. 다음은 피복 콘크리트의 보수에 적용할 수 있는 상세한 공법을 나타낸다.

(1) 폴리머 시멘트모르타르 도포법

폴리머 시멘트모르타르나 에폭시수지 모르타르 등 콘크리트 이외의 재료를 피복콘크리트의 보수에 사용하는 경우는 보수재의 양이나 보수면적에 따라 폭열 · 박리 · 탈락 등의 방화상 지장이 없는 재료인 것을 확인해서 적용하여야 한다. 구체적으로는 2001년 일본국토교통성 고시 제1372호에 있는 휨강도 · 압축강도 · 접착강도 · 접착내구성과 더불어 2000년 일본건설성고시 제 1399호의 해설에 있는 폴리머 시멘트모르타르의 층두께 20mm 이하이며 폴리머 시멘트비 4% 이하를 만족시켜야 한다. 또한 고시 1372호에 나타낸 보수재료에 따라 상정되는 구조체 콘크리트의 단면복구를 위한 보수범위는 3.6.2 해설에 나타낸 것처럼 보수부분의 단면적이 부재단면의 5% 이하(단 모재와 동등이상의 강도를 갖는 골조의 일부만일 경우에는 부재단면적의 30% 이하)로 되어져 있다. 이러한 보수재료의 박리 · 낙하방지나 균열방지를 위해서는 앵커핀과 보강용 메쉬 등을 복합하면 좋다.

또한 구조상 필요한 단면치수가 확보된 상태에서 피복콘크리트의 두께 10~30mm의 범위의 보수에서 방화상 지장이 없는 보수재료의 선정 및 박락방지를 위한 공법을 선정하는 경우에는 독립행정법인 건축연구소 No. 147「철근콘크리트조 건축물의 피복두께의 확보에 관한 연구」[50] (연구결과의 개요를 부록 3[참고데이터2]에 나타냄)를 참조하여 수행한다.

(2) 모르타르 그라우트법

모르타르 그라우트법은 해설도 3.6.3과 같이 손상개소를 제거하고 그 부분을 둘러싸도록 기존 혹은 새롭게 용접한 세퍼레이터를 이용해서 거푸집을 고정하고, 그 안에 모르타르를 충전해서 화해를 입기전의 기둥으로 복원하는 방법이다.

(3) 모르타르 뿜칠법

모르타르 뿜칠법은 해설도 3.6.4와 같이 거푸집을 이용하지 않고 직접 모르타르를 뿜칠하는 것이 특징이다. 그 반면, 평활한 면을 얻기 어렵다. 광범위한 시공이나 미려한 마무리가 의장상 필요한 경우는 피하는 것이 좋다. 뿜칠두께는 5～10cm가 표준적이고 부착성을 확보하기 위해 철망 등에 의한 보강이 필요할 경우가 있다.

(4) 콘크리트 재타설법

중성화가 화해에 의해 촉진되어 철근과의 부착이 손실된 것 같은 폭이 큰 균열이 발생하고 있는 부재에 관해서는 피복 콘크리트를 제거하고 유동성이 높은 콘크리트 등을 이용해서 그 부분을 재타설한다. 건조수축에 의한 균열이 발생할 수 있으므로 수축이 작은 콘크리트를 이용하는 것이 바람직하다. 콘크리트의 재타설법의 예를 해설도 3.6.5에 나타낸다.

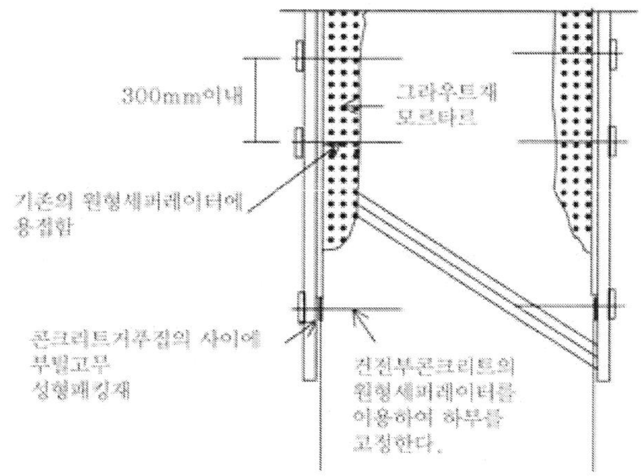

해설도 3.6.3 모르타르 그라우트법의 예 [51)]

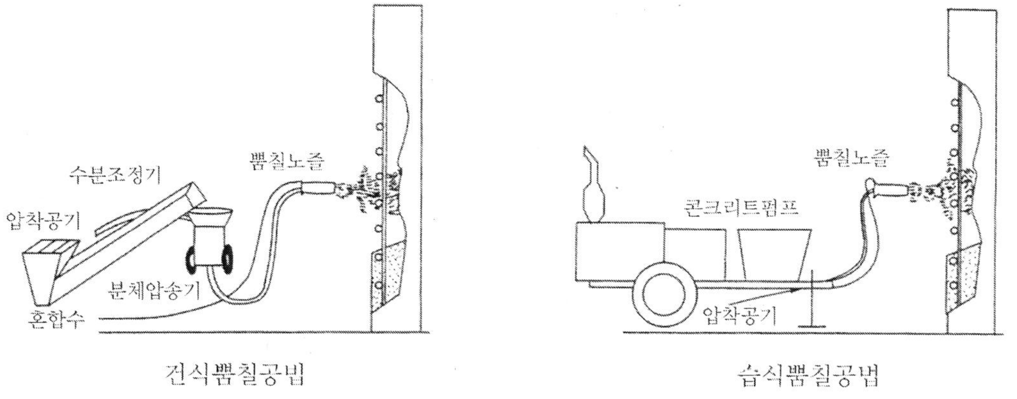

해설도 3.6.4 모르타르 뿜칠법의 예 [52)]

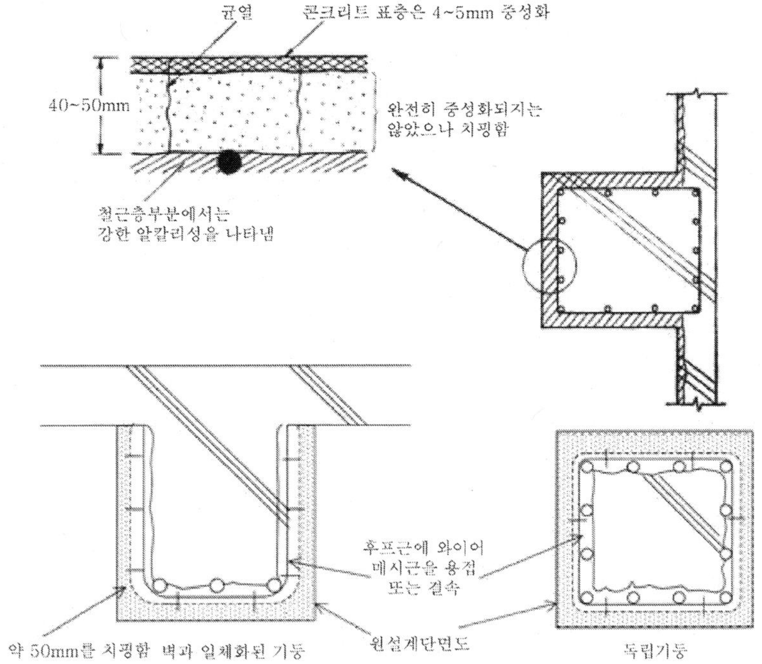

해설도 3.6.5 콘크리트의 재타설법의 예 [52)]

3) 부재표면강화에 의한 보강방법

화해등급Ⅴ급 상당의 부재 보강이 필요할 경우는 기둥 · 보를 대상으로 하는 1) 부재라이닝법과 보 · 슬래브를 대상으로 하는 2) 증타설법 · 강판접착법 등에서 적절한 공법을 선정한다.

(1) 부재라이닝법

열화가 특히 심한 기둥에서는 취약화된 콘크리트를 제거한 후 새롭게 콘크리트를 증타하는 RC 라이닝 보강이나, 강판이나 띠판을 부재표면에 설치해서 모르타르 등을 충전하는 강판 라이닝 보강 등이 이용되어진다. RC라이닝 보강은 해설도 3.6.6 및 해설도 3.6.7과 같이 기존 기둥의 외주부를 10～15cm 정도 두께의 철근콘크리트로 증설하여 보강하는 공법이다. 보강의 목적에 의해 기둥 단부에 슬릿을 설치할 경우가 있다. 강판라이닝 보강에는 해설도 3.6.8과 같이 두께 4.5～9mm의 얇은 강판을 각형이나 원형으로 둘러싸고 그 틈 사이에 고유동 모르타르를 충전하는 방법이나 기둥의 네 구석에 앵글재를 빽빽이 채우고 평판을 용접한 뒷면에 모르타르를 충진하는 띠판보강법 등이 있다. RC라이닝 보강은 변형능력의 개선과 휨내력의 증대 및 축내력의 증대에 기여할 수 있는 공법이며, 강판라이닝 보강은 변형능력의 개선과 축내력의 증대에 기여할 수 있는 공법이다. 그러나 기둥 주근의 내부(코어 부분)을 일부가 지나는 띠철근이나 비교적 고온이력의 영향을 받기 쉬운 열처리된 고력 볼강 등이 열화하고 있을 경우 부재의 전단 내력회복을 위한 검토가 필요하다.

(2) 증타법 및 강판접착법

과대한 균열이 발생하는 등 열화가 심한 슬래브와 보의 보강에는 띠형태의 얇은 강판을 접착해서 보강하는 방법 혹은 증타설에 의한 방법 등이 사용된다. 강판의 접착에는 에폭시수지를 도포한 강판을 압착하는 방법과 배치한 강판의 주변을 완전히 봉인한 후에 에폭시 수지를 주입하는 방법이 있다. 일반적으로는 처짐성능이 저하되고 있는 보의 경우는 보의 하단이나 상단에 강판을 붙여서 보강하고, 전단성능이 저하하고 있는 보의 경우는 강판을 측면에 붙여서 보강한다. 보강후의 경년에 의한 강판의 탈락을 방지하기 위해서 미세직경의 후 시공앵커를 요소에 배치하거나, 강판에는 충분한 여장을 고려해서 접착 길이를 설정할 필요가 있다. 수지에 의한 접착은 내열성에 문제가 있기 때문에 내화성의 회복은 되지 않으므로 내화피복의 시공을 검토할 필요가 있는 경우도 있다.

수지를 이용하는 접착계 후 시공앵커의 내화성에 관해서는 몇 가지의 조사 연구가 있다. 사이또(斉藤)[53]의 연구에 의하면 수지계의 앵커의 경우, 콘크리트 분리타설부의 최고온도가 200~300℃의 범위에서는 상온의 정착내력에 70~80%, 400~600℃에서는 20~40%로 저하하고 있다. 테라무라(寺村)[54]의 연구에 의하면, 3시간 가열시험의 경우 콘크리트 표면에서의 거리를 150mm 이상 잡는 것에 따라 부착성상에의 영향은 적다고 하고 있다. 또한 토요타(豊田)[55]는 후 시공앵커를 이용한 내진보강벽의 방화구획로서의 성능을 검토하고 있다. 접착계 나중매입 후 시공앵커를 사용하는 경우에는 이것들의 특성을 이해하여 장소에 따라서는 콘크리트 표면에서의 거리를 충분히 잡고 부재의 매입 깊이를 통상보다 깊게 하는 등의 배려가 필요하다.

증타법은 신구 콘크리트의 일체화를 도모하는 것이 중요하고 기존 콘크리트 표면은 충분한 면처리를 실시한다. 더욱이 전단연결재(Shear connector)로써의 후 시공앵커 등을 배치하면 좋다. 또한 보 주철근을 신설하는 경우에는 기존 기둥에 후 시공앵커 등에 의해 정착시길 필요가 있다. 띠형상의 얇은 강판을 접착할 경우는 전처리로써 열화한 콘크리트의 제거와 표면처리를 행할 필요가 있다.

슬래브의 증타설 보강의 경우는 해설도 3.6.9와 같이 전단연결재(Shear connector)를 이용해서 그라우트주입을 위한 공간을 비우고 강판이나 박형의 플랫 패널을 슬래브 하면에 설치한다. 그라우트는 강판그라우트 충전 입구로부터 주입하고 슬래브에는 공기누설공을 설치할 필요가 있다.

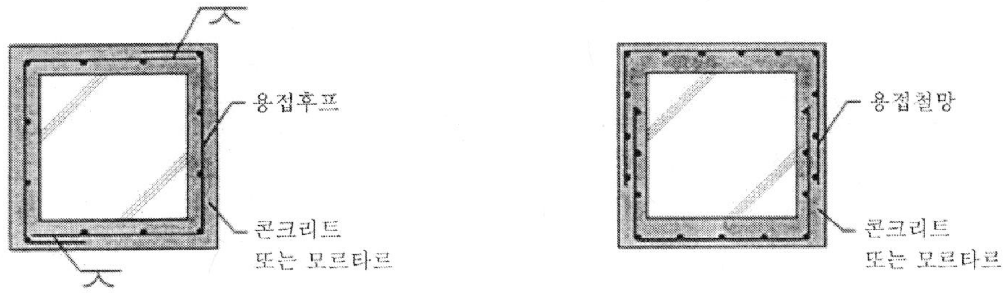

(a) 용접후프를 이용한 보강 (b) 용접철망을 이용한 보강

해설도 3.6.6 RC 라이닝 보강의 예(1) [49]

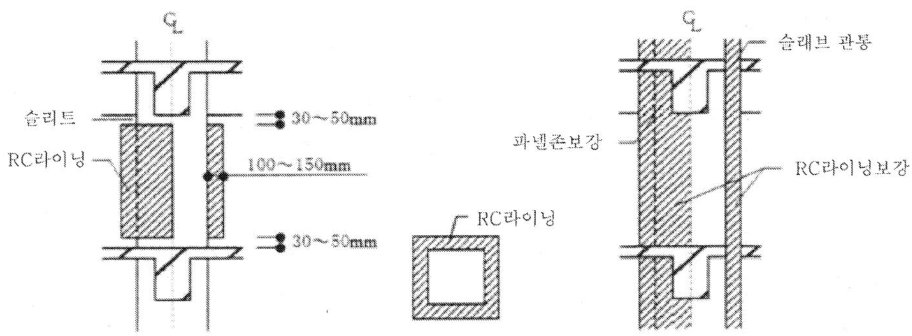

해설도 3.6.7 RC 라이닝 보강의 예(2) [49]

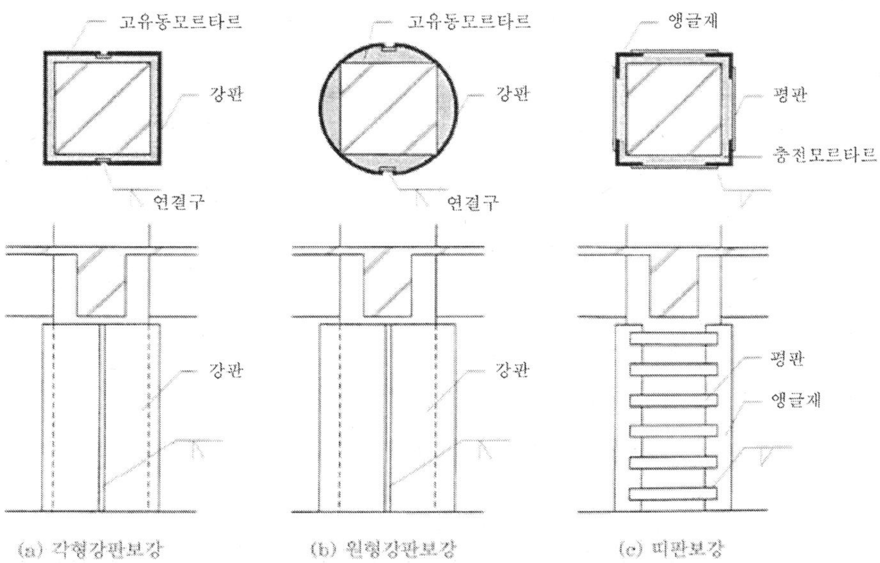

(a) 각형강판보강 (b) 원형강판보강 (c) 띠판보강

해설도 3.6.8 강판 라이닝 보강의 예 [49]

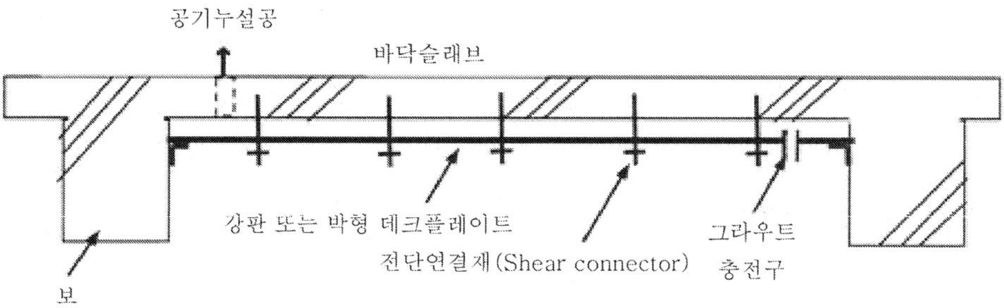

해설도 3.6.9 슬래브 증타에 의한 보강의 예

4) 부재의 증설 및 부재의 재시공

콘크리트 단면내부까지 고열에 노출되어 부재전체의 강성저하, 축방향 주철근의 좌굴, 보의 압출현상에 의한 기둥의 전단파괴, 보 · 슬래브 주철근이 고온에 가열되었기 때문에 생기는 휨 파괴와 아래로 처지는 현상 등이 발생된 경우는 부재를 증설하거나 부재 전체를 교체할 필요가 있다.

이 경우는 골조 전체의 강성 밸런스 등을 고려하여 1) 부재의 증설에 의한 보강 2) 부재의 재시공에 의한 보강 등에 의한 방법을 검토할 필요가 있다.

(1) 부재의 증설

부재증설법이란 새로운 RC조나 강구조의 기둥이나 벽 혹은 보부재를 설치하거나, 단면내의 콘크리트의 대부분 혹은 전부를 재타설하는 보강방법이다. 해설도 3.6.10에 신부재의 증설에 의한 보강의 예를 나타낸다.

① 벽을 증설 또는 두께를 증가시키는 방법
② 기둥 주변에 측벽을 설치는 방법
③ 브레이스를 마련하는 방법
④ 버팀벽의 신설에 의한 방법

부재를 증설할 경우, 지진시 등에 접합부에서 파괴하지 않도록 기존의 구체와 일체화시키는 것이 중요하다. 그 때문에 접합부의 보강은 특히 주의해서 시공할 필요가 있다. 후 시공앵커를 이용할 경우는 화재에 대한 배려도 필요하다. 해설도 3.6.11에 증설벽과 기존 구체와의 접합방법의 예를 나타낸다.

(2) 부재의 철거 · 재시공

아래로 처진 슬래브 등의 경우에는 슬래브 전체를 교체타설하는 편이 보강하는 것 보다 용이한 경우가 있다. 이 경우도 기존 구체와 접합부에는, 부재의 증설에 의한 보강과 동등 배려가 필요하다.

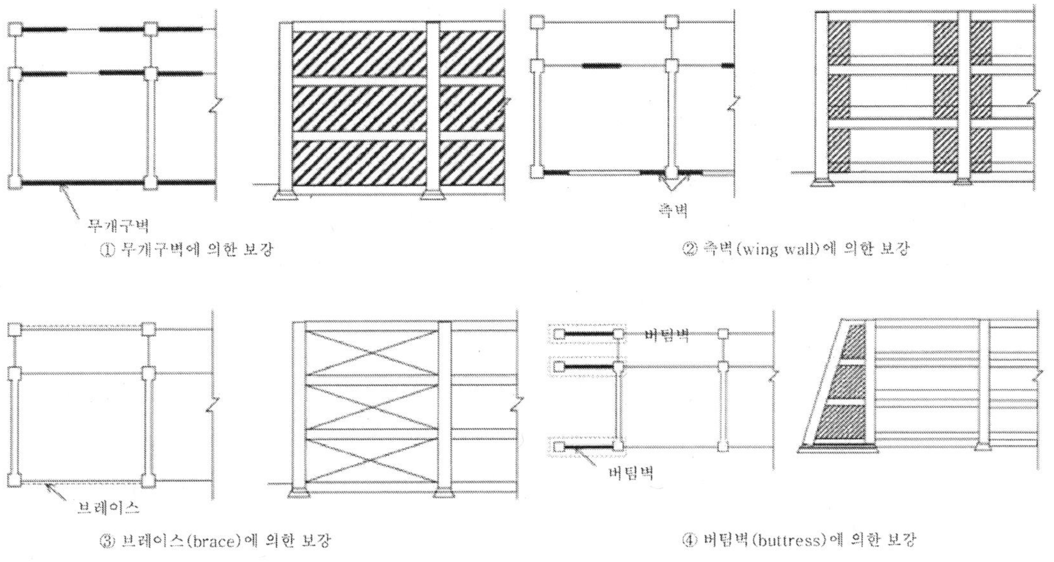

해설도 3.6.10 신부재 증설법의 예 [56)]

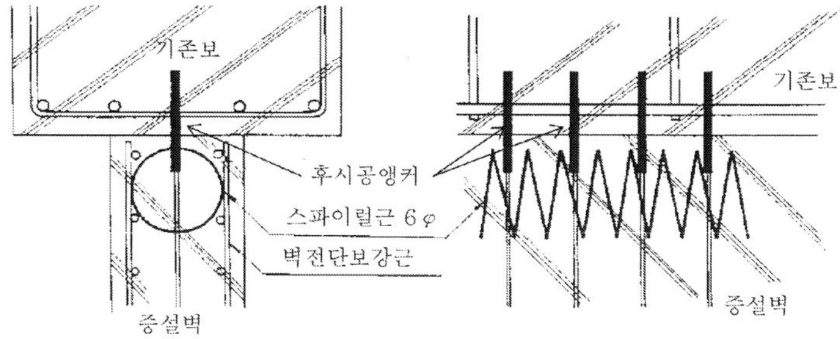

① 스파이럴근에 의한 할열보강 예

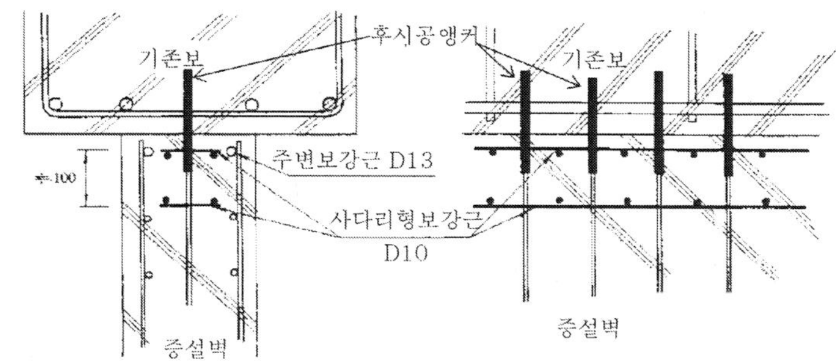

② 사다리형 보강근에 의한 할열보강 예

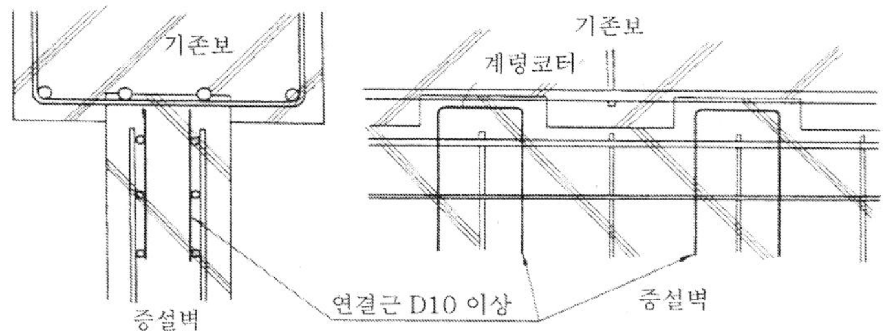

③ 계령코터(cotter) 접합보강 예

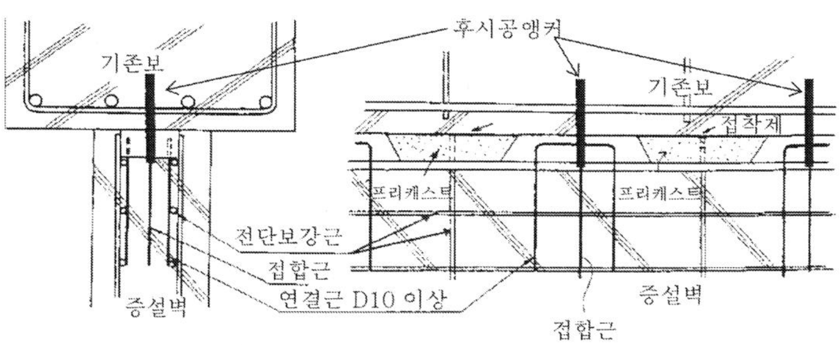

④ 접착코터(cotter) 접합보강 예

해설도 3.6.11 증설벽과 기존 구조체와의 접합방법 [49]

5) 기타(표면처리 · 오염제거 · 탈취)

오염의 제거나 탈취는 화해 특유의 문제다. 이러한 처치가 필요할 경우는 사용실적 혹은 신뢰할 수 있는 자료를 참고로 적절한 방법을 선정한다. 표면처리, 오염 제거의 개요와 특징은 해설표 3.6.6 및 해설표 3.6.7에 병기했다.

오염 제거의 방법으로서는 고압세정이나 초고압수를 콘크리트면에 내뿜는 워터제트, 모래를 숏트재로서 이용해서 표면의 이물질을 제거하는 샌드블라스트, 고압의 드라이아이스를 콘크리트면에 부딪쳐 오염을 제거하는 드라이 블라스트 등이 있다. 드라이 블라스트법은 드라이아이스가 승화해서 기체로 됨으로서 작업부위에 숏트재가 남지 않는 장점이 있다.

한편, 워터젯 공법에서는 사용 후 오염된 물의 회수가 필요하고 또는 드라이 블라스트 공법에서는 다량인 이산화탄소가 발생하는 것 등에 주의가 필요하다. 따라서 표면처리나 오염제거를 위한 방법에 관해서는 보수부위의 주변환경을 충분히 검토하여 선정하여야 한다.

또한 표면처리나 취약부의 제거 등에 워터젯 공법이나 드라이 블라스트 공법을 적용할 경우는 시공을 위한 기기류의 설치나 시공중의 양생 등 시공장소의 주변환경이나 시공효율을 충분히 검토한 뒤에 선정한다.

또한, 탈취에 관해서는 환기만으로는 탄냄새를 제거하기 것이 곤란한 경우가 많다. 그을음이 잔존하고 있으면 거기가 악취의 발생원인이 되고 완전제거에 시간이 걸리기 때문에 악취원의 제거가 중요하다. 오존 탈취는 그 하나의 예이며 오존발생기에 따라 공기중의 산소를 오존으로 바꾸고, 악취원을 산화분해하여 냄새를 제거하는 것이다. 다만, 오존은 그 강한 산화력으로 내장재나 가구 등을 열화시킬 가능성이 있고, 사람이나 동식물에도 유해하기 때문에 작업은 최대한 단시간으로 실시하고, 완료후는 신속하게 오존분해장치를 사용하여 무해화하는 등, 취급에는 주의가 필요하다.

b. 보수재료는 본래는 구조부재와 동일의 재료로 보수하는 것이 바람직하지만 결함부의 크기에 따라 동일재료로의 보수가 곤란한 경우가 많다. 따라서 보수대상의 구조체에 가장 적합한 재료를 선정하는 것이 중요하고 공법이나 재료의 특징을 충분히 이해한 후에 보수 재료를 선정할 필요가 있다.

보수재료는 다양한 종류가 있고 기본적인 성질도 다르며 품질규격도 다양하다. 따라서 재료의 선정에 있어서는 보수의 목적이나 공법에 적합한 성능의 유무를 반드시 확인하여야 한다. 그 성능을 만족하는 보수재료를 공사감리자의 승인을 얻어서 선정하여야 한다. 해설표 3.6.8에 보수재료의 구분과 분류를 나타낸다. 보수 · 보강공법에 따른 재료선정을 행할 경우에 참고로 하면 좋다.

해설표 3.6.8 보수재료의 분류

<table>
<tr><th>구분</th><th colspan="2">분류</th></tr>
<tr><td rowspan="5">균열주입재료</td><td rowspan="2">유기계주입재</td><td>에폭시수지 주입재</td></tr>
<tr><td>아크릴수지 주입재</td></tr>
<tr><td rowspan="3">무기계주입재</td><td>폴리머시멘트슬러리</td></tr>
<tr><td>초미립자 시멘트슬러리</td></tr>
<tr><td>초미립자 고로슬래그슬러리</td></tr>
<tr><td rowspan="3">U커트충전재료</td><td colspan="2">가요성 에폭시수지 충진재</td></tr>
<tr><td colspan="2">실링재 (우레탄수지 · 실리콘수지)</td></tr>
<tr><td colspan="2">폴리머시멘트모르타르</td></tr>
<tr><td rowspan="8">표면도포재료</td><td colspan="2">폴리머시멘트페이스트</td></tr>
<tr><td colspan="2">폴리머시멘트모르타르</td></tr>
<tr><td colspan="2">에멀젼계 바탕조정도재</td></tr>
<tr><td colspan="2">도막방수재</td></tr>
<tr><td colspan="2">에폭시수지 씰(seal)재</td></tr>
<tr><td colspan="2">건축용 마감도재</td></tr>
<tr><td colspan="2">침투성 흡수방지재</td></tr>
<tr><td colspan="2">무기계침투방지재</td></tr>
<tr><td rowspan="4">단면복구재료</td><td colspan="2">보수용 콘크리트</td></tr>
<tr><td rowspan="3">보수용 모르타르</td><td>모르타르</td></tr>
<tr><td>폴리머시멘트모르타르</td></tr>
<tr><td>에폭시수지모르타르</td></tr>
</table>

c. 화해조사의 결과와 소유자에 의한 예정공용기간에 대응한 회복목표와 보수 · 보강공법을 선정한다. 표면처리 등 적절한 전처리 후 화해의 정도에 따라 보수 · 보강공사를 행한다. 단면복구 · 균열주입 · 표면도포 · 마감시공 및 도장 등을 실시하여 설정된 회복목표를 만족하도록 보수 · 보강을 확실하게 실시한다.

인용・참고문헌

1) 日本建築防災協会：被災建築物応急危険度判定マニュアル，1998.01
2) 日本建築学会：構造材料の耐火性ガイドブック，2009.3
3) 阪口明弘，春畑仁一，皿井剛典：火害を受けたコンクリート構造物の劣化診断手法の検討　その1　加熱実験の概要とコンクリート表面の色彩，日本建築学会大会学術講演梗概集（防火），pp.123-124，2013.8
4) 岸谷孝一，森実：火害を受けた鉄筋コンクリート造建物の火害度と受熱温度の推定，火災，No.85，pp.8-20，1972.5
5) 原田有：建築耐火構法，工業調査会，1973
6) 日本鋼構造協会：鉄筋コンクリート用棒鋼及びPC鋼棒・鋼線の高温時ならびに加熱後の機械的性質，JSSC，Vol.5，No.45，1969
7) Schneider,U.（森永他訳）：コンクリートの熱的性質，技報堂，pp.17-24，1982
8) 森田武：鉄筋コンクリート構造の火災挙動に関する検討，日本建築学会大会学術講演梗概集（防火），pp.59-62，2002.8
9) 林成俊，太田周平，阪口明弘，田中義明，田坂茂樹，谷昌典，原田和典，西山峰広：鉄筋コンクリート柱梁接合部を有する不静定ラーメン架構の耐火実験　その1～その3，日本建築学会大会学術講演梗概集（防火），pp.21-26，2011.8
10) 田中礼治，長谷俊明，佐賀武司，大芳賀義喜：火害を受けた鉄筋コンクリート建物の耐震性能に関する研究（その1はり部材の正負くり返し曲げせん断実験），日本建築学会大会学術講演梗概集，pp.2769-2770，1983.9
11) 熊谷仁志，斎藤秀人，森田武：高温を受けた高強度コンクリート部材の力学特性（その3．柱の曲げせん断実験），日本建築学会大会学術講演梗概集，pp.1019-1020，1992.8
12) 高木仁之，白石一郎：火熱を受けた鉄筋コンクリート柱の強度・変形性能の劣化に関する研究，コンクリート工学年次論文集，Vol.30，No.3，pp.121-126，2008
13) 白石一郎，河井隆朗，高木仁之：火熱を受けたRC柱の耐震性能と炭素繊維シート補強の効果，コンクリート工学年次論文集，Vol.31，No.2，pp.211-216，2009
14) 卯野恵美，衣笠秀行：梁崩壊型RC構造物の火災による部分的性能劣化が崩壊機構に及ぼす影響，コンクリート工学年次論文集，Vol.29，No.3，pp.883-888，2007
15) 鈴木一正：公庫融資住宅における構造区分の見直しについて，一簡易耐火構造の住宅の定義変更一，GBRC，Vol.8，No.1，1983.1
16) 野秋政希，鈴木淳一，大宮喜文：様々な加熱温度曲線下における木材の炭化深さ，平成25年度日本火災学会研究発表会概要集，pp.94-95，2013
17) 浜田稔：木材の燃焼速度，火災，Vol.2，No.3，1953
18) 日本火災学会：火災便覧新版，共立出版，p.952，1984.3
19) 長友宗重，他：既存建物の耐力診断と対策，鹿島出版会，pp.94-96，1978.6
20) 日本建築学会：鉄筋コンクリート造建築物の耐久設計施工指針（案）・同解説，pp.99～108，2004.3
21) 谷川恭雄，太田福男：火害を受けたコンクリートの非破壊試験，日本建築学会大会学術講演梗概集，1983.9，pp.325-326
22) 小林幸一，枝広英俊：火害を受けたコンクリート構造物に対する非破壊・微破壊試験の適用に関する研究，日本建築学会構造系論文集 Vol.73，No.629，pp.1027-1034，2008.7
23) 湯浅昇，笠井芳夫，松井勇，篠崎幸代：引っかき傷によるコンクリートの圧縮強度試験方法の提案，日本非破壊検査協会シンポジウム「コンクリート構造物の非破壊検査への期待」論文集，Vol.1，pp.115-122，2003.8
24) 辻奈津子，山根政夫，谷川恭雄，鈴木計夫：各種非破壊試験法による低強度コンクリートの強度推定方法に関する研究　その4垂直コンクリート面に対する引っかき傷法の適用性，日本建築学会大会学術講演梗概集，材料施工 pp.233-234，2010.9
25) 春畑仁一，阪口明弘，山根政夫，皿井剛典：火害を受けたコンクリート劣化診断手法の検討，コンクリート工学年次論文報告集，Vol.36，pp.1366-1371　2014.7
26) 日本火災学会：火災便覧第3版，共立出版，p.950，1997.5
27) fib：Fire design of concrete structures - structural behaviour and assessment. State-of-art report, fib Bulletin No. 46, 2008
28) 国立天文台編：理科年表 2009年版
29) 日本建築学会：鉄筋コンクリート造建築物の品質管理および維持管理のための試験方法，pp.411-415，2007.3
30) 中込昭，篠崎公彦：既存構造物のコンクリート強度調査法「ソフトコアリング」一小径コアによる構造体コンクリート強度の推定一，Structure（日本建築構造技術者協会誌），No.78，pp.46-47，2001.4
31) （一財）日本建築センター，建設技術審査証明（建築技術），既存構造物のコンクリート強度調査法「ソフトコアリング」，BCJ-審査証明-73

32) 皿井剛典，田中徹，清水陽一郎，高橋輝：孔内局部載荷試験によるコンクリート性状の把握に関する研究，コンクリート工学年次論文報告集，Vol.29，2007.7
33) 皿井剛典，澤口啓希，春畑仁一，阪口明弘：火害を受けたコンクリートの孔内局部載荷法による劣化深さの測定および他手法との比較検討，コンクリート工学年次論文報告集，Vol.36，pp.1360-1365 2014.7
34) 国土交通省 新技術情報提供システム（New Technology Information System：NETIS）登録 No.KT-090056-A「孔内局部載荷試験装置および試験方法」
35) 吉田正友，岡村義徳，田坂茂樹：コンクリートの受熱温度推定方法の提案，コンクリート系構造物の火害診断手法に関する研究（その 1），日本建築学会構造系論文集，第 465 号，pp.155-162，1994.11
36) 吉田正友，岡村義徳，田坂茂樹：コンクリートの受熱温度推定方法の展開，コンクリート系構造物の火害診断手法に関する研究（その 2），日本建築学会構造系論文集，第 472 号，pp.177-184，1995.6
37) 鳥田専右，他：既存建物の構造診断法，清水建設研究所編著，技報堂，1976
38) 磯畑脩監修：実務者のための建物診断，（株）テクネット発行，1990.12
39) 日本建築学会：建築工事標準仕様書・同解説 鉄筋コンクリート工事 JASS 5，pp.320-321，1957
40) 日本コンクリート工学協会：コンクリート診断技術 10 応用編，p.84，2010
41) 一瀬賢一，長尾覚博，中根淳：高温加熱を受けた高強度コンクリートの力学的性質に関する研究，コンクリート工学年次論文報告集，Vol.19，No.1，pp.535-540 1997
42) Hertz.K.：Bond between concrete and deformed bars exposed to high temperatures，Institute of Builiding Design，Technical University of Demmark，DK-2800 Lingby，A paper presented at CIB W 14 meeting，Athens，1980.5
43) Roberto Felicetti and Pietro G. Gambarova：The Effects of High Temperature on the Residual Compressive Strength of High-Strength Siliceous Concretes，ACI Materials Journal，V95，No.4，pp.395-406，1998.7.
44) 一瀬賢一，川口徹，長尾覚博，河辺伸二：高温加熱を受けた高強度コンクリートの強度回復，コンクリート工学年次論文集，Vol.25，No.1，pp.353-358，2003
45) 松戸正士，西田浩和，片寄哲務，安部武雄：高温加熱後の超高強度コンクリートの力学的性質に関する実験的研究，日本建築学会構造系論文集，No.603，pp.171-177，2006.5
46) 日本鋼構造協会：鉄筋コンクリート用棒鋼及び PC 鋼棒・鋼線の高温時ならびに加熱後の機械的性質，JSSC，Vol.5，No.45，1969
47) 日本コンクリート工学協会：コンクリートのひび割れ調査，補修・補強指針-2009-
48) 日本建築センター：平成 17 年 6 月 1 日施行 改正建築基準法・同施行令等の解説
49) 日本建築防災協会：既存鉄筋コンクリート造建築物の耐震改修設計指針・同解説 2001 年改訂版 国土交通省住宅局建築指導課監修
50) 独立行政法人建築研究所の建築研究報告 No.147「鉄筋コンクリート造建築物のかぶり厚さ確保に関する研究」
51) 荒井光興：火災を受けた鉄筋コンクリート造建物の補修，建築技術，No.351，p.84，1980
52) コンクリート工事ハンドブック編集委員会：最新コンクリート工事ハンドブック，建設産業調査会，p.984，p.1081，1998.3
53) 斎藤光，上杉英樹，太田達見，丹羽亮，竹内正博：ケミカル・アンカーの耐火性、日本建築学会大会学術講演梗概集，pp.2771-2772，1983.9
54) 寺村悟，沢出稔，秋山友昭，丹羽亮，松崎育弘：加熱されたコンクリートの耐火性評価とあと施工アンカーに関する研究（その 1 一面 3 時間加熱），日本建築学会大会学術講演梗概集，pp.691-692，1994.9
55) 豊田康二，今西達也，榎本浩之：有機系あと施工アンカーを用いた耐震補強鉄筋コンクリート壁の耐火性能に関する実験，GBRC vol.34 No.2，pp.40-44，2009.4
56) 長友宗重，他：既存建物の耐力診断と対策，鹿島出版会，pp.247-270，1978.6

04

강구조

4.1 기본사항

4.1.1 내용과 구성

본 장은 강구조 건물의 화해조사 · 진단 및 보수 · 보강방법을 나타낸 것으로, 화해조사와 진단 및 보수 · 보강계획으로 구성된다.

해설

본 장은 일반적인 강구조 건물의 화해조사 · 진단 및 보수 · 보강방법을 나타낸 것이다. 화해조사의 대상이 되는 부재는 강구조의 기둥 · 큰보 · 작은보 · 샛기둥, 브레이스 · 좌굴방지 및 접합부 · 슬래브 · 앵커볼트 등이다. 데크플레이트 슬래브는 강구조 건물의 바닥으로 가장 일반적이므로 4장에서 다룬다. 이 가운데 진단의 대상이 되는 부재는 기둥 · 큰보 · 작은보 · 장기하중을 지지하는 샛기둥 등이다. 또한 비내력 외벽 · 비내력 방화구획 벽 · 금속지붕 · 철골계단 · 제진부재 등에 대해서는 제조자의 판단에 위임하는 것으로 한다. 또한 강구조 건물내에서 사용되는 콘크리트계 부재는 제3장에서 다룬다.

1) 화해조사와 진단 및 보수 · 보강계획의 순서

화해조사와 진단 및 보수 · 보강계획은 화해조사(예비조사 · 1차조사 · 2차조사), 화해진단(조사결과에 따른 부재의 화해등급 및 건물의 피재도 판정)의 순서로 진행한다. 이것을 그림으로 나타내면 해설도 4.1.1과 같다.

2) 화해조사의 개요

화해조사는 해설도 4.1.1의 순서도에 따라 예비조사부터 1차조사, 2차조사의 순으로 상세한 조사를 진행한다.

예비조사는 설계도서와 과거의 피해기록부터 화재전 건물의 상황을 파악하고, 소방활동기록과 목격자와 신문기사 등으로 정보를 수집하고, 화재상황을 파악한다.

상세한 예비조사 내용은 4.2절에 나타내었다.

1차조사는 조사건물이 화재로 큰 손상을 받은 경우, 우선 피재도 C인지 여부를 판정한다. 피재도판정은 4.3절에서 상세히 서술한다. 강구조 건축물의 피재도 C판정표는 해설표 4.3.1에 나타내었다. 이 해설표는 일본건축방재협회「피재건축물 응급위험도 판정 매뉴얼」에 기재된 항목을 참고로 작성했다.

피재도 C 판정표에서 피재도 C로 판정된 건물은 도괴의 위험성이 있으므로, 조사자에게 위험이 미치지 않도록 이시점에서 조사를 종료한다. 피재도 C로 판정되지 않은 건물에 대해서는 육안으로 외관상의 피해상황을 관찰하고, 변형의 유무를 확인하고, 수열온도와 화재 진전상황을 추정한다. 이러한 조사와 추정결과를 바탕으로 조사범위를 결정한 후, 2차조사여부를 판정한다.

1차조사의 상세한 내용은 4.3절과 같다.

2차조사에서는 1차조사에서 결정된 조사범위에 대해 상세한 조사를 실시한다. 이 조사는 기둥·보부재의 잔류변형량의 측정과 기계적성질의 측정 및 고력볼트 접합부의 조사, 데크플레이트 슬래브 조사 등으로 구성된다. 조사항목은 기둥의 전도, 보의 처짐 등이고, 화해등급의 판정에 이것을 사용한다.

2차조사의 상세한 사항은 4.4절에 나타낸다.

3) 화재진단의 개요

화해건물의 재사용 또는 보수·보강을 검토하는 것은 화해조사결과에 기초하여 각 부재의 화해등급을 정확하게 진단하는 것이 중요하다. 부재의 화해등급의 판정에 기초하여 건물의 피재도에 대해 판정한다. 진단의 대상이 되는 부재는 전술한 강구조 기둥·큰보·작은보·장기하중을 받는 샛기둥 등이다.

해설도 4.1.2에 강구조 부재(주로 기둥 및 보)의 화해등급 판정 순서를 나타내었고, 해설표 4.1.1에 강구조 부재의 화해등급과 부재상황의 예를 나타내었다. 화해등급의 판정은 1차조사로 추정한 수열온도 및 2차조사로 측정한 잔류변형량과 재료강도 등을 기초로 하며, Ⅰ급에서 Ⅴ급의 범위로 선정한다. 화해등급 판정순서 중에서 판단에 사용한 수열온도를 300℃ 이상, 500℃ 이상, 720℃ 이상으로 한 이유는 다음과 같다. 300℃를 넘으면 볼트접합부에 변형·미끄럼과 볼트의 재질변화가 발생하고, 500℃를 넘으면 부재의 항복강도 저하가 발생하기 쉽게 되며, 720℃가 강재의 변태점이라고 조사되었기 때문이다.

강구조 건물은 철근콘크리트조(이하 RC조로 칭함)건물과 상이하게 부재 및 골조의 변형이 문제가 된다. 육안으로 평가하여 명백하게 변형되고 있는 경우는 화해등급을 Ⅴ급으로 평가한다. 또한, 마감재료로 인하여 손상이 보이지 않는 등 화해정도가 작은 경우라도 반드시 잔류변형량의 조사를 하여야 한다. 이것은 수열온도가 낮은 경우에도 가열구간이 길면 열로 인한 늘어남이 크게 되기 때문이다. 그 결과 화재구획단부의 기둥만 아니라 화재구획 외의 기둥·보를 좌굴시켜 기둥이 크게 경사지게 하는 사례도 있기 때문이다. 여기서 보의 처짐(수평방향의 변형)에 대해서는 변형량(처짐)을 조사하면 화해등급의 판정이 가능하므로 조사항목으로 하지 않는다. 단, 보수·보강의 대상이 되므로 보수 · 보강절차 중에서 취급하고 있다.

피재도의 판정은 해설표 4.1.2 건물의 피재도 정의와 판정방법에 따라서, 부재의 화해등급과의 관계로부터 피재도 A에서 피재도 C를 선정한다.

진단에 관한 상세한 내용은 4.5에서 다룬다.

4) 보수 · 보강계획의 개요

보수 · 보강계획은 화해의 정도와 피해후 건물의 사용방안을 고려하여 입안하고, 그때 설정된 회복목표를 만족하는 보수 · 보강방법을 선정한다. 회복목표는 화해건물의 소유자 · 관리자 · 사용자 등의 요구에 따라 구조안전성 · 내화성 · 내구성 및 그 밖의 필요한 성능을 만족하도록 설정한다. 특히 구조안전성의 회복목표는 설계조건을 만족하는 것을 표준으로 한다. 보수 · 보강할 범위는 조사 · 진단결과를 바탕으로 정한 화해등급 및 회복목표에 따라 결정한다. 보수 · 보강방법은 화해건물의 소유자 · 관리자 · 소유자 등의 의향에 기초하여 화해진단자와 구조설계자 · 시공자가 충분히 검토한 후 결정한다. 또한 보수 · 보강방법 및 부위는 골조전체의 강성균형에 미치는 영향을 고려하여 선정한다.

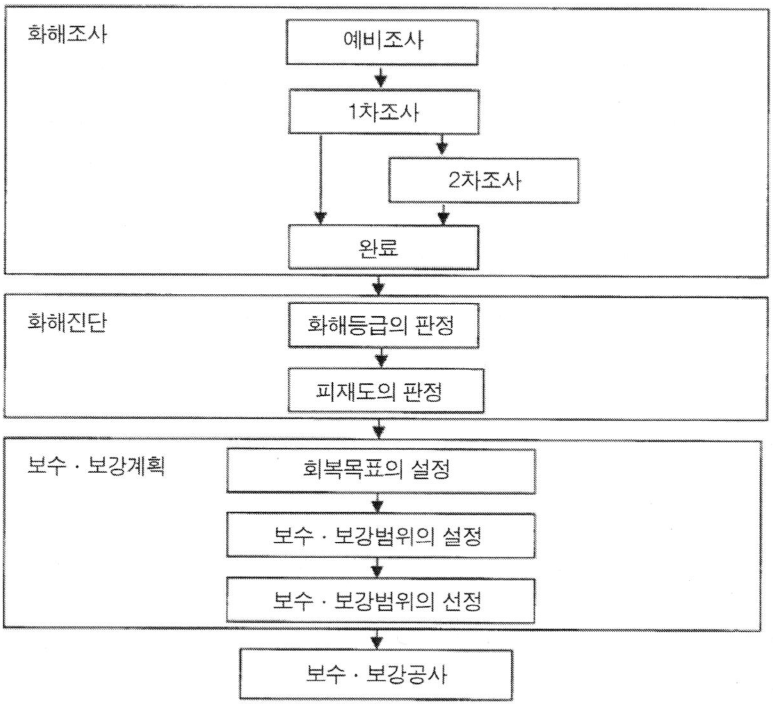

해설도 4.1.1 화해진단 및 보수 · 보강의 순서도

상세한 보수 · 보강계획은 4.6절에 나타낸다. 또한 보수 · 보강공사의 설계 · 시공법은 각 시공사별 특유의 내용이므로 이 본지침에서는 상세하게 취급하는 것은 보수 · 보강방법의 선정까지로 한다. 단, 설정한 회복목표를 만족하도록 보수 · 보강을 확실하게 실시하는 것이 중요하다.

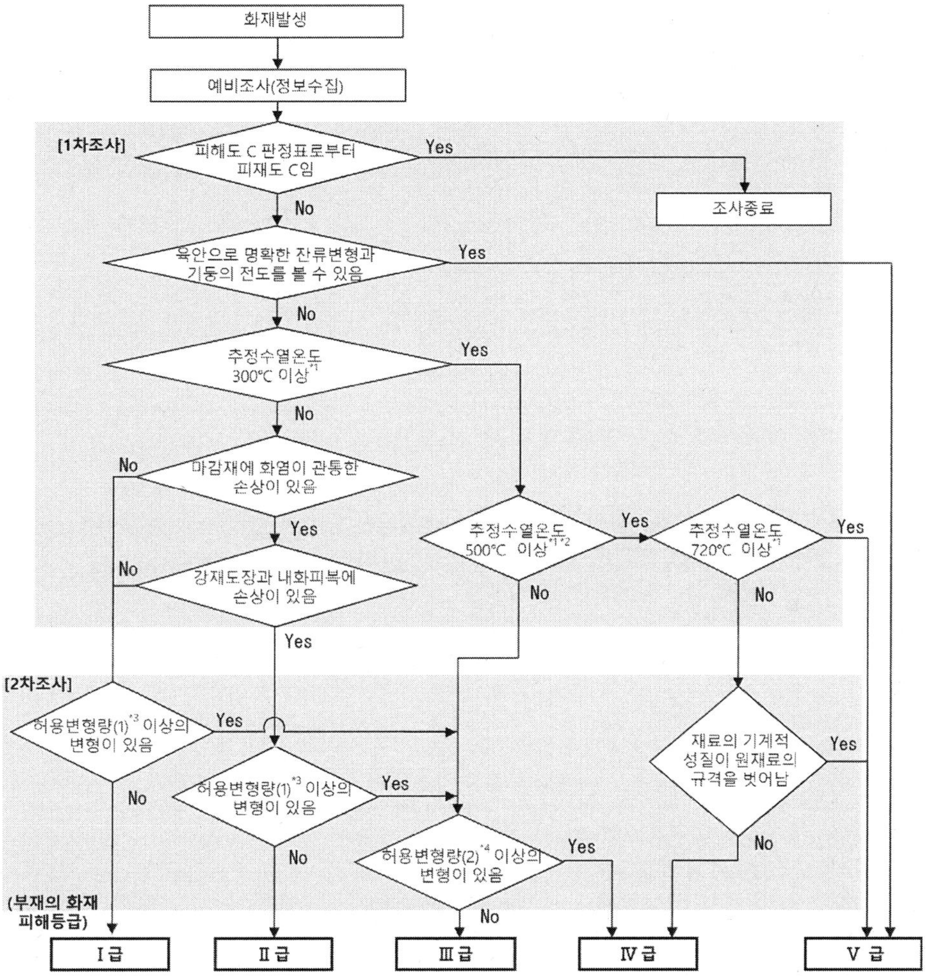

해설도 4.1.2 강구조 부재(주로 기둥과 보)의 화해등급판정절차

※1 수열온도를 추정가능한 상황의 예는 아래와 같다. 상세는 해설표 4.3.2참조

- 강재표면에 그을음이 있다 → 300℃ 이하
- 그을음이 소실되었다 → 500℃ 이상
- 아연의 융점(강제 데크플레이트의 아연) → 420℃
- 방청도료가 백아화되고 있다 → 350℃ 이상
- 알루미늄 자중으로 변형 → 400℃ 이상

- 알루미늄의 용해 → 650℃이상
- 동의 용해 → 1000~1100℃

※2 500℃라고 하는 숫자는 비조질강에 한정한다. 조질강은 「350℃」또는 「뜨임온도-50℃」로 치환한다.

※3 허용변형량(1) : 기둥의 전도 $H/700$[2)], 보의 처짐 $L/250$[3)] 등을 기준으로 한다.(H : 층고, L : 스팬길이)

※4 허용변형량(2) : 기둥의 전도 $H/200$[1)],보의 처짐 $L/250$[3)] 등을 기준으로 한다.(H : 층고, L : 스팬길이)

해설표 4.1.1 강구조 부재의 화해등급과 부재상황의 예

화해등급	정 의	설 명	상 황		
			추정수열 온도	부재의 잔류변형[*1)]	고력볼트 접합부[*2)]의 잔류변형
I 급	구조내력상 화재의 영향을 전혀 받지 않음	강재의 도장 및 내화피복재에 화재의 영향이 없는 상태	100℃미만	기둥의 전도 H/700 미만 보 처짐 L/250 미만	없음
II급	구조내력상 영향은 업지만, 표면열화 등의 피해가 있음	강재의 도장 및 내화피복만 손상이 있는 상태	100℃이상 300℃미만	기둥의 전도 H/700 미만 보 처짐 L/250 미만	없음
III급	구조내력상 영향은 없음 (경미한 보수로 재사용 가능)	볼트접합부[*2)]의 변형, 미끄러짐, 볼트의 재질변화가 있는 상태	300℃ 이상[*3)] 500℃ 미만[*4)]	기둥의 전도 H/200 미만 보 처짐 L/250 미만	있음
IV급	구조내력상 영향이 큼 (보수보강으로 재사용 가능)	부재에 변형이 있는 상태	500℃이상[*4)], 720℃미만[*5)] 또는, 기둥의 전도 H/200 이상 보 처짐 L/250 이상		있음
V급	구조내력상 심각한 피해가 있음 (부재교환이 필요)	부재에 구조성능을 담보할 수 없는 변형과 재질변화가 있는 상태	720℃[*5)]이상 또는, 「보의 과도한 처짐・뒤틀림 기둥의 과대한 전도, 전체좌굴 등」		있음

※1 H : 층고, L : 스팬길이

※2 볼트접합부는 「볼트」「너트」「와셔」를 포함한다

※3 300℃이상에서는 고력볼트의 재질에 변화가 있다. 재질의 변화는 인장시험에서 항복점의 변화를 말한다.

※4 500℃는 비조질강에 한정한다. 조질강은 「350℃」또는 「뜨임온도에서 50℃감한 값」으로 한다.

※5 720℃는 Ar1 변태점(부록-4 참조)의 하한의 기준이다. 720℃이상으로 되면, 재료규격치를 만족하지 않을 가능성이 높게 된다.

해설표 4.1.2 건물의 피재도 정의와 판정방법

피재도	정 의	화해조사에서 피재도 판정방법 (부재의 화해등급과의 관계)
A	구조체에 화재의 영향이 없는 상태	모든 부재가 화해 II급 이하의 경우
B	구조체에 화재의 영향은 있으나, 보수보강으로 재사용이 가능한 경우	피재도 A, C이외의 경우
C	도괴의 위험성이 있고, 재사용이 곤란한 경우	• 대부분의 기둥부재가 V급으로 도괴 위험성이 있는 경우 • 해설표 4.3.1에서 피재도 C로 판정된 경우

4.1.2 강구조의 화재후 특성

조사 · 진단 및 보수 · 보강계획에 앞서 화재를 입는 강구조 부재 및 고력볼트의 성질, 부재와 골조의 변형성상에 관한 일반적인 특성을 파악한다.

해설

강구조 부재는 RC조와 목재 부재와 상이한 거동, 즉, 화재가열을 받아도 단면결손과 재질의 변화가 어렵고, 수열온도가 그다지 높지 않으면 재료성능은 원상태로 회복한다. 그러므로 재료성능상 재사용이 용이한 재료라고 말할 수 있다. 그러나 강구조 부재는 RC조 부재보다 얇기 때문에 온도가 상승하기 쉽다. 따라서 화재시에 변형하기 쉽고, 화재후에도 변형이 잔류하기 용이한 부재이다. 이러한 특징으로 화재후에 잔류변형이 없는 강구조 부재는 재사용할 가능성이 높다[4].

1) 화재시 강구조 부재 온도

화재시 강구조 부재의 온도는 화재의 가혹도와 열용량에 따라 상이하다. 예를 들면, 얇은 판두께의 강구조 부재는 온도가 상승하기 쉽고, 통상 작은보는 큰보 보다도 고온이 된다. H형강보의 상부플랜지는 슬래브의 존재로 하부플랜지 보다도 저온이 되고, 상부플랜지와 하부플랜지에서 200℃를 넘는 온도차가 발생하는 것도 있다. 강제 데크플레이트를 사용한 슬래브에서는 슬래브의 표면과 배면에 200℃ 정도의 온도차가 발생하는 사례도 있고, 강제 데크플레이트의 온도는 콘크리트 단면의 평균온도보다 상당히 높게 된다.

2) 강재의 가열이력에 따른 기계적성질의 변화

전술한 바와 같이 온도상승에 따라 강재와 콘크리트는 팽창하고, 강도와 영계수는 저하한다. 화재 감쇄기에는 온도가 떨어짐에 따라 강재와 콘크리트 모두 수축하지만, 강도와 영계수의 회복은 재종마다 다르다. 인성과 신율 성능이 변화되어 있을 가능성도 있다.

일반적인 강재의 가열냉각후 강도는 500℃ 이하의 가열에서는 대체로 원래의 성능으로 회복하지만, 고력볼트의 경우 인장강도가 30%정도 저하한다. 일반적인 강재와 고력볼트 · PC강선 및 고력강재 등의 조질강의 강도회복 차는 조질강이 담금질 · 뜨임의 공정을 거치면서 제조되고 있는 것에 기인하며, 조질강의 강도는 뜨임온도 근처까지 가열되면 회복되지 않는다. 또한 볼트의 강도회복이 가능한 온도는 뜨임온도가 볼트품종과 메이커에 따라 상이하므로 일정하지 않고 큰 폭을 갖는 값이 된다. 시공시에 높은 장력이 도입된 고력볼트와 PC강봉에서는 온도상승과 함께 크리프변형이 진전되어 도입장력이 저하되는 현상도 발생한다.

해설도 4.1.3(a)~4.1.3(c)에 일반강재와 조질강(고력볼트 포함)의 가열후 잔존강도와 잔존축력의 개념해설도를 나타내었다. 「담금질」이란 강재를 720℃ 정도 까지 가열한 후 급냉하는 열처리이다. 강재의 경도를 증대시키는 목적으로 행해지지만, 인성이 저하한다. 「뜨임」은 담금질한 재료를 300~650℃ 에 열로 서냉하는 열처리이다. 경화한 강재에 인성을 부여할 목적으로 행해진다.
「담금질」과 「뜨임」을 복합하여 행한 강재를 조질강이라고 부른다. 한편 「풀림」은 강재를 720℃ 정도 까지 가열하고 서냉하는 열처리과정에서 가공경화에 의한 내부변형을 제거하고, 조직을 연화시켜 전연성을 향상시킨 열처리이다.

화재에 의해 일반강재가 500℃ 이상의 가열이력을 받으면, 강도는 상온시보다 저하한다. 더 나아가 변태점 온도(약 720℃)를 넘으면, 가열이력을 받아서 화재후 급격히 냉각되는 경우(예를 들면 소화수를 계속 분사하는 경우)에는 「담금질」이 되기 때문에 강도가 상승하여 취성적이 된다. 화재후 서냉되는 경우(공냉 등)에는 「풀림」이 되어 강도가 저하한다.

일반강재 이외의 조질강에서는 뜨임온도 이상의 가열이력을 받는 경우, 가열후 잔존강도가 뜨임온도로 인하여 저하된다. 고력볼트는 조질강이므로 뜨임온도가 300~650℃ 이고, 이 온도로 인하여 가열후 잔존강도가 저하되기 시작한다.

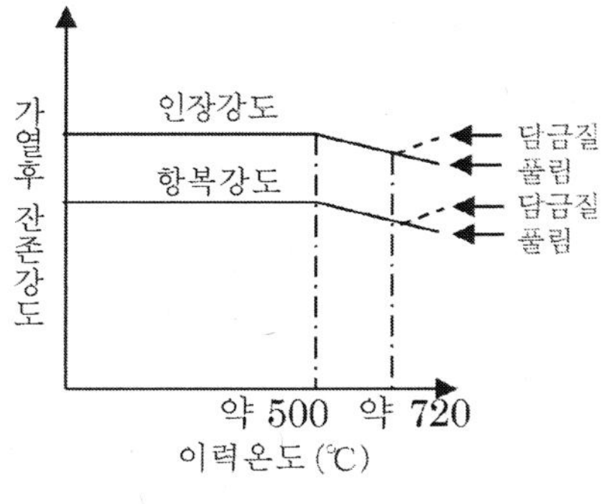

해설도 4.1.3(a)
일반강재(SN400. SN490 등)의
가열후 잔존강도의 개념도

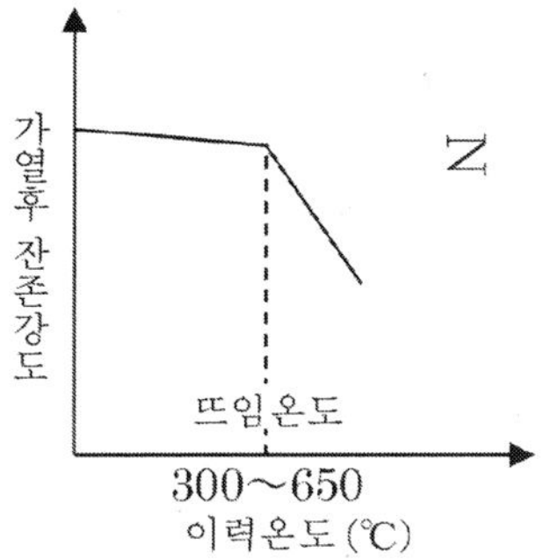

해설도 4.1.3(b)
조질강(고력볼트 포함)의
가열후 잔존강도의 개념도

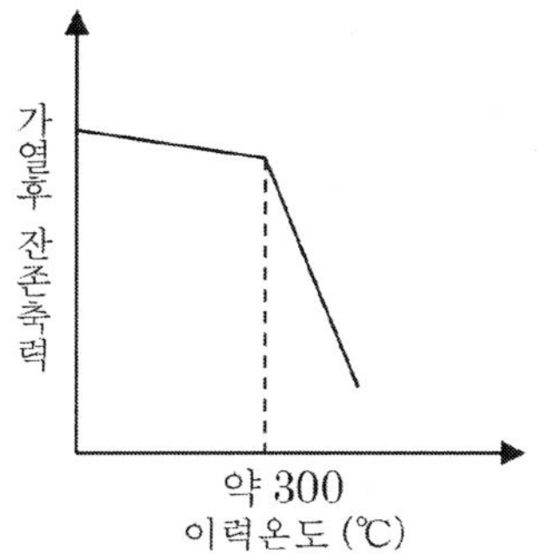

해설도 4.1.3(C)
고력볼트의 가열후
잔존축력의 개념도

3) 강재의 가열이력에 따른 부재 및 골조의 변형성상(거동)

전술한바와 같은 물성변화가 일어나기 때문에 화재 성장기에는 보에는 영계수 저하에 따른 작은 처짐이 발생하고, 보가 팽창함으로서 양단의 기둥을 밀어냄으로서 발생하는 새로운 축방향의 압축력으로 보의 처짐이 크게 증가한다. 강도와 영계수가 크게 저하된 보에서는 횡좌굴이 발생하고, 재축방향에서 발생한 압축력이 큰 경우된 국부좌굴을 초래하는 사례도 있다. 화재의 감쇄기에서는 온도저하를 동반한 수축으로 강도와 영계수의 회복이 일어나므로 보 변형은 원상태로 회복하지만, 처짐과 횡좌굴 또는 국부좌굴 등으로 소성변형이 발생하는 경우 변형이 잔류하게 된다. 이 경우, 열팽창으로 밀어낸 양단의 기둥이 보의 수축을 구속하므로 보에는 재축방향의 인장력이 발생하고, 인장력은 진화후에도 잔류하게 된다. 이러한 현상을 실대실험에서 확인한 기존문헌[5)]이 있고, 부분적인 화재가열과 골조의 구속효과 등이 보고되고 있다.

보 양단의 고력볼트 접합부의 경우, 볼트강도의 저하와 장력저하로 접합부의 내력과 강성의 저하가 발생한다. 보에 인장력이 잔류하는 경우, 고력볼트에 큰 전단력이 잔류하고 있는 경우가 있고, 강도저하가 현저한 고력볼트가 파단한다고 추정한 문헌[5)]도 있다. 기둥과 브레이스에도 응력잔류의 현상이 발생한다. 강제 데크플레이트를 사용한 바닥 슬래브는 화재성장기의 처짐의 증가에 따른 콘크리트 단면에 균열이 발생하고, 강제 데크플레이트와 콘크리트의 열팽창량 차이로 인하여 양자가 박리되는 경우도 있다. 이러한 균열과 박리는 진화후에도 본래의 상태로 돌아가지는 않는다.

가열후 냉각으로 발생한 잔류변형은 팽창과 수축을 동반하여 기둥과 보 등의 응력상태를 변화시킨다. 부재의 열팽창과 그 후의 수축에 기인하여 발생한 새로운 응력은 부재와 접합부의 항복내력을 저하시킨다. 강제 데크플레이트와 콘크리트의 박리는 데크 합성슬래브의 내력과 처짐강성을 저하시킨다. 고력볼트 접합부의 미끄러짐은 건축물의 잔류변형을 크게 한다. 강재와 콘크리트의 강도・영계수의 저하는 부재의 내력과 변형저항을 직접적으로 저하시킨다.

골조의 거동 등에 주목한 해외의 화해조사사례와 화재실험 등의 문헌[4),5),6)]도 참고로하면 유용할 것이다.

4) 가열후 냉각과정을 골조레벨에서 해석적으로 추적한 사례

참고로 철골골조의 가열 냉각후의 잔류응력 · 변형을 해석적으로 명확하게 하기 위해 탄소성 열응력 변형해석을 실시한 사례[7)]를 나타내었다.

해설도 4.1.4(a)에 골조 A의 모델도와 해설도 4.1.4(b)에 해석결과를, 해설도 4.1.4(c)에 골조 B의 모델도와 해설도 4.1.4(d)에 해석결과를, 4.1.4(e)에 골조 C의 모델도와 해설도 4.1.4(f)에 해석결과를 나타내었다. 골조 A는 내측스팬만이 화재구획이 되는 경우이고, 골조 B는 외측스팬만이 화재구획이 되는 케이스이며, 골조 C는 층전체가 화재구획이 되는 경우이다. 해석에서 얻은 새로운 성과는 다음과 같다.

① 화재구획내의 보 잔류인장 축력으로 기둥에 발생된 처짐모멘트는 화재구획의 상하 1~2층 까지 영향을 미친다(해설도 4.1.4(a)(c)(e) 참조).

② 어느쪽의 골조에서도, 냉각후 상온에서 기둥축력은 가열전의 축력과 거의 동등한 크기로 회복된다(해설도 4.1.4(b)(d)(f) 기둥 축력 참조).

③ 어느쪽의 골조에서도, 냉각후 상온에서 보의 잔류인장축력은 최고이력온도가 높을수록 크다(해설도 4.1.4(b)(d)(f) 보 축력 참조).

④ 어느쪽의 골조에서도, 냉각후 상온에서 기둥의 잔류처짐모멘트는 최고이력온도가 높을수록 크고, 그 값은 최고이력온도가 500℃의 경우 항복모멘트와 비교하여 동등이상이다(해설도 4.1.4(b)(d)(f) 기둥 휨모멘트 참조).

⑤-A 골조 A의 경우 냉각후 상온에서 보의 잔류휨모멘트는 가열전으로 감소하고 있다. 보양측의 기둥의 구속이 크므로 냉각과정에서 인장력으로 스팬중앙의 휨모멘트가 감소한다고 평가하였다(해설도 4.1.4(b) 보휨모멘트 참조).

⑥-BC 골조 B 및 골조 C이 경우, 냉각후 상온에서 보의 잔류휨모멘트는 가열전과 거의 동등한 크기로 회복되고 있다. 보의 축방향변형에 대한 기둥 구속력이 약하기 때문이라 판단하였다(해설도 4.1.4(d)(f) 보휨모멘트 참조).

⑦ 어떤 골조에 있어서도 냉각후 상온에서 기둥의 잔류수평변위는 최고이력온도가 높을수록 크다(해설도 4.1.4(b)(d)(f) 주두 수평변위 참조).

⑧ 어느 골조에서도 냉각후 보의 잔류중앙처짐은 최고이력온도가 높을수록 크고, 냉각과정에서 처짐의 변화는 거의 없다(해설도 4.1.4(b)(d)(f) 보 중앙처짐 참조).

또한 「부록-5 계산에 의한 보완과 검증」도 참조한다.

이장은 이러한 강구조의 특성을 파악하고, 화재조사 · 진단 및 보수 및 보강계획에 대해 방침과 방법을 각 절에서 해설한다.

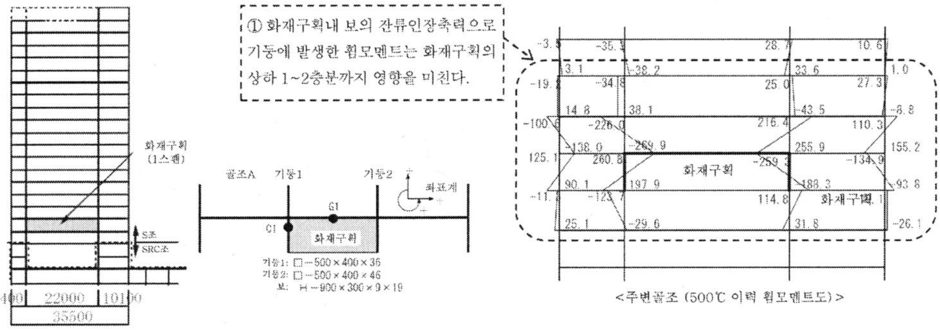

해설도 4.1.4(a) 골조A(내측스팬 화재)의 모델도 7)

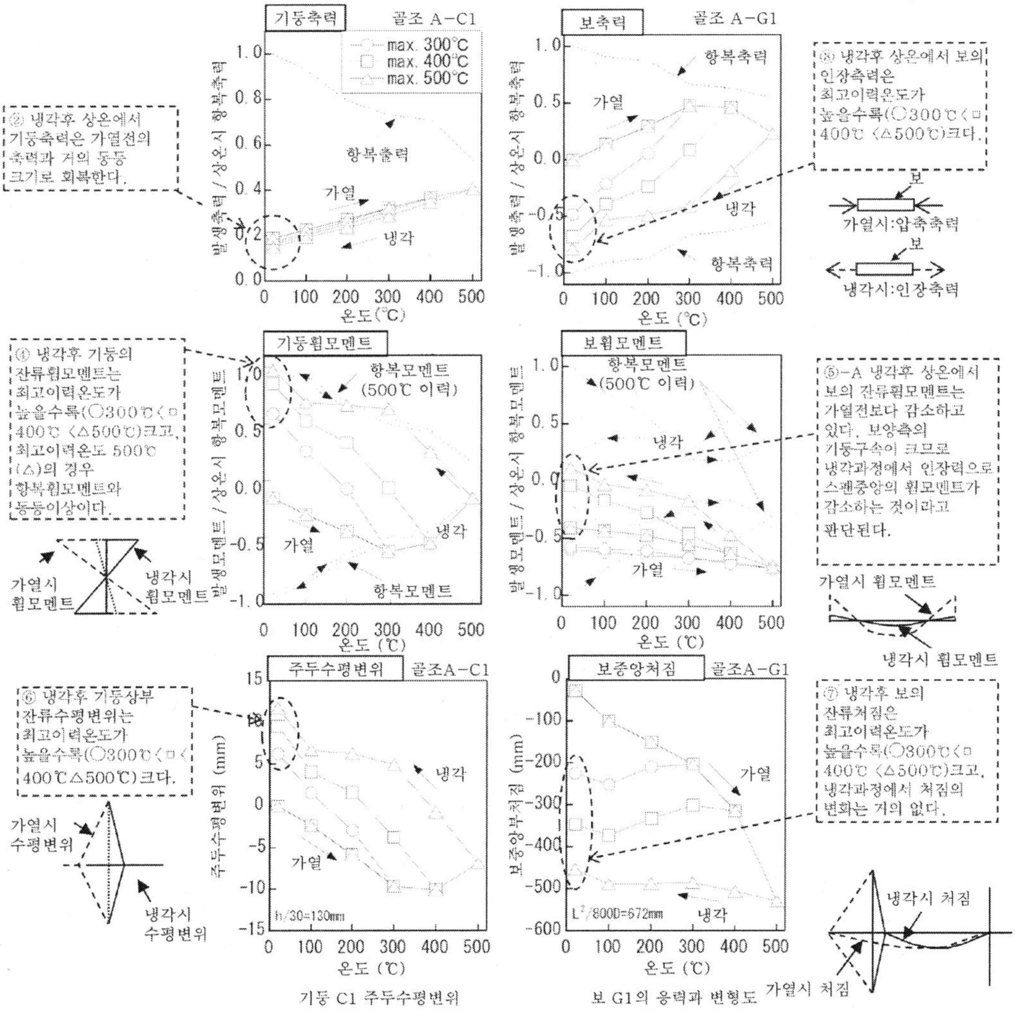

해설도 4.1.4(b) 골조A(내측스팬 화재)의 해석결과 7)

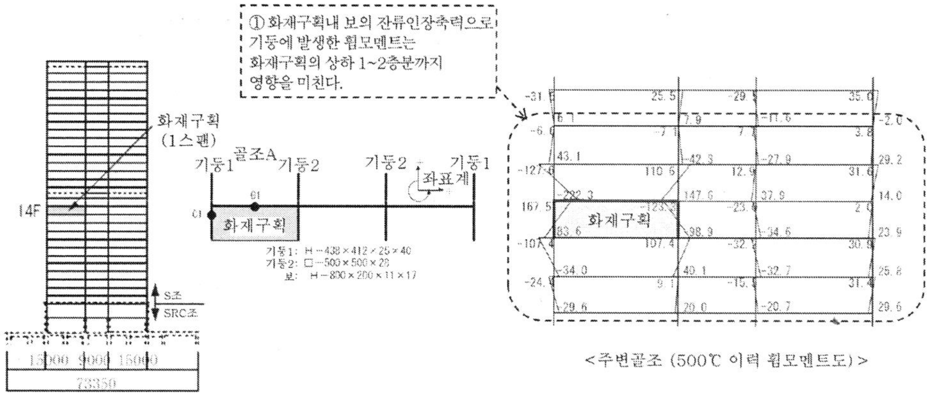

해설도 4.1.4(c) 골조B(외측스팬 화재)의 모델도 [7]

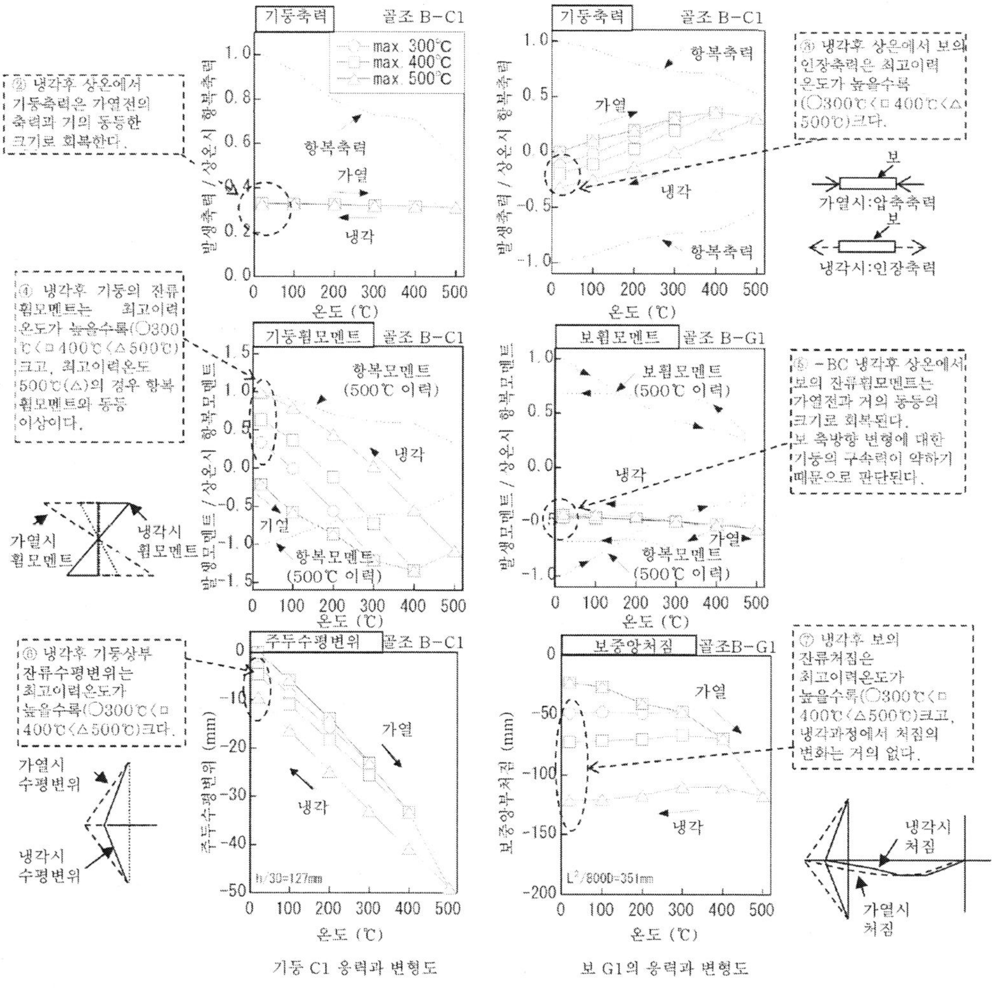

해설도 4.1.4(d) 골조B(외측스팬 화재)의 해석결과 [7]

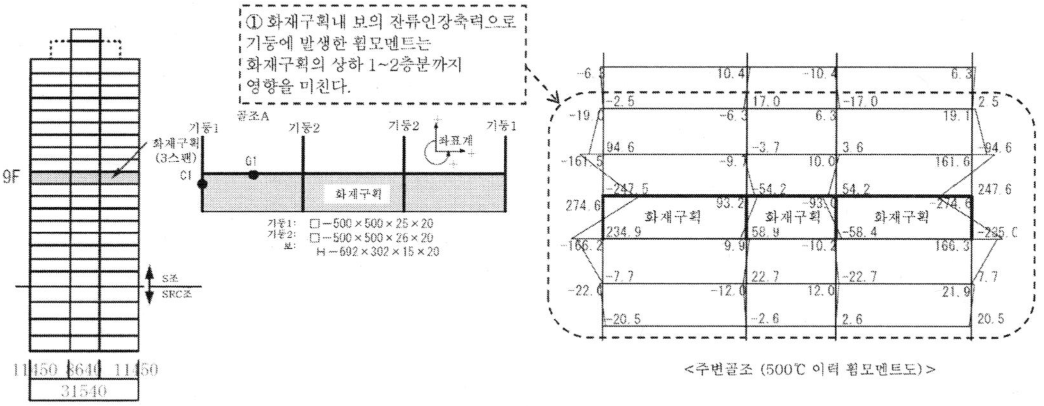

해설도 4.1.4(e) 골조C(층 전체 화재)의 모델도 7)

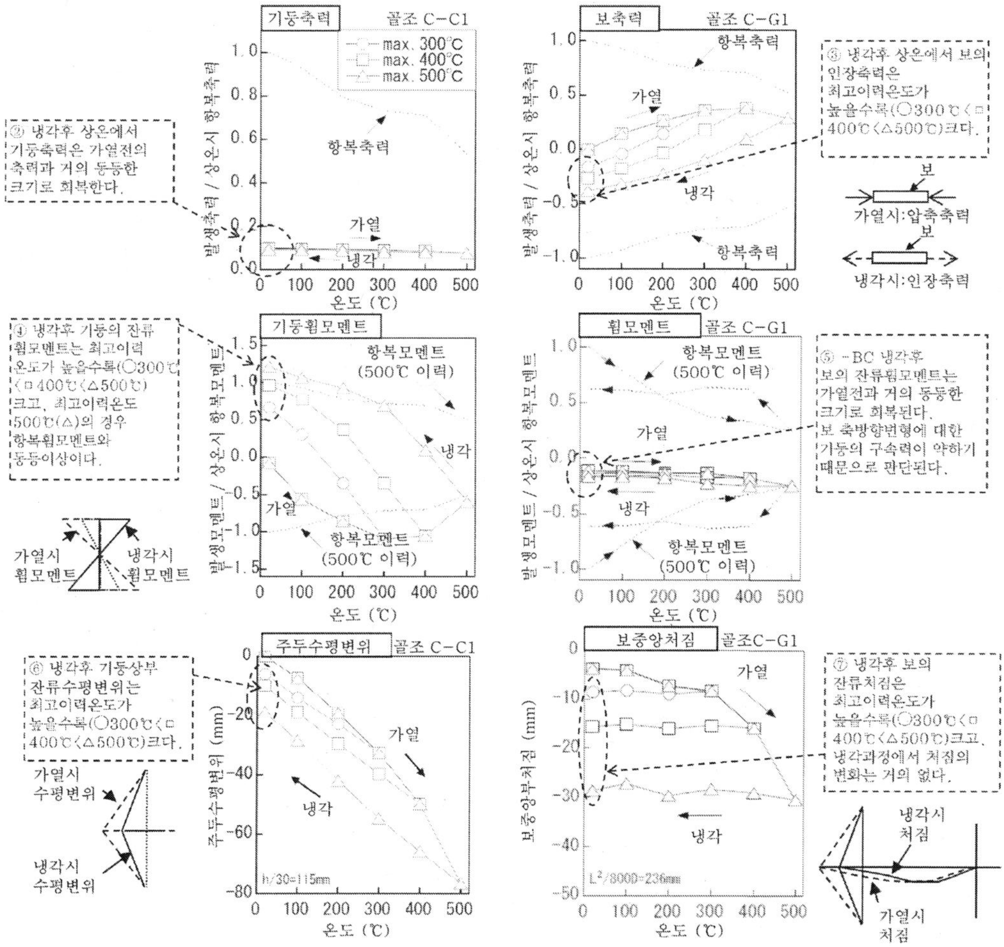

기둥 C1 응력과 변형도　　　보 G1의 응력과 변형도

해설도 4.1.4(f) 골조C(층 전체화재)의 모델도 7)

4.2 예비조사(정보수집)

예비조사에서는 1차조사의 방침을 정하기 위해 건물개요와 구조개요의 조사 및 발생한 화재에 관한 정보수집을 한다.

4.2.1 건물개요의 조사

건물개요의 조사에서는 화해건물의 건물개요와 준공후의 이력 및 적용된 관련법규 등의 기본 정보를 수집한다.

해설

화재현장에서 조사 및 보수 · 보강방법을 결정하기 전에 화재전의 정보로 건축구조상 특징 및 관련법규를 파악하는 것을 목적으로 건물개요의 조사를 한다.

1) 건물개요

건물개요는 아래 항목으로 구성되며, 이들은 설계도서로 조사한다.

- 준공년도
- 설계자, 시공자, 소재지
- 건축면적, 연면적, 층수
- 내장마감
- 용도
- 구조종별(RC조 · 강구조 · 목조 등)
- 구조형식(라멘구조 · 브레이스구조 등)
- 내화피복종별

2) 건물의 준공 후 이력

준공자의 이력은 아래의 항목에 따른다. 이것들은 유지관리기록으로 조사한다.

- 과거 화재상황 및 보수 · 보강기록
- 과거 지진 등에 의한 피해이력 및 보수 · 보강기록
- 개장, 개축, 용도변경

3) 관련법규

준공시 및 화재시의 관련법규를 조사한다. 이것들은 설계도서 및 유지관리기록으로 조사한다.

- 건축기준법(건축기준법시행령 · 고시 및 각종 통지)
- 소방법관련 법규
- 각 지방 시행청의 건축관련법규(예 : 동경도 안전조례)
- 각 지방 행정청의 소방관련법규(예 : 화재안전조례)

설계도서는 다음과 같다.

- 각층평면도, 평면상세도
- 단면도, 단면상세도
- 입면도(동서남북)
- 마감표, 각실전개도
- 방호구획도
- 설비관련 계통도(특히 방재관계)
- 구조도(바닥보복도 · 축조도 · 부재단면리스트 · 철골상세도 등)
- 구조계산서
- 검사증명서

「준공년도」는 당시의 관련법규와 과거 지진 등의 피해상황을 파악하는데 중요하고, 최초에 파악해야 할 정보이다. 준공전(공사중)의 화재의 경우, 방화구획의 시공이 완료되지 않은 단계에서 화재가 발생하는 사례도도 있고 따라서 피해가 확대하는 경우가 있다. 「용도」는 화재시 가연물량을 추정할 때 단서가 된다. 「내장마감」은 가연성의 내장마감이 있다면, 플래시오버가 발생하기 용이하였다고 평가되고, 화재 진전상황의 추정에 도움이 된다. 더 나아가, 1차조사에서 구조체의 수열온도를 추정할 때, 중요한 정보가 된다. 강구조의 경우, 어떠한 피복재와 도료가 사용되었는가를 파악하는 것도 육안관찰(검사)을 할 때 중요하다.

「과거의 화재와 지진에 의한 피해」가 있는 경우, 관찰된 현상(특히 균열과 변형)이 이번 화재에 의한 것인지를 확인할 필요가 있으므로, 이전의 피해와 보수 · 보강내용을 파악하는 것이 좋다. 「개장 · 개축」이 행해진 경우, 준공시의 설계도서만이 아니고, 개장 · 개축 후의 설계도서를 입수하여야 한다.

「관련법규」는 조사건물의 준공시와 화재 당시의 모두를 조사하는 것이 좋다. 화재시의 관련법규를 조사하는 것은 소방법이 개정된 경우, 개정시 건물에 소급조치가 되어 반드시 준공시의 법규에 기초하지 않아도 되는 상황이 되기 때문이다.

화해조사의 실무는 예비조사의 단계에서 건물의 소유자 · 관리자와 미리 상의하여 조사의 개요에 대하여 서로의 의향을 확인하면, 그 후의 조사를 원활하게 실시할 수 있다. 또한, 이 단계에서 조사일정을 결정하기 위한 정보도 입수하는 것이 좋다. 화재직후에 현장에 출입하지 않는 기간과 높은 부위에 있는 부재를 조사하기 위해 가설발판이 필요로 하는 기간 등의 정보이다. 조사자는 화재 후의 현장이 정리되지 않도록 현장상황을 유지하는 것이 필요하지만, 소유자와 사용자는 빨리 정리하는 것을 원하므로 현장 정리도 포함한 조사일정을 협의하는 것이 좋다.

4.2.2 구조개요의 조사

구조개요의 조사는 화해건물의 구조개요의 정보를 수집한다.

해설

화재현장에서 조사를 하기 전에 화해건물의 구조개요 정보를 수집한다. 강구조 건물의 경우, 수집해야할 정보는 다음과 같다.

- 기둥 · 큰보 · 작은보 · 샛기둥의 단면형상 · 치수 및 강재종별(SN490B 등)
- 이음형식(고력볼트접합, 용접접합), 고력볼트 종별(S10T, F8T 등), 뜨임온도(경화변화로 수열온도를 추정하는 경우)
- 데크플레이트 바닥슬래브의 종류 · 단면형상 · 치수 및 구성재료

이러한 정보는 설계도서 또는 건물의 시공관리기록에서 입수 할 수 있다. 구조개요의 정보는 2차조사의 역학적시험의 측정결과를 평가할 때에 반드시 사용한다. 예비조사 단계에서 입수하고, 구조개요를 염두에 둔 상태에서 육안조사를 실시하는 것이 좋다.

데크플레이트 슬래브에 대해서는 해설표 4.2.1에 나타낸 4종류로 구분하여 설계도서에서 확인한다. 설계도서만으로 해당 데크플레이트가 구조체로 사용되었는지 불명확한 경우가 있다. 해설표 4.2.1에는 데크형상의 특징 등을 포함한 슬래브공법의 분류를 나타내었다. 이 표를 참고하여 해당 데크플레이트의 역할을 확인한다.

해설표 4.2.1 강제 데크플레이트를 이용한 바닥슬래브공법

	①데크합성슬래브※4	②데크복합슬래브※4	③데크구조슬래브	④데크거푸집슬래브
개 요	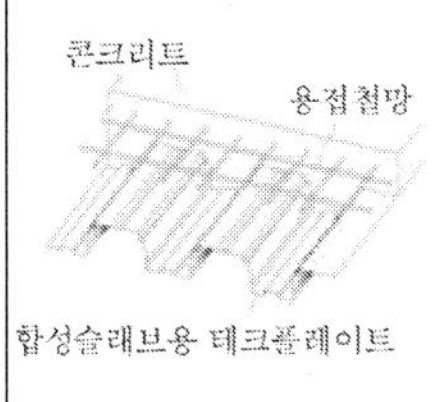	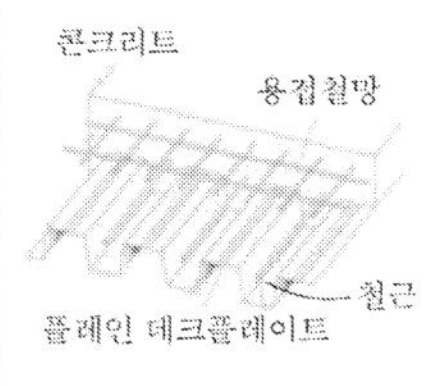		
	데크플레이트가 콘크리트와 일체로 되어 하중을 지지하는 바닥구조	데크플레이트와 철근콘크리트가 하중을 지지하지만, 일체성이 요구되지 않는 슬래브구조	데크플레이트만 하중을 지지하는 슬래브구조	철근콘크리트만으로 하중을 지지하는 바닥구조

(표계속)

	①데크합성슬래브[※4]	②데크복합슬래브[※4]	③데크구조슬래브	④데크거푸집슬래브
데크플레이트 형상의 예	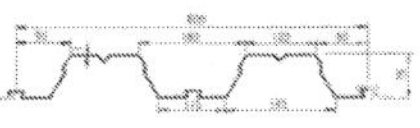		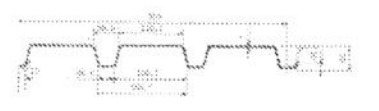	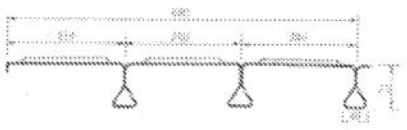
자주 사용 되는 장소	사무소건물의 사무실부분 슬래브	사무소건물의 사무실부분 슬래브	공장의 슬래브	사무소, 집합주택, 점포, 병원, 창고 등 다양한 용도의 슬래브
필요구조요소	데크플레이트 콘크리트 용접철망[※5]	데크플레이트 콘크리트 용접철망[※5] 철근	데크플레이트	데크플레이트 철근
내화피복	불필요[※1]	불필요[※2]	내화구조로 하는 경우 필요	불필요
사용되는 데크플레이트	• 합성슬래브용 데크플레이트	• 플레인 데크플레이트 ※3	• 플레인 데크플레이트 ※3	• 플레인 데크플레이트[※3] • 바닥거푸집용 강제 데크플레이트(플랫 데크플레이트 등)
일체성	데크플레이트와 콘크리트의 박리는 불가	데크플레이트와 콘크리트의 일체성은 불필요	데크플레이트와 콘크리트의 일체성은 불필요	데크플레이트와 콘크리트의 일체성은 불필요
비 고	• 데크형상은 JIS G 3352에 적합한 합성슬래브용으로 한정한다. • 내화상 철근이 필요한 경우도 있다.	• 데크형상은 JIS G 3352에 적합한 것으로 한정한다. • 구조계산서가 있다.	• 데크형상은 JIS G 3352에 적합한 것으로 한정한다. • 구조계산서가 있다.	• 데크형상은 자유

※1 : 내화구조인정 시방으로 정해진 스팬 · 하중 · 콘크리트 두께 등의 조건을 만족하는 경우로 한정한다.

※2 : 데트플레이트의 골에 배근된 일방향 슬래브는 내화구조의 인정을 받은 것을 이용한다.

※3 : 플레인 데크플레이트는 평판상의 판요소를 접어 구부린 절판구조이고, 합성슬래브용 데크플레이트의 엠보싱(돌기)과 복잡한 절곡 리브가 없는 단면형상이다.

※4 : ①과 ②중 어느 쪽인지 판단하기 어려울 때는 ①로 판단한다. ①은 데크플레이트(강판)와 콘크리트가 일체인 것이 필요조건이고, 타격음검사에서 상이한 음이 발생하는 경우 데크플레이트(강판)가 콘크리트에서 박리되고 있다는 것을 의심할 필요가 있다.

※5 : ① 및 ②는 장변방향 및 단변방향 양방향에 0.2%이상의 철근량이 필요하므로 용접철망은 필수이다.

4.2.3 화재정보의 수집

화재정보의 수집은 신문과 소방서 및 해당건물의 관계자 등으로부터 화재원인 · 화재위치 · 가연물의 양과 종류 · 소화 상황 · 소화시각 · 진화시각 등, 화재상황에 관한 구체적인 정보를 수집한다.

해설

화재 당시의 정보를 얻어 조사방침을 세우는 것을 목적으로, 신문정보, 인터넷정보, 소방서 및 건축물 관계자로 부터 아래의 항목에 대해서 정보수집을 행한다. 화재 중 상황을 파악하고, 화해조사표(부록7.2참조)를 작성한다.

- 출화원인
- 출화위치
- 가연물 양과 종류
- 소화상황(소방대의 활동상황)
- 출화시각, 진화시각(화재지속시간)
- 연소경로 및 화해범위(최대피재장소)
- 그 외의 특기사항(부재의 붕괴, 탈락 등)

신문기사는 신문기자가 5W1H로 사실을 재빠르게 보도하고, 또 목격자의 인터뷰를 게재하는 경우도 있으므로 화재의 진전을 추정하기 위한 귀중한 정보이다. 또한, 인터넷 정보는 신문보다 즉시성이 높고, 동영상도 배포되는 경우가 있으므로 이용가치는 높다. 그러나, 신문기자나 인터넷의 정보발신자는 화재의 전문가가 아니므로, 기사내용의 신빙성에 대해서는 화해조사자가 공학적으로 판단 할 필요가 있다.

또한, 빠르게 화재현장에 도착하는 소방으로부터의 정보는 소화전문가인 것을 포함하여 신뢰성이 높은 중요한 정보이다. 화재가 발생하면, 119통보에 의해 일반적으로 20분정도 소방대가 도착하고, 소화작업에 들어간다. 그 후 화재원인을 추정하기 위해 현장검증을 한다. 그 때는 소방이나, 경찰 등 공적기관의 직무집행상, 화해조사자도 포함하여 관계자 이외의 사람은 현장에 출입할 수 없는 경우가 많다. 이러한 작업 후에 소방의 견해나 보고를 청취하는 것은 가능하지만, 건물소유자 이외에는 정보를 공개하지 않는 경우도 많고, 청취는 건축소유자의 동석 이 필요하게 된다. 공공적인 건물이라면 이러한 제한은 적고, 정보를 얻을 수 있는 경우가 많다. 구조의 손상을 추정하기 위해서는 가능한 빨리 화재 후의 상황을 검증하는 것이 필요하며, 그것이 정확한 진단으로 이어진다. 소방의 견해와 정보는 매우 중요한 정보가 된다.

건물관계자(목격자, 주민 등)로부터 정보를 얻을 수 있는 경우는 적극적으로 활용해야 한다. 특히, 주민으로부터는 화재 전후로 창호 상태의 변화가 없었는지의 정보를 얻을 수 있으면, 화재실에서 떨어진 부분의 건물의 하자를 파악할 수 있는 단서로 된다. 단, 건물관계자는 화재의 전문가가 아니므로, 정보의 정확성에 대해서는 화해조사자가 공학적 근거에 따라 판단하여야 한다.

조사단계에서는 화재의 잔존물이 이미 철거 되어있는 경우도 많지만, 그 경우는 화재 직후에 촬영한 사진 등을 입수하여 가연물의 잔존상황을 파악하는 것이 유용하다.

4.3 1차조사(육안 등에 의한 조사)

1차조사에서는 2차조사의 필요여부를 확정하기 위해 부재의 표면상황에 따른 화재진행상황의 파악, 조사범위의 결정, 각 강구조 부재의 변형상태파악, 표면수열온도의 추정을 주로 육안관찰에 의해 실시하여, 부재 및 건물의 화해정도를 판단한다.

해설

1차조사는 화재실 및 화해건물의 화해정도를 육안으로 조사하며, 부재 및 건물의 화해정도를 파악하는 것을 목적으로 한다.

조사건물이 화재에 의해 크게 손상을 받고 있는 경우, 우선 응급위험도 판정을 실시한다. 응급위험도판정은 해설표4.3.1에 나타낸 「강구조건축물의 피재도 C 판정표」에 의거하여 육안으로 실시한다. 구조체가 피재도 C로 판정 된 건물은 붕괴의 위험성이 있기 때문에 이 시점에서 조사를 종료한다. 여기에서 이용하는 피재도 C판정표는 (재)일본건축방재협회「화재건축물 응급위험도판정 메뉴얼」[1)]에 기재된 항목을 참고하여 작성한 것이지만, 특히 화재에 의한 피해가 두드러지는 건물을 확인대상으로 하고 있는 등, 화해진단시에 사용하는 것을 전제로 하고 있다. 즉, 피재도 C인지의 판정만을 목적으로 작성되어 있는 점에 주의해서 사용한다.

해설표4.3.1 강구조건축물의 피재도 C판정표

■ 개관조사

아래항목에 해당하는 경우는 ㅇ를 붙여 판정.

- 개략조사후 위험으로 판정되는 경우(건축물 전체 또는 대부분)
  - a. 건축물전체 또는 대부분 붕괴, 계단의 붕괴
  - b. 건축물전체 또는 대부분 현저한 경사

- 구조체에 관해서 위험으로 판정되는 경우
  - c. 대부분의 부재가 전체좌굴 혹은 두드러진 국부좌굴
  - d. 대부분의 브레이스가 파단
  - e. 대부분의 기둥보접합부 및 이음이 파괴
  - f. 대부분의 주각이 파괴
  - g. 대부분의 보가 크게 처짐
  - h. 대부분의 면진장치가 손상

■ 판정

개관조사 1항목 이상의 ㅇ가 있는 경우는 피재도 C로 판단한다.

1. 피재도 C(화해조사불필요)
2. 기타(화해조사가 필요)

(재)일본건축방재협회「피재건축물 응급위험도판정 매뉴얼」[1)]에 기재된 항목을 참고로 작성

본 판정표는 개관조사를 실시하여 피재도 C「도괴의 위험성이 있고, 재사용이 어려운 경우」를 판정하는 것이다. 피재도 C로 판정하는 기준으로는 아래의 두 가지를 상정했다.

① 건물의 붕괴 됨으로서 조사자에게 위험이 미친다고 판단되는 경우

② 재사용을 위한 피해부분 등에 대한 보수, 보강이 어렵다고 판단되는 경우

이러한 기준에 대해서 판정하기 위해 건축물 전체 또는 대부분을 대상으로 하는 경우와 특히 화재에 의한 피해가 현저한 층을 대상으로 구조체에 관해서 위험을 판정하는 경우의 두 가지의 개관조사를 실시한다. 다만, 상기②에 관해서는 화재에 의한 피해의 정도가 거의 같은 정도였다고 해도, 건물의 최하층에서 생긴 붕괴 등으로 어떠한 보수 · 보강을 해도 건축물 전체가 재사용 될 가능성이 없는 경우와 건물의 최상층에서 생긴 붕괴 등으로 보수 · 보강을 하면 건물전체가 재사용될 가능성이 확인되는 경우 혹은 좁고 긴건물의 일부가 붕괴되고 있지만 건물전체의 재사용 가능성이 있는 경우등과는 판정결과가 다를 수 있다. 따라서, 본 판정표에 의한 판정은 신중하게 실시해야 하고, 판정시에는 화해조사자, 구조설계자 등이 협의하여 case by case의 운용을 해야 한다. 최

종적인 건물의 재사용에 대한 판단은 판정결과를 토대로 건물소유자 등과 협의하며 실시한다.

다음으로 예비조사의 재확인을 실시한 후에 주로 화재실을 중심으로 화재상황의 개략을 육안 등으로 파악하고, 화재 진전상황의 추정을 실시한다. 화재 진전상황의 추정은 화재의 시작부터 확대상황과 화재지속시간 및 화재 최고온도 등의 추정이다. 추정결과를 토대로 조사범위를 결정한다. 그때 그을음의 부착상태나 도료의 변색상태 등을 확인하고, 그 결과를 이용하여 조사범위를 결정해도 좋다. 다만, 강구조의 경우 잔류변형은 화재구획에 국한되지 않고, 화재 시 부재의 팽창, 수축이나 응력 재분배로 인하여 비화재구획으로 미치는 경우가 있다. 비화재구획의 변형은 화재구획과 동일한 거리선상에 존재하는 작은크기의 기둥, 보, 브레이스등에 발생하기 쉬우므로 조사범위를 결정 할 때에는 주의 할 필요가 있다. 또한, 내장재로 피복되 있는 경우는 내장재 등의 손상상황으로 잔류변형부위를 추정 할 수 있다.

조사범위가 결정되면 그 범위를 더욱 상세히 육안관찰하며, 각 강구조 부재의 변형을 파악하고 잔류변형이나 기둥의 전도 등이 관찰되는가를 확인한다. 또한, 부재표면의 수열온도를 추정하고, 화해 등급의 판정시에 사용하는 데이터를 취득한다. 육안조사의 대상이 되는 부재는 강구조의 기둥, 큰보, 작은 보, 샛기둥, 버팀대, 좌굴방지재 및 그 접합부, 바닥, 앵커볼트이다.

조사결과 및 예상결과를 바탕으로 조사범위를 좁혀나가며, 2차 조사의 필요여부를 진단할 판단자료를 정비한다.

화해가 무피해상태 혹은 마감부분만의 피해라면 조사는 종료한다.

4.3.1 화해진전상황의 추정

> 화재 진전상황의 추정은 그을음의 부착상태나 목재의 탄화깊이, 가연물의 연소상황 등으로부터 실시한다.

해설

화재 진전상황의 추정은 1차 조사의 범위를 결정하기 위해 화재실을 중심으로 화해를 받았다고 볼 수 있는 부분을 대상으로 실시한다.

보통의 내화설계는 국소화재 또는 최성기화재를 상정하지만, 국소화재의 경우는 화재발생장소로 한정되며, 또한, 최성기화재는 실 전체가 균일한 화재로 상정하여 실시한다. 실제의 화재는 설계시에 가정 한 것처럼 동일하게는 진전되지 않고, 개구부의 위치나 크기, 실제 가연물의 종류나 양 등에 따라 다양한 진전상황으로 나타난다. 일반적으로 화재 진전상황의 추정은 화재현장에서 신선한 공기의 유입방향 · 연소가스의 유출방향 · 그을음의 부착상태나 소실상황 · 가연물의 연소상황으로부터 실시하고, 다음의 원칙을 염두에 두는 것이 좋다.

- 열기는 상승한다.
- 열기는 유체로서의 관성력이 있다.
- 화재 당일의 풍향으로 화염의 흐름이 영향을 받는다.
- 개구부의 수와 배치 및 그 개폐상황으로 화염의 방향이 변화된다.
- 가연물의 양과 배치에 영향을 받는다.

열기는 항상 상승하므로 화재시 주변온도는 상부일수록 고온이 되지만, 우각부에는 진전되기 어려운 특징이 있다. 또한, 화재는 신선한공기의 유입 및 연소가스의 유출에 의해 확대되며, 개구가 많이 있는 경우에도 한쪽 방향으로 흐름이 확대되는 경우가 있다. 그 때문에 개구의 수, 배치, 화재 시 풍향에도 주목하여 화재의 흐름을 추정한다. 실외측 개구상부의 상황은 화염의 분출상황을 추정하는데 도움이 될 수 있다. 더욱이, 화재당시의 가연물배치를 알고있는 경우는 그 정보도 살려서 진전상황을 추정한다.

상기원칙에 따라 재해부분전체를 관찰한 후 화재진행상황을 추정하고 전체화재의 흐름을 파악하도록 한다.

또한, 화재진행상황을 추정 할 때의 주의사항은 다음과 같다.

① 출화원에 얽매이지 않도록 한다.

출화원을 알고 있는 경우 그 근처가 가장 연소가 심했다고 생각하지만, 공기의 유출입에 따라 출화원과 떨어져서 화재가 진전되는 경우가 있다.

② 화재 직후의 상황을 정확하게 파악한다.

화재 직후에 조사를 실시하지 않으면 화재직후와 조사시점에서 상황이 다른경우가 있다. 화재직후의 상황을 사진이나 청취에 의해서 정확하게 파악해야 한다.

③ 화재에 의한 피해와 소화활동에 의한 피해를 구별한다.

개구부 창호가 빠져있고, 유리가 깨져있고, 천장이 낙하하고 있는 등의 현상이 있는 경우, 반드시 화재 자체가 원인이 아니라 소화활동(방수나 진입을 위한 파괴)이 원인인 경우가 있다. 소화상황도 예비조사에서 정확하게 파악하는 것이 좋다.

④ 그을름이 없는 경우 주변의 상황을 잘 관찰한다.

그을음이 없는 경우는 (1)그을음이 전혀 부착되지 않은 경우와, (2)그을음이 소실된 경우 및 (3)그을음이 소화활동에 의해 제거된 상황중 어느상황인가를 정확하게 판단할 필요가 있다.

⑤ 열기가 전달되어 떨어진 장소에서 진전되는 경우가 있다.

덕트를 통해서 화재가 확산되아, 덕트 내의 기름에 착화하는 경우 등이 있다.

피재부의 화재지속시간 t(분)은 예비조사에서 수집하는 정보(소방서의 자료 등)에 의한 것 외에 목재탄화깊이로도 추정할 수 있다. 조사된 목재탄화깊이 d(mm)를 목재 평균탄화속도(0.6mm/分)로 나누는 방법이 일반적이다(식(4.3.1)).

$$t = \frac{d}{0.6} \tag{4.3.1}$$

목재의 탄화속도는 화재상황에 따라 다르며, 화재실의 온도가 높을수록 탄화속도가 커지게 되는 경향이 있다[9]. 화재온도상승계수 α가 추정 가능한 경우 화재지속시간 t(분)은 식(4.3.2)로 추청할 수 있다.

$$t = \frac{d}{0.0022\alpha - 0.27}\ (\text{삼나무}),\quad t = \frac{d}{0.0020\alpha - 0.22}\ (\text{미송}) \tag{4.3.2}$$

화재온도상승계수 α와 탄화속도와의 관계를 3.3.1항에 제시한다.

목재면의 가열온도를 추정할 수 있는 경우 식(4.3.3)[10]에 대입하여, 화재지속시간을 추정할 수 있다. 식(4.3.3)은 무기류내의 기건목재에 대한 추정식이다. 또한, 식(4.3.3)에서 사용하고 있는 α은 식(4.3.2)의 화재온도상승계수와는 다르다.

$$t = \frac{d^2}{\alpha^2\left(\frac{\theta}{100} - 2.5\right)^2} \tag{4.3.3}$$

여기서, t: 화재지속시간(분)

d: 탄화깊이(mm)

θ: 목재면의 가열온도(℃)은 주변부재의 여러상황으로부터 추정한다.

α: 재종에 의한 상수(삼나무1.0, 소나무:0.78, 노송나무:0.60)

일반적으로 비중이 큰 목재만큼 α는 작아진다. 소나무는 수지를 포함하기 때문에 노송나무보다 비중이 큼에도 α는 커진다.

목재의 탄화상황의 예를 해설사진 3.3.1(3.3.1항)에 나타낸다.

다음은 화재 진전상황의 추정 예를 나타낸다.

강구조 2층 건물(부분적인 2층) 창고겸 사무실의 1층 차양 아래에서 발생한 화재에 대해서 진전상황을 추정했다(해설도4.3.1).

이 화해조사에서는 피해의 상황을 우선 크게 다음과 같이 파악했다.

• 화재지속시간은 2시간 미만이었다.
• 1층 천장슬래브와 보 및 Y기둥중 2층 부분의 피해가 심하고, CD사이 YZ사이 (부분)의 피해가 가장 컸다(추정수열온도는 도료의 소실로부터 600℃이상으로 추정하며, 2층 보에 변형이 있었다).
• BC사이 YZ사이와 CD사이 XY사이(부분) 및 출화원 부근의 차양의 피해는 그 다음이었다(추정수열온도 600℃이상, 육안에 의한 변형없음).
• 개구부b의 상부벽 외부에는 화염이 분출한 흔적이 보였다.
• 1층 사무실, 2층 창고 엘리베이터 및 계단실은 거의 피해가 없었다.

상기의 상황을 바탕으로 다음 같이 화재의 진전을 추정했다.

① 화재발생(차양 아래의 가연물로 부터 출화).
② 연소확대되어, 가연물 상부의 차양으로 연소확대
③ 개구부 a의 유리가 깨지고, 옥내1층 창고의 가연물로 연속확대됨

이후 이 창고는 용적이 충분히 크기 때문에 플레시오버는 발생하지 않고, 연료지배형 화재로 진전함.

④ 높이 쌓인 가연물에 연소확대되어, 1층 창고의 기둥과 벽 및 천장으로 피해확대.
⑤ 옆에 놓여있는 가연물로 화재가 확대됨
⑥ 사무실 간 칸막이 벽은 내화벽이기 때문에 연소확대가 되지 않았으나 상부의 가연물을 통하여 2층 창고로 화재가 확대됨
⑦ 2층 창고에서 평면적으로 연소가 확대됨
⑧ 개구부 b가 깨짐으로서 개구부 a가 급기구로 되고, 개구부 b가 배기구로 되어 충분한 공기가 공급되었기 때문에 화재가 지속됨
⑨ 소방대의 소화에 의해 2층 창고로 연소 확대되지 않은 채 진화됨

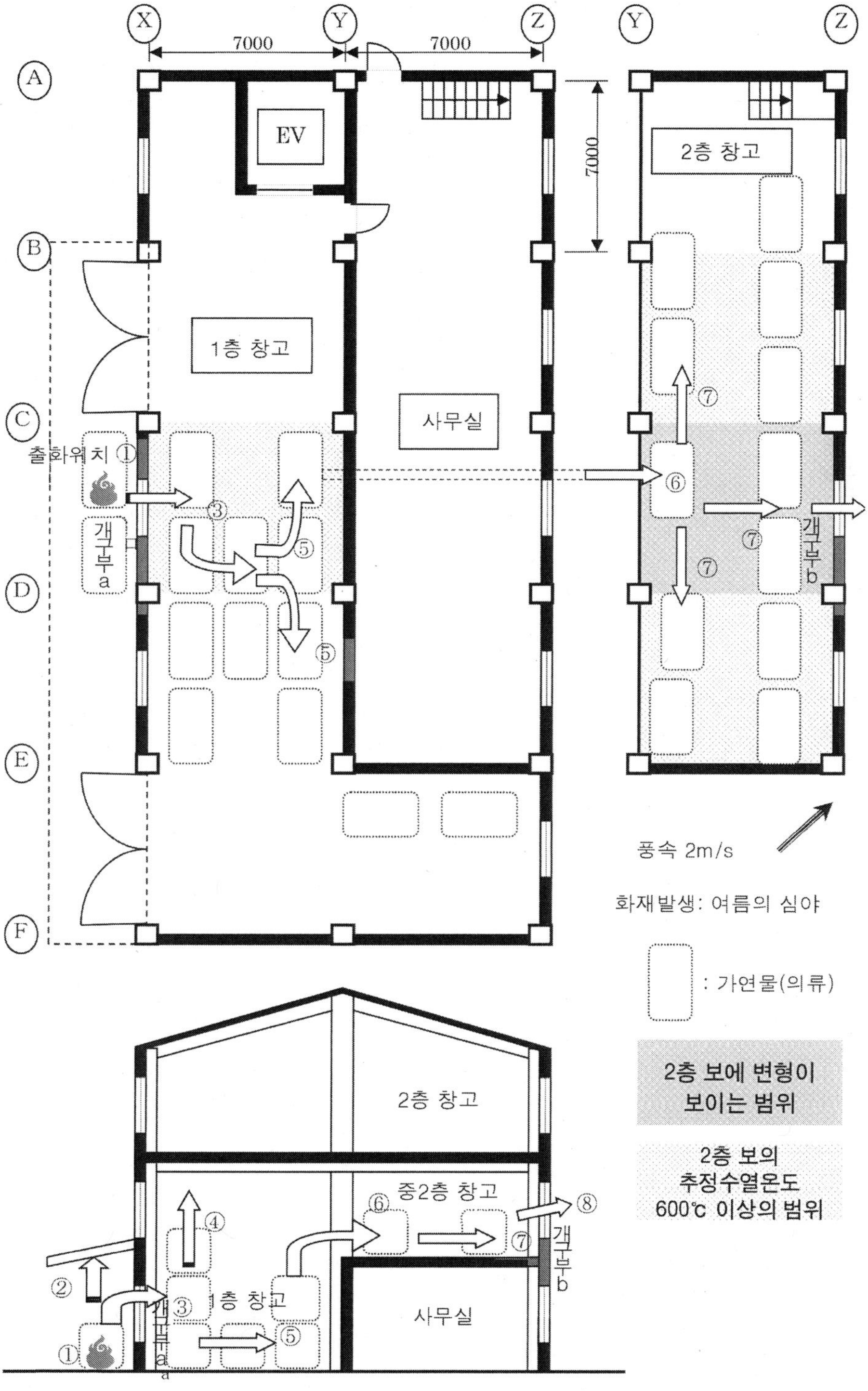

해설도 4.3.1 화재 진전상황의 추정 예

4.3.2 조사범위의 결정

조사범위는 화재 진전상황의 추정결과를 고려하여 주요한 강구조 부재의 변형이나 손상상태를 육안관찰함으로서 결정한다.

해설

화재 진전상황의 추정결과를 염두에 두고 주요한 강구조 부재의 변형이나 손상상태를 육안관찰을 통하여, 1차 조사를 실시할 조사범위를 결정한다. 여기서, 주요한 강구조 부재란 화해를 받은 부재는 물론, 건물의 단부 등과 같은 열로인한 신율이 영향을 미친 부재 등을 말한다.

조사범위를 결정 할 때의 육안관찰은 주로 그을음 부위에 주목하는 것이 좋다. 피해가 심하지 않은 부분에는 그을음이 붙어있어 그을음 부착이 없는 무피해부분과의 경계를 정하면, 조사범위를 결정하는 기준이 된다. 또한, 조사범위의 결정은 화재 진전상황의 추정시에 병행하여 실시할 수 있다.

강구조의 경우, 직접 가열된 부재로 부터 떨어진 곳에서 잔류변형이 생길 수 있으며, 조사범위를 결정할 때에는 충분히 주의할 필요가 있다.

4.3.3 강구조 부재의 변형상태의 파악

강구조 부재의 변형상태는 조사범위내의 부재에 대해서 기둥의 전도나 보의 처짐 등의 잔류변형과 고력볼트의 파단 및 접합부의 미끄럼 유무를 육안으로 확인하고 파악한다.

브레이스, 좌굴방지재 등의 내진부재에 대해서는 잔류변형의 유무를 육안으로 확인한다.

해설

1차 조사에서 강구조 부재의 변형상태의 파악은 기둥의 전도 · 보의 처짐 · 부재의 좌굴 · 볼트의 파단 등이 보이는지 관찰하고, 「4.3.4표면의 수열온도추정」과 함께 2차 조사 실시여부의 진단 자료를 얻는 것을 목적으로 실시한다.

강구조 부재의 변형을 조사하는 포인트는 다음과 같다.

- 전체좌굴(해설사진4.3.1 ~ 4.3.4) : 전체좌굴은 육안으로 쉽게 관찰할 수 있다.
- 국부좌굴(해설사진4.3.5) : 부재의 단부에서 면밀하게 관찰한다.

- 부재의 비틀림(해설사진4.3.6) : 부재의 단부에서 면밀하게 관찰한다.
- 부재의 부재의 비틀림과 처짐 : 부재의 상하부 처짐도 부재의 단부에서 면밀하게 관찰한다. 변형량이 작은 경우는 수계를 이용하여 측정한다. 다만, 재해 전 연직하중을 받은 상태에서도 부재에는 처짐이 생기기 때문에 본래의 처짐인지 여부를 구조설계의 관점에서 판단할 필요가 있다.
- 기둥의 전도 : 육안으로 명확하지 않은 경우는 기둥의 중간부로부터 다림추에 의한 개략적인 평가가 가능하다.
- 고력볼트의 파단 : 모재가 변형되어 있는 경우는 접합부의 고력볼트가 파단되어 있는 경우가 있다. 파단의 유무는 볼트의 머리와 너트의 양쪽에서 확인하는 것이 좋다.(해설사진4.3.7)
- 고력볼트 접합부의 미끄럼 : 고력볼트의 파단이 보이지 않더라도 Shear plate (또는 Gusset plate)단부와 모재의 경계부에 그을음이 부착되지 않은 부분이 보이는 등 접합부의 미끄럼 여부를 관찰한다. (해설사진 4.3.7)

철골보에 부착되는 Deck plate바닥슬래브는 보통, 두부 스터드 혹은 Ruddle welding 또는 타입 리벳으로 접합되어 있다. 이 접합부가 화재시 고온상승에 의한 강도저하나 바닥슬래브와 보의 온도차에 의한 변형량차에 기인하여 파단하면, 지진시에 발생하는 바닥슬래브의 관성력이 보에 전해지지 않게 되어 구조설계의 전제인 강제 바닥에 대한 가정이 성립되지 않는 등 중대한 지장이 발생한다. 따라서, 접합부 파단의 유무를 조사하기 위해 철골보와 Deck plate바닥슬래브와의 이격의 유무를 확인한다.

또한, Deck합성슬래브의 Deck plate와 콘크리트가 박리되면 양자의 일체성이 손상되어 내력저하나 강성저하가 발생한다. Deck plate와 콘크리트 박리의 유무는 Deck plate아래면을 나무망치 등으로 두드려 음색으로 확인할 수 있다.

여기서, Deck plate바닥슬래브의 화해사례를 나타낸다. 해설사진4.3.8은 슬래브의 화재 후 잔류처짐의 예, 해설사진4.3.9는 Flat deck plate변형의 예, 해설사진4.3.10은 요철이 있는 Deck plate변형의 예이다. Deck plate바닥슬래브는 해설표4.2.1에 나타낸 것처럼 4개의 종류가 있다. 이것은 구조내력상으로 부터 강철plate가 거푸집의 역할만 하는 경우와 강철plate가 거푸집이며 하중을 지지하는 구조의 일부일 경우로 나뉜다.

1차조사에서는 조사범위내의 슬래브에 변형이 발생하고 있는지 유무를 육안으로 조사함과 동시에 전술 한 바와 같이 나무망치 등으로 두드렸을 때의 음색으로 콘크리트 박리의 유무를 확인한다.

변형이 작고, 육안관찰만으로 변형을 확인하기 어려운 경우는 물실수평기(해설사진4.3.11 ~ 4.3.13)나 강제측정기 등을 보조적으로 사용하여 변형의 유무를 파악할 수 있다. Transit등의 측정기를 이용한 잔류변형량조사는 2차조사항목이다.

해설사진4.3.1 강구조기둥의 전체좌굴

해설사진4.3.2 강구조트러스 하현재의 전체좌굴

해설사진4.3.3 강구조트러스의 전체좌굴(1)

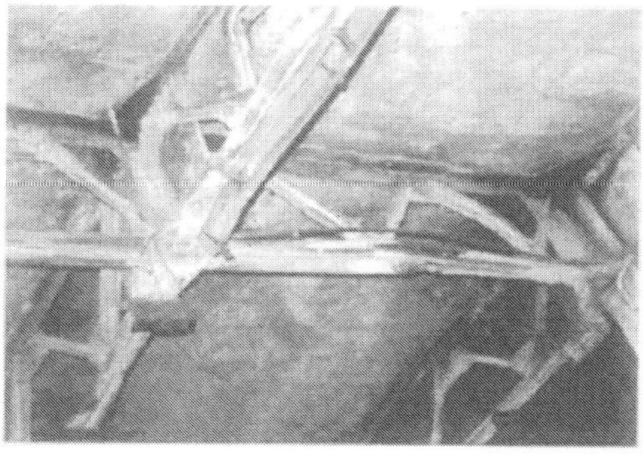

해설사진4.3.4 강구조트러스의 전체좌굴(2)

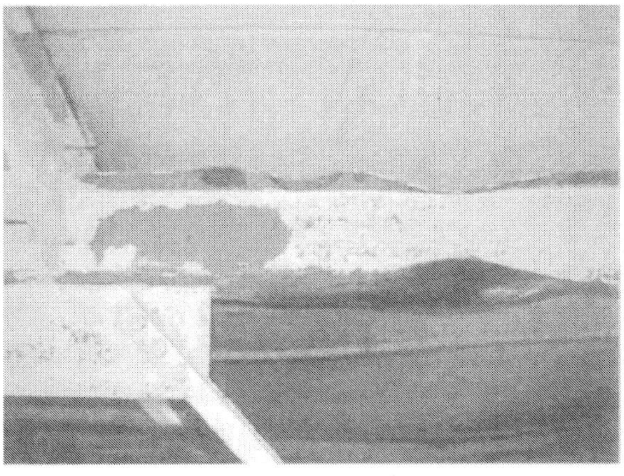

해설사진4.3.5 골조 보 플랜지의 국부좌굴

해설사진4.3.6 골조 보의 비틀림 변형

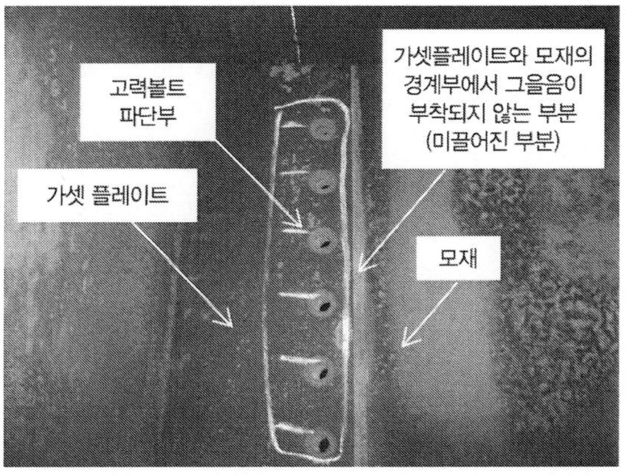

해설사진4.3.7 고렵볼트의 파단 · 접합부의 미끌림이 보인 보-보 접합부

해설사진4.3.8 바닥슬래브의 화재 후 잔류처짐

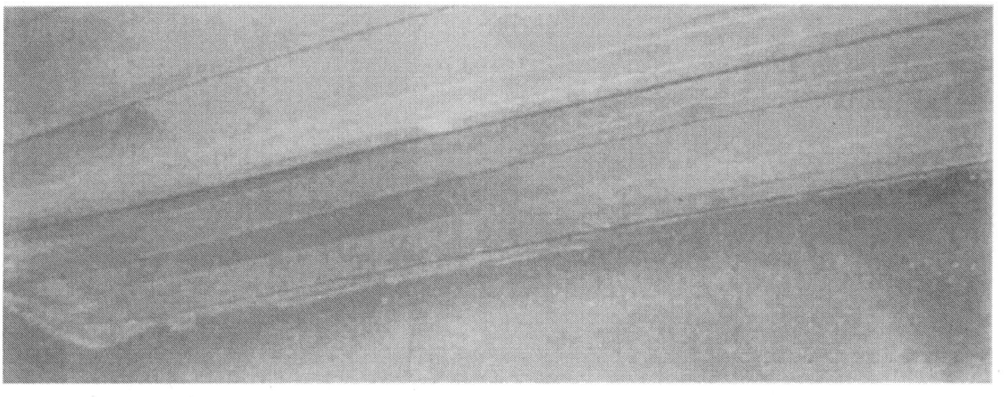

해설사진4.3.9 Flat deck plate의 변형

해설사진4.3.10 요철이 있는 Deck plate의 변형

해설사진4.3.11 수평실고정단부(1)

해설사진4.3.12 수평실고정단부(2)

해설사진4.3.13 강구조 보 플랜지에 발생하고 있는 국부좌굴

내진요소로서 철골브레이스나 좌굴방지에 대해서는 주로 전체좌굴 · 국부좌굴이나 파단의 유무를 육안으로 조사한다. 기둥, 보 등 대단면의 부재에는 잔류변형이 생기지 않는 경우에도 내진부재는 단면이 작기 때문에 변형이 발생하는 경우가 있다. 또한, 직접 열을 받지 않은 부재에서도 변형이 집중되는 건물단부 등에 잔류변형이나 파단이 발생하는 경우가 있다. 따라서 내진부재의 변형조사는 조사범위를 결정하는 자료가 될 수 있다.

저 항복점 강이나 오일을 사용한 제진부재 또는 제진장치에 대해서는 제조자에게 확인하는 등 개별적으로 재사용가능 여부를 조사한다.

4.3.4 표면수열온도의 추정

> 표면수열온도의 추정은 해당부재 및 주변에 있는 재료와 물품 등에 대하여 열에 의한 손상상태를 관찰하는 것으로 실시한다.

해설

표면수열온도의 추정은 4.3.3항에서 기술한 강구조 부재의 육안에 의한 변형의 조사와 함께 2차 조사의 실시여부를 판단할 진단자료를 얻는 것을 목적으로 실시한다. 강구조의 조사범위내에 있는 아래의 재료와 물품마다 육안조사를 하고, 강구조 부재표면에 대한 수열온도의 추정을 실시한다. 해설표4.3.2에 대표적인 재료의 열화상황과 추정수열온도를 나타냈다. 보다 자세한 추정 수열온도의 표는 부록2에 나타내었다.

각종 사용재료(알류미늄, 동, 철 및 플라스틱 등)의 연소특성이나 고온특성[11),16)] (용융온도, 인화온도 및 발화온도 등) 등으로 부터 각종사용재료의 수열온도를 추정하며, 추정된 수열온도의 최대값을 얻을 수 있으면, 그 값을 화재최대온도의 기준으로 하는 경우가 대부분이다. 또한, 콘크리트는 고온에 노출되면 변색 등을 일으키는 것 부터 색이나 균열 등의 표면상태로 부터 수열온도를 추정할 수 있다. 피재부의 화재최고온도의 추정은 화재 진전상황의 추정에도 사용할 수 있다.

1) 강

① 철골

외관의 조사에서는 아래에 나타낸 화해특유의 성상에 주목한다.

- 마감도료 등의 박리 · 균열
- 마감도료, 녹방지도료의 변색
- 녹방지도료 등의 백아화

강구조건물이 화재를 받은 경우 외관상의 피해로서는 변형을 제외하면 강구조 부재표면의 마감도료, 녹방지도료의 박리 · 균열 · 백아화 · 변색 · 소실(해설사진4.3.14 ~4.3.21)등을 들 수 있다. 도료의 백아화 · 변색 등은 모재의 직접적 혹은 간접적인 가열에 의한 도료의 변화에 따라 나타나는 것이다. 또한, 녹방지도료의 백아화는 녹방지도료가 반드시 흰색으로 되어있는 것은 아니고, 도막의 표층이 점차 퇴하하며, 원래 색보다 희게되고, 도막이 분상(가루모양)이 되어 소모되는 현상을 말한다.

강구조 부재표면의 마감도료, 녹방지도료의 변색 · 부재의 처짐 · 변형등의 외관상 피해 외에 그을음 부착상황 등도 화해의 정도를 개략적으로 판단하는 지표가 된다. 이것은 300℃를 넘는 온도로 가열되면 그을음이 소실하기 시작하여 500℃ 정도에서 완전히 소실한다는 성질을 이용하는 것이다. 그을음의 부착상황의 조사에 대해서는 소화활동시 그을음이 씻겨 버리는 경우나 최성기(가장 화재가 심한 기간) 이후에 그을음이 부착되는 경우 등도 있을 수 있으므로, 예비조사 등에서 얻은 화재의 진전상황에 관한 정보도 참고하여 그을음이 부착되어 있는 표면을 면밀하게 관찰할 필요가 있다.

② 앵커볼트

앵커볼트의 수열온도는 앵커볼트주변의 콘크리트나 도료상태로부터 추정한다. 강구조 기둥의 주각부에 있는 앵커볼트는 강구조의 골조일부로서 최종적인 변형을 받아내는 위치에 있는 중요한 부분이기 때문에 화재시 골조의 변형에 기인하는 강구조 주각 베이스플레이트 근처의 콘크리트의 손상상태도 확인한다.

③ 고력볼트

고력볼트의 수열온도는 녹방지도료나 주변재료의 손상상황으로부터 추정한다.

해설표 4.3.2 대표적인 재료의 열화상황과 추정수열온도

재 료		상 태	추 정 수열온도(℃)	사용예	인용문헌
대분류	소분류				
전 반		그을음 부착	300이하	-	11)
		그을음 소실	500이하		
콘크리트		핑크색으로 변색	300~600	-	11)
		회백색으로 변색	900~950		
		담황색으로 변색	950이상		
		용 융	1200이상		
		구갑상(거북이 등) 모양의 균열	580이상		
		페놀프탈레인으로 증색	500이하		
금 속	강 재	용 융	1400이상		11)
	알류미늄과 그 합금	연화된다	400	샤시, 철물, 작은 기계부품	12)
		용융되거나 물방울이 맺힌다.	650		
	동	용융한다.	1000~1100 (융점1085)	배선, 케이블, 장식	13) 14)
	아 연	물방울이 맺힌다.	400(융점420)	위생설비, 홈통, 데크 플레이트의 도금	12), 14)
도 료	마감도료	그을음이나 유연이 부착(손상없음)	100미만	내 · 외 도장	16)
		균열 혹은 박리	100~300		
		흑변하여 탈락	300~600		
		소 실	600이상		

(표계속)

재 료		상 태	추 정 수열온도(℃)	사용예	인용문헌
대분류	소분류				
도 료	녹방지도료	건 전	300미만	철골도장 하지	16) 17)
		변 색	300~600		
		백아화	350이상		
		소 실	600이상		
유리계	유리	연화하여 모서리가 둥글게 된다	500~600	유리부품, 병	12)
		쉽게 흐름, 끈적거림	850		
	글라스울	체적수축	600이상	단열재료	-
		용 융	650이상		
목재		탄화없음	260미만	-	11)
		탄화있음	260이상		
유기계 재료	비닐류	연 화	50~100	배선, 배관재료	16)
	아크릴류	연화(연속가열에 의한 내열온도)	60~95	투광판, 장식재료, 도료	16)
	폴리스티렌	연 화	120~140	단열재료	12)
		용 융	250		
	폴리우레탄	연화(연속가열에 의한 내열온도)	90~120	방수재료, 도상재료, 단열재료	16)

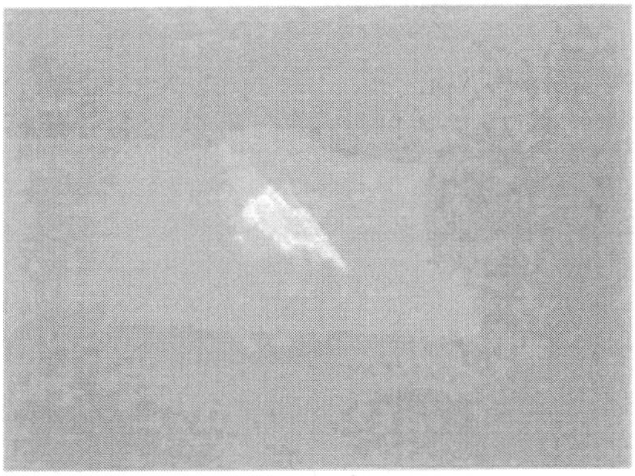

해설사진 4.3.14 녹방지도료 건전(약300℃미만)

해설사진 4.3.15 마감도료의 균열 · 박리(약100~300℃)

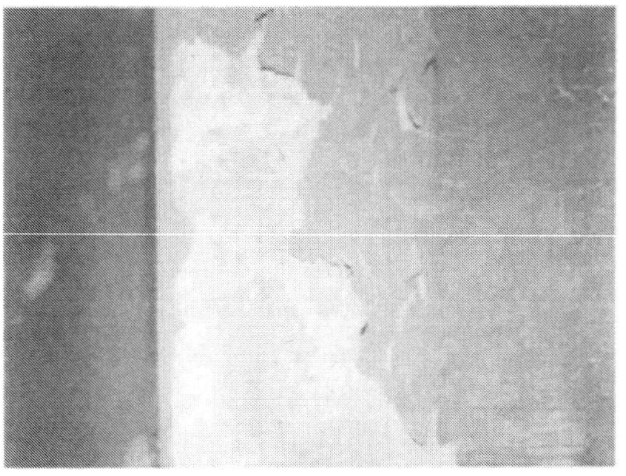

해설사진 4.3.16 마감도료의 흑변 · 박리(약300~600℃)

해설사진 4.3.17 녹방지도료의 백아화(1)(약350℃이상)

해설사진 4.3.18 녹방지도료의 백아화(2)

해설사진 4.3.19 녹방지도료의 백아화(3)

해설사진 4.3.20 녹방지도료의 변색(약300~600℃)

해설사진 4.3.21 마감도료 · 녹방지도료의 소실(약600℃이상)

여기에서 해설도4.3.2에 부재 등의 수열온도의 판단지표와 재료특성의 변화를 나타낸다. 강구조의 기본구성요소인 강재와 고력볼트에 관해서 육안으로 추정할 수 있는 수열온도와 재료특성의 변화점을 대비하여 나타내었다.

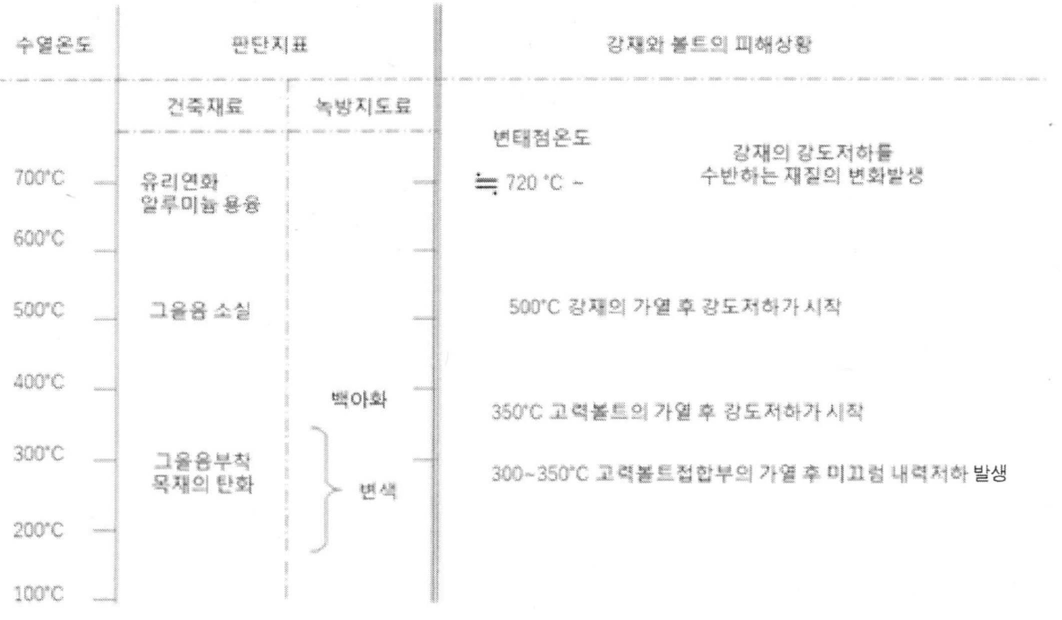

해설도 4.3.2 부재 수열온도의 판단지표와 재료의 특성변화

해설표4.3.3 및 해설표4.3.4에는 각종 녹방지도료의 추정수열온도를 나타냈다. 또한, 해설도 4.3.3에 각종 녹방지도료의 가열 후 상황를 나타낸다. 이들의 도표를 이용하면 녹방지도료의 변색이나 백아화를 판단지표로 하여 강재의 수열온도를 추정할 수 있다.

해설표 4.3.3 각종 녹방지도료의 추정수열온도

(일반용 녹방지도료, 연단녹방지도료)

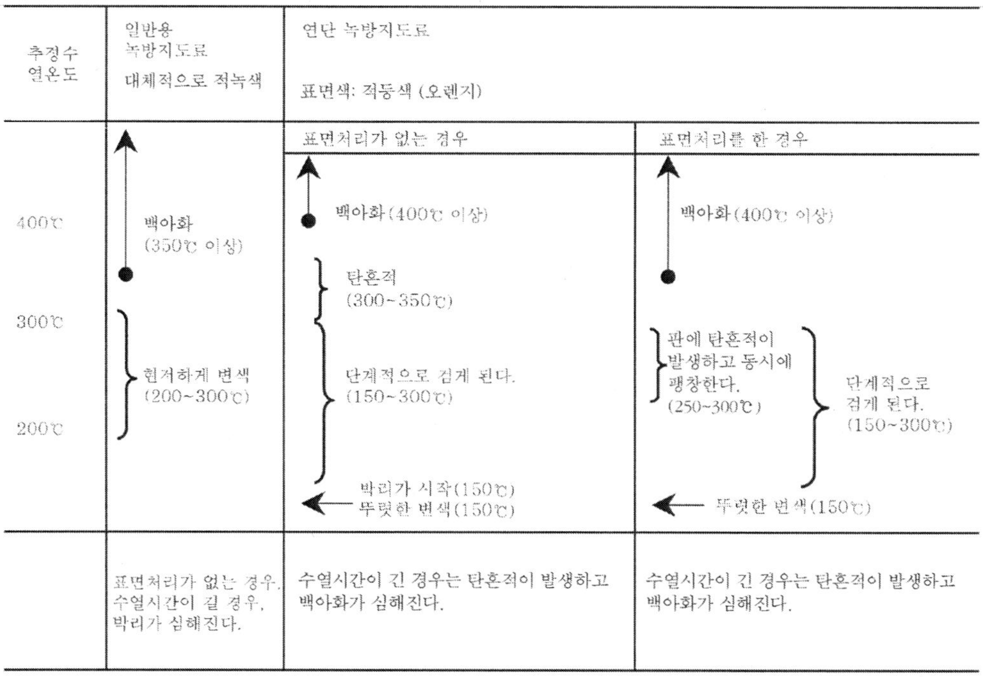

주) 표면처리가 없는 경우 : 밀스케일이 붙어있는 상태

표면처리를 한 경우 : 쇼트 블라스팅으로 밀스케일이 제거된 상태

해설표 4.3.4 각종 녹방지도료의 추정수열온도

(아산화연 녹방지도료, 시안아미드연 녹방지도료, 연단 Zinc chromate 녹방지도료 2종)

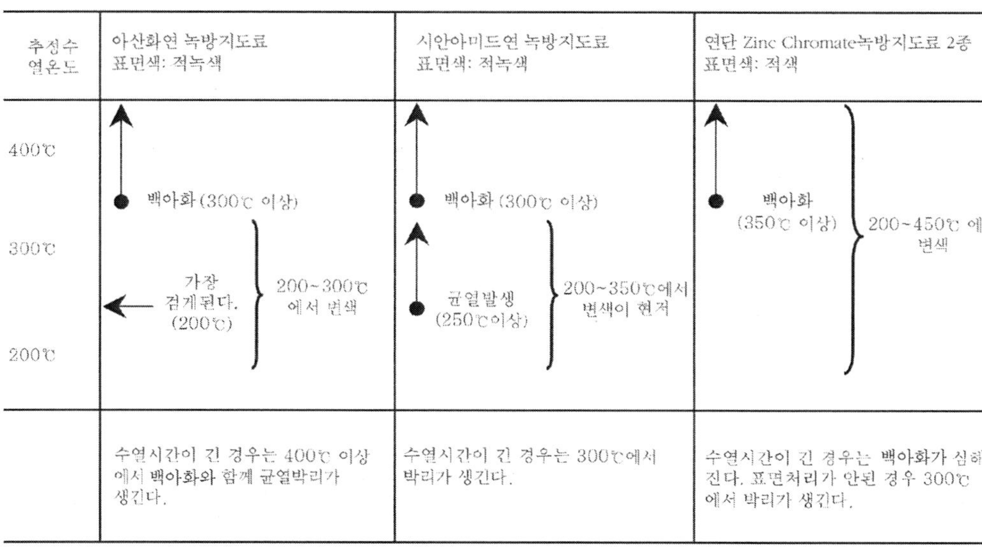

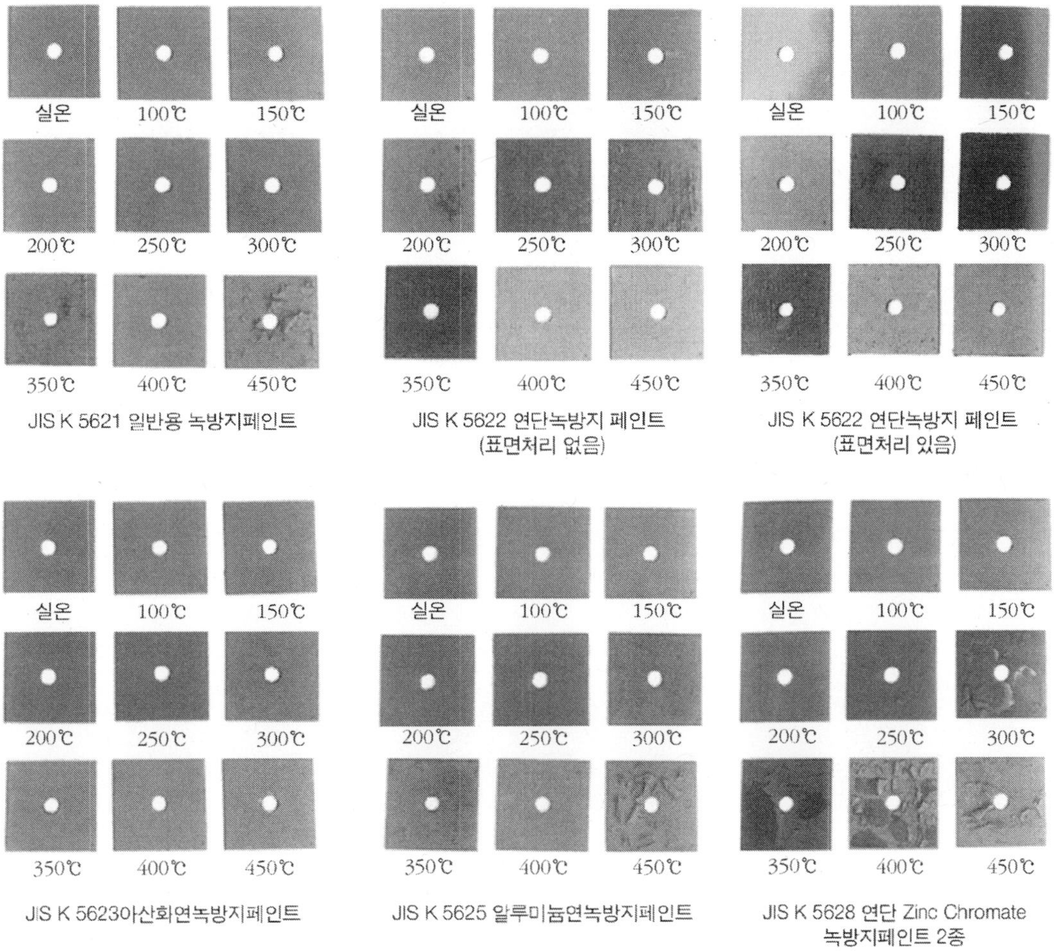

해설도 4.3.3 가열 후 각종 녹방지도료의 상황 [17)]

최근에는 환경배려의 관점에서 연 · 크롬프리 녹방지페인트를 사용하는 경우가 늘어나고 있다. 이 녹방지도료의 가열 후 상황을 확인할 목적으로 본 소위원회에서 가스가열로를 이용한 표준가열실험 및 전기로에 의한 정온가열실험을 실시했다. 실험대상은 연크롬프리 녹방지페인트와 종래부터 사용되고 있던 시안아미드 녹방지페인트 · 일반용 녹방지페인트로 했다. 각 수열온도의 도료상황은 해설도4.3.4에 나타낸다. 이 상황을 토대로 해설표4.3.5에 나타내는 추정수열온도의 기준으로 한다.

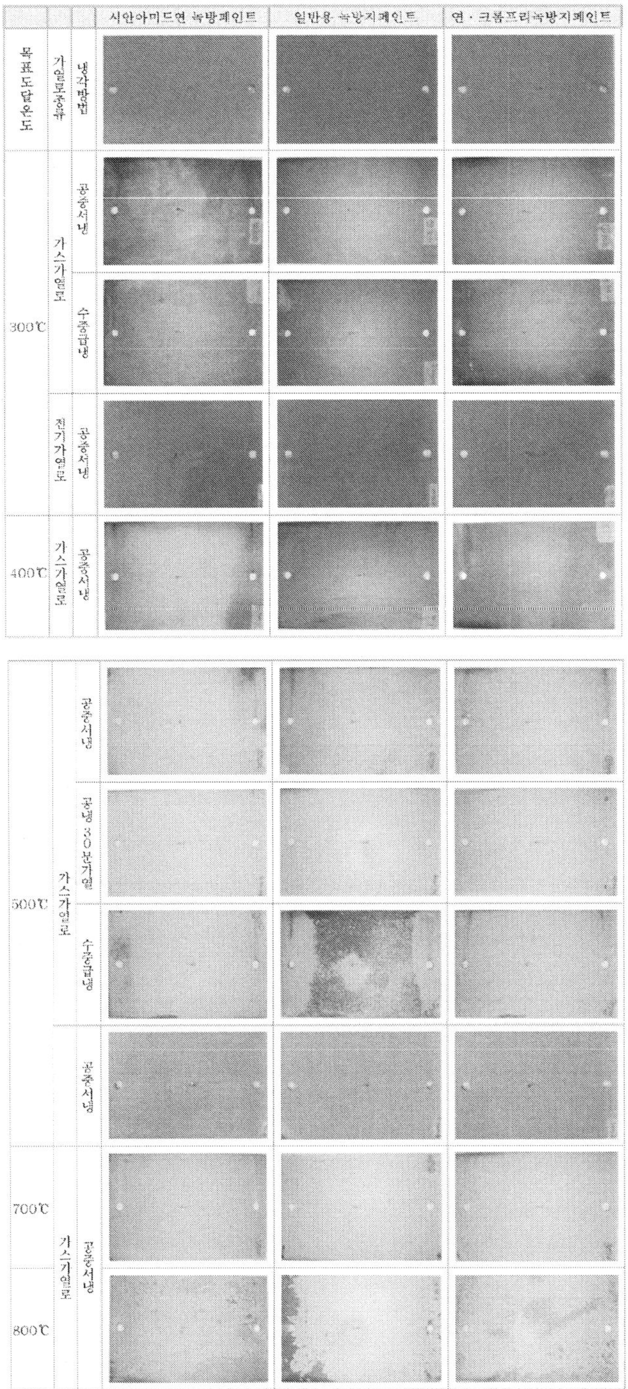

실험조건

- 가열조건

  가스로: 가열로내를 ISO 834 표준가열곡선에 따르도록 가열, 시험체온도가 목표온도에 도달한 시점에서 가열을 종료했다.

  * [공냉30분가열]은 시험체온도가 목표온도 도달후 30분 동안 시험체 온도를 같은 온도로 유지했다.

  전기가열로: 가열로내 온도를 10℃/분으로 상승시켜, 시험체가 목표온도에 도달한 시점에서 15분간 온도를 유지했다.

- 냉각조건

  공중서냉: 가열 후 가열로 바깥에서 공랭

  수중급냉: 가열 후 수조에서 급랭

- 도장시의 표면처리

  페이퍼비프 처리로 바탕재조정

해설도 4.3.4 가열 후 각종 녹방지도료의 상황
(시안아미드연 녹방지도료, 일반용 녹방지도료, 연 · 크롬프리 녹방지도료)

해설표 4.3.5 각종 녹방지도료의 추정수열온도
(시안아미드연 녹방지도료, 일반용 녹방지도료, 연 · 크롬프리 녹방지도료)

추정수열 온도	시안아미드연녹방지페인트 표면색 : 적녹색	일반용 녹방지페인트 표면색 : 적녹색	연 · 크롬프리녹방지페인트 표면색 : 적녹색
800℃	두드러지게 벗겨진다.	두드러지게 벗겨진다.	두드러지게 벗겨진다.
700℃		단계적으로 갈색이 희미해진다.	단계적으로 갈색이 희미해진다.
500℃	엷은 회색으로 변색	균열발생 일부 검게 변색(400~500℃)	균열발생 검게 변색
400℃	단계적으로 검은 빛이 희미해진다.		
300℃	검게 변색(300~400℃)		

2) 콘크리트

외관의 조사에서는 아래에 나타낸 화해특유의 성상에 주목한다.

- 콘크리트의 변색
- 균열 유무, 폭 및 길이
- 보, 바닥부재 등의 처짐이나 변형
- 폭열이나 탈락의 유무, 크기 및 깊이
- 들뜸, 박리유무
- 철근의 노출상황

RC조 건물이 화재를 받은 경우의 외관상의 피해로서는 예를들면 보나 바닥판의 처짐, 기둥이나 보에 생긴 구조적 처짐균열이나 전단균열, 콘크리트표면의 균열(해설사진 3.3.5), 콘크리트의 결손(들뜸 · 박리 · 폭열(해설사진3.3.6~3.3.8)등을 들 수 있다. 보 또는 바닥판의 처짐과 기둥이나 보의 휨 · 전단균열은 콘크리트나 철근의 열열화에 따른 부재의 강도나 강성의 저하와 화재시에 발생하는 열응력에 의한 것이다. 화재시 콘크리트의 폭열은 콘크리트 내부의 수증기압이나 열응력 등에 의해 콘크리트 표층부가 파편이 되어 비산하는 현상이다. 함수량이 높은 콘크리트나 경량콘크리트 및 치밀한 고강도콘크리트 등에서 관찰된다.

RC구조부의 처짐 · 균열 등의 외관상의 피해 이외에 콘크리트표면의 변색상황이나 그을음의 부착상황 등도 화해의 정도를 개략적으로판단하는 지표가 된다. 이것은 콘크리트표면이 고온을 받게되면 그 이력온도에 따라 변색상황이 다르거나, 300℃를 넘는 온도로 가열되면 철골과 마찬가지로 그을음이 소실하기 시작하며, 500℃정도에서 완전 소실한다는 성질을 이용하는 것이다. 일반적으로 알려져 있는 콘크리트의 상태와 추정수열온도의 관계를 해설표4.3.2에 나타낸다. 또한, 콘크리트의 사용재료(특히 골재의 종류)에 따라서 변색상황도 달라지므로, 화해건물의 건전부에서

채취한 콘크리트의 샘플을 100~200℃ 간격으로 가열하여 각 온도 단계에서 변색상황을 조사하는 것도 한 방법이다(해설사진3.3.9). 그을음 부착상황의 조사에 대해서는 철골과 마찬가지로 방수의 영향이나 최성기 이후의 그을음의 부착 등에 주의하여 표면을 관찰하여야 한다.

3) 강 · 콘크리트 이외의 재료 · 물품 등

화재현장의 철골부재의 수열온도는 주변부재나 마감재료등의 손상상태에서 추정하는 방법이 일반적으로 행해지고 있다. 대표적인 재료의 열화상황과 추정수열온도의 관계를 해설표4.3.2에 나타내며, 그 상황의 예를 해설사진3.3.13~3.3.17 및 해설사진4.3.22~4.3.23에 나타낸다. 예를들어 샤시틀의 알루미늄이 연화되어 자중으로 늘어지는 것이 400℃ 정도, 용융되어 물방울이 생기는 것이 650℃ 정도로 추정 할 수 있다. 또한, 강구조로 많이 이용되는 바닥슬래브용 Deck plate는 표면에 아연도금이 되어 있는 경우가 있어, 아연의 융점이 420℃이기 때문에 표면의 상태로부터 수열온도의 추정이 가능하다.

해설사진4.3.22 알루미늄 창틀의 용융(약650℃이상)

해설사진4.3.23 판 유리의 용융(약850℃이상)

4.4 2차조사(시험등에 의한 조사)

> 2차 조사에서는 재사용을 계획하는 강구조 부재나 접합부의 잔류변형량 및 기계적성질의 변화를 명확하게 하기 위해서 변형량의 측정이나 역학적시험 등을 실시한다.

해설

2차 조사는 화재로 인하여 발생한 부재와 접합부의 잔류변형이나 기계적성질의 변화가 「해설표 4.1.1 강구조 부재의 화해등급과 부재현황의 일례」에 나타낸 어떤 화해등급에 해당하는가를 판정하기 위한 데이터취득을 목적으로 실시한다. 해설도4.1.2강구조 부재(주로 기둥 및 보)의 화해등급판정순서에 나타낸바와 같이 1차 조사의 단계에서 육안에 의해 명백한 잔류변형이나 기둥의 전도를 볼 수 있으므로, 교체가 불가피하다고 판정된 부재에 대해서(화해등급 V급)는 2차 조사를 실시하지 않아도 좋다.

잔류변형량은 트랜싯 등을 이용하여 현장에서 측정할 수 있지만, 강재의 기계적성질을 현장에서 고정밀도 비파괴를 측정하는 것은 어렵다. 따라서, 기계적성질의 조사는 시험편을 화해부에서 채취한 후 시험장에 반입하는 것이 일반적이다. 하지만, 시험편을 채취하는 것이 곤란한 경우 간이장치로 현장에서 경도를 측정하여 강도를 추정하는 방법도 있다.

4.4.1 강구조 부재의 조사

4.4.1.1 강구조 부재의 잔류변형량의 측정

> 기둥 · 브레이스의 전도나 비틀림, 보의 처짐이나 휨 등의 잔류병형량을 측정한다.

해설

기둥 · 보 · 브레이스(장기하중을 부담하고있는 부재)에 생긴 전도나 비틀림 · 처짐 · 휨 등의 잔류변형은 재해 후의 구조체의 응력상태를 변화시킬 뿐만 아니라 부재에 강도저하나 강성저하가 생길 우려가 있거나 부재의 팽창 · 수축에 기인하는 새로운 응력이 발생했을 가능성이 있다는 것을 시사하고 있다.

잔류변형의 조사사항과 조사시에 사용할 사용기기를 해설표4.4.1에 나타낸다. 잔류변형량은 건설시의 철골 정밀도검사나 조립정밀검사와 같은 방법으로 측정할 수 있다. 조사시에는 전문가에게 상담하는 동시에 본 회의「건축공사표준사양서JASS 6 (철골공사)」[2]·「철골공사기술지침 공사현장 시공편」[18]·「철골정밀도측정지침」[19]에 준거하는 것이 바람직하다.

잔류변형은 화재시 부재의 팽창·수축이나 응력 재배분에 기인하여 비화재구획에 이르는 경우가 있다. 비화재구획의 변형은 화재구획과 동일한 거리선상에 존재하는 사이즈 작은 기둥·보·브레스에 발생하기 쉽다. 이들 부재에서 조사를 시작함으로서, 비화재구획의 효율적인 조사를 실시할 수 있다.

변형에는 화재발생전부터 존재하고 있던 것도 있다. 화재에 따른 것인지 아닌지는 변형개소의 도료의 변질상태나 화재발생구획과의 위치관계 및 당초의 구조계산서나 건설기록 등에서 종합적으로 판단할 필요가 있다.

강구조 부재의 화재에 의한 변형은 바닥·벽의 요철이나 엘리베이터 가이드레일의 휘어짐 등을 발생시키고, 외벽이나 지붕의 방수성능·엘리베이터의 주행성능·벽이나 문의 차연성능 등을 저하시키는 경우가 있다. 구조기능상 허용가능한 변형이라도 사용성능에 문제를 야기할 수 있으므로 정확한 측정조사가 요구된다.

해설표4.4.1 강구조 부재의 잔류변형조사 -조사사항과 사용기기-

조사사항	대표적인 사용기기	비고
기둥·브레이스의 전도 (각부의 절점위치)	• 다림추+강제측정기 • 연직 시준기 • 트랜싯	• 대공간에서의 측정이나 대상 부위의 발밑이 불안정한 경우에는 트랜싯을 이용한 측량법이 유용 • 트랜싯은 세오돌라이트라고 부르는 경우도 많다. 레이저 광선을 이용한 것도 있다. • 3차원 측량이 가능한 측량기도 있다.
기둥·보·프레이스의 비틀림	• 다림추 • 콘벡스룰 • 금속제 자	
보의 처짐, 휨	• 수실 또는 피아노 선 • 콘벡스룰 • 금속제 자 • 트랜싯	

• 기둥의 전도측정의 일례(해설도4.4.1(a))

기둥1개에 대해 1개소 이상의 방위에 다림추를 기둥두부로 부터 내리고, 주각부에서 스케일에 의해 전도를 측정한다. 다림추는 바람의 영향을 받기 쉬움으로 바람이 있을 때를 피해서 측정하는 것이 좋다. 또한, 다림추는 편심이 없는 비교적 질량이 큰 것(5~10kg)을 사용한다.(「철골정밀도측정지침」[19] p.89)

- 보의 처짐측정의 일례(해설도4.4.1(b))

「철골 정밀도측정지침」[19]에서는 보의 수평도를 요구하는 측정방법이 소개되고 있다. 이 측정방법을 응용한다. 휜 보에 대해 단부와 중앙부 3개소를 측정하여 처짐을 구한다. 다만, 보의 처짐에 스팬방향으로 치우침을 보이는 경우는 중앙으로 바꾸어 최대처짐이 발생하고 있는 개소를 측정할 수 있다. 수평기준에는 레이저광선을 이용한 트랜싯을 이용하면 좋다.

- 보의 휨 측정의 일례(해설도4.4.1(c))

「철골 정밀도측정지침」[19]에서 소개되고 있는 보의 보폭방향(수평방향)의 휨의 측정방법을 응용한다. 양측의 보를 기준으로 보의 중앙부를 측정하여 휨을 구한다. 다만, 보의 휨을 스팬내로 편중된 경우는 중앙으로 바꾸어 최대 휨이 발생하고 있는 개소를 측정할 수 있다.

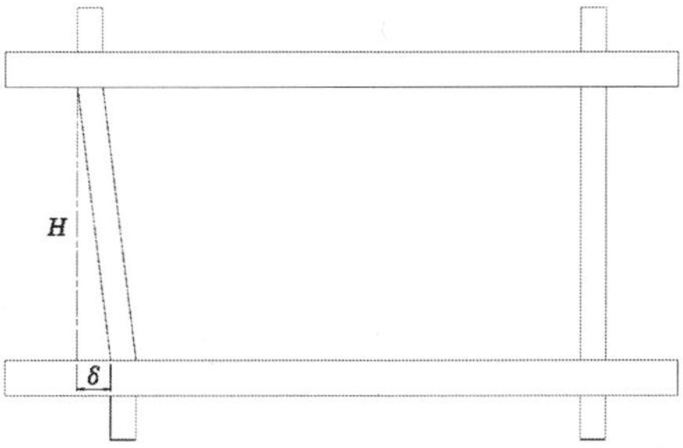

기둥의 전도 $= \dfrac{\delta}{H}$

해설도 4.4.1(a) 기둥의 전도측정의 일례(축조도)

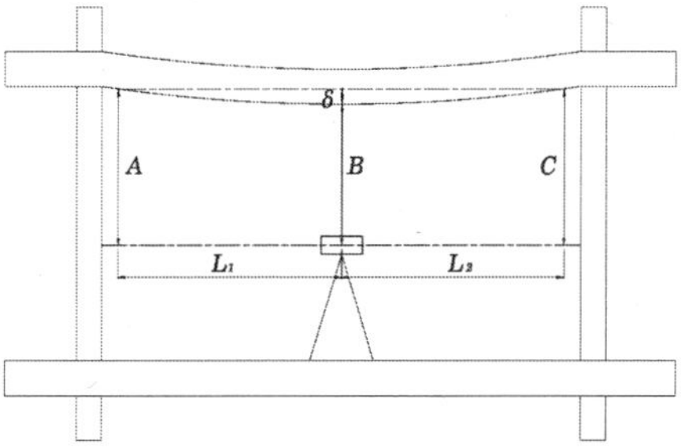

보의 처짐$\delta = \dfrac{L_2}{L_1 + L_2}(C-A)+(A-B)$

해설도 4.4.1(b) 보의 처짐측정의 일례(축조도)

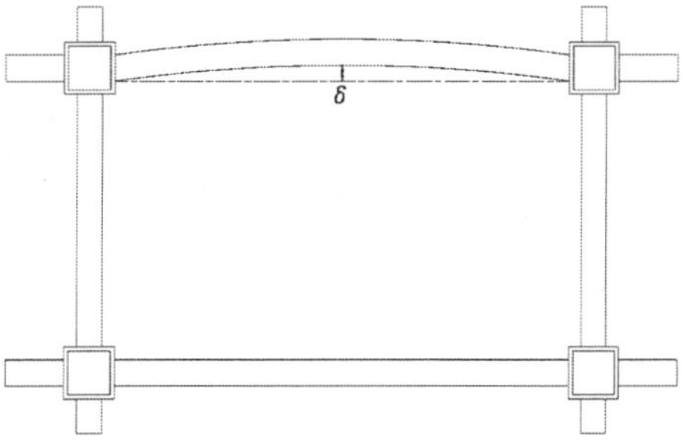

보의 휨 $= \delta$

해설도4.4.1(c) 보의 휨측정의 일례(보복도)

4.4.1.2 강구조 부재의 기계적성질의 측정

500℃ 이상으로 가열되었을 가능성이 있는 강구조 부재는 강도나 신율 등 강재의 기계적성질을 조사한다. 담금질 템퍼공정을 거쳐 제조된 열처리강에 의한 구조부재에서는 350℃ 이상으로 가열된 가능성이 있는 부재를 기계적성질의 조사대상으로 한다.

해설

화재 후 교체필요 여부를 검토하는 경우, 중요한 강재의 기계적성질에는 강도(항복점 또는 내력과 인장강도)·신율·충격성능 등이 있다. 1차조사나 잔류변형조사에 근거하여 교체를 결정한 철골부재는 강재의 기계적성질을 조사하지 않아도 된다.

1) 기계적성질의 조사를 요하는 강재온도

강재의 강도(항복점 또는 내력과 인장강도)나 신율 및 충격성능 등은 어느온도 이상으로 가열되면 변화한다. 변화를 가져오는 온도는 강재의 화학성분과 제조공정에서 열처리온도나 조형에 있어 냉간처짐가공의 정도, 또는 수열시간 등에 따라 달라진다. 가열냉각 후 강도는 일례로서 해설도4.4.2(a)~4.4.2(e)에 나타낸 대로 600℃ 미만의 가열에서는 대부분 변화되지 않는다. 또한, 해설도4.4.2(e)에 비조질형의 SM58과 조질형의 SM58의 가열냉각 후 강도를 해설도4.4.2(f)에 800℃ 가열냉각 후 SM58의 잔존강도를 나타낸다. 600℃ 이하의 가열에서는 비조질형과 조질형의 강도변화는 근소하지만, 700℃ 이상의 가열에서는 조질형에 두드러지는 강도저하가 나타나고 있다.

한편, 가열냉각 후 강도에 변화를 가져오는 온도와 영향인자의 관계는 샘플시험이나 이론으로 경향을 분명히 나타내는 정도로서, 정량화의 레벨에는 도달하지 못하고 있다. 또한, 화해를 받은 강구조 부재의 화학성분이나 수열시간을 밝히는 것도 쉽지않다. 이 때문에 본 지침에서는 화해부의 화학성분이나 수열시간이 가장 불리한 상황에 있는 것, 즉, 변화를 가져오는 온도가 최소가 되는 상황을 상정하여 기계적성질의 조사조건을 비조질형 강에 대해서는 500℃ 이상, 조질형에 대해서는 350℃ 이상으로 했다. 다만, 비조질형에 대해서는 대상으로 하는 강재가 분명히 「압연」의 강재이며, 냉간휨가공이 이루어지지 않는 경우는 500℃를 600℃로 바꿔도 좋다. 또한, 조질형에 대해서 강재의 템퍼온도가 명확한 경우는 「350℃」를 「템퍼온도에서 50℃ 뺀 값」과 바꿔도 좋다. 일반적으로 광의의 조질강은 열처리나 가공경화를 이용하여 강도나 인성을 개선한 강재전반을 가르키며, TMCP제법(Thermo-Mechanical Control Process)를 이용한 강재 등도 조질형에 분류되는 것이 있지만, 여기에서는 좁은범위를 채택하여 담금질 템퍼공정을 거친 강재만을 조질강으로 하고 있다. 이 정의에 따르면, 기둥이나 보 등의 주요한 건축구조부재에 사용된 강재의 대부분은 비조질형에 분류된다.

조사를 요하는 강재온도에 대해서는 부록 4에 자세히 설명하였다.

2) 기계적성질의 조사방법

조사사항과 조사에 있어 사용기기를 해설표4.4.2에 나타낸다.

기둥・보 등의 부위 마다에 단면내에서 가장 강재온도가 상승하고 있는 것으로 추정되는 부위를 대상으로 강도를 조사한다. 강도의 조사방법은 다음과 같다.

① 강재채취를 수반하는 방법

화재를 받은 강재의 기계적성질은 대상 부재에서 채취한 시험편의 인장시험 등에 의해 확인할 수 있다. 강재의 기계적성질은 화재에 의한 영향의 유무에 관계없이 단면내의 위치에 따라 다르며, 시험결과는 시험편의 변형이나 인장시험속도에 의해서도 변화된다. 이 때문에 인장시험에서는 시험편 채취위치와 시험편형상 및 시험방법을 일본공업규격(이하, JIS라고 약기한다)의 규격(JIS Z 2241:2011「금속재료인장시험방법」[20])에 준거하는 것이 중요하다. 하지만, 건물에 따라서는 규정대로의 시험편을 채취하는 것이 곤란한 경우가 있다. 이 경우는 화해부와 동등한 방법으로 채취한 건전부시험편의 측정결과와 비교하여 판단하는 것이 바람직하다. 시험편을 채취할 때에는 부재각부에 축적된 잔류응력에 의해 절단부가 튕겨질 위험성이 있기 때문에 방호나 보강 등 충분한 안전대책을 강구하고 나서 실시하는 것이 중요하다. 또한, 가스절단 할 경우는 그 열의 영향으로 소재가 변질 할 가능성이 있다. 인장시험편의 표점부에서 30mm이상 떨어진 위치를 절단선으로 하는 등의 배려가 중요하다.

② 비파괴 조사방법

채취가 불필요한 부재에서는 휴대용 경도시험기를 이용하여 대상부위의 경도를 측정하며, 경도로부터 강도를 추정하는 방식을 적용할 수 있다. 인장시험에 비해서 정밀도는 떨어지지만, 현장측정정밀도의 향상을 목적으로 한 장치개발이 진행되고 있다. 대표적인방법은「Portable 경도시험기」에 의해 현장의 강구조 부재 또는 강재의 Vickers 경도를 측정하는 방법이다. 인장강도가 Vickers 경도에 비례하는 성질을 이용한 것으로 식(4.4.1)에 의해 인장강도를 추정한다.

$$\text{인장강도}(\mathrm{N/mm^2}) \fallingdotseq \text{Vickers 경도}(\mathrm{HV}) \div 0.3 \qquad (4.4.1)$$

강재채취를 수반하는방법과 비교하여 정밀도가 떨어지므로 같은 부위의 같은재료에 대해서 화해부와 건전부 양쪽을 조사하여 판단하는 것이 바람직하다.

또한, 초고층건축물 등의 충격성능이 요구되는 구조부재에 대해서는 JIS Z 2242:2005「금속재료의 charpy충격시험법」[21]에 준거하여 충격시험을 실시한다.

해설표 4.4.2 강재의 기계적성질의 조사 -조사사항과 사용기기-

조사사항	대표적인 사용기기	비고
강재의 항복점(or 내력) · 인장강도 · 신율	• 암슬러형 인장시험기 • 변위측정게이지	• 시험방법 및 시험편의 변형 · 치수는 JIS Z 2241 :2011「금속재료인장시험방법」[20]에 의함.
강재의 인장강도	• 휴대용 경도시험기	• 정밀도는 저하되나, 경도에서 강재의 인장강도의 저하유무를 추정할 수 있다. 인장강도(N/mm^2) ≒ Vickers 경도(HV) ÷ 0.3 (4.4.1)
강재의 충격성능	• 샤르피충격시험기	• 시험방법은 JIS Z 2242:2005「금속재료의 charpy충격시험법」[21]에 의함.
*시험편 채취 기기	• 스틸커터 • 가스절단기	• 가스절단기를 이용하는 경우는 절단선을 시험편의 표점부로부터 30mm 이상 떨어지는 등 표점부에 새로운 열영향을 주지 않도록 주의할 것.

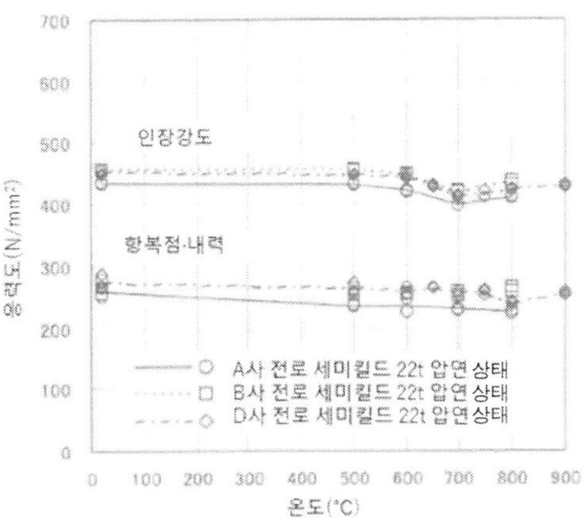

해설도4.4.2(a) SS41의 가열냉각 후 강도 [22]

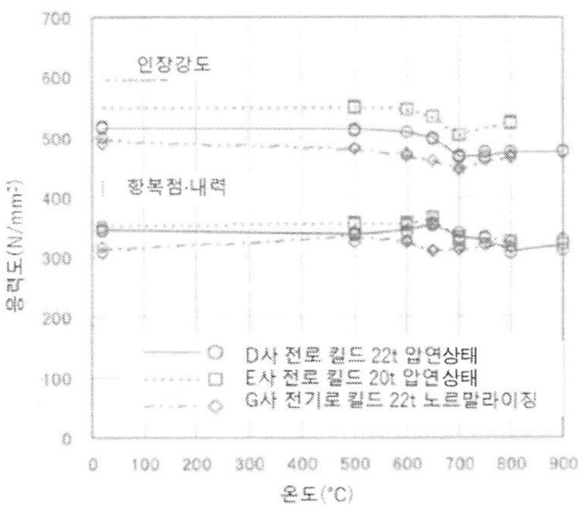

해설도4.4.2(b) SM50B의 가열냉각 후 강도 [22]

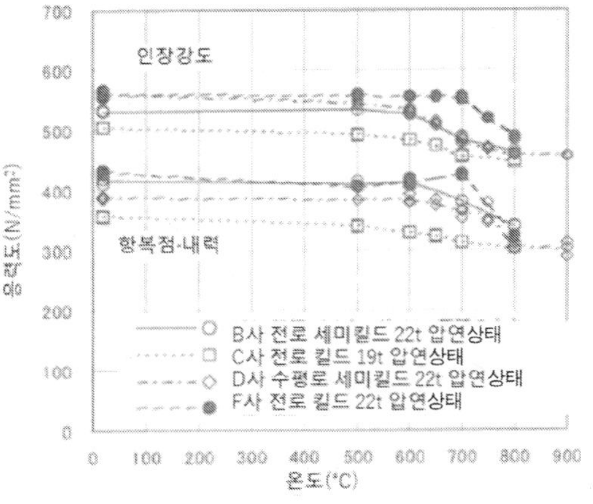

해설도4.4.2(c) SM50YB의 가열냉각 후 강도 [22)]

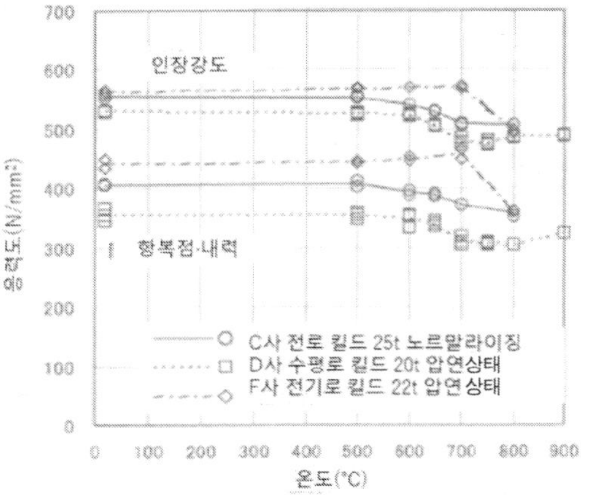

해설도4.4.2(d) SM53B의 가열냉각 후 강도 [22)]

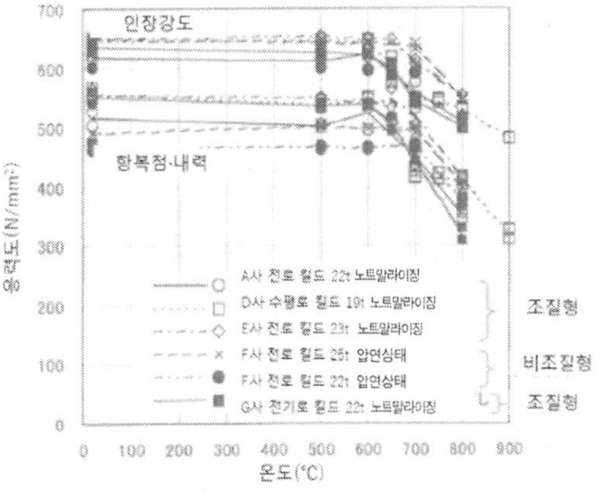

해설도4.4.2(e) SM58의 가열냉각 후 강도 [22)]

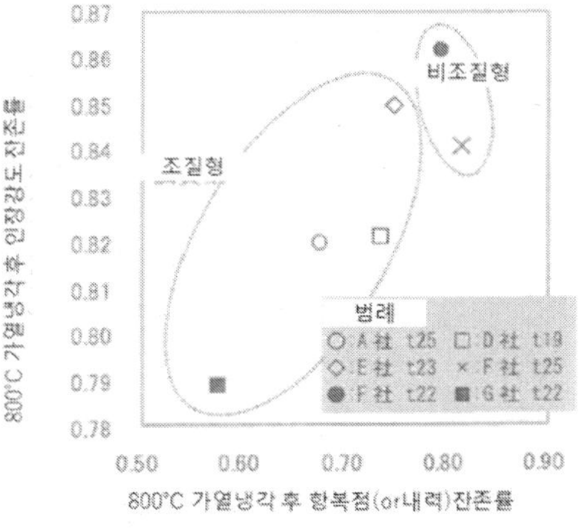

해설도4.4.2(f) 800℃가열냉각 후 SM58의 잔류강도

4.4.2 접합부의 조사

300℃ 이상으로 가열되었을 가능성이 있는 고력볼트접합부는 미끄럼내력의 저하상황을 추정하기 위한 수열온도의 상세조사와 고력볼트세트의 기계적성질의 조사를 실시한다.

해설

강구조의 접합부에는 고력볼트접합부와 용접접합부가 주로 이용되지만, 300℃ 이상으로 가열된 가능성이 있는 고력볼트접합부에 대해서는 고력볼트세트의 기계적성질의 조사를 요한다.

고력볼트접합부에 사용되는 고력볼트세트는 성형 후에 담금질을 행함으로써 고강도화 되고 있고, 높은 축력을 도입하여 사용되고 있다. 따라서 해설도4.4.3에 나타낸 바와 같이 비교적 낮은온도에서 Relaxation에 기인하는 조임축력의 저하가 발생하고, 템퍼온도 이상으로 가열되면 고력볼트세트의 강도저하가 발생하게 되며. 이 결과, 가열냉각 후의 미끌림내력이나 종국내력이 저하한다. 고력볼트접합부의 강도저하가 생기면 골조내력이 현저하게 저하하기 때문에 신중하게 2차조사를 실시할 필요가 있다. 여기에서는, 고력볼트세트에 대한 미끌림내력의 저하상황을 추정하기 위해서 수열온도의 상세조사와 기계적성질의 조사를 실시하여야 한다.

한편, 용접접합부에 대해서는 일반적으로 행해지고 있는 다층성용접에서, 모재와 용접재료(용접와이어, 용접봉)를 고열로 용융시켜 결합시키는 것을 여러번으로 나누어 행해지는 (용접금속이나 용접열영향부는 다양한 온도지역으로의 가열과 냉각이 반복된다)것, 용접재료는 이 처럼 복잡한 가열냉각을 반복하면서도 문제가 발생하지 않도록 성분설계가 되어있으므로 용접금속이나 용접영향부의 가열냉각 후 강도가 화재시의 열이력으로 저하하는 것은 고려할 수 없으므로, 여기에서는 특별히 조사하지 않아도 좋다. 다만, 용접부에 어떠한 초기결함이 존재한 경우는 화재중의 강도저하와 부재의 팽창수축에 기인하는 인장응력의 발생으로, 용접부에 유해한 균열이 생길 우려가 있기 때문에 균열의 유무를 조사하는 것은 유용하다. 용접부의 균열의 유무는 초음파탐상시험으로 본 회의 「강구조 건축용접부의 초음파 탐상검사 표준 · 동해설」[23]에 기초하여 비파괴로서 확인할 수 있다. 여기에서, 탐상면에 요철이 있으면 정확한 균열탐색이 어렵기 때문에 불필요한 요철은 표면연마기(그라인더, 줄 등)로 제거하여야 한다.

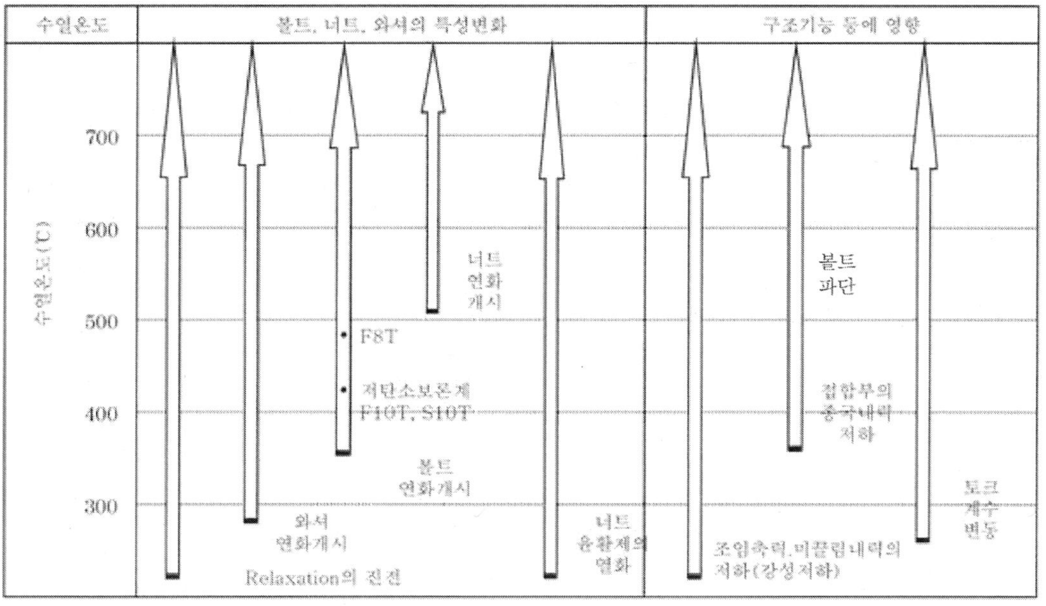

해설도 4.4.3 화재에 따른 고력볼트세트의 특성변화

1) 조사를 요구하는 볼트세트의 수열온도

가열냉각 후에 고력볼트세트의 조임축력이나 미끄럼내력에 관련된 시험결과의 일례를 해설도 4.4.4(e)[24)~27)]에 나타낸다. 고력볼트용접부에 화열이 가해지면, 크리프와 Relaxation의 발생에 의해 조임축력이 저하하며, 미끄럼내력이 감소한다[28)~33)]. 이 영향은 화재종료 후에도 남게 된다. 조임축력은 300℃이하의 열이력에서도 감소하기 시작해 400℃정도의 열이력에서는 초기값의 50~70%로 저하한다. 이 결과 미끄럼내력은 400℃정도의 열이력으로 초기값의 60~90%정도로 저하한다. 이것으로 부터 300℃이상으로 가열되었을 유려가 있는 고력볼트접합부는 기계적성질의 조사대상으로 한다. 다만, 템퍼온도가 판명되어, 수열온도가 템퍼온도 이하인 것이 판명되면 조사할 필요가 없다.

해설도4.4.4(f)~4.4.4(h)[24)~27)]에 420℃~450℃정도로 템퍼하고 제조된 저탄소보론계F10T고력볼트세트 등의 가열냉각 후 강도의 일례를 나타낸다. 고력볼트는 열처리 강과 마찬가지로 템퍼온도 이상으로 가열되면 냉각 후 강도가 저하하지만, 템퍼온도 이하에서는 강도는 저하되지 않는다.

고력볼트의 템퍼는 350℃~600℃의 범위에서 다양한 온도로 이루어진다. 예를들어, 현재의 주류인 저탄소보론계F10T나 S10T의 템퍼온도는 400℃정도로 이루어진다. F14T클래스의 고력볼트로 500℃이상의 템퍼가 행해지고 있는 것도 있고, 아연도금 고력볼틀F8T에서는 480℃정도로 이루어진다. F8T의 템퍼온도가 높은 것은 도금처리 시 열이력으로 강도저하가 일어나지 않도록 성분조정이 이루어진 결과이다.

고력볼트의 템퍼온도는 볼트두부에 제조자의 각인이 찍혀있기 때문에 제조자에게 볼트의 호칭직경과 건설연차를 전하면 확인할 수 있는 가능성이 높다. 한편, 너트는 고력볼트 보다 부드럽게 할 필요가 있기 때문에 고력볼트보다 높은온도에서 템퍼가 행해지고 있다. 화재 후 고력볼트가 건전하다면 접합부온도는 너트의 템퍼온도를 밑돌고 있는 것이 분명하고, 너트도 건전하다. 따라서, 너트의 기계적성질의 조사는 불필요하다.

2) 수열온도의 상세조사방법

수열온도의 추정은 1차조사에서 나타낸 육안조사에 의하지만, 볼트접합부의 수열온도를 높은 정밀도로 추정하는 방법으로 와셔의 경도시험을 이용할 수 있다. 와셔의 Rockwell 경도(HRC)는 템퍼온도이상의 열이력을 받으면, 이력온도에 대체로 반비례하여 저하하고, 100℃당 7~10HRC정도의 저하를 나타낸다. 피해를 입은 건물의 건전부의 볼트세트를 떼어내어 가열온도와 Rockwell 경도의 Calibration을 하면, 양자의 관계는 보다 명확하게 된다. 와셔의 템퍼온도는 낮은것으로는 280℃정도 이기 때문에 비교적 낮은온도에서 650℃정도까지의 사이의 온도이력을 추정할 수 있다. 시험은 Rockwell 경도시험기를 이용하여, JIS B 1186:2103「마찰접합용 고력육각볼트 · 육각너트 · 평와셔의 세트」[34]및 JIS Z 2245: 2011「Rockwell 경도시험방법」[35]에 의해 실시한다.

고력볼트 · 너트 · 와셔 전체에 대해서 템퍼온도까지는 Rockwell 경도가 저하되지 않고, 템퍼온도이상에서는 100℃당 7HRC저하되는 직선(H-T관계식)을 이용하여 수열온도를 추정하는 방법이 제안되고 있다[36]. 고력볼트세트의 템퍼온도를 알면, 해설표4.4.3의 순서에 따라 해설도4.4.5의 추정도를 이용하여 수열온도를 추정할 수 있다.

3) 축력의 측정

고력볼트접합부에서는 화재 후 미끌림내력 또는 조임축력이 필요치를 유지하고 있는지 여부가 중요하다. 볼트표면이나 너트뒷면에 도포된 윤활제가 화재에 의해 열화하여 토크계수가 변화하기 때문에 조임토크에서 볼트축력을 파악하는 것은 어렵다. 미끌림내력이나 조임축력의 조사는 조임토크의 측정으로부터 해하지 않고, 초음파 볼트축력계를 이용한 방법이 제안되고 있다.

초음파 볼트축력계는 볼트의 축방향의 길이를 측정하는 방법으로 너트의 측면에서 송신한 초음파를 대면의 수신측 탐속자로 수신하여 그 투과량을 측정하는 방법이다. 후자는 볼트축력 도입시의 계측을 실시하지 않는 경우에도 축력의 추정이 가능하다. 볼트의 축력이 크게되면, 볼트와 너트의 계면의 맞물림 상태가 변화하여 투과펄스의 전파상황이 변화되는 성질을 이용하여 측정하는 것이다(해설도 4.4.6참조)[37].

초음파볼트축력계에 의한 측정오차는 ±20%정도로 하고 있다. 화열의 영향을 받지 않는 개소(건전부)의 볼트축력도 측정한 후,화해부의 볼트축력이 건전부의 볼트축력동등이상으로 되는 경우나 화해부에서 측정한 축력값의 80%값이 설계축력값을 만족하고 있는 경우의 볼트축력은 저하하고 있지 않다고 판단해도 좋다.

4) 기계적 성질의 조사

볼트본체의 시험은 Amsler형 인장시험기를 이용하여, JIS B 1186:2013「마찰접합용 고력육각볼트・육각너트・평와셔세트」[34] 및 JIS Z 2241:2011「금속재료인장시험방법」[20]에 의해 실시한다. 짧은볼트를 제품형상으로만 시험하는 경우는 암나사를 자른 치구를 이용하는 것이 좋다. 건전성의 판단은 JIS에 나타낸 볼트 제품의 기계적성질의 규격값과 비교하여 실시한다.

또한, 고력볼트에 강도저하가 생길 경우는 너트나 와셔에 문제가 생기지 않아도, 적절한 조임축력을 도입하기 때문에 고력볼트세트 전체를 교환할 필요가 있다.

해설표4.4.4에 고력볼트 접합부 및 용접접합부의 화해상황조사사항과 사용기기를 나타낸다.

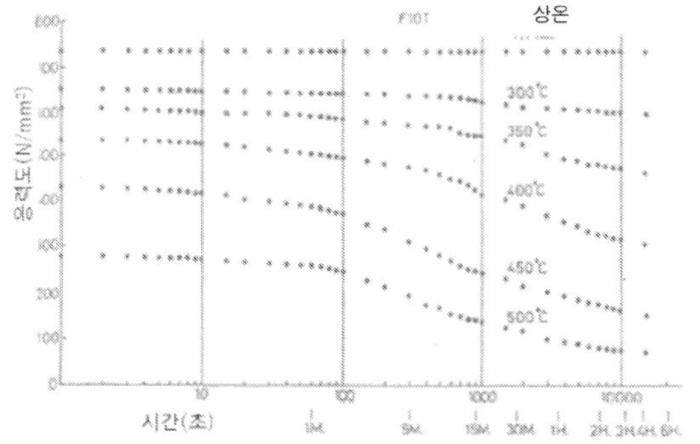

해설도 4.4.4(a) 고력볼트(F10T)의 relaxation의 일례 [24~27]

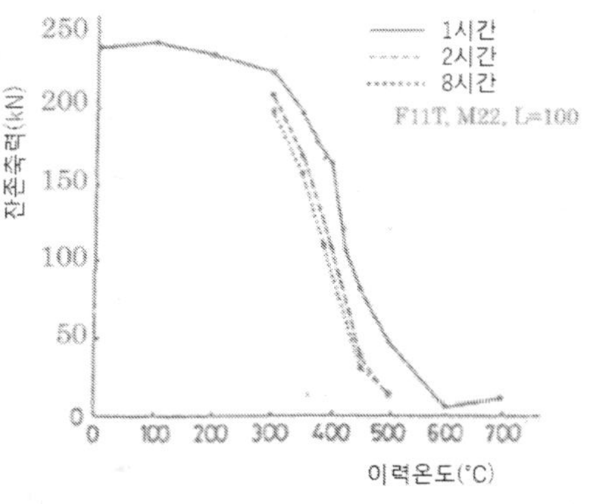

해설도 4.4.4(b) 열이력 후 잔류축력의 변화의 일례 (폭로시간에 따름) [24~27]

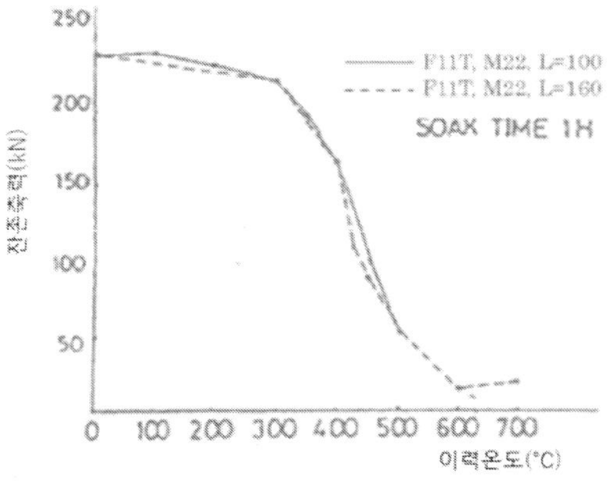

해설도 4.4.4(c) 열이력 후 잔류축력의 변화[24~27]

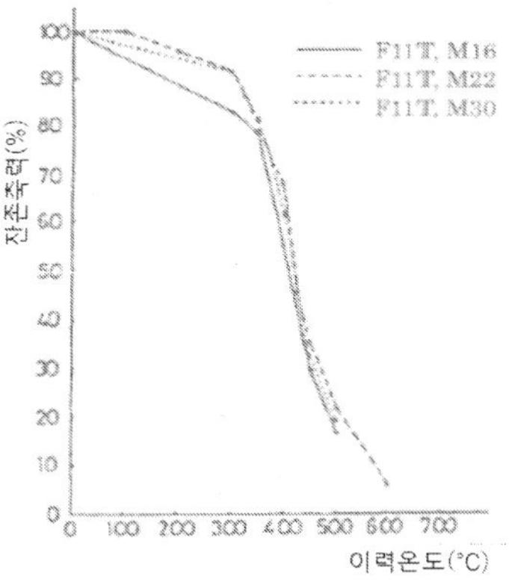

해설도 4.4.4(d) 열이력 후 잔류축력의 변화 (지름의 종류별)[24~27]

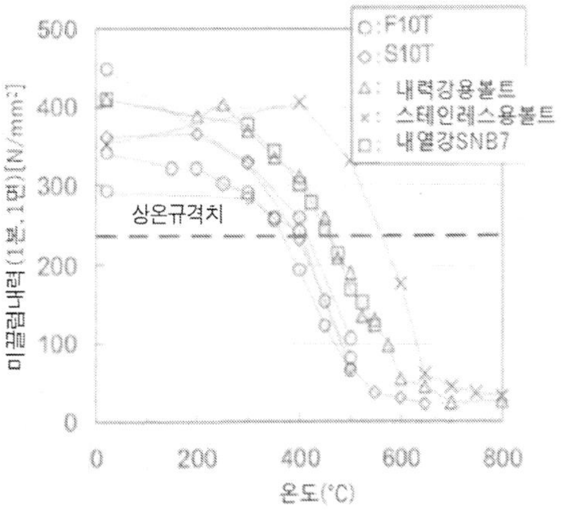

해설도 4.4.4(e) 고력볼트접합부의 열이력 후 미끄럼내력

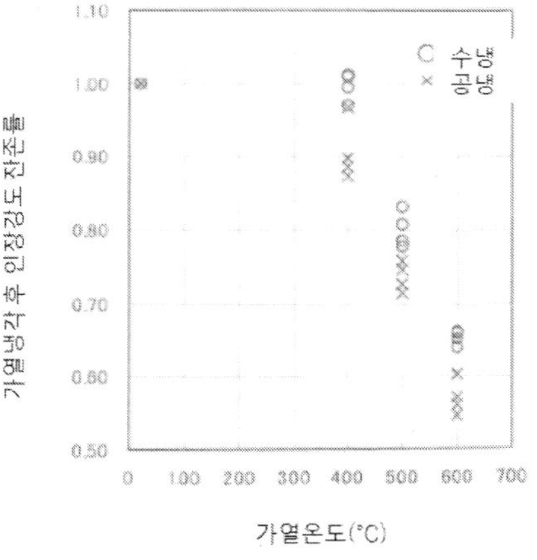

해설도 4.4.4(f) 고력볼트F10T의 열이력 후 인장강도

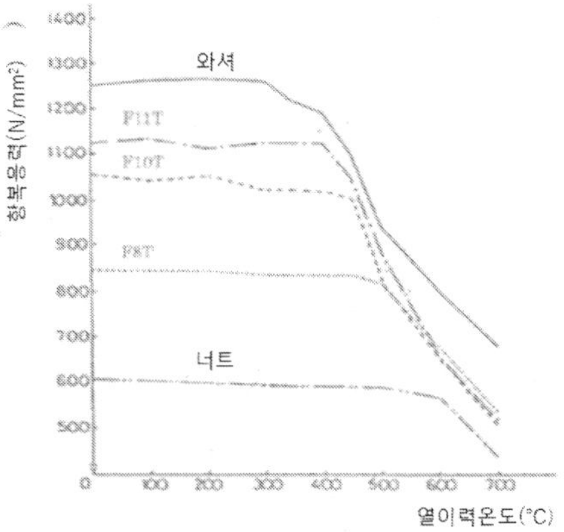

해설도4.4.4(g)
열이력 후의 고력볼트세트의 항복점저하 [24~27]

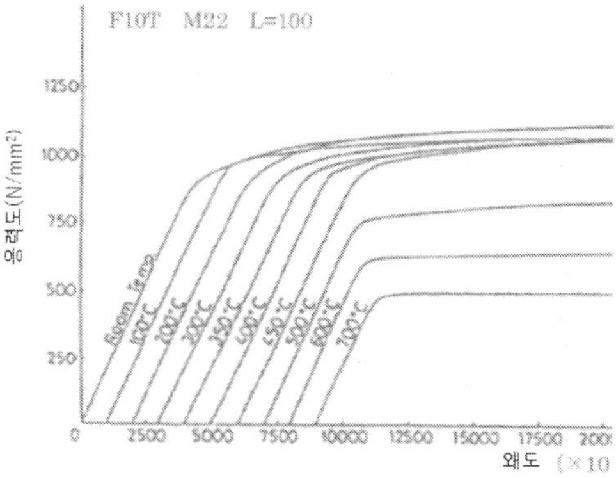

해설도4.4.4(h)
열이력 후 고력볼트(F10T)의 SS곡선 [24~27]

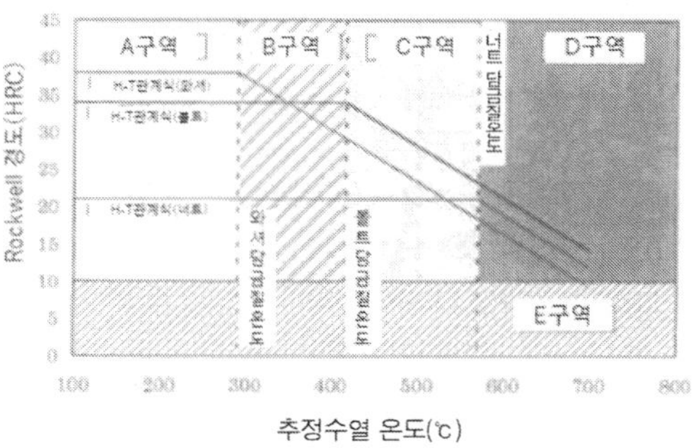

해설도4.4.5 볼트세트의Rockwell
경도를 이용한 수열온도 추정그림 [36]

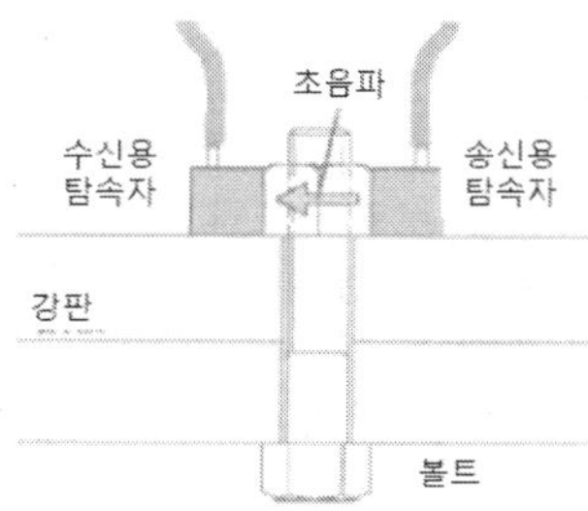

해설도4.4.6
초음파볼트축력계의 측정원리 [37]

해설표4.4.3 수열온도추정절차[36)]

<table>
<tr><th>순서</th><th colspan="2">내용</th></tr>
<tr><td>1</td><td colspan="2">대상으로하는 볼트세트가 수냉되어 있지 않음을 확인한다.</td></tr>
<tr><td>2</td><td colspan="2">건전부의 볼트 · 너트 · 와셔의Rockwell 경도를 계측한다.</td></tr>
<tr><td>3</td><td colspan="2">볼트 · 너트 · 와셔의 담금질온도 정보를 입수한다.
(볼트메이커의 문의에 의함)</td></tr>
<tr><td>4</td><td colspan="2">H-T관계식을 작성한다(볼트 · 너트 · 와셔의 3본)</td></tr>
<tr><td>5</td><td colspan="2">화해부의 볼트 · 너트 · 와셔의Rockwell 경도를 계측한다.</td></tr>
<tr><td>6</td><td rowspan="3">순서6~8은 볼트 · 너트 · 와셔 각각에 대해 실시</td><td>화해부의 경도가 건전부의 ±1의 범위에 있는 경우
→ 수열온도는 담금질온도 이하인 것으로 추정한다.</td></tr>
<tr><td>7</td><td>화해부의 경도가Rockwell 경도의 보증값범위외 까지 저하하고 있는 경우
(해설도4.4.5구역E) → 수열온도는 700℃ 이상으로 추정한다.</td></tr>
<tr><td>8</td><td>화해부의 경도가 건전부의 ±1의 범위에서 저하하고 있는 경우(보증값범위내)
→ 수열온도는 H-T관계식을 이용하여 추정한다.</td></tr>
<tr><td>9</td><td colspan="2">순서6~8에서 얻은 볼트 · 너트 · 와셔의 결과에 모순이 없음을 확인한다.
→ 모순이 있으면, 수열온도추정은 실시하지 않는다
다만, 3종의 결과 중 추정수열온도가 낮고 다른결과와 모순이 발생하고 있는 결과를 무시하고,
그 이외의 결과 만을 이용하여 수열온도추정을 계속하는 것은 가능.</td></tr>
<tr><td>10</td><td colspan="2">볼트 · 너트 · 와셔 전체의 수열온도가 담금질온도 이하일 경우(해설도4.4.5 구역A)
→ 수열온도는 와셔의 담금질온도 이하일 것으로 추정한다.</td></tr>
<tr><td>11</td><td colspan="2">순서8에서 1개의 추정수열온도를 얻는 경우(해설도 4.4.5구역B)
→ 얻은 값을 그 대로 추정수열온도로 한다</td></tr>
<tr><td>12</td><td colspan="2">순서8에서 2개의 추정수열온도를 얻는 경우(해설도 4.4.5구역C)
→ 얻은 2개의 값을 평균하여 추정수열온도로 한다</td></tr>
<tr><td>13</td><td colspan="2">순서8에서 3개의 추정수열온도를 얻는 경우(해설도 4.4.5구역D)
→ 얻은 3개의 값을 평균하여 추정수열온도로 한다</td></tr>
</table>

해설표4.4.4 고력볼트접합부와 용접접합부의 화해상황조사 -조사사항과 사용기기-

조사사항	대표적인 사용기기	비고
고력볼트의 인장강도	• 암슬러형 인장시험기	• 시험방법은 JIS B 1186:2013「마찰접합용 고력육각볼트 · 육각너트 · 평와셔의 세트」[34]와 JIS Z 2241:2011 「금속재료인장시험방법」[20]에 따름.
와셔의 경도	• Rockwell 경도시험기	• 시험방법은 JIS B 1186:2013「마찰접합용 고력육각볼트 · 육각너트 · 평와셔의 세트」[34] 및 JIS Z 2245:2011 「Rockwell 경도시험방법」[35]에 따름.
볼트축력의 측정	• 초음파볼트축력계 (해설사진4.4.3)	• 너트의 측면에서 송신한 초음파를 대면의 수신측탐속자에서 수신하고, 그 투과량을 측정한다. 건전부와의 비교, 측정오차의 고려가 필요.
용접부의 균열유무	• 초음파탐상시험기 • 표면연삭기 (그라인더, 줄 등)	• 시험방법은 본 회의「강구조 건축용접부의 초음파탐상 검사규준 · 동해설」[23]에 따름. • 손상면에 요철이 있으면 정확한 균열탐색을 할 수 없기 때문에 불필요한 요철은 연삭기로 제거한다.
*고력볼트를 분리하는데 사용하는 기구	• 임팩트렌치 • 볼트머리부 쟈크용렌치 (해설사진4.4.1) • 헤드스토퍼 (해설사진4.4.2) • 가스절단기	• 볼트두분 쟈크용 렌치와 헤드스토퍼는 둥근머리볼트의 공회전 방지기구 • 너트가 연소되어 `제거할 수 없는 경우는 가스절단기를 사용하여 너트를 용단한다.

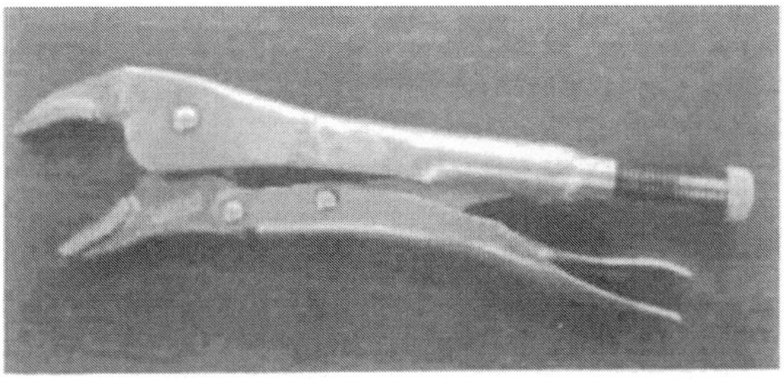

해설사진4.4.1 볼트두부 쟈크용 렌치 예

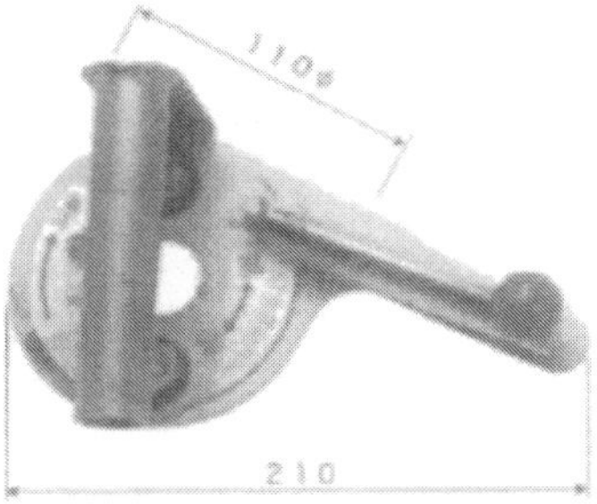

해설사진4.4.2 헤드 스토퍼 예

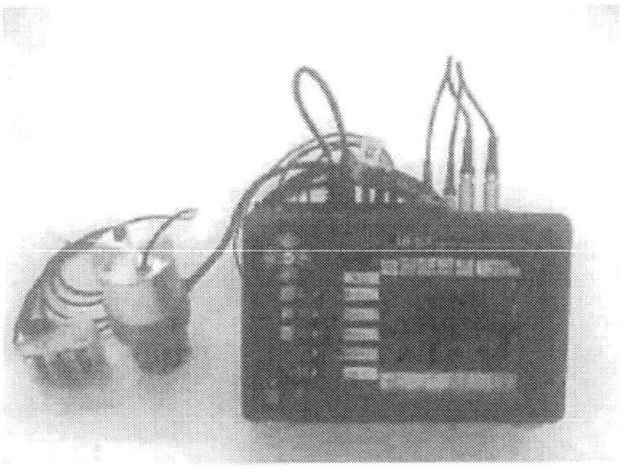

해설사진4.4.3 초음파볼트축력계 예

4.4.3 Deck plate 바닥슬래브의 조사

a. 강제Deck를 사용한 Deck plate바닥슬래브에 대해서는 작은보 사이의 처짐을 측정한다.
b. 500℃ 이상으로 가열된 가능성이 있는 Deck합성슬래브 · Deck복합슬래브 · Deck구조슬래브에 대해서는 Deck plate의 기계적성질을 조사한다.
c. Deck합성슬래브 · Deck복합슬래브 · Deck거푸집슬래브에 대해서는 콘크리트 압축강도를 조사한다.

해설

바닥슬래브의 잔류변형 및 기계적성질의 변화에 관련되는 조사사항과 조사시의 사용기기를 해설표4.4.5에 나타낸다.

해설표4.4.5 바닥슬래브의 잔류변형 및 기계적성질의 조사 -조사사항과 사용기기

조사사항	대표적인 사용기기	비고
바닥슬래브의 처짐	•Transit •수준기	수준기는 사용성평가에도 유효
콘크리트강도	•Amsler형 인장시험기	시험방법등은 본 지침 제3장에 의한다.
강재(Deck plate)의 항복점, 인장강도	•Amsler형 인장시험기 •변위측정게이지	시험방법 및 시험편의 변형 · 치수는 JIS Z 2241:2011 「금속재료인장시험방법」[20]에 의한다.
조사를 위한 시험편 추출기	•강재:절판절단기 •콘크리트:코어채취장치 철근탐사장치	Deck plate절단시에 콘크리트에 새로운 열영향을 주지않도록 가스절단기의 사용은 피한다.

a. 바닥슬래브의 작은보 사이의 처짐은 시공정밀도조사와 같은방법으로 측정할 수 있다. 이 때, Deck거브푸집슬래브에 관해서는 RC조 부분이 건전하면 하중지지능력이나 사용성능은 저하하지 않으므로, Deck plate의 변형은 무시해도 지장이 없다. RC조 부분의 변형은 화재구획의 뒤쪽에서 측정하지만, Deck plate를 철거하고 측정하면 좋다.

또한, 바닥슬래브에 대해서는 2000년 일본건설성고시 제1459호로 준공 후의 바닥의 허용 처짐을 1/250으로 정하고, 같은 해 제정 된「주택의 품질확보의 촉진 등에 관한 법률(일반적으로 품확법)이라 칭함」에서는 3/1000의 기준값을 주고있다. 이 제정 이전의 건물에는 시공 후의 처짐이 1/250를 넘는 것도 있다. 화재 후에 1/250를 넘는 처짐이 존재해도, 화재영향에 의한 것이라고 단정할 수 없으므로, 구조방법과 하중조건이 동등한 비화재 구획의 건전한 바닥면에 대해서도 측정하여 비교평가하는 것이 바람직하다.

b. Deck plate바닥슬래브에는 해설표4.2.1에 나타낸 바와같이 Deck plate가 구조체로 사용되고 있는 것과 그렇지 않은 것이 있다. Deck plate를 구조체로 이용하는 Deck합성슬래브 · Deck복합슬래브 · Deck 구조슬래브에 대해서는 Deck plate의 기계적성질을 조사할 필요가 있다. 이 때, 가스절단기를 이용하여 시험편을 채취하는 경우 콘크리트에 열 열화나 폭열을 일으킬 우려가 있기 때문에 절판절단기 등을 이용하여 시험편을 채취하는 것이 중요하다.

Deck plate표면의 아연도금에 용융이 발생하지 않는 등 수열온도가 500℃를 밑돌고 있는 것으로 추정되는 경우는 Deck plate의 기계적성질은 건전하다고 생각되기 때문에 조사의 필요는 없다. 또한, Deck합성슬래브는 콘크리트와 Deck plate의 일체성이 불가결하고, 양자의 박리가 생기면 콘크리트나 Deck plate의 강도저하의 유무에 관계없이 Deck합성슬래브의 교환이 필요하게 된다. 따라서, 1차 조사에서 양자의 박리가 확인된 Deck합성슬래브에 대해서는 Deck plate의 기계적성질을 조사하지 않아도 좋다.

c. 콘크리트를 구조체로 이용하는 Deck합성슬래브 · Deck복합슬래브 · Deck거푸집슬래브에 대해서는 콘크리트의 압축강도를 조사할 필요가 있다. 콘크리트부분의 화해등급이 Ⅲ급 이상으로 의심되는 경우에는 콘크리트 코아의 추출시험을 실시하고, 조사는 「제3장 철근콘크리트조」에 따라 실시한다.

1차 조사에서 Deck plate와 콘크리트의 박리가 확인 된 Deck 합성슬래브에 대해서는 콘크리트의 압축강도를 조사할 필요는 없다.

4.4.4 골조의 조사

골조전체의 잔류변형량으로서 골조의 전도에 대해서 조사한다.

해설

4.4.1항 (강구조 부재의 조사)에 따라 각 기둥 · 보 · 브레스에 생긴 처짐이나 비틀림 · 전도 등의 잔류변형을 조사하지만, 여기에서는 강구조 전체적으로 안전성의 검토를 실시하는데 필요한 골조전체의 전도를 측정한다. 조사시에는 전문가에게 상담하는 것과 동시에 본 회의 「건축공사표준사양서JASS 6 (철골공사)」[2] · 「철골공사기술지침 공사현장 시공편」[18] · 「철골정밀도측정지침」[19]에 따르는 것이 바람직하다. 측정항목과 방법에 대해서는 「철골정밀도 측정지침」[19]에서 발췌한다.

골조의 전도를 구하는 방법으로서 저층의 경우에는 직접 Transit을 사용해 측정할 수 있는 경우도 있지만, 층수가 많게되면 직접 Transit을 사용해 측정하는 것은 어려지므로, 기둥 각각의 전도 누계로부터 구한다. 측정방법은 4.4.1.1항 (강구조 부재의 잔류변형량의 측정)에서 기술한 기둥의 전도 측정방법에 준한다. 건물전체에서는 해설도4.4.6에 나타낸 δ_R를 외주부의 기둥의 XY방향 모두에 대해서 측정하고, 그 최대값을 비교하여 관리한다.

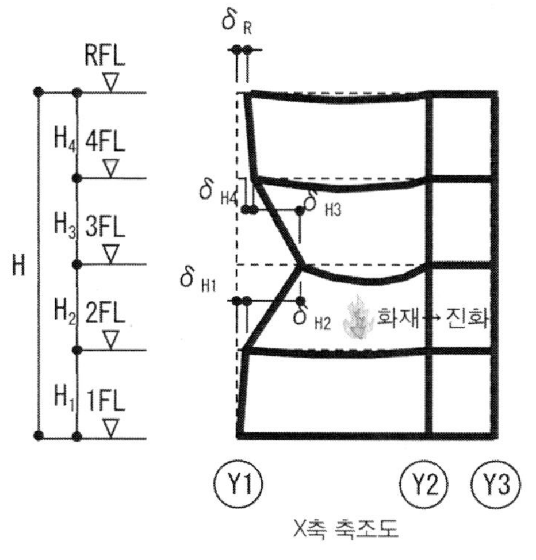

【 골조의 전도 】

X축의 골조의 전도 δ_R

$\delta_R = \delta_{H1} + \delta_{H2} - \delta_{H3} - \delta_{H4}$

해설도 4.4.6 골조 전도의 정의

4.5 진단

> 진단에서는 예비조사와 1차조사 및 2차조사의 결과에 근거하여 화해등급 및 피재도를 판정하고 보수 및 보강여부를 판단한다.

해설

진단은 화해조사 결과에 따른 부재 별 화해등급의 판정 및 화해등급 판정결과에 근거한 건물의 피재도 판정으로 이루어진다. 해설도 4.1.2에 강구조 부재의 화해등급 판정 흐름을, 해설표 4.1.1에 강구조 부재의 화해등급과 부재상황의 일례(수열온도 등)를, 해설표 4.1.2에 건물 피재도의 정의와 판정방법을 서술하였다. 이하, 화해등급의 판정 방법과 이를 토대로 한 피재도의 판정 방법에 대하여 제시한다.

4.5.1 화해등급의 판정

> 화해등급 판정 시에는 예비조사와 1차조사 및 2차조사의 결과를 토대로 화재로 인한 구조 내력상의 피해 정도에 따라 부재를 화해등급 I 급 ~ V 급으로 분류한다.

해설

화해등급의 판정은 '추정 수열온도'와 '변형량'에 따라 실시한다. 아래 해설도 4.1.2 강구조 부재의 화해등급 판정 흐름에 따라 각 등급의 판정 방법을 나타낸다. 단, 해설표 4.3.1 강구조 건축물의 피재도 C 판정표에서 피재도 C 로 판정된 경우를 제외한다.

화해등급 I 급 : 아크릴판이 연화하는 등 추정 수열온도가 100℃ 미만이며, 또한 마감 재료에 화염이 관통하는 손상이나 강재 도장 및 내화 피복에 손상이 없고, 변형량이 허용 변형량 미만인 경우는 구조체에 영향이 없는 상태이다. 이 경우는 화해등급 I 급으로 한다. 해설 사진 4.5.1에 마감재료가 잔존하는 철골기둥의 예를 나타낸다.

수열온도가 낮은 경우에도 가열 구간이 길면 보의 열에 의한 변형량이 커져 기둥이 크게 경사지거나 기둥이 들보의 성장을 구속함으로써 보가 크게 처지는 경우도 있으므로 반드시 변형량을 측정한다. 허용 변형량은 기둥 전도 H/700, 보의 처짐량 L/250 으로 하여 화해등급 판정 시 기준으로 한다. H는 구조 층고, L은 스팬 길이이다. 기둥 전도의 기준인 H/700 은 철골 정밀도 측정 지침[19)]

에서는 기둥 전도에 관한 한계 허용치이다. 또한 보의 처짐량 기준인 L/250은 건설성 고시 제1459호 '건축물의 사용상 지장이 일어나지 않음을 확인할 필요가 있는 경우 및 그 확인 방법을 정하는 건'[3]에 제시된 '처짐을 해당 부재의 유효길이로 나누어 얻은 값이 1/250 이하일 것'이라는 기술을 참조해 결정한 값이다.

화해등급 II 급 : 강재 표면에 그을음이 부착하는 등으로 인해 추정 수열온도가 300℃ 미만이며, 마무리 재료에 화염이 관통하는 손상이나 강재 도장 및 내화 피복에 손상이 있더라도, 변형량이 허용 변형량 미만의 경우, 구조체에 영향이 없는 상태이다. 이 경우는 화해등급 II 급으로 한다. 허용 변형량은 화해등급 I 급인 경우와 마찬가지로, 기둥 전도 H/700, 보의 처짐량 L/250으로 하여 화재등급 판정 시 기준으로 한다.

화해등급 III 급 : 방청 도료가 백아화하거나 아연 도금이 용해하는 등과같이 추정 수열온도가 300℃ 이상 500℃ 미만이며, 변형량이 허용 변형량 미만인 경우는 고력 볼트 접합부의 변형과 미끄럼 및 고력 볼트의 재질에 변화가 있는 상태이다. 이 경우 화해등급 III 급으로 한다. 허용 변형량은 기둥 선도 H/200 및 보의 처짐량 L/250 으로 한다. 기둥 전도의 기준인 H/200은 피해 긴축물의 응급 위험도 판정 매뉴얼[1]에 기재된 강구조 건축물의 응급 위험도 판정 조사표에서 '경사가 발생한 층의 위 층수가 2 이상인 경우'의 A 랭크(조사완료, 판정상 가장 피해가 경미한 경우에 상당)의 판정 기준인 '건축물 전체 또는 일부 경사각 1/200 이하'를 참조하여 결정한 값이다. 보의 처짐량 기준은 화해등급 I 급과 동일하다.

화해등급 IV 급 : 그을음이 소실된 경우나 알루미늄이 용해하는 등과 같이 추정 수열온도가 500℃ 이상 720℃ 미만이며, 인장시험 등으로 인한 재료의 기계적 성질이 원래 재료의 규격치 범위에 들어간 경우, 화해등급 IV 급으로 한다. 또한 추정 수열온도가 500℃ 미만이더라도 변형량이 화해등급 III 급의 허용 변형량 이상인 경우는 화해등급 IV 급으로 한다.

화해등급 V 급 : 육안으로 알 수 있는 분명한 잔류변형이나 기둥의 경사가 보이는 경우는 화해등급 V 급으로 한다. 또한 구리가 용해하는 등 추정 수열온도가 720℃ 이상인 경우에도 화해등급 V 급으로 한다. 추정 수열온도가 720℃ 미만인 경우도 인장시험 등에 의한 재료의 기계적 성질이 본래 재료의 규격치를 벗어난 경우에는 화해등급 V 급으로 한다. 해설사진 4.5.2에 내화 피복 제거 후 철골보의 변형 상태를 나타낸다. 해설사진 4.5.3 에 철골 골조의 잔류 변형을 나타낸다. 양쪽 모두 화해등급 V 급의 예이다.

해설사진 4.5.1 마감재료가 잔존하는 강구조 기둥의 예

해설사진 4.5.2 내화피복 제거 후 강구조 보의 변형

해설사진 4.5.3 철골 골조의 잔류변형

4.5.2 피재도 판정

피재도 판정 시에는 개관조사에 의한 피재도 C 판정 및 부재의 화해등급을 고려해 피재도 A~C로 분류한다.

해설

해설표 4.1.2 에 건물 피재도의 정의와 판정 방법을 서술하였다. 모든 부재가 화해등급 II 급 이하의 경우, 피재도 A 로 한다. 해설표 4.3.1 강구조 건축물의 피재도 C 판정표에서 피재도 C 로 판정된 장소, 혹은 대부분의 기둥 부재가 화해등급 V 급으로 도괴 위험성이 있는 경우에 피재도 C 로 한다. 그 이외의 경우는 피재도 B로 한다.

피재도 A 로 판정된 경우는 구조 내력상의 피해가 없으므로 마감이나 도장, 내화 피복 등을 보수하고 필요에 따라 고력 볼트 접합부를 보수해 건물을 재사용할 수 있다.

피재도 B 로 판정된 경우는 보수 및 보강을 통해 건물을 재사용할 수 있다. 재사용 시에는 건물의 소유자 및 관리자, 설계자가 보수 · 보강 후 건물에 대해 「설계조건을 만족한다」 등의 회복 목표를 설정한다. 이 회복 목표와 부재, 골조의 피재 후 보유 성능과의 비교를 통해 보수 · 보강 방법을 검토한다.

피재도 C 로 판정된 경우, 재사용은 어렵다. 화재가 심각한 경우는 화재 후 부재의 변형이 현저하고, 큰 내부 응력이 잔류하는 경우도 있으므로, 부재 붕괴 위험성이 없다고 단언하기 어렵기 때문이다. 구조체 등의 낙하나 건물 도괴 가능성이 지극히 높아 보수 · 보강 공사에 큰 위험이 수반된다.

4.6 보수 · 보강 계획

보수 · 보강 계획은 화해의 정도와 피재 후 건물의 사용 방법을 고려하여 입안한다. 이 때, 설정된 회복 목표를 충족할 수 있는 보수 · 보강 방법을 선정한다.

해설

화해를 입은 건물의 보수 · 보강은 피재도 B 로 판정된 건물이 대상이다. 화해의 정도와 피재 후 건물이 어떻게 사용될지를 고려하여 구조체의 회복 목표를 설정한다. 보수 · 보강 범위를 결정한 후, 범위 내의 구조체 부위별 보수 · 보강 방법을 선정한다.

4.6.1 회복 목표의 설정

회복 목표는 화해 건물의 소유자, 관리자, 사용자의 요구를 토대로 구조 안전성, 내화성, 내구성, 사용성 기타 필요 성능을 충족하도록 설정한다.

a. 구조 안전성의 회복 목표는 설계 조건을 만족하는 것을 표준으로 한다.
b. 내화성의 회복 목표는 설계 조건을 만족하는 것을 표준으로 한다.
c. 내구성의 회복 목표는 보수 · 보강 후 계획 공용 연수 및 유지관리 기간에 따라 결정한다.
d. 사용성과 기타 필요성능에 대한 회복 목표는 보수 · 보강 후 사용 조건에 따라 결정한다.

해설

본 항의 목적은 화해를 입은 강구조 건물 구조체의 성능을 보수・보강을 통해 회복시키는 방법을 제시한 것이다. 본 항의 회복 대상으로 하는 주된 성능은 구조체의 구조 안전성, 내화성, 내구성이며, 바닥 부재의 방진성 등 사용성도 필요에 따라 대상으로 한다. 보수・보강 방법에 따라서는 미관성, 기능성 등에 크게 영향을 줄 수도 있다. 보수・보강 설계자는 화해를 입은 건물의 소유자, 관리자, 사용자의 요구를 토대로 위 성능의 회복 목표를 설정한다.

a. 구조 안전성에 대한 보수・보강의 회복 목표는 설계 조건을 충족하는 것을 표준으로 한다. 현재 설계 조건을 만족하는 것으로 간주되는 지표는 다음의 6가지를 고려할 수 있다.

① 가열 이력 후 강구조 부재의 항복 강도 및 인장 강도가 해당 재료의 규격치를 만족한다.

② 기둥 전도가 구조 설계상 지장이 없는 변형으로 설정한 값 이하이다. 예를 들면 화재진단에서 허용 변형량의 기준으로 정한 '기둥 전도 H/200 이하' 또는 '기둥 전도 H/700 이하' 라는 설정이 있다. H는 층고이다.

③ 보의 처짐이 구조 설계상 지장이 없는 변형으로 설정한 값 이하이다. 예를 들면, 화해진단에서 허용 변형량의 기준으로 정한 '처짐을 해당 부재의 스팬 길이로 나누어 얻어진 값이 L/250 이하임'을 확인한다. 혹은 강구조설계규준(2005년판)38) 제10장 변형에서 '구조적 장해'를 방지하는 방법으로 '일반적으로 보의 경우, 1/300 이하로 억제하는 것이 바람직하다' 라는 기술이 있으며, 설계 당초, 작은 보의 탄성 처짐 제한을 1/300 이하로 설계한 예도 많다.

④ 고력 볼트 접합부에서 마찰 접합이 성립되고 있다.

⑤ 용접부 가열 이력 후 항복 강도가 모재의 가열 이력 후 항복 강도 이상이다.

⑥ 골조 전체의 전도가 철골 정밀도 측정지침[19)]에서 정한 시공정밀도 이하이다.

이러한 지표에 따라 회복 목표를 설정한다. 설계 조건을 만족하는 것으로 간주되는 지표로 아래의 방법도 고려할 수 있다.

1) 용도를 변경하여 적재 하중을 줄이는 방법

설계 당초는 '창고'용도의 하중을 예상하고 설계했다 하더라도 실제로는 '사무실' 용도로 사용되는 경우가 있다. 이에 실제 어떻게 쓰이고 있는지에 따라 하중을 설정하고, 실제 작용 하중에 대해 성능을 유지할 수 있도록 한다. 단, 용도 변경에 수반되는 건축기준법상의 변경 절차가 필요하다.

2) 잔존 강도가 존재 응력을 상회함을 확인하는 방법

허용 응력도 설계에서는 존재 응력도가 설계 기준강도 F 값에 따른 허용 응력도를 밑도는 것을 확인하는데, 거의 허용 응력도까지 설계하지 않는 경우가 대부분이다[39~41]. 가열 이력 후 항복 강도가 F 값을 밑도는 경우에도 그 값이 존재 응력도를 상회하는 경우가 있다.

해설도 4.6.1 에 강구조 부재의 가열 이력 후 항복 강도가 존재 응력도를 상회하는 경우의 이미지도를 나타낸다. 가열 이력 후 항복 강도는 열처리강을 제외하고 500℃에서 저하되기 시작하며, 강재는 파선으로 나타낸바와 같이 응력-변형 관계를 나타낸다. 여기에서 가열 이력 후 항복 강도를 가열 이력 후의 단기 허용 응력도, 가열 이력 후 항복 강도를 1.5 로 나눈 값을 가열 이력 후의 장기 허용 응력도라 부른다. 응력도 레벨이 그림에 나타낸바와 같이 「장기 응력도」나 「장기+지진시 응력도」 레벨이라면, 이들은 가열 이력후의 허용 응력도를 하회하고 있다. 이처럼 실제 건물의 외력 조건에 대해 실제로 사용하는 부재의 가열 이력 후 항복 강도에 따라 허용 응력도를 정해 설계함으로써 구조 성능을 만족할 수 있게 된다.

고력 볼트 접합부의 허용 응력도 설계에서는 전단형 접합부에서의 미끄럼 내력과 인장형 접합부에서의 이간내력을 설계 기준으로 하고, 장기 및 단기 허용 내력을 설정한다[42]. 미끄럼 내력 및 이간 내력은 모두 설계 볼트 축력에 근거한다. 열이력을 받으면 300℃ 정도에서 볼트 축력의 저하를 찾아볼 수 있으며, 가열 이력 후 장기 및 단기 허용 미끄럼 내력이나 허용 이간 내력이 가열 이력 전의 수치를 하회하는 경우가 있다. 그러나 접합부에 발생하는 전단이나 인장의 존재 응력이 낮은 경우, 저하된 가열 이력 후의 장기 및 단기 미끄럼 허용 내력이나 이간 내력도 존재 응력을 상회할 가능성이 있다. 이러한 설계 시 여유도를 이용해 고력 볼트 접합부의 허용 응력도 설계에서도 가열 이력 후에 실측한 볼트 축력에 근거하여 장기 및 단기 허용 응력도를 정해 설계함으로써 구조 성능을 만족할 수 있게 된다. 단, 접합부에 미끄럼이 보이지 않아야 하며, 시어 플레이트(Shear Plate)· 거싯 플레이트(Gusset plate) 및 모재에 변형이 보이지 않아야 하는 것이 전제조건이다.

b. 피재 후 건물의 내화성에 대한 보수 · 보강의 회복 목표는 설계 조건을 만족하는 것으로 한다. 피재전 내화성능은 건축기준법 시행령 107조에 따른 사양 규정(루트 A)에 따른 것과 동 108조의 3에 따른 성능규정(루트 B 또는 루트 C)에 따른 것이 있다. 목표 설정 시에는 이러한 설계 조건을 확인할 필요가 있다. 피해를 입은 내화 피복은 교체하는 것이 표준이다. 참고로 피해를 입은 내화 피복에 대한 상세 내용은 부록 1, 3과 같다.

c. 내구성에 대한 보수 · 보강의 회복 목표는 보수 · 보강 후에 기대되는 계획 공용 연수 및 유지관리기간에 따라 결정되는 것이며, 반드시 설계 시 성능을 만족하는 원상회복의 필요는 없는 것으로 하였다.

d. 바닥 부재의 방진성 등의 사용성과 증설 부재의 영향을 받는 동선이나 채광 등의 기능성 및 미관성 등의 회복 목표는 보수 · 보강 후 사용 조건에 따라 결정한다. 이러한 회복 목표는 건물의 소유자, 관리자, 사용자의 충분한 이해 하에 결정해야 한다.

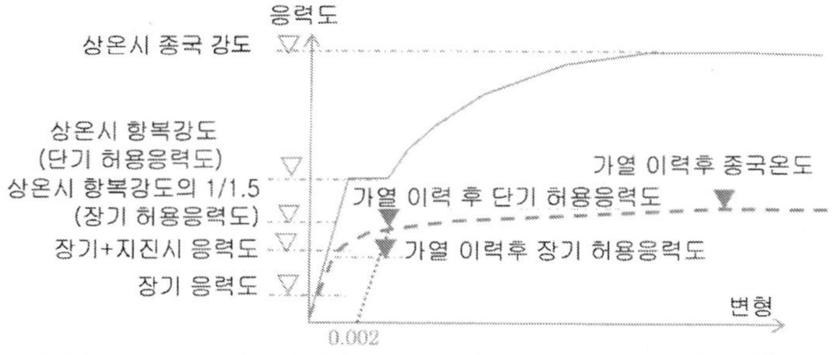

해설도 4.6.1 강구조 부재의 강도와 존재 응력도의 관계

4.6.2 보수 · 보강 범위의 설정

보수 · 보강해야 할 범위는 조사 및 진단 결과를 토대로 정한 화해등급 및 회복 목표에 따라 결정한다.

해설

보수 · 보강의 범위는 각 부재의 화해등급 및 회복 목표에 따라 결정한다.

예를 들면, 2차 조사에서 측정한 변형량이 허용치(기둥 전도 H/200, 보의 처짐량 L/250, H는 층고, L은 스팬 길이)를 초과하는 경우는 화해등급 IV 급 이상이므로 보수 · 보강의 검토 대상으로 한다. 회복 목표에 따라서는 변형이 허용 변형량을 초과하는 것을 용인하는 경우가 있다. 이처럼 변형량 조사만으로 교체나 보수를 결정할 수 없는 경우는 인장시험 등에 따른 재료 강도 및 재료 특성을 조사해 화재 후 잔존 강도에 따라 구조상 검토를 실시한다. 회복 목표를 만족하지 않는 부분을 보수 · 보강의 검토 대상으로 한다.

아래에 구조 안전성 및 내화성의 회복 목표를 「설계 조건을 만족하는」 레벨로 설정했을 경우의 보수 · 보강 범위의 설정예에 대해 서술한다.

① 가열 이력 후 강구조 부재의 항복 강도 및 인장 강도가 해당 재료의 규격치를 만족하지 않는 부위는 부재 교체 혹은 첨판(doubling plate) 보강이나 기둥이나 보를 증설하는 보강의 대상으로 한다.

② 기둥 전도가 구조 설계상 지장이 없는 변형으로 설정한 값을 초과하는 경우는 부재 교체 또는 첨판 보강이나 기둥증설 보강의 대상으로 한다.

③ 보의 처짐이 구조 설계상 지장이 없는 변형으로 한 값을 초과하는 경우는 부재 교체 혹은 첨판 보강이나 보증설 보강의 대상으로 한다.

④ 고력 볼트 접합부에서 고력 볼트 체결 축력 저하 등으로 인해 마찰 접합이 설립하지 않는 부위는 고력 볼트 세트의 교체 또는 덧댐판 · 시어플레이트의 교체 혹은 첨판 보강이나 용접 보강의 대상으로 한다.

⑤ 용접부에 균열이 발생한 경우는 첨판 보강이나 용접 보수 · 보강의 대상으로 한다.

⑥ 골조 전체의 전도가 철골 정밀도 측정 지침[19]에서 정한 건축 정밀도를 초과하는 경우는 부재 교체 또는 기둥이나 보의 증설보강 혹은 버팀대(Brace) 보강의 대상으로 한다.

4.6.3 보수 · 보강 방법의 선정과 실시

a. 보수 · 보강 방법은 화재건물의 소유자, 관리자, 사용자의 의향에 따라 화재진단자와 구조설계자, 시공자가 충분히 검토한 후 결정한다. 표 4.1에 근거해 화해등급에 따라 선정하는 것을 표준으로 한다. 추정 수열온도나 변형량으로부터 즉시 보수 · 보강 방법을 선정하는 경우는 보수 · 보강의 범위에 있는 부재별로 4.6.1항에서 정한 회복 목표를 달성할 수 있는 보수 · 보강 방법을 선정하여 실시한다.

b. 보수 · 보강재료는 사용 실적 등을 참고로 신뢰할 수 있는 자료로 그 품질, 성능이 확인된 것을 이용한다.

c. 보수 · 보강의 전처리로 탈취나 오염의 제거가 필요한 경우는 사용 실적 등을 참고로 적절한 방법을 선정한다.

d. 보수 · 보강 방법 및 부위는 골조전체의 강성 밸런스 영향을 고려하여 선정한다.

표 4.1 화해등급과 구조체의 보수 · 보강방법의 예

화해등급	보수 · 보강방법의 예
I 급	불필요
II 급	고력 볼트의 조임
III 급	고력 볼트 세트의 교체 및 접합부 보강
IV 급	보강 플레이트나 부재 추가에 의한 보강
V 급	부재 교체

해설

a. 강구조 부재의 보수 · 보강은 추정 수열온도와 잔류 변형 상태에 따라 다양한 방법을 고려할 수 있다. 보수 · 보강 방법은 화재진단자, 구조 설계자, 시공자가 충분히 검토한 후 결정한다. 표 4.1에 4.5 절의 진단에 의해 판정한 화해등급에 따른 표준적 보수 · 보강 방법의 예를 나타낸다.

화해등급 I 급은 구조 내력상 화재의 영향을 전혀 받지 않는 상황이다. 따라서 구조체의 보수·보강은 필요치 않다.

화해등급 II 급은 구조 내력상의 영향은 없으나, 표면 열화 등의 피해는 있는 상황이다. 구체적으로는 고력 볼트 접합부의 고력 볼트 체결 축력이 저하되거나 녹방지 도료, 내화 피복이 손상된 상황이다. 구조체의 경우, 고력 볼트를 더욱 강하게 체결한다. 그 표준적인 방법은 너트 회전법으로 30° 이상 회전시킨다. 그 근거 등 자세한 내용은 (보완)에 후술하기로 한다. 접합부의 연소 등이 원인으로 너트가 회전하지 않는 경우, 4.6.3.1 고력 볼트의 보수·보강 방법을 실시한다.

화해등급 III 급은 구조 내력상 영향이 적은 상황이나, 고력 볼트 접합부의 변형, 미끄럼이나 고력 볼트의 재질에 변화가 있는 상태이다. 고력 볼트 세트의 교체나 접합부 보강을 실시하며, 자세한 사항은 4.6.3.1 항에 서술한다.

화해등급 IV 급은 구조 내력상 영향이 큰 재질의 변화나 변형이 발생한 상황인데, 보강을 통해 재사용 가능한 레벨이다. 보강 플레이트나 부재의 추가에 의한 보강을 실시하거나 교체한다. 4.6.3.2 항에 기둥의 보강방법을, 4.6.3.3 항에 보의 보강 방법을, 4.6.3.4 항에 슬래브의 보수·보강방법을, 4.6.3.5 항에 주각부 및 내진 부재 등의 보강 방법을 서술한다. 4.6.3.6 항에 부재 교체 시 유의점을 나타낸다.

화해등급 V 급은 구조 내력상 심각한 피해가 있어 부재에 구조 성능을 담보할 수 없는 큰 변형이나 재질 변화가 있는 상황이다. 재이용을 위한 보수·보강은 하지 않고, 부재를 교체한다. 4.6.3.6 항에 부재 교체 시 유의점을 나타낸다.

구조 내력뿐만 아니라 내화성이나 내구성을 생각하면, 방청 도장이나 내화 피복의 보수 또한 중요하다.화해등급 II급 이상인 경우, 재이용하는 부재의 방청 도장이나 내화 피복을 재시공한다. 방청 도장의 재시공은 무내화 피복의 경우에 실시한다. 내화 피복과 강재 사이에 방청 도장이 있는 경우, 내화 피복의 손상 상황이나 내화 피복 제거 후 방청 도장의 상황에 따라 방청 도장을 재시공할지 여부를 판단한다.

(보완) 추정 수열온도 300℃ 미만에서의 고력볼트 접합부에 대하여

고력볼트 접합부의 마찰 접합에 의한 미끄럼 내력은 피체결 재료(철골 모재나 덧댐판에 변형이 생기지 않은 상황에서는 체결 축력과 마찰면의 미끄럼 계수에 의해 결정된다. 열 이력 후 고력볼트의 잔류 축력 저하율은 미끄럼 내력의 잔존율보다 크다[17]. 즉, 미끄럼 내력의 저하는 고력볼트의 축력 저하가 주된 요인이며, 육안으로 미끄럼이 확인되지 않는 상황에서는 미끄럼 계수가 저하되지 않는다고 판단해도 좋을 것으로 판단된다.

열 이력을 받은 고력볼트의 잔류 축력은 주로 ①수열온도 ②수열시간 ③냉각 방법 ④재료종류

(담금질 온도)의 영향을 받는다[17]. 잔류 축력비(상온 시에 대한 수열 시 잔류축력의 비율)는 수열온도가 높으면 높을수록, 수열시간이 길면 길수록 작다. 또한 내화로의 내부와 같은 환경에서 냉각하는 경우보다 소화수가 걸린 경우처럼 급격하게 냉각되는 경우가 잔류 축력비는 작고, 고력볼트 제작 시의 담금질 온도가 낮은 재료일수록 잔류 축력비는 작다. 고력볼트 제작 시 담금질 온도는 F8T, F10T, F11T 중에서는 F8T가 가장 높고, 다음으로 F10, Fl11가 가장 낮다. 따라서 F8T, F10T, F11T 중에서는 F11T가 가장 잔류 축력비가 작다. 수열온도 300℃의 경우, 전술한 ②~④의 조건에 따라서는 잔류 축력비가 설계 볼트 축력의 0.8배를 하회하는 경우가 있다. 따라서 볼트두부가 육각형인 고력볼트의 경우, 표준 볼트 축력은 설계 볼트 축력보다 10% 크며, Torshear형 고력볼트의 경우, Pintail 파단 시 축력은 설계 볼트 축력을 상회하는 것만이 보증되어 있다. 따라서 추정 수열온도 300℃에서는 설계 볼트 축력을 하회할수록 잔류 축력이 저하될 가능성이 있다.

이러한 점에서 추정 수열온도가 100℃ 이상 300℃ 미만의 가능성이 있는 경우로, 고력볼트를 교체하지 않은 경우, 축력 확인이나 체결을 더욱 강하게 실시하도록 하고 있다.

해설도 4.6.2에 조임 시 니드 회전각 및 윤활유 유무를 변수로 실측한 고력볼드(F10T, M22)의 잔류축력과 수열온도의 관계를 나타냈다.[17]수열온도 350℃ 이하의 경우, 너트 회전각 30℃의 조임을 실시하면 윤활유의 유무에 관계없이 표준 볼트 축력(설계 볼트 축력의 1.1배) 이상의 축력을 유지한다. 그러나 본 지침의 경우, 안전측 설정으로 추정 수열온도 300℃ 이하인 경우에 너트 회전각 30℃ 이상의 조임을 실시함으로써 해설도 4.6.3(a)의 보수・보강의 절차도에 반영하고 있다.

단, Torshear형 고력볼트의 경우, 너트 회전 시 볼트의 공회전을 방지하기 위해 조임 시 해설사진 4.4.2와 같이 헤드 스토퍼가 필요하다.

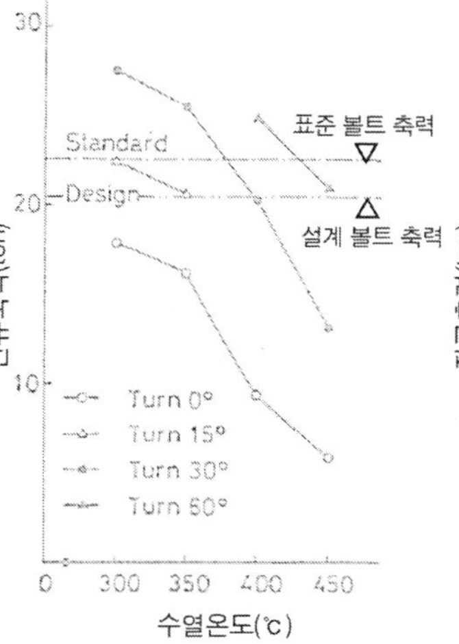

윤활유 사용시, 너트회전각 0~60°

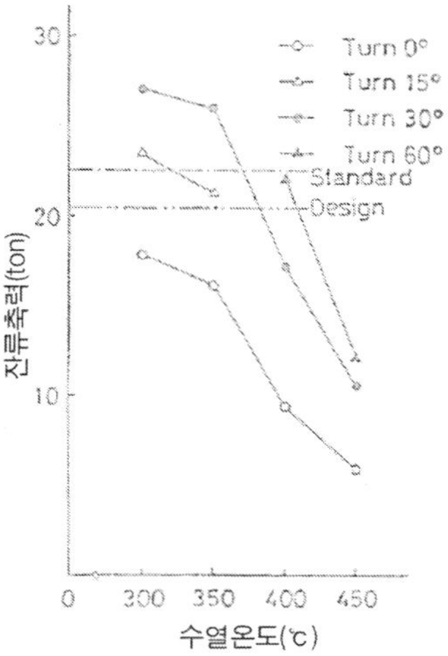

윤활유 미사용시, 너트회전각 0~60°

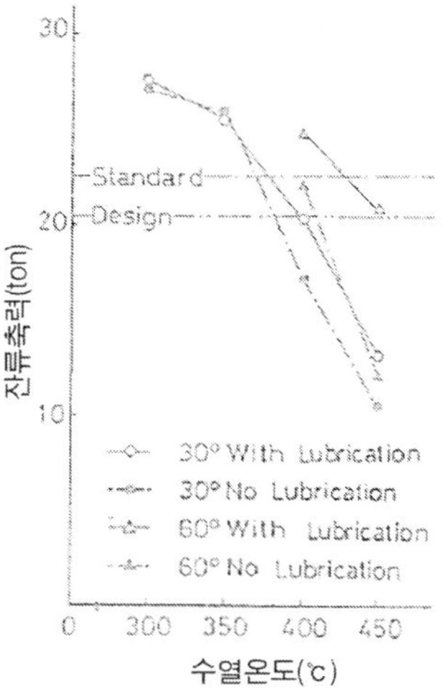

윤활유 사용 및 미사용 비교

해설도 4.6.2 조임 후 너트 회전각별 잔류 축력・수열온도의 관계(F10T, M22)[17]

부재별 화해등급을 판정하지 않고 추정 수열온도나 변형량(해설도 4.6.3(b)의 아래 표)으로부터 즉시 보수 · 보강 방법을 선정하는 방법을 제시한다. 해설도 4.6. 3(a)(b)에 추정 수열온도 · 변형량의 조사 결과에 근거한 보수 · 보강의 순서를 나타낸다.

• 추정 수열온도에 대하여

추정 수열온도가 100℃ 미만이면, 고력볼트 접합부의 미끄럼 내력 저하는 없을 것으로 판단하고 변형량과 D_L치 비교로 이행한다. 추정 수열온도가 100℃ 미만으로, 동시에 화재가 국소적이고 방 전체에 이르지 않은 경우, 조사자의 판단에 따라 변형량 측정을 생략하는 것도 가능하다.

추정 수열온도가 100℃ 이상 300℃ 미만의 경우, 고력볼트 접합부에 육안상 미끄럼이 보이면 접합부의 보수 · 보강을 실시하고, 변형량과 D_L치 비교로 이행한다. 미끄럼이 보이지 않으면 고력볼트의 축력 측정을 실시하고, 설계 볼트 축력 이상이면, 변형량과 D_L치 비교로 이행한다. 축력 측정을 실시하지 않거나 축력 측정을 실시하더라도 설계 볼트 축력 미만이었을 경우는 너트를 30℃이상 회전시키는 조임을 실시하고, 변형량과 D_L치 비교로 이행한다. 너트 회전각 30℃의 근거에 대해서는 전술한 (보완)에서 제시한 바와 같다. 조임을 실시하지 않거나 너트 부의 연소로 인하여 회전하지 않는 등의 이유로 조임을 실시할 수 없는 경우는 접합부의 보수 · 보강을 실시하고 변형량과 D_L치 비교로 이행한다.

추정 수열온도가 300℃ 이상이고 500℃ 미만의 경우, 고력볼트 접합부에 육안상 미끄럼을 볼 수 있으면 접합부의 보수 · 보강을 실시해, 변형량과 D_L치의 비교로 이행한다. 미끄럼을 볼 수 있지 않으면 고력볼트의 축력 측정을 실시해, 설계 볼트 축력 이상이면 고력볼트의 강도 측정을 실시한다. 강도가 회복 목표를 만족하면, 변형량과 D_L치의 비교로 이행한다. 축력 측정을 실시하지 않는 경우는 접합부의 보수 · 보강을 실시해, 변형량과 D_L치의 비교로 이행한다. 축력 측정을 실시해도 설계 볼복축력 미만이었을 경우, 또는 고력볼트의 강도가 회복 목표를 만족하지 않는 경우도 접합부의 보수 · 보강을 실시하고 변형량과 D_L치의 비교로 이행한다.

추정 수열온도가 500℃ 이상 720℃ 미만의 경우, 모재의 항복 강도 시험을 실시하지 않을 것이라면 부재 및 고력볼트세트(고력볼트, 너트, 와셔)의 교체가 가능한지 여부를 확인한다. 가능하면 부재나 고력볼트세트를 교체하고, 변형량과 D_L치의 비교로 이행한다. 교체가 불가능하다면, 해설도 4.6.3(b)의 C 이후의 순서로 진행한다. 모재의 항복 강도 시험을 실시하는 경우, 항복 강도가 회복 목표를 만족한다면, 접합부의 보수 · 보강만을 실시하고, 변형량과 D_L치의 비교로 이행한다. 항복 강도가 회복 목표를 만족하지 않는 경우는 부재 및 고력볼트세트의 교체가 가능한지 여부를 확인한다. 교체가 가능하다면 부재나 고력볼트세트를 교체하고 변형량과 D_L치의 비교로 이행한다. 교체가 불가능하고 동시에 추정 수열온도가 720℃ 미만의 경우, 부재의 보강과 접합부의 보수・보강을 계획하고, B 이후의 순서로 진행한다. 교체가 불가능하고 추정 수열온도가 720℃ 이상인 경우, C 이후의 순서로 진행한다.

추정 수열온도가 100℃ 이상인 경우, 재이용하는 부재에 대하여 방청 도장이나 내화 피복을 재시공한다. 방청 도장의 재시공은 무내화 피복인 경우에 실시한다. 내화 피복과 강재 사이에 방청 도장이 있는 경우, 내화 피복의 손상 상황이나 내화 피복 제거 후 방청 도장의 상황에 따라 방청 도장을 재시공할지 여부를 판단한다.

• 부재의 변형에 대하여

부재의 변형에 대해 해설도 4.6.3(b) ※1의 표에 나타낸 바와같이 건물의 육안으로 인식되는 상황(이하, 변형 기호라 칭함. D_L, D_M, D_H)에 따라 변형 표준치를 정하였다. 변형 기호의 의미는 D_L은 신축 건물과 같은 레벨, D_M은 각종 내외장재에 외관상의 변화가 없는 레벨, D_H는 ALC 줄눈에 어긋나는 부분이 보이고, 개구부 개폐에 지장이 나타나기 시작하는 레벨을 나타낸다.

변형량에 따른 보수・보강의 절차는 부재의 변형이 D_L치 미만이면 종료한다. 부재의 변형이 D_L치 이상 또한 D_M치 미만이라면, 변형을 고려한 구조 검토를 통해 설계상의 여력 내에 들어가는 것을 확인해, 들어간다면 종료한다. 부재의 변형이 DM치 이상 또는 D_M 미만이더라도 설계상의 여력 내에 들어가지 않는 경우는 A 이후의 순서로 진행한다. 골조를 검토하지 않는 경우는 부재를 교체하거나 건물을 철거한다.

골조를 검토하는 경우, 우선 골조를 전도가 D_L치 미만임을 확인한다. 골조의 전도가 D_L치 미만이면 골조로서 구조 설계상의 요구를 충족하는지 여부를 확인한다. 골조로서의 구조 설계상의 요구란, 예를 들면 신 내진설계법의 강성율 및 편심율을 충족하거나 보유 수평 내력이 필요 보유 수평 내력 이상일 것을 들고 있다. 골조의 전도가 D_L치 이상이면, 다시금 변형을 고려한 구조 검토를 통해 설계상의 여력 내에 들어가는 것을 확인하고, 들어가 있다면 전술한 바와 같이 골조로서 구조 설계상의 요구를 충족하는지 여부를 확인한다. 골조로서 구조 설계상의 요구를 충족하지 못한다면, 해당 부재 또는 주변 골조의 보강 가능성을 검토한다. 보강이 가능하면 보강 방법에 대해 검토하고, 접합부를 보수・보강한 후, 골조로서 구조 설계상의 요구를 충족하는지 여부를 확인하고, 충족할 때까지 보강 방법의 검토를 반복한다. 보강이 불가능하면 건물을 철거한다.

후술하는 4.6.3.1항~4.6.3.6항에 접합부나 각 부재의 보수・보강 방법 선정, 교체 방법에 대하여 제시한다. 보수・보강의 설계, 시공 방법, 교체 방법의 상세한 내용은 여기에서는 취급하지 않는다. 실시한 보수・보강의 유효성을 확인하기 위해서는 내진 보강 관련 문헌[43), 44)] 등을 참조한다.

b. 보수 · 보강 재료는 상온의 내진 보강에 사용되는 재료와 공통이다. 상온의 내진 보강에 관한 문헌[43) 등의 신뢰할 수 있는 자료를 통해 그 품질, 성능이 확인된 것을 이용한다.

c. 보수 · 보강 시 기존 철골면에 오염 등이 부착되어 있는 경우는 첨판 보강 등 용접부의 신뢰성이 훼손된다. 보수 · 보강의 사전처리로 반드시 기존 철골면의 오염을 제거한다. 오염 제거 방법에 대해서는 3.6.3항 a.(5)나 해설표 3.6.7을 참조한다.

d. 기둥이나 들보를 첨판이나 첨부재로 보강하는 경우에는 보강한 부재의 강성이 증대됨으로서 골조전체의 강성 밸런스에 악영향을 미칠 가능성이 있다. 보강 시에는 골조 전체의 강성 밸런스를 구조 계산 등을 통해 확인해 둘 필요가 있다. 해설도 4.6.3(b) 보수 · 보강의 순서 (2)에 그 내용을 반영하고 있다.

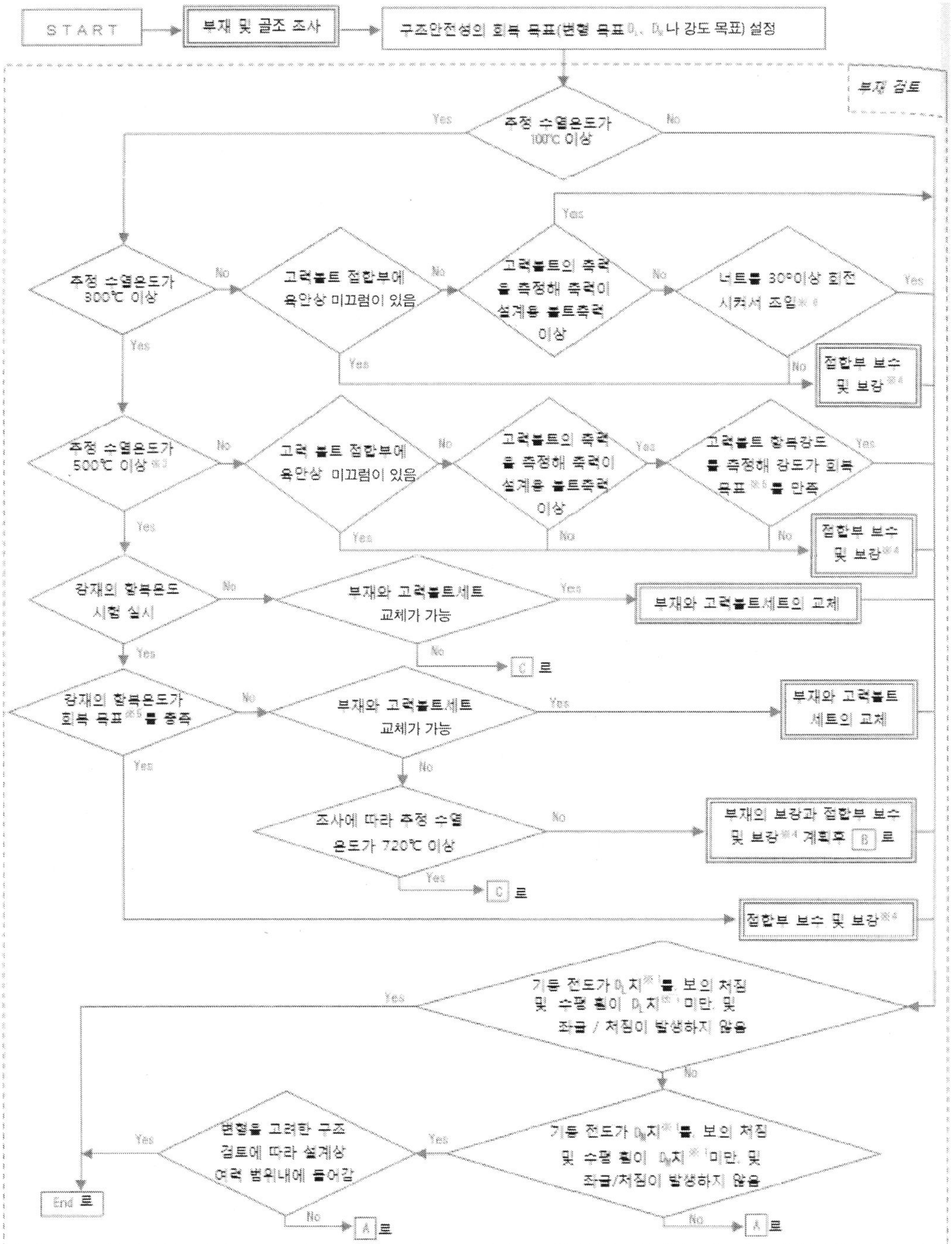

해설도 4.6.3(a) 추정 수열온도 · 변형량에 따른 보수 · 보강의 흐름(1)

※1~※7은 해설도 4.6. 3(b) 하부 참조

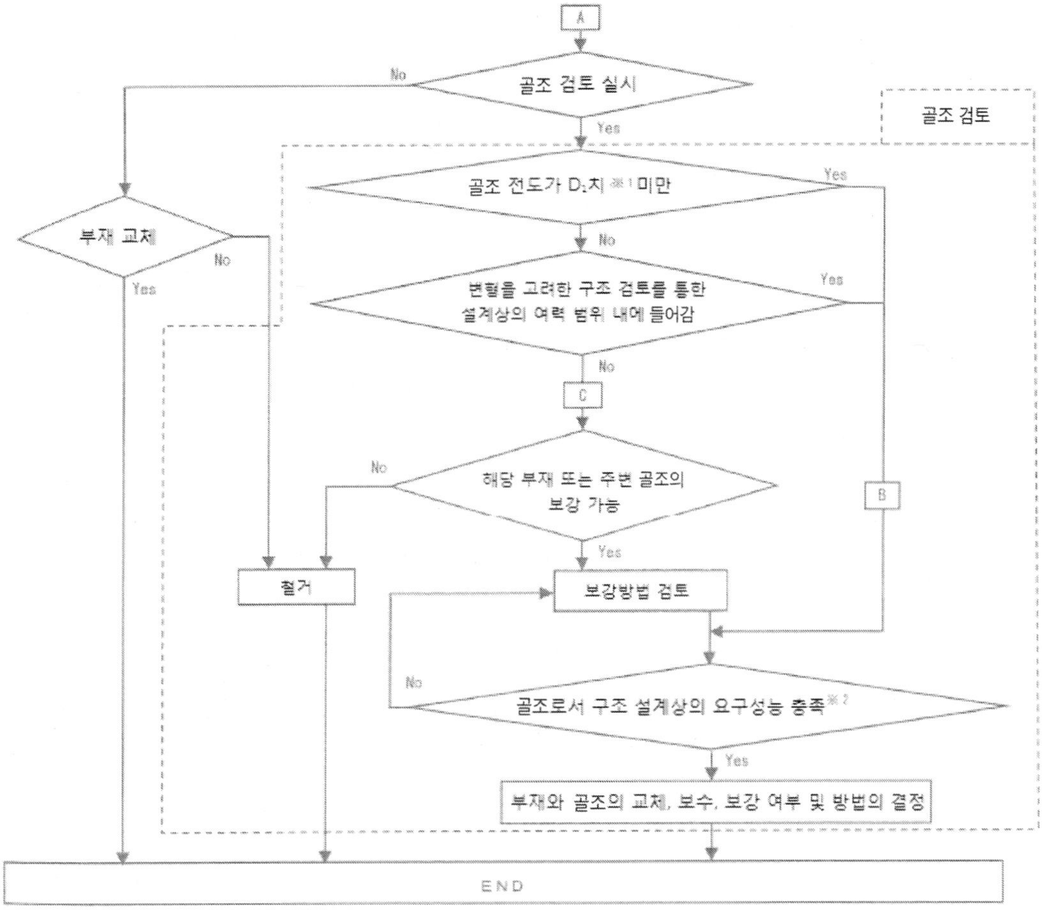

해설도 4.6.3(b) 추정 수열온도 · 변형량에 따른 보수 · 보강의 순서(2)

※1 변형 표준치는 아래 표에 따른다. 「기둥 전도」, 「보 처짐」은 아래 표에서 작은 값으로 설정할 수 있다.

<table>
<tr><th>변형 기호</th><th>기둥 전도</th><th>보의 처짐</th><th>보의 처짐(수평변형)</th><th>골조의 전도</th><th>좌측내용과 의미</th></tr>
<tr><td>D_L</td><td>H/700 이하</td><td rowspan="2">L/250 이하</td><td rowspan="2">1.5L/1000 및 15mm 이하</td><td>H_K/2500 및 10(mm) 이하</td><td rowspan="3">• 기둥의 H/700 및 골조의 H_K/2500+10 (mm)는 철골 시공 정밀도 검사기준의 한계 허용치
• 기둥의 H/200은 응급 위험도 판정 A랭크에 상당
• 보의 L/250은 일본 건설성 고시 1459호에 정하는 사용상의 지장이 발생하지 아니하는 한계</td></tr>
<tr><td>D_M</td><td>H/200 이하</td><td rowspan="2">H_K/2500 또는 10(mm) 초과</td></tr>
<tr><td>D_H</td><td>H/200 초과</td><td>L/250 초과</td><td>1.5L/1000 초과 또는 15mm 초과</td></tr>
</table>

※2 예를들면 신내진설계법의「강성율 및 편심율을 충족한다」.「필요 보유 수평 내력〈보유 수평내력을 충족함」을 확인하는 등

※3 500℃에서는 비조질강에 적용한다. 조질강의 경우,「350℃」또는「담금질 온도-50℃」로 치환한다.

※4「접합부의 보수 · 보강」은 고력볼트세트의 교체 또는 용접 보강을 나타낸다.

※5「회복 목표」는 항복 강도에 대하여 설정하고, 설계 기준 강도(F치) 이상을 표준으로 한다. 회복 목표를 그보다 작은 값으로 설정할 수 있다. 가열 냉각 후 영 계수는 데이터가 적으므로 현재로서는 지표로 하지 않는다. 신율은 고온 시일수록 커지므로 문제시하지 않는다.

※6 너트 회전각 30℃'의 근거는 해설 (보완) '추정 수열온도 300℃ 미만에서의 고력볼트 접합부에 대하여'에 서술한다.

4.6.3.1 고력 볼트 접합부의 보수 · 보강 방법

고력볼트 접합부의 보수 · 보강 방법은 고력볼트의 내력 저하나 미끄럼 변형의 정도를 확인한 후, 고력볼트 세트의 교체나 덧댐 보강 및 용접 보강을 선정한다.

해설

고력볼트 접합부에서 고력볼트 축력의 저하로 인해 마찰 접합이 성립되지 않게 되어 모재나 시어 플레이트로부터 고력볼트가 전단력을 받는 상태가 되어 있는 경우나 화재로 인해 고력볼트와 너트 사이의 윤활유가 증발해 연소흔적이 있는경우에는 고력볼트의 교체가 어렵고, 덧댐 보강이나 필렛 용접 보강을 검토한다. 고력볼트가 전단력을 받지 않는 경우로, 너트 회전에 의해 고력볼트를 제거할 수 있는 경우에만 고력 볼트 세트(고력볼트, 너트, 와셔)를 교체한다. 고력볼트세트를 제기하는 기기는 해설표 4.4. 4에 니디낸다.

해설도 4.6.4는 보 이음부를 보강하는 방법의 예이다. 고력볼트세트나 덧댐판 · 시어 플레이트 교체가 어려운 경우나 화재를 입은 고력볼트세트를 방치하는 경우, 덧댐 보강이나 필렛 용접 보강을 통해 고력볼트 접합부가 부담했던 전응력을 부담하게 하는 방법이다.

해설도 4.6.4에 프랜지 덧댐판의 필렛 용접에 의한 보강은 측면 필렛 용접이 유효하다. 덧댐판의 폭과 플랜지 폭이 동일한 경우는 측면 필렛 용접이 어려우므로 전면 필렛 용접으로 한다.

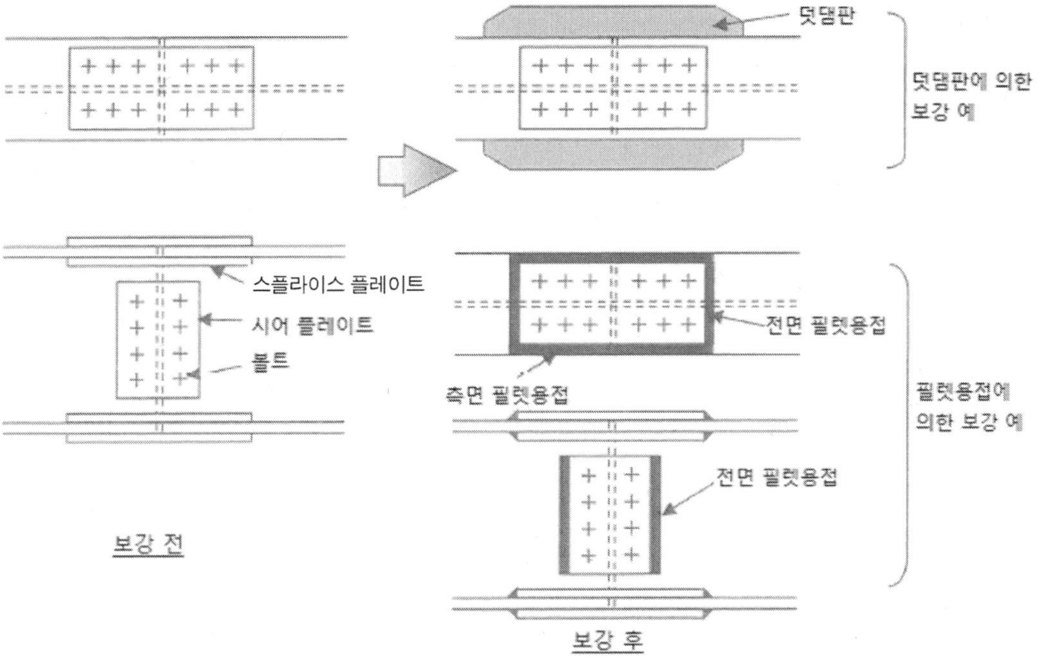

해설도 4.6.4 보이음부의 보강예 [44)]

4.6.3.2 기둥의 보강 방법

> 기둥의 보강 방법은 첨판 보강이나 기둥증설 보강 등 중에서 선정한다.

해설

기둥은 축력을 유지하는 중요한 부재이며, 기둥의 파괴는 건물 전체의 붕괴로 이어진다. 따라 그 보수·보강 방법에 대해서는 신중한 검토가 필요하다. 보수 및 보강 시에는 연직방향 및 수평방향의 잔류 변형 정도로부터 응력 상태를 구조 계산 등을 통해 확인한 후 보강 방법을 선정한다.

해설도 4.6.5(a)에 첨판에 의한 보강예를, 해설도 4.6.5(b)에 기둥증설에 의한 보강예를 나타낸다. H형강기둥의 경우에는 플랜지에 별도 플레이트를 용접하고 박스재로서 보강한다. 기둥 자체에 하중 지지 능력을 기대할 수 없는 경우는 해당 기둥 주위에 기둥증설을 설치한다. 기둥증설의 경우, 보강 대상 기둥과 기둥증설 사이가 단 스팬보로 되기 때문에 장기 응력뿐 아니라 지진 시 응력에 대해서도 검토가 필요하다. 또한 기둥을 설치하는 구조면뿐만 아니라 직교 구조면의 응력 상태도 확인할 필요가 있다.

해설도 4.6.6에 콘크리트 및 CT형강이나 첨판에 의한 보강 예를 나타낸다. 콘크리트에 의한 보강의 경우, 보강 설계 시에는 강성의 변화에, 시공 시에는 충진 방법의 연구 및 충진성 관리에 주의할 필요가 있다. 양쪽 경우 모두 구조면의 수평 강성이 변화하므로 건물 전체의 수평 강성 밸런스를 확인할 필요가 있다.

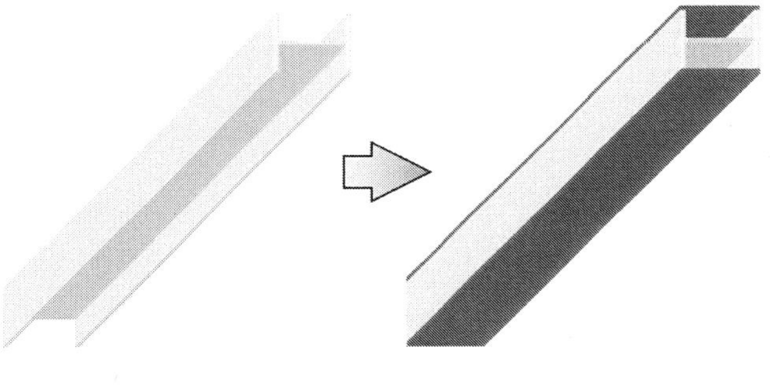

해설도 4.6.5(a) 철골기둥의 첨판에 따른 보강 예

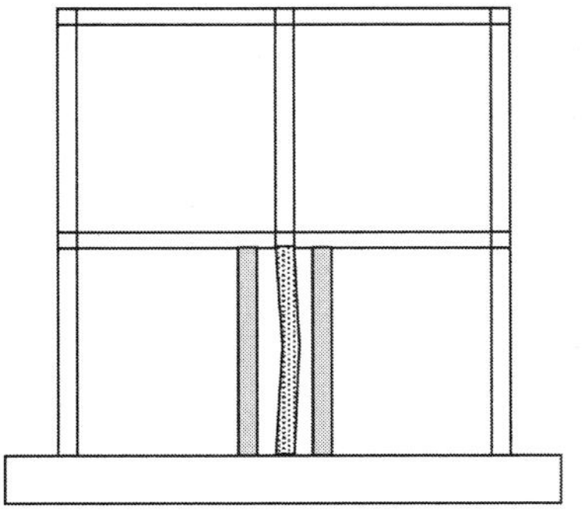

해설도 4.6.5(b) 기둥의 기둥증설 보강 예

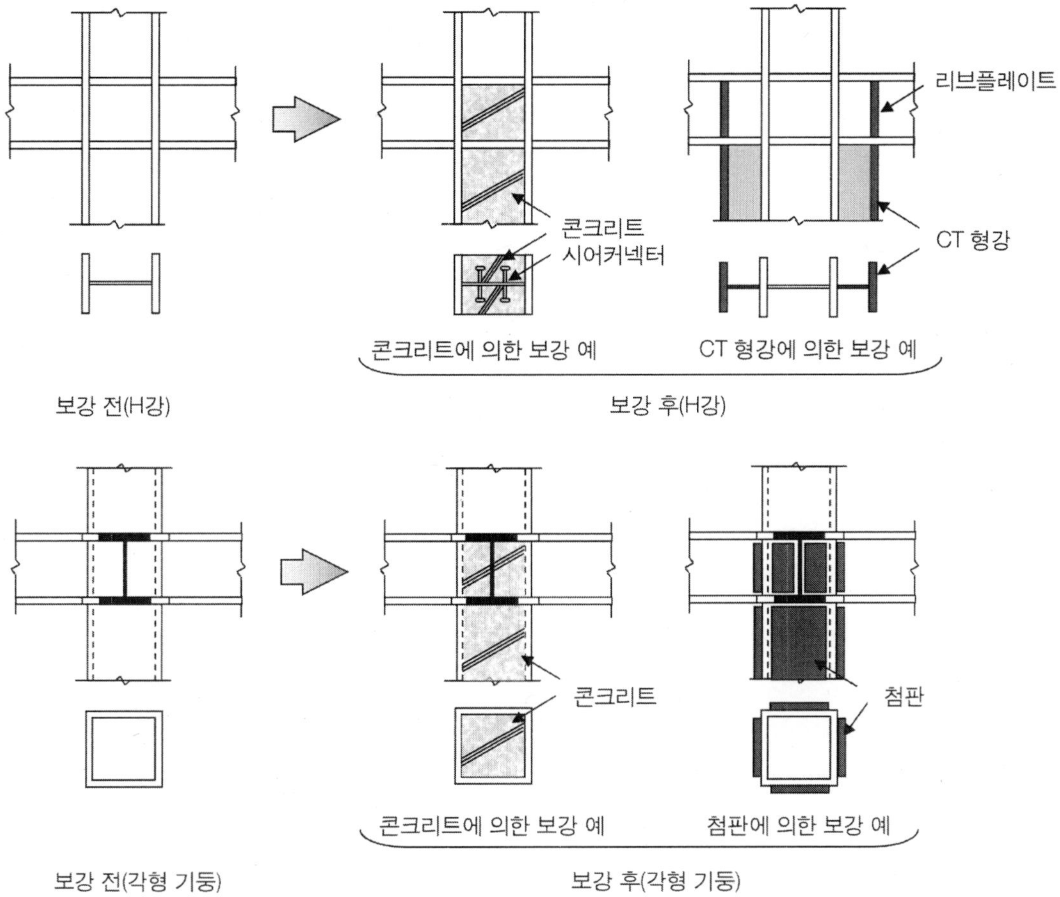

해설도 4.6.6 철골기둥 및 주량 접합부의 보강 예 [43), 44)]

4.6.3.3 보의 보강 방법

보의 보강 방법은 첨판 보강 또는 증설보 보강 혹은 샛기둥 보강 등 중에서 선정한다.

해설

보의 보강은 기둥과 마찬가지로 첨판과 증설보에 의한 보강이 있다.

해설도 4.6.7(a)에 트러스 보의 증설보 보강 예를, 해설도 4.6.7(b)에 보 중앙부의 보강 예를, 해설도 4.6.7(c)에 보의 처짐(수평방향)에 대한 보강 예를, 해설도 4.6.7(d) 보 단부의 보강예를 나타낸다.

해설도 4.6.7(a)은 피해를 입은 트러스 보의 하부에 H형강을 배치해 보강하는 방법이다. 보 하부 유효 치수가 작아지는 것에 주의한다.

해설도 4.6.7(b)은 연직방향으로 처진 보 중앙부를 보강하는 방법의 예로, 편심 브레이스나 샛기둥으로 보 중앙부를 보강하는 방법이 있으나 보 하부 스페이스는 사용하기 어려워진다. 원래 보 하부에 건식벽이 있는 건축 계획의 경우, 건식벽에 내장시키는 방법도 있다.

해설도 4.6.7(c)은 수평방향으로 휜 보를 보강하는 방법의 예이다. 수평방향으로 휜 보는 횡 좌굴이 우려되므로 수평방향의 강성 및 내력을 보강할 필요가 있다. 플레이트를 용접하는 방법과 횡좌굴 스토퍼를 설치하는 방법이 있다.[43]해설도 4.6.7(a)~4.6.7(c)의 플레이트 보강의 경우, 구조면의 수평 강성이 변화하므로 건물 전체의 수평강성 밸런스를 확인할 필요가 있다.

해설도 4.6.7(d)는 보 단부를 보강하는 방법의 예이다. 슬래브의 설치나 천장 내 내장 등의 상황에 따라 구분하여 사용한다.

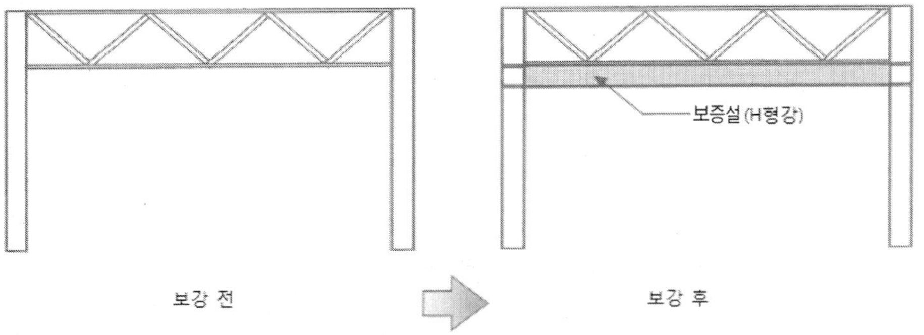

해설도 4.6.7(a) 트러스 보의 증설 보강

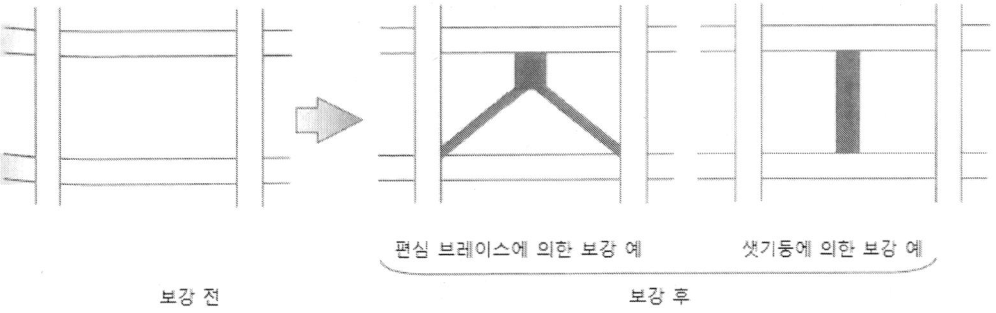

해설도 4.6.7(b) 보 중앙부의 보강 예 [43), 44)]

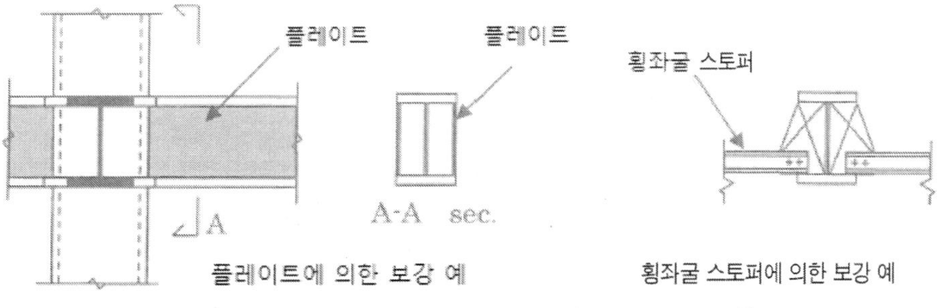

해설도 4.6.7(c) 보의 처짐(수평방향)에 대한 보강 예 [44)]

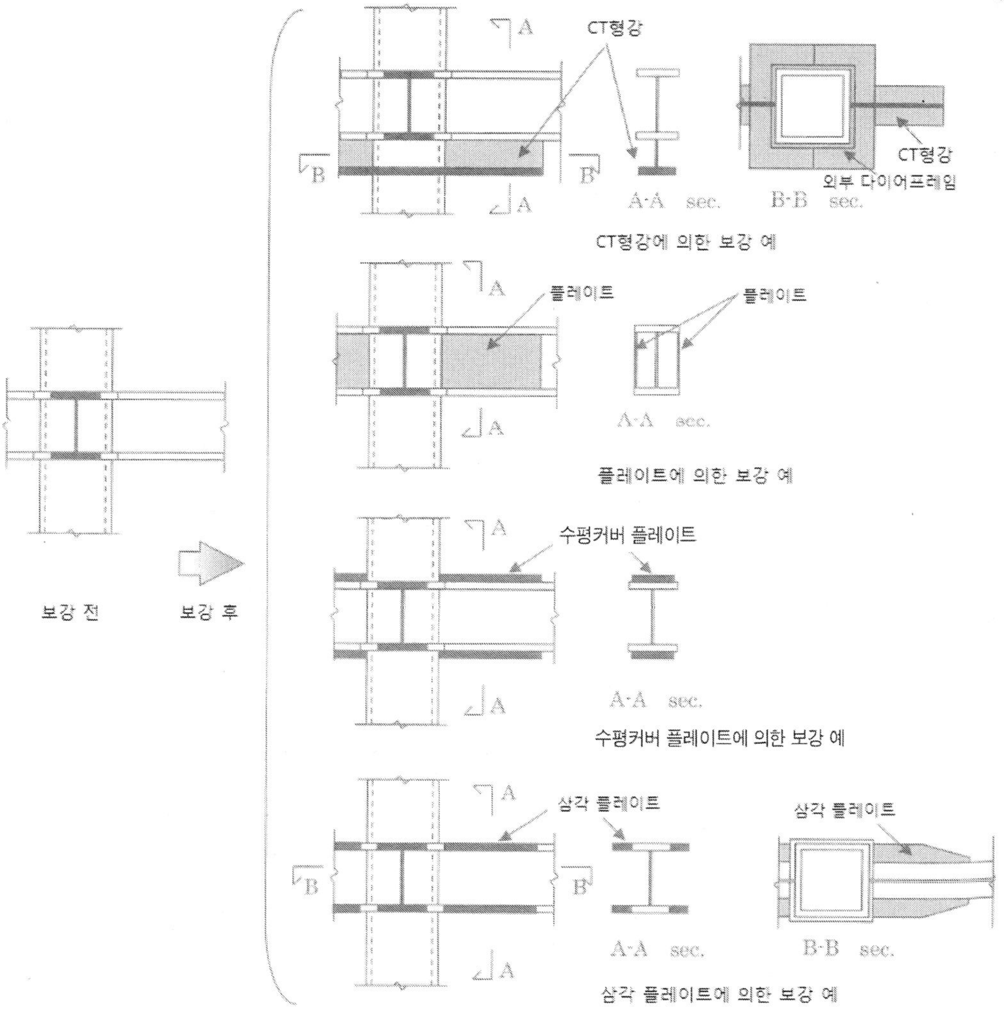

해설도 4.6.7(d) 보 단부의 보강 예 [43), 44)]

해설사진 4.6.1과 해설사진 4.6.2에 각각 보강 후 예를 나타낸다. 해설사진 4.6.1은 트러스 보의 격자재를 교환하고 상하현재에 용접 접합한 후, 하현재 하부를 플레이트로 보강한 예이다. 해설사진 4.6.2는 하현재를 커버 플레이트나 H형강으로 보강한 예이다.

해설사진 4.6.1 격자재 및 하현재의 보강 예

해설사진 4.6.2 하현재의 보강 예

4.6.3.4 슬래브의 보수 · 보강 방법

슬래브의 보수 · 보강 방법은 연직방향 잔류 변형의 정도를 확인한 후, 추가 작은보에 의한 보강과 슬래브 콘크리트의 일부 해체 및 보수로부터 선택한다.

해설

강구조에 이용되는 슬래브는 데크 플레이트 바닥 슬래브가 많다. 데크 플레이트 바닥 슬래브는 아래쪽 면이 열용량이 작은 강판(데크 플레이트)이며, 이 강판은 화재 시에는 쉽게 변형된다. 슬래브의 변형에 대해서는 4.4.3항에 허용 처짐 정도를 제시하였으며, 그 값을 초과하는 경우는 보수 · 보강을 검토한다.

해설표 4.2.1에 나타낸바와 같이 데크 플레이트를 이용한 바닥 슬래브 공법에는 4종류가 있다. 데크형 거푸집 슬래브의 경우, 데크 플레이트는 시공용 일회용 거푸집인데, 데크 합성 슬래브 · 데크 복합 슬래브 및 데크 구조 슬래브의 경우, 데크 플레이트에서 구조 내력을 기대한다.

데크 합성 슬래브의 경우, 4.3.3항의 방법에 따라 데크 플레이트와 콘크리트의 일체성을 확인할 수 없는 경우는 바닥 슬래브 전체의 해체 및 교체가 필요하다. 데크 복합 슬래브 및 데크 구조 슬래브의 경우, 데크 플레이트와 콘크리트의 일체성은 기대하지 않으므로, 데크 플레이트와 콘크리트 각각에 대해 보수 · 보강 및 교체를 계획하면 좋다.

데크 복합 슬래브 및 데크 구조 슬래브의 데크 플레이트가 기계적 성질(항복점, 인장 강도) 및 변형의 회복 목표를 충족하지 않는 경우, 추가 작은 보에 의한 보강 또는 해체 및 교체를 실시하게 된다. 데크 플레이트를 해체 및 교체하는 경우는 데크 플레이트만 교체하기는 어려우므로 바닥 슬래브 전체를 해체, 교체하게 된다. 슬래브 콘크리트의 보수 · 보강 방법은 3.6.3항의 방법에 따른다.

데크 거푸집 슬래브의 경우, 슬래브 콘크리트의 보수 · 보강만을 계획하면 되며, 3.6.3항의 방법에 따른다.

슬래브의 피재로 인해 발생하는 문제는 하중 지지 성능의 저하뿐 아니라 강성 저하에 따른 진동 문제도 있다. 진동 성능의 저하에 대해서는 작은 보의 추가를 통해 1장당 슬래브 면적을 줄여 진폭을 작게 하는 방법이 자주 이용된다. 이 때, 작은 보의 추가에 따른 큰보의 하중 지지 상태 변화를 확인할 필요가 있다.

4.6.3.5 기타 부재의 보수 · 보강

a. 엥커 볼트는 콘크리트 부재 속에 매립되어 있으므로 보수 · 보강이 어려우므로, 교체나 강판 보강을 검토할 필요가 있다.
b. 내진용 · 내풍용 브레이스(brace)나 좌굴 스토퍼 등 주요 구조부에 해당하지 않는 부재가 화재를 입었을 경우, 요구되는 내진 성능이나 내풍 성능에 따라 보수 · 보강한다. 보강 방법에 대해서는 brace는 기둥, 좌굴 스토퍼는 보의 보강 방법에 준한다.

해설

엥커 볼드는 콘크리드 부재 속에 매립되어 있으므로 보수 · 보강이 어렵다. 엥커 볼드 자체에 명백히 변형이 있는 경우, 그 부재 자체의 교체도 포함해 검토할 필요가 있다. 또 엥커 볼트 자체의 손상에 기인하는 볼트 주위 콘크리트의 손상에 의한 성능 저하도 검토할 필요가 있다. 엥커 볼트의 교체가 어려울 경우, 엥커 볼트 주위의 콘크리트가 건전하면 해설도 4.6.8에서 나타낸바와 같이 강판 보강도 고려할 수 있다[43].

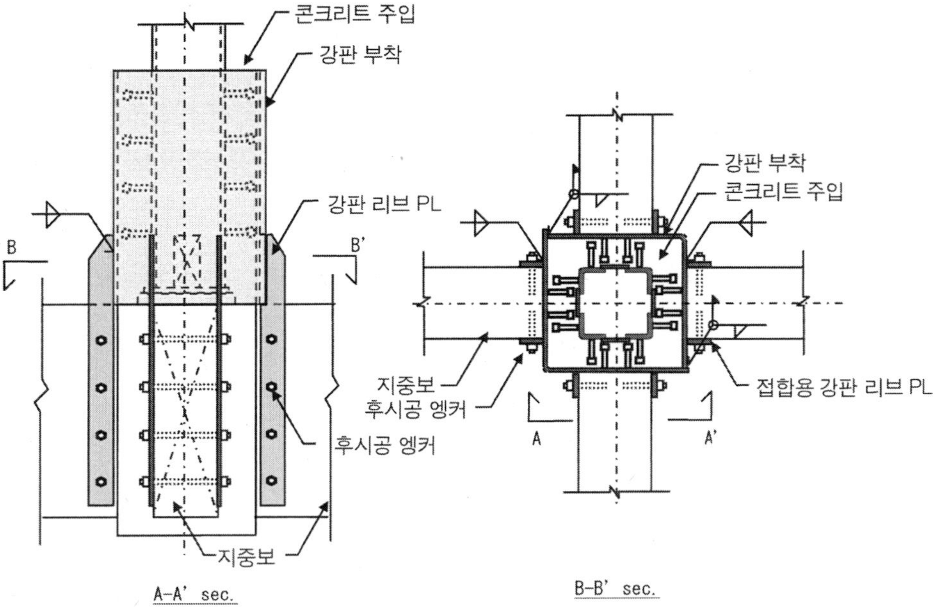

해설도 4.6.8 주각의 강판 부착 보강의 예 [43)]

b. 내진용 및 내풍용 브레이스나 좌굴 스토퍼 등 주요 구조부에 해당하지 않는 부재는 내화 피복이 시공되어 있지 않은 경우가 많으므로 화해등급 V급이 될 가능성이 높다. 그러한 부재가 화해등급 V급이 되는 경우, 연직 하중은 기둥으로 지지할 수 있지만, 지진이나 바람에 대해 가구의 수평방향 안정성을 유지할 수 없는 경우가 있다. 화재 후 지진이나 바람이 문제시되는 경우, 내진용 및 내풍용 brace나 좌굴 스토퍼 등도 보수나 교체가 필요하다.

4.6.3.6 부재의 교체

부재의 교체는 화재 후 잔류 응력을 고려해 신중하게 실시한다.

해설

부재의 보수 · 보강을 통해 회복 목표를 달성할 수 없는 경우는 부재를 교체한다. 과거의 사례로 강도 저하가 우려되는 강구조 부재를 절단해 제거하는 순간에 가열 냉각에 의한 잔류 응력이 해제되면서 건물이 흔들려 새로운 안정 상태로 이행하는 현상이 있었다.[45)]

4.1.2항의 해설에서 골조의 가열 냉각 후 잔류 응력, 잔류 변형에 관한 해석적 검토 사례를 나타냈다. 특히 보의 경우, 수열온도가 높을수록, 양단 골조의 구속이 클수록, 인장 잔류 축력이 크다는

사실이 해석적으로 분명해졌다.

따라서 부재 교체 시, 기둥은 존재 축력을, 보는 잔류 인장 축력을 고려한 가설 계획이 중요하다. 기둥 교체 시에는 해당 기둥이 부담하고 있던 하중을 부담할 수 있는 가설 기둥을 계획한다. 이 경우, 주변 부재의 응력 전달 능력을 확인할 필요가 있다. 보 교체 시에는 해당 보에 잔류하는 인장 축력이나 처짐 응력에 따라 절단 시에 보가 급격하게 탈락하는 현상을 막기 위해 예열을 하거나 가설 와이어를 설치해 두는 등 작업 시 안전을 배려해야 한다.

4.6.3.7 기타 보강에 대한 개념

기둥의 보강이나 교체가 어려운 경우, 주변 골조의 하중 전달 능력을 확인한 다음, 해당 기둥 상부에 접속하는 보나 인접하는 기둥을 보강하는 것도 고려할 수 있다. 보강 방법은 기둥 혹은 보의 보강 방법에 준한다.

해설

부재의 보강이 어려운 경우에도 해당 부재 주변 골조의 하중 전달 능력(응력재배분 능력)을 이용해 골조 전체로 보강할 수 있다. 해설도 4.6.9에 골조의 응력재배분 능력을 이용한 보강의 이미지도를 나타낸다.

예를들면, 화해를 입은 기둥이 화해등급 V급으로, 그 두부에 설치하는 보나 위층의 기둥 및 보가 건전한 경우, 그 기둥이 부담하고 있던 축력을 해당 기둥 상부의 보를 통해 인접 기둥이 부담하게 하는 것도 가능할 수 있다. 화재를 입은 기둥을 보강을 통해 본래 성능으로 복귀시키기 어려운 경우, 화해를 입은 기둥의 상성 및 내력 저하를 고려해 응력재배분 상태를 확인하는 응력 계산이나 경우에 따라서는 주변 골조도 보강함으로써 화해를 입은 기둥에 부족한 성능을 보충하는 것도 고려할 수 있다. 순 라멘 골조나 메가 트러스(truss) 골조 등에서 이러한 케이스를 고려할 수 있다. 이 보강 방법의 경우, 화해를 입은 기둥의 두부에 연직 변위가 잔류할 가능성이 있다. 아울러 화해를 입은 기둥도 어느 정도 축력을 부담하고 있는 것으로 추정되므로 해당 기둥을 제거할 때에는 시공계획을 수립해 신중하게 시공하여야 한다.

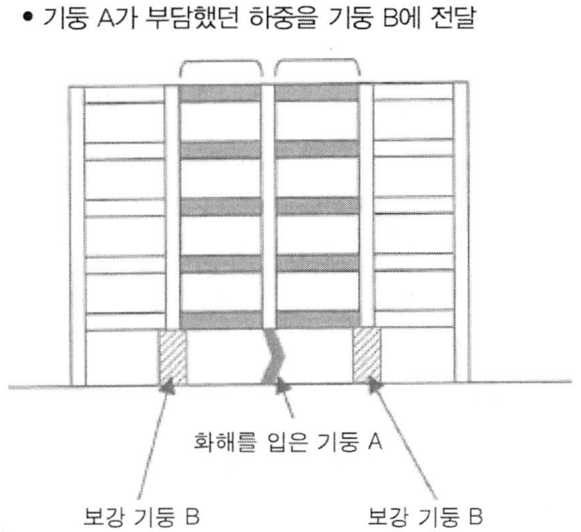

해설도 4.6.9 골조의 응력 재배분 능력을 이용한 보강 개념도

인용 · 참고문헌

1) (一財) 日本建築防災協会：被災建築物応急危険度判定マニュアル, pp.12, pp46-47, pp35-57
2) 日本建築学会:建築工事標準仕様書・同解説　JASS6 鉄骨工事, 2002
3) 国土交通省住宅局建築指導課：基本建築関係法令集[告示編]建設省告示 1459 号「建築物の使用上の支障が起こらないことを確かめる必要がある場合およびその確認方法を定める件」, 2009
4) C.I.Smith, B.R.Kirby, et: The Reinstatement of Fire Damaged Steel Framed Structures, Fire Safety journal, 4, pp.21-62, 1981
5) British Steel: The Behaviour of Multi-Storey Steel Framed Buildings in Fire, British Steel plc, Swinden Tecnology Centre, pp.1-73, 1999
6) The Steel Construction Institute: Structural Fire Engineering Investigation of Broadgate Phase 8 Fire, The Steel Construction Institute, pp.1-84, 1991
7) 森田武：火災加熱を受けた鉄骨架構の冷却後の残留応力・変形に関する解析的検討, 日本建築学会大会学術講演梗概集（東北）A-2, pp.59-62, 2000 年 9 月
8) 合成スラブ工業会：合成スラブの設計・施工マニュアル, 2013 および 日本鉄鋼連盟：デッキプレート床構造設計・施工規準, 2004 など
9) 野秋政希, 鈴木淳一, 大宮喜文：様々な加熱温度曲線下における木材の炭化深さ, 平成 25 年度日本火災学会研究発表会概要集, pp.94-95, 2013
10) 浜田稔：木材の燃焼速度, 火災, Vol.2, №3, 1953
11) 日本火災学会：火災便覧新版, 共立出版, pp.952, 1984.3
12) 日本火災学会：火災便覧第 3 版, 共立出版, pp.950, 1997.5
13) fib：Fire design of concrete structures - structural behaviour and assessment, 2008
14) 国立天文台編：理科年表 2009 年版
15) 磯畑脩監修：実務者のための建物診断, (株) テクネット発行, 1990.12　表 2.4.2, 2.4.3
16) 長友宗重, 他：既存建物の耐力診断と対策, 鹿島出版会, pp94-96, 1978.6
17) 巽昭夫：熱影響を受けた高力ボルトの締付け軸力に関する研究, 博士論文, pp.149, 1981 年, Fig.6-8(a)(b)(c)
18) 日本建築学会：鉄骨工事技術指針 工事現場施工編, 2007
19) 日本建築学会：鉄骨精度測定指針, 2007

20) 日本工業規格 JIS Z 2241「金属材料引張試験方法」, 2011
21) 日本工業規格 JIS Z 2242「金属材料のシャルピー衝撃試験方法」, 2005
22) 日本鋼構造協会高温強度班：構造用鋼材の高温時ならびに加熱後の機械的性質, JSSC, Vol. 4, No. 33, 1968
23) 日本建築学会：鋼構造建築溶接部の超音波探傷検査規準・同解説, 2008
24) 脇山廣三： 高力ボルト接合(5) 火災と高力ボルト, JSSC No.39, pp. 46-49, 2001. 1
25) 脇山廣三, 巽昭夫：熱間中の高力ボルト構成材の機械的性質について, 日本建築学会論文報告集, 第 308 号, pp. 83-93, 1981. 10
26) 脇山廣三, 巽昭夫：火災をうけた鋼構造物の熱履歴温度の推定法に関する研究 －その 1 高力ボルト座金の硬さによる方法－, 日本建築学会論文報告集, 第 310 号, pp. 32-42, 1981. 12
27) 脇山廣三, 巽昭夫：熱履歴をうけた高力ボルトの残留軸力について －その 1 短時間暴露－, 日本建築学会論文報告集, 第 313 号, pp. 19-26, 1982. 3
28) 五十嵐定義, 脇山廣三, 蔵田栄治郎, 巽昭夫：熱履歴を受けた高力ボルト接合部に関する実験的研究（その 2 残留軸力試験）, 日本建築学会大会学術講演梗概集, 1976,
29) 五十嵐定義, 脇山廣三, 巽昭夫, 桜井久敏：熱履歴を受けた高力ボルト接合部に関する実験的研究（その 3 残留軸力試験－鋼種・熱履歴時間・冷却方法の補足）, 日本建築学会大会学術講演梗概集, 1977
30) 脇山廣三, 巽昭夫, 園田学：熱的繰り返し受ける高力ボルト接合部に関する実験的研究, 日本建築学会大会学術講演梗概集, 1978
31) 田中淳夫, 古村福次郎, 小久保勲：高温加熱を受けた高力ボルト摩擦接合部の性状について, 日本建築学会論文報告集, 第 252 号, 1977
32) 田中淳夫, 古村福次郎, 小久保勲：高温加熱を受けた高力ボルト摩擦接合継ぎ手の高温加力試験, 日本建築学会論文報告集, 第 286 号, 1979
33) 藤本盛久, 北後寿, 古村福次郎：高力ボルト摩擦接合継ぎ手の耐火性に関する研究, 日本建築学会論文報告集, 第 184 号, 1971
34) 日本工業規格 JIS B 1186「摩擦接合用高力六角ボルト・六角ナット・平座金のセット」, 2013
35) 日本工業規格 JIS Z 2245「ロックウェル硬さ試験方法」, 2011
36) 阪口明弘, 豊田康二, 門岡直也, 田坂茂樹：高温加熱を受けた高力ボルトセットのロックウェル硬さに基づく受熱温度推定方法, 日本建築学会構造系論文集, No. 691, pp1649-1657, 2013. 9
37) 柳瀬高仁, 藤田哲也, 嶋徹, 池ヶ谷靖：ボルトと溶接の混用継手における溶接がボルト軸力に及ぼす影響（超音波ボルト軸力計によるボルト軸力の測定）, 日本建築学会大会学術講演梗概集, 2005
38) 日本建築学会：鋼構造設計規準, 2005 年版, 第 10 章
39) 大内富夫, 湯谷孝夫, 西垣太郎, 丹羽博則, 宮本圭一, 斎藤秀人, 谷田貝健, 高橋済：建築構造物の長期設計荷重時応力（その 1 全体概要）, 日本建築学会大会学術講演梗概集(関東), 1997. 9
40) 湯谷孝夫, 大内富夫, 西垣太郎, 丹羽博則, 宮本圭一, 斎藤秀人, 谷田貝健, 高橋済：建築構造物の長期設計荷重時応力（その 2 梁部材）, 日本建築学会大会学術講演梗概集(関東), 1997. 9
41) 齋藤秀人, 大内富夫, 湯谷孝夫, 西垣太郎, 丹羽博則, 宮本圭一, 谷田貝健, 高橋済：建築構造物の長期設計荷重時応力（その 3 柱部材）, 日本建築学会大会学術講演梗概集(関東), 1997. 9
42) 日本建築学会：高力ボルトの接合設計施工ガイドブック（第 6 刷）, 2011 年 10 月
43) (一財)日本建築防災協会・(社) 日本鋼構造協会：既存鉄骨造建築物の耐震改修施工マニュアル≪改訂版≫, 2001 年 4 月
44) (一財)日本建築防災協会：2011 年度改訂版耐震改修促進法のための既存鉄骨造建築物の耐震診断および耐震改修指針・同解説, 2011 年 9 月
45) 鷲尾健三, 高橋慶夫, 五十嵐定義：建築の構造 その事故と災害 9 章 あるビルの火害調査から, 1978

부록

부록 1 화해를 입은 각종 부재 · 재료에 대하여

부록-1.1 화해를 입은 프리스트레스트 콘크리트 부재에 대하여

본 지침에서는 화해를 입은 RC조와 강구조의 보수 · 보강에 대하여 기재하고 있지만, 프리스트레스트 콘크리트 (이하, PC로 표기) 조에 대해서는 다루지 않았다. 여기서는 PC조 화재 사례를 소개하고, 화재 후의 보수방법 및 재사용에 대해 일례를 제시한다.

1. 화재 사례

일본에서 PC조의 화재사례는 토목에서 도로 고가교의 경우를 볼 수 있지만, 건물로서의 화재 사례는 찾아보기 어렵다. 스웨덴에서는 PC구조를 이용한 공장의 화재가 2건 보고되어 있다.[1)]

(1) 목조공장에 증설된 PC공장 (기둥과 보가 프리텐션 기성재, 슬래브는 프리케스트 경량 콘크리트판)의 예

목조 부분에서 출화 하여, PC조부분이 수평의 연도가 되어 화원에 가까운 PC기둥 (강선의 최외층까지의 피복 두께 : 2.54Cm) 은 콘크리트 부분에 축 방향으로 균열이 발생했음에도 불구하고, 진동법으로 조사한 결과, PC강선의 인장력 저하는 없었다. 이 기둥은 교체 되었지만, PC보는 화원과 가까운 2개를 제외하고 거의 피해가 없었다. 가장 피해가 컷던 보는 초기 강도의 약 1/3 저하가 예상되어 교체 되었다. 다만, 화재 후에 처짐이 증가하고 있었다고는 고려하지 않았다.

(2) 합판 공장의 예

화재 보수 후 반년정도 뒤 다시 같은 곳에서 화재가 발생한 사례로서 화재로부터 잘 유지한 사례이다. 지붕을 지탱하는 PC보는 상부 산형, 하부 수평 플랜지인 I형 단면으로 웨브 두께는 7.6cm 였다. 이 위치의 온도는 500-600℃에 달하며, 1.5시간 후는 400℃이상으로 가열 되었다고 생각 되며, 열과 소화수의 공동작용으로 화원에 가까운 1본의 보는 웨브 부분이 길이 2.43m에 걸쳐 완전히 빠져 버렸다. 그러나, 플랜지 부분은 실제로 거의 피해가 없고, 웨브 부분에 배치되어 있던 PC강선의 인장력은 1098N/mm^2 에서 412N/mm^2 로 저하되고 있는 반면, 플랜지 부분의 강선은 프리스트레스의 손실은 없었다. 화원에 가까운 제2의 보에서는 손실이 거의 없었고, 웨브 부분이 빠진 보1개만 빠진 웨브 부분에 보통철근을 곁들여 콘크리트타설을 하여, 보강하였다. 그 후, 다시 동일한 부분에서 전보다 격렬한 화재가 발생 했지만, 그 때는 구조적 피해를 거의 받지 않은 것으로 보고되고 있다. 이처럼, 두께가 얇은 웨브 부분등은 화재에 의해 빠지는 곳도 있지만, 모두 국부적인 파손으로, 프랜지 부분과 같이 비교적 두꺼운 부분에서는 거의 피해를 보지 않고 보수 후 재 사용이 가능한 경우가 대부분이다.

2. 화재 후 보수 및 재사용에 대하여

PC 조의 화재조사, 진단 및 보수 · 보강은 기본적으로 RC조와 같다. 다만, PC강재가 삽입되어 프리스트레스가 도입되고 있는 차이가 있다. 화재 후의 PC보의 보수를 고려한 예로서 재사용 가능한 방법 및 가열후의 강성에 관해 과거의 연구 및 리뷰를 소개한다.

(1) PC보의 화재 후 보수방법의 개념에 대한 일례를 나타낸다.[2)]

프리스트레스가 상실되었다고 하면, 원래 상태로 되돌리는 것은 어렵다. 그러나, PC긴장재의 온도가 400℃ 이하라면, 프리스트레스의 상실도 적고, 내력의 감소도 적으므로, 보수가 가능하다. 피복콘크리트가 탈락한 경우, 보에 설계하중 이상의 하중을 재하 하고, 아래면 콘크리트의 증설을 하여, 이것이 경화한 후 제하 하면 증설한 콘크리트에도 프리스트레스가 어느정도 도입된다. 또한, 보의 측면에 긴장재를 삽입하여, 프리스트레스를 주고, 긴장재를 후일 콘크리트로 감싸서 방화적으로 할 수도 있다. 치명적인 피해가 아니라면, 각각의 경우에 대하여 수리하는 방법도 고려할 수 있다.

(2) 화재 후 PC조의 재사용을 상정하는 경우에 대해 기술한다.[2)]

화재 시에 내화피복에 의해 열충격을 피하고, 또한 콘크리트의 표면온도를 200℃ 이하로 보호한다면, 피해 전과 거의 다르지 않은 콘크리트로서 유지된다고 생각된다. 설계화재시간의 화재를 입은 후에는 건물을 다시 사용하거나, 또는 그 화재 후는 재사용을 생각하지 않지만, 보다 작은 소규모의 화재 후에는 재사용 할 것인가 등의 판단은 설계자가 결정해야 할 조건이다.

콘크리트 표면온도가200℃를 넘지 않도록 하기 위한 내화 피복두께의 기준으로서 부록표 1.1.1에 나타내는 경우가 있다. 여기서 말하는 내화피복이란, 고온 비팽창성의 내화 피복으로, 펴라이트 모르타르, 뿜칠암면, 석고플라스터, 질석 모르타르 등이 있다.

부록표 1.1.1 재사용을 위한 내화피복 두께[2)] (단위:mm)

화재시간	30분	45분	1시간	2시간
내화피복 두께	20	25	30	45

(3) 화재시간과 강성의 관계에 대해 설명한다.

니시야마(西山)[3]등의 연구에 의하면 PC보는 프리스트레스 콘크리트 설계시공기준 · 해설 (이하 PC기준이라 칭함.)[2]을 만족하는 사양이라면, 강성은 가열시간30분에서는 상온시의 약 80%, 60분이라면 50%로 저하된다. 그러나, 30분 시에는 가열직후에 비해, 4개월 후에는 강성의 회복이 나타났으나, 60분에서는 보이지 않았다. 30분 정도의 화재에 대해서는 PC기준을 만족하는 사양이라면, 재 사용의 가능성은 높은 것으로 평가된다.

인용 · 참고문헌

1)坂静雄：プレストレストコンクリート架構材の耐火力，建築雑誌，Vol.71,No.839, pp.9-12,1956.10

2)日本建築学会：プレストレストコンクリート設計施工規準・同解説，丸善（株），p.470,1998.11

3)林成俊，古沢陽子，谷昌典，原田和典，西山峰広：プレストレストコンクリート梁の高温時力学性状に関する実験的研究（その1），（その2），日本建築学会大会梗概集，pp.913-916，2008.9

부록-1.2 화해를 받은 비 내력부재 (건식벽, ALC벽)에 관하여

본 지침에서는 화해를 받은 RC조와 강구조의 구조체에 대한 진단 및 보수 · 보강에 관하여 기술하고 있지만, 실제 화재 시에는 비내력 부재도 구조부와 동등한 화해를 받는다.

여기서는 대표적인 비내력부재인 건식벽을 구성하는 석고보드 및 ALC 패널이 화해를 입은 경우의 피해와 보수방법에 대해 기재한다.

1. 화해를 입은 석고보드에 대하여

석고보드는 석고($CaSO_4 \cdot 2H_2O$)를 심재로 하여, 양면을 석고보드용 원지로 피복 성형한 건축용 내장재이다. 석고는 중량비로 21%의 결정수를 포함하고 있기 때문에 결정수가 증발발산 되기 전에는 온도가 상승하지 않는 특징이 있다. 보드용 원지의 두께가 0.6mm이하고 두께 12mm이상의 석고보드는 불연재료의 예시 사양, 두께 9mm이상의 석고보드는 준불연 재료의 예시사양으로 분류 되어 있다.

화재시의 화열을 받아도 바로 파손되는 일은 없고 방내화성을 발휘하지만, 일단 화열을 받은 석고보드를 재 사용하는 것은 어렵다. 표면의 종이(석고보드용 원지)가 강도면에서 중요한 성질을 담당하고 있으므로, 표면의 종이의 탄화 · 변색이 인정되면 교체하는 것이 좋다. 석고보드는 겹쳐서 사용하는 경우가 많고, 겉면의 석고 보드만이 화해를 받는 경우도 있지만, 상부와 하부 석고보드 사이를 접착제로 시공하고 있는 경우는 상단만 교체하기 어렵다. 하부의 석고보드에도 피해가 미치고 있는 경우도 있으므로, 양면전부 교체 하는 편이 좋다.

석고보드의 보수방법으로서는 파인 부분을 퍼티로 보수하는 경우는 있지만, 화해를 입은 보드를 보수하는 방법은 없으므로, 화해를 입은 석고보드는 전부 교체하는 것이 바람직하다.

2. 화해를 입은 ALC패널에 관하여

ALC 패널은 “Autoclaved Lightweight aerated Concrete panels” (고온고압으로 증기양생된 경량 기포 콘크리트 판넬)의 머리글자를 따서 이름 붙인 건재이다. 제품은 폭 600mm가 표준이고, 두께가 75mm이상의 두꺼운 패널과 500mm 이하의 얇은 패널로 크게 나뉘어 사용되고, 두꺼운 패널은 주로 강구조 주택 · 빌딩 · 공장등에 이용되고, 얇은 패널은 철골 또는 목조의 전용주택 · 저층건축물 등에 사용되며 건축물의 구조나 규모 · 용도에 따라 분류하고 있다. 내화성이 뛰어난 두께 75mm이상의 ALC패널은 내화구조벽 2시간 (비 손상성 2시간, 차열성 1시간)의 예시 사양이 되어 있다.

가열을 받은 ALC 패널의 변화에 대해서는 잔존내력(처짐내력)의 저하와 균열등의 표면의 열화를 들 수 있다. 비 내력 부재이지만, 패널의 건전성을 확인하기 위해서는 잔존내력을 지표로서 이용하는 편이 알기 쉽다.

잔존내력의 저하에 관해서는 아래와 같은 실험의 예가 보고되고 있다.[2)3)] 두께 35mm, 50mm, 100mm의 ALC 패널벽에 10분 및 20분간의 ISO834 표준가열온도를 한쪽에 가하고 냉각시킨 후에, JIS A 5416에 나타낸 처짐강도를 측정한 결과 (하중-처짐곡선)를 부록도 1.2.1에 나타낸다. 그림의 왼쪽 예는 휨 시험중에 압충응력이 생기는 구간이 가열에 의해 취약해지는 영역으로 한 경우의 결과로, 그림의 우열은 그 반대로, 압축응력이 생기는 구간이 가열의 영향을 받지 않는 건전한 영역인 경우의 결과이다.

그 결과, 좌열의 가열부분이 압축력을 받은 시험체는 가열시간이 늘어남에 따라 처짐내력이 명확하게 저하되고 있지만, 반대로 우열의 비가열부분이 압축력을 받은 시험체는 처짐내력의 저하가 완만한 것을 알 수 있다. 두께의 영향에 관해서는 35,50,100mm로 증가함으로서, 처짐 저항성이 커지고 있다. 특히, 두께가 100mm인 경우에는 패널 지점간 중앙의 변위가 30mm를 넘어, 부재가 크게 변형된 상태에서도 처짐 잔존 내력은 충분히 유지되어 더욱 저항하는 상태가 되고 있다. 화해를 입은 ALC패널의 경우는 두께35mm에서는 강도 저하가 크지만, 두께 100mm에서는 그다지 강도가 저하하지 않고, 두께를 증가시키는 것으로 건전한 부분의 유효한 단면적을 확보 할 수 있는 가능성이 있다.

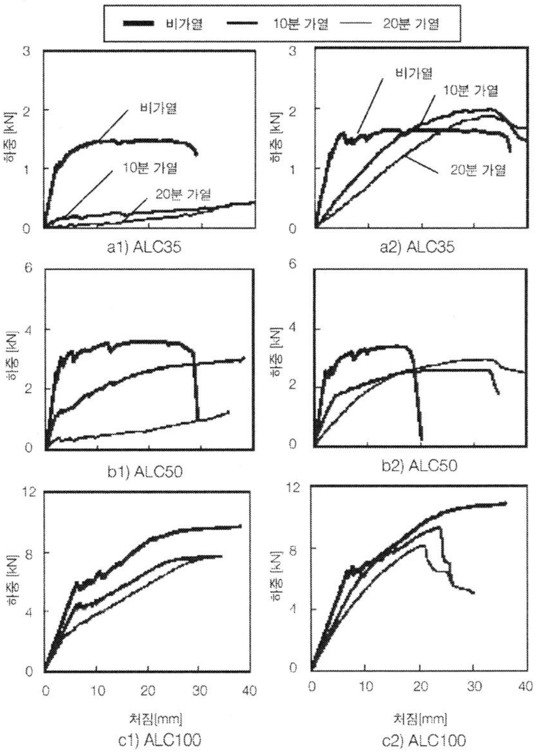

부록도 1.2.1 가열냉각후의 ALC패널의 하중 · 처짐곡선 [3)]

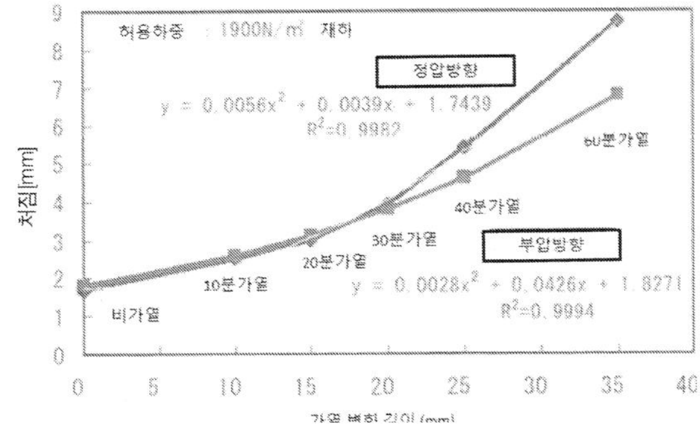

부록도 1.2.2 가열변화 깊이와 처짐의 관계 [4)]

한편, 표면의 열화에 대해서는 ALC패널은 가열을 받으면 가열면에 거북이 등 모양의 균열이 생겨, 그 균열은 가열시간의 증가에 따라 증대한다. 또한, 가열면 옆에 오목한 모양의 균열변이 잔존한다.

화재에 의한 잔존내력(처짐내력)의 저하와 균열 등, 표면의 열화등의 손상을 입은 ALC패널의 건전성을 판단하는 방법으로는, 패널 전체를 빼내어 JIS A 5416 에 나타낸 처짐 시험의 결과가 규격치를 만족하는지 여부를 확인하는 것이 확실한 방법이다. 패널 전체를 빼내지 않더라도, 작은 샘플로부터 얻은 분말을 X선 회절로, ALC 결정 구조를 분석하는 것으로, ALC 패널의 건전성을 판정 할 수 있다는 최근의 연구도 있다.[4] 이것은 ALC를 구성하는 규산칼슘 수화물 중에서 중요한 토버모라이트결정이 가열에 의해 변화하는 모습을 X선 회절로 분석하는 것으로, ALC 패널이 어느 깊이까지 화재의 영향을 받았는가에 대하여 (가열변화 깊이)로 판정 할 수 있다는 것이다. X선 회절에 의해 얻은 가열변화 깊이와 ALC 패널의 처짐 시험에 의한 처짐(휨강성)과의 관계를 부록도 1.2.2에 나타낸다. 가열변화 깊이와 휨강성은 높은 상관관계가 나타나며, 더욱이 ISO834에 규정된 가열시간과 토버모라이트의 가열변화 깊이에도 높은 상관관계가 있어 식(부록 1.2.1)에 나타내었다.

$$k = -0.0016t^2 + 0.7365t + 0.1544\left(R^2 = 0.9931\right) \qquad \text{(부록 1.2.1)}$$

k : 토버모라이트의 가열변화깊이(mm)

t : 가열시간(분)

여기서, 가열시간을 가열변화 깊이로 바꾸면, 부록도 1.2.3이 정압방향, 부록도1.2.4가 부압방향의 경우의 처짐의 증가비와 ALC 패널 안의 토버모라이트의 가열변화 깊이와의 관계가 된다.

이러한 관계를 식 (부록 1.2.2) 로 나타내어, 가열시간과의 관계와 같이 실험정수를 패널두께와의 관계에서 얻기 위해서 최소 제곱법을 이용해 근사시키면 부록도 1.2.5와 같이 된다.

$$y = e^{f(h)k} \qquad \text{(부록 1.2.2)}$$

y : 처짐 증가비

h : 패널 두께 (mm)

k : 토버모라이트의 가열변화깊이

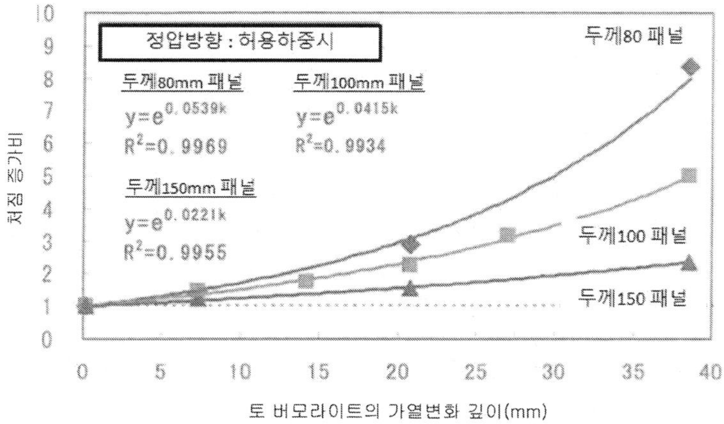

부록도 1.2.3 처짐 증가비 – 가열변화 깊이 곡선(정압방향)[6]

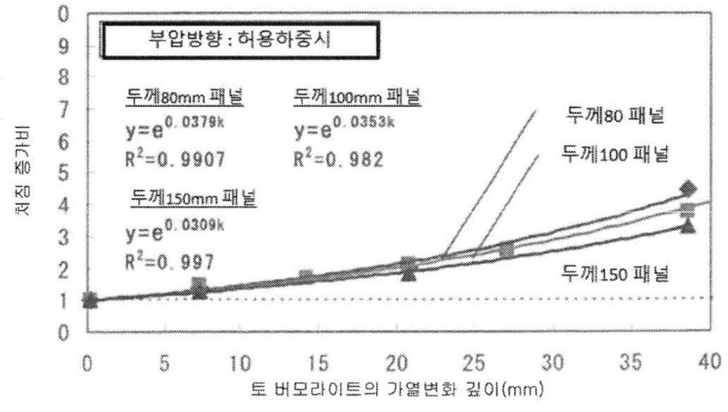

부록도 1.2.4 처짐 증가비 – 가열변화 깊이 곡선(부압방향) [6)]

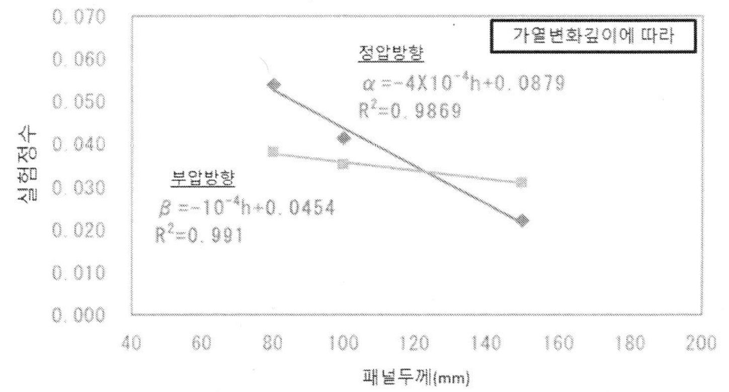

부록도 1.2.5 실험정수와 패널두께의 관계(가열변화깊이에 따라) [6)]

하중 재하 방향에 따른 조건식은 식 (부록 1.2.3) 및 식 (부록 1.2.4)로 표시된다.

$$\text{정압방향 } f(h):\ \alpha = -4\times10^{-4}h + 0.0879 \quad (R^2 = 0.9869) \qquad \text{(부록 1.2.3)}$$

$$\text{부압방향 } f(h):\ \beta = -10^{-4}h + 0.0454 \quad (R^2 = 0.991) \qquad \text{(부록 1.2.4)}$$

이에 따라, 가열시간과는 별개로, 가열의 영향을 받은 ALC 패널을 X선 회절에 의해 얻은 토버모라이트의 가열변화 깊이 및 패널 두께와의 관계에서 허용하중시에 비가열 패널에 비해 어느 정도 처짐이 증가하는 지 산정 할 수 있다.

또한, ALC 패널의 장기내구성의 관점에서, 열화도로서 탄산화도라는 지표가 있다[5)]. 탄산화도는 토버모라이트의 분해도를 나타내는 것으로, ICP화학분석에서 CaO함유량을 열분석(DTA-TG)

에 의한 600∽800℃의 중량감소에서 CO_2함유량을 계측 한 후, 계산식에 의해 구한다. 탄산화도가 50%이상이면 ALC 소재가 열화하고 있다고 판단 할 수 있다. 탄산화도로 ALC 패널의 화해 정도를 직접 판단할 수는 없지만, X선 회절의 결과 등과 함께 종합적인 보수 · 보강 방법을 결정하는 것이 바람직하다.

손상 정도와 보수가능 여부의 판정 및 보수장법을 명확하게 나타내는 것은 현재는 존재하지 않는다. 비교적 작은 범위라면 JASS21 등에 표시되어 있는 전용의 보수재를 이용하는 것이 가능하지만, 면으로서 화해를 받은 ALC 패널은 교체하거나, 화해 정도가 가볍다면 가열면부터 보강을 실시하게 된다. 「가열면부터 보강」 이란, 화해의 정도가 가벼운 경우 즉, 열 영향이 가열 포면으로부터 얕은 범위에 머무르고 있는 경우에는, 패널 가열면에 생기는 미세한 균열의 내부에 침투해 충전 및 경화하는 도포함침제(재) 가 이용되는 경우가 있다. 이에 따라 가열 표면의 취약성이 개선되어 내구성의 유지, 마감재료의 바탕면 으로서의 표면강도 및 패널의 처짐 강성도 개선된다. 도포함침제(재)에는 아크릴 수지 에멀젼 계와 우레탄 수지계 및 에폭시 수지계 등이 있다. 기타, 패널 표면에 시멘트 계의 바탕조정도재등을 도포해, 피복층을 형성하는 경우도 있다.

ALC 패널의 메이커로서는 표면적으로는 괜찮지만, 화재에 의한 패널의 강도 · 내구성 · 단열성과 같은 종합적인 피해는 판단 할 수 없으며, 다시 화해를 받은 경우, 초기의 성능을 발휘 할 수 있는가도 불명확하고 또한, 겉보기로는 평가할 수는 없어도 표면의 결정이 변화하여, 미세한 균열이 발생하고 있는 점, 탄 부분의 마감(도장)에 대한 내구성이 명확하지 않은 점 등을 이유로, 패널의 교체를 권하는 경우가 많다. 그러나, ALC 메이커는 화해의 경우가 가벼운 경우에는 계속 사용 할 수 있도록 연구를 계속 하고 있으며, X선 회절 등의 화학분석에 기초한 열화예측 등도 새롭게 제안되고 있어, 이러한 방법이 실제 화재 현장에서 활용될 것으로 기대된다.

인용 · 참고문헌

1)(社)石膏ボード工業会「平成 15 年版　石膏ボードハンドブック」

2) Y Kitsutaka, Mr H Hiramatsu, M Tamura：Influence of High Temperature Heating on the Mechanical Properties of Autoclaved Aerated Concrete Panel, Proceedings of the International Conference on Concrete Construction's Sustainable Option, Scotland, UK, Concrete for Fire Engineering, pp.283-289, 2008.7.

3)平松宏基他「各種建築外装仕上げパネルの耐火性能に関する研究」，日本建築学会，関東支部研究報告集 第 77 号，pp.1-4, 2007.2.

4)遠藤利二他「ALC パネルの各種強度性状に及ぼす加熱の影響　その 1．加熱後の ALC パネルの曲げ強さ及び X 線回折による ALC パネル結晶構造の分析」，日本建築学会構造系論文集第 633 号，pp1921-1926，2008.11.

5)松下文明他「軽量気泡コンクリート(ALC)の耐久性向上　軽量気泡コンクリート(ALC)の炭酸化判定法」，日本建築学会技術報告集第 9 号，pp29-32，1999.12.

6)遠藤利二他「ALC パネルの各種強度性状に及ぼす加熱の影響　その 2. 厚さの異なる ALC パネルの加熱後の曲げ強さ」，日本建築学会構造系論文集 第 645 号，pp1941-1947，2009.11.

부록-1.3 화해를 받은 내화 피복에 대하여

1. 내화피복에 대하여

내화 피복이란 내열성이 있는 단열재로 정의 할 수 있다. 약 1000℃의 화재에 대하여 대부분의 내화피복은 손상되어 가면서 내열성을 확보하고 있다. 따라서 통상의 내화 피복은 화재 후의 재사용을 할 수 없다. 여기서 판단이 어려운 것은 화재의 규모가 작은 경우로서 작은 화재의 경우 내화피복의 교체 유무에 대한 것이다.

내화 피복에는 많은 종류가 있지만, 대부분이 건축재료 메이커에 의한 제품이고, 교환의 필요여부에 대해서는 건축재료 메이커의 판단에 따르는 것이 원칙이다. 여기서는, 일반적인 내화피복인 암면 뿜칠 · 규산칼슘보드 · 라이닝내화재 · 내화도료에 대해서, 교체의 필요 여부의 판단에 참고가 되는 정보를 제공한다. 그 외의 내화 피복에 대해서는 제조사에 확인이 필요하다.

2. 암면 뿜칠

암면 뿜칠의 공법 종류는 크게 나누어, 건식공법 · 반건식 공법 · 습식 공법의 3종류가 있다. 건식 공법은 공장배합재료를 이용하는 공법이다. 사전에 공장에서 암면과 시멘트를 배합한 재료를 뿜칠 시공 기계로 압송하여, 노즐 선단의 주위부터 분무되는 물로 감싸 재료를 습윤시키면서, 균일하게 바탕면에 뿜는 공법이다. 반건식 공법은 시멘트 슬러리를 이용하는 현장 배합 공법으로 '반습식 공법'으로 불리기도 한다. (사) 암면 공업회의 자료에 따르면, 암면과 물과 시멘트를 미리 교반 장치가 있는 슬러리조에서 혼합하여 시멘트 슬러리를 만들고, 암면과 별도로 압송하여, 분무화된 시멘트 슬러리와 암면노즐선단부에서 혼합하면서 균일하게 바탕면에 뿜칠하는 공법이다. 습식 공법은 사전에 공장에서 암면 및 다른 재료를 배합하여, 제조한 뿜칠재료에 물을 더하여 배치하여, 전용의 뿜칠기로 전용의 노즐에 압송하여 뿜칠하는 공법이다.

이와 같이, 암면 뿜칠의 구성 재료는 암면과 시멘트와 물이다. 암면은 철강 슬래그 등의 원료를 용융하여 그것을 원심력으로 날려보내, 섬유화한 인조 광물 섬유다. 따라서 작은 정도의 화재로 재질이 변하지는 않는다. 열에 의해 성능이 저하되는 것은 경화한 시멘트이다. 내열성과 단열성을 좌우하는 것은 재료내의 함수이다. 100℃를 넘는 열에 장시간 노출 되면 재료내부의 함수가 증발하여, 필요한 내열성과 단열성을 유지하는 것이 불가능해 지기 때문이다.

3. 섬유 혼입 규산 칼슘 판.

(사) 섬유강화 시멘트판 협회의 자료에 의하면, 내화 피복판을 구성하는 규산칼슘수화물에는 토버모라이트계와 조노트라이트 계의 2 종류가 있다. 내화피복판은 주로 조노트 라이트계가 사용되

고 있다. 제조법에는 2가지 방법이 있다. 하나는 규산질 원료와 석회질 원료에 물을 넣고 슬러리로서 예비반응 시키고, 이것을 배치식 또는 연속식 교반기부착 오토 클레이브에 공급하여, 고온고압으로 수열합성 반응을 일으켜, 생성된 규산칼슘 수화물 슬러리에 보강섬유를 혼입하여, 프래스로 압축성형하여, 건조 후 제품으로 하는 방법. 또 하나의 방법은, 예비반응을 실시한 슬러리를 압축성형하여, 이 성형판을 오토 클레브로 고온고압 증기양생을 실시한 후 꺼내어, 건조 후 제품으로 하는 방식이다. 수화물을 이용하고 있기 때문에 100℃ 이상의 온도를 받은 적이 있는 섬유혼입 규산칼슘판의 재사용에는 특성의 변화가 있을가능성이 있으므로, 교체하는 것이 바람직하다.

4. 내화 도료

내화 도료는 250℃ 전후로 발포하여, 20~30배로 부풀어 단열층을 형성하여 단열 효과를 발휘하는 도료를 말한다. 당연한 것 이지만, 일단 발포한 도료는 원래대로 돌아오지 않는다. 또한 주 성분인 폴리인산 암모늄은 수분에 따라 변화하여, 발포되지 않게 되는 특성이 있다. 발포되지 않아도 소방대의 소방활동에 의해 표면의 톱코트가 손상되어 소화수 등이 혼입됨으로서, 향후의 내화성능을 확보 할 수 없게 될 가능성이 있다. 따라서 내화도료의 재 사용에는 수열상황의 확인과 함께 표면의 손상 및 수분의 혼입 여부를 확인할 필요가 있다. 일례로, 한 내화 도료 제조업체가 실시하고 있는 조사 및 판단 기준을 나타낸다. 조사는 내화도료막의 육안에 의한 외관검사 및 타진검사로 실시한다. 판단기준 및 권장되는 보강방법을 부록표 1.3.1에 나타낸다.

부록표 1.3.1 내화도료의 상황과 보수방법의 예

조사결과	보수방법 (예)
• 외관상 이상없음 • 들뜸부 없음	필요 없음
• 도막의 팽창이 발생	발생장소의 주요 도막을 모두 제거하고, 하도로부터 복구 한다.
• 도막의 변색, 눌음	변색장소의 주요 도막을 모두 제거하고, 하도로부터 복구 한다.
• 도막의 들뜸부 발생	틈새부분의 주요 도막을 모두 제거하고, 하도로부터 복구 한다.
• 가열발포	탄화층 및 하층의 주요 도막을 제거하고, 하지처리(바탕조정 2종)를 하고, 하도부터 복구 한다.

5. 라이닝 내화재

라이닝 내화재는 주로 섬유계를 기반 재료로 한 종류와 발포계를 기반재료로 한 종류로 크게 구별된다. 발포계에 대해서는 전술한 내화 도료와 같다. 섬유질을 기초재료로 한 종류에 대해서 메이커의 정보에 따르면, 섬유계의 기초재료는 650℃ 에서도 거의 수축하지 않고, 통상의 암면보다 내열성이 높다. 단, 섬유를 서로 연결하는 바인더는 450℃에서 연소되기 때문에 재료의 경도는 부드러워 진다. 또한, 표면에 섬유의 비산 방지를 위하여 어떠한 표면재를 붙이고 있으면, 이 표면재는 유기계가 사용되는 경우가 많아, 표면의 손상 정도에 따라 교환을 판단하는 기준이 된다.

표면재의 대부분은 폴리프로필렌이나 폴리에스테르계 이며, 변색 수준이라면 인화점(약330℃)에는 도달하지 못했고, 내화성능에 영향은 없다고 판단 할 수 있다. 표면재가 손실 또는 그을음에 의한 변색이나 눌음이 있지만, 기초재료의 섬유 자체에 탄력이 있어 변색 등도 볼 수 없는 경우는, 500~600℃ 이하의 가열, 또는 1시간 정도의 가열이 예측 되지만, 이것도 내화성능에는 영향이 적은 수준이다. 이 이상의 피해 (바탕재의 섬유의 변색, 표면의 융해 등)을 볼 수 있는 경우는 교체할 필요가 있다.

또한 그을음에 의한 냄새나 소방활동에 의한 소화수 등이 뿌려진 경우는 이 범위에 들지 않기 때문에 가열수축율이나 열전도 측정 등의 조사를 실시 한 다음 판단할 필요가 있지만, 비교적 교체는 용이한 재료이기 때문에 교체하는 것이 바람직하다.

부록 2 수열온도 추정표 (상세판)

1차조사의 표면의 수열 온도 추정은 당해 부재 및 주변에 있는 재료와 물품 등의 열에 의한 손상 상태를 관찰함으로서 수행한다. 대표적인 재료의 열화 상황과 추정 수열 온도는 해설표 4.3.2에 나타내었지만, 최근의 해외문서[1),2)] 에는 해설표에는 나타나지 않은 물질이나 그 사용예가 제시된 것이 있다. 여기서는 문헌1)의 경우에 대한 수열온도 추정표를 부록표 2.1에 나타내었다. 또한, 문헌2)는 거의 문헌1)의 내용과 유사하지만, 일부 표현이 다른 부분에 대해 부록표 2.2에 정리 하였다.

부록표 2.1 건물에서 일반적으로 사용되는 재료에 대한 고온의 영향[1)]

Substance 물질	Typical examples 전형적 사용	Conditions 상태	Approximate temperature ℃ 추정수열온도(℃)
Polystyrene 폴리스틸렌	Food-container from, light shades, handlers, curtain hooks, radio casings 식기 폼, 전등 갓, 핸들, 커튼후크, 라디오케이스	Collapse 붕괴 Softening 연화 Melting and flowing 용융, 흐름	120 120 ~ 140 150 ~ 180
Polyethylene 폴리에틸렌	Bags, films, bottles buckets, pipes 가방,필름,병 케이스, 파이프	Shriveling 수축,주름 Softening and melting 연화, 용융	120 120 ~ 140
Polymethyl-metha crylate 폴리메틸-메타크리레이트	Handles, covers, skylights, glazing 핸들, 커버, 천장, 글레이징재	Softening 연화 Bubble Formation 거품형성	130 ~ 200 250
PVC 폴리염화비닐	Cables, pipes, ducts, linings, profiles, handles, knobs, houseware, toys, bottles 케이블, 파이프, 덕트, 안감, 프로파일, 핸들, 노브, 가정용품, 장난감, 병	Degradation 유기화합물의분해 Smoke 연기발생 Brown colour 갈색 변색 Charring 탄화	100 150 200 400 ~ 500
셀룰로즈	Wood, paper, cotton 나무, 종이, 면	Dark colour 검은색이 됨	200 ~ 300

(표계속)

Substance 물질	Typical examples 전형적 사용	Conditions 상태	Approximate temperature ℃ 추정수열온도(℃)
Solder 연납	Plumbing joints 배관 조인트	Melting 용융	250
Lead 납	Plumbing Sanitary devices, toys 배관, 위생기구, 장난감	Melting 용융 Rounding of sharp edges 모가 둥글어짐 Drop formation 물방울형태	300 ~ 350
Aluminium and light alloys 알루미늄과 경합금	Ffixtures, brackets mechanical parts and items (천장 · 벽등에) 안감설치, 브라켓, 기계적부분과 아이템	Softening 연화 Melting 용융 Drop formation 물방울 형태	400 650
Substance 물질	Typical examples 전형적 사용	Conditions 상태	Approximate temperature ℃ 추정수열온도(℃)
Glass 유리	Glazing, bottles (창문 · 문 · 거울등에 넣음), (판)유리, 병	Softening, rounding of sharp edges 연화, 모가 둥글어짐 flowing 흐름	500 ~ 600 800
Silver 은	Jewellery, spoons, cutlery etc. 보석, 숟가락, 식탁용물건, 기타	Melting, Drop formation 용융, 물방울형태	950
Brass 황동	Locks, taps, door handles, clasps 열쇠, 수도꼭지, 문손잡이, 자물쇠	Melting (particularly at edges), Drop formation 용융(특히 끝부분), 물방울형태	900 ~ 1000
Copper 구리	Wiring, cables, ornaments 배선, 케이블, 장식	Melting 용융	1000 ~ 1100
Cast iron 주철	Radiators, pipes 라디에이터, 케이블	Melting, Drop formation 용융, 물방울형태	1100 ~ 1200
Zinc 아연	Sanitary devices, gutters, down pipes 위생장치, 거터, 다운파이프	Drop formation Melting 물방울형태, 용융	400 420

(표계속)

Substance 물질	Typical examples 전형적 사용	Conditions 상태	Approximate temperature ℃ 추정수열온도(℃)
Bronze 청동	Windows, fittings, door bells, Ornaments 창문(천장 · 벽등에) 설치한 설비, 문손잡이, 장식	Rounding of the edges Drop formation 모가 둥글어짐 물방울형태	900 900 ~ 1000
Paints 페인트	-	Deterioration 열화 Destruction 파괴	100 250
Wood 목재	-	Burning, ash formation 연소, 재 형성	240

부록표 2.2 건물에서 일반적으로 사용되는 재료에 대한 고온의 영향[2)]
(문헌1과의 차이점을 밑줄로 표시)

Substance 물질	Typical examples 전형적 사용	Conditions 상태	Approximate temperature ℃ 추정수열온도(℃)
PVC 폴리염화비닐	Cables, pipes, ducts, linings, profiles, handles, knobs, houseware, toys, bottles<u>(Values depends on length of exposure to temperature)</u> 케이블,파이프,덕트,안감,프로파일,핸들,노브,가정용품,장난감,병 <u>(값은 온도에 노출된 길이에 의존)</u>	Degradesn 유기화합물의분해 <u>Fumes</u> <u>기체화</u> Browns 황변 Charring 탄화	100 150 200 400 ~ 500
Solder 연납 Lead 납	Plumber joints Plumbing Sanitary installations, toys 배관조인트,배관,위생기구,장난감	Melts 용융 Melts, sharp edges roundsd 모가 둥글어짐 <u>Drop formation</u> <u>물방울형태</u>	250 300 ~ 350 <u>350 ~ 400</u>

(표계속)

Substance 물질	Typical examples 전형적 사용	Conditions 상태	Approximate temperature ℃ 추정수열온도(℃)
Aluminium and light alloys 알루미늄과 경합금	Fixtures, casings, brackets, smallmechanical parts (천장 · 벽등에) 설치한 장비, 브라켓, 기계적 작은 부품	Softens 연화 Melts 용융 Drop formation 물방울형태	400 600 650
Glass 유리	Glazing, bottles (창문 · 문 · 거울등에 넣음), (판)유리, 병	Softens, sharp edges rounded 연화, 물방울형태 flowing asily, viscous 쉽게 흐름, 끈기	500 ~ 600 800
Silver 은	Jewellery, spoons, cutlery 보석, 숟가락, 식탁용물건, 기타	Melts 용융 Drop formation 물방울형태	900 950
Brass 황동	Locks, taps, door handles, clasps 열쇠, 수고꼭지, 문손잡이, 자물쇠	Melts(particularly edges) 용융(특히끝부분) Drop formation 물방울형태	900 ~ 1000 950 ~ 1050
Paints 페인트		Deteriorates 열화 Destroyed 파괴	100 150
Wood 목재		Ignites 발화한다	240

인용 · 참고문헌

1) fib : Fire design of concrete structures - structural behaviour and assessment. State-of-art report, fib Bulletin No. 46, 2008
2) Assessment, Design and Repair of Fire-damaged Concrete Structures, 2008

부록 3 피복콘크리트의 보수에 사용하는 폴리머시멘트모르타르에 관한 해설

1. 시작하며

폴리머 시멘트 모르타르는 보통 모르타르에 비해 경화가 바르고 수축이 작아 방수성과 내약품성도 우수하여 건물의 보수공사에 널리 사용되고 있다.

그러나, 현 일본 건축기준법에서는 보수에 이용하는 재료는 폴리머 시멘트 모르타르 또는 에폭시 수지 모르타르로 한정되어 있다. 그러나 이러한 유기 화합물을 포함한 보수재료는 방화상의 고온시 물성이 중요하다.

2. 용어의 정의

「폴리머 시멘트 모르타르」는 「폴리머 모르타르」 등과 유사하여 혼동되기 쉽지만, 2001년 10월 본회에서 출판된 「콘크리트 · 폴리머 복합체의 시공지침(안) · 동해설」 에 용어의 정의가 이루어졌다.

이에 따르면, "폴리머 시멘트 모르타르"란, 결합재에 시멘트와 시멘트 혼화용 폴리머(또는 폴리머 혼화제)를 이용한 모르타르이며, 명칭이 유사한 "폴리머 모르타르"결합제에 폴리머 만을 사용하여 충전재 및 세골재를 첨가한 모르타르 이다. "수지 모르타르"도 폴리머 모르타르로 분류 된다. 따라서 전자에 비해 후자가 포함되는 폴리머 성분의 비율이 크고 연소성도 높은 것으로 판단된다.

3. 보수보강 방법에 관한 지침

구조체의 단면결손 보수보강 방법으로, [폴리머 시멘트계 단면복구 공법]은 실적이 많은 공법이다. 일본 건축기준법에서는 콘크리트의 보수에 사용할 수 있는 재료로서, 폴리머 시멘트 모르타르와 에폭시 수지 모르타르에 한정되어 있다.

「철근콘크리트조 건축물의 내구성 조사 · 진단 및 보수지침(안) · 동해설」(본회편2000. 12출판)에서는 다음과 같이 기술되어 있다.

3) 콘크리트의 단면 복구

콘크리트의 단면 복구에는, 다음과 같은 종류가 있다.

폴리머 시멘트 모르타르에 의한 충전

경량 골재 사용 에폭시 수지 모르타르의 충전

① 「단면복구재에는 폴리머 시멘트 모르타르와 폴리머 모르타르(수지 모르타르)의 2계통의 재료가 사용되고 있다. 이 중 폴리머 모르타르의 대부분은 경량 골재 사용 에폭시 수지모르타르이다. (중략)」

② 「단면복구재에 이용되는 폴리머 시멘트 모르타르는 일반적으로 시멘트:모래 비율이 1:2~3 정도이고, 폴리머 시멘트 비율이 10~20%의 모르타르이다.(중략)」

③ 「단면 복구재에 이용되는 에폭시 수지 모르타르는 일반적으로 경량 골재를 사용한 것으로, 에폭시 수지의 주제와 경화제의 2제에 각각 규산모래 등의 충전제와 실러스 벌룬 등의 무기질 미소중공체를 배합한 것이다. (중략)」

4. 폴리머 시멘트 모르타르의 열적 성질에 대하여

구조체의 단면결손보수방법으로 「폴리머 시멘트계 단면 복구 공법」은 실적이 많은 공법이다. 일반적으로 폴리머 시멘트계 재료는 폴리머가 어느 정도 들어가 있지 않으면 부착성에 문제가 있어 탈락되기 쉽고 폴리머의 함유율이 높으면, 방화상, 지장이 있는 것으로 알려져 있다.

가장 단적인 방화상의 약점으로는 화재에 의한 화열에 의해 벽 등의 표면으로부터 폭열 현상이 일어나, 벽 등이 가열시간과 함께 단면결손에 의해 얇아지는 것을 들 수 있다. 내화 구조는 일본건축기준법 시행령 제107조에 규정된 시간에 걸쳐 통상적인 화재에 의한 화열이 가해 졌을 경우, 비손상성 차열성 및 차염성을 유지하는 것이 요구되고 있다. 종전의 내화 구조 예시 사양은 폭열 등의 단면 결손이 일어나지 않는 것을 전제로 벽 두께 등이 규정되어 있었기 때문에, 폴리머 시멘트 모르타르 등을 벽 두께 등에 산입하는 경우에는, 폭열 등의 방화상의 지장이 일어나지 않는 것을 실험 등에 의해 확인할 필요가 있다. 더욱이 폴리머 시멘트 모르타르의 총 두께가 20mm 이하이면, 사와데(沢出)[1)2)]등은 5~10%정도(액체의 폴리머로서 10~20%)의 폴리머 시멘트비의 폴리머 시멘트 모르타르로 피복한 콘크리트는, 통상의 시멘트 모르타르로 피복한 것과 같은 정도의 내화성을 가진다 라고 할 수 있어, 왕(王)등[3)]은 폴리머 시멘트 비가 5%이내라면, EVA계 보수재는 고온하 에서도 폴리머 무혼입의 경우와 동등한 성능을 갖는 것을 실험적으로 확인하고 있으므로, 이 범위에서 사용하는 경우에는 대체로 방화상 지장이 없는 것으로 판단된다.

단, 에폭시 수지 모르타르와 같이 유기재료의 함유율이 높은 것을 사용하는 등 특수한 상황이 있을 경우는 별도의 실험 등에 의해 재확인 하는 것이 바람직 하다.

기둥, 바닥, 보에 폴리머 시멘트 모르타르를 사용하는 경우나 철골철근콘크리트조의 벽 등에 관해서도 동일하다.

[참고 Data 1]

「폴리머 시멘트 모르타르의 고온가열후의 처짐강도 및 압축강도 성상」[3]에서 아래의 가열온도에 대하여, 처짐 강도, 질량감소율, 수축량, 압축강도는 폴리머 시멘트비가 5%까지는 0%와 거의 변하지 않는 결과를 얻고 있다.

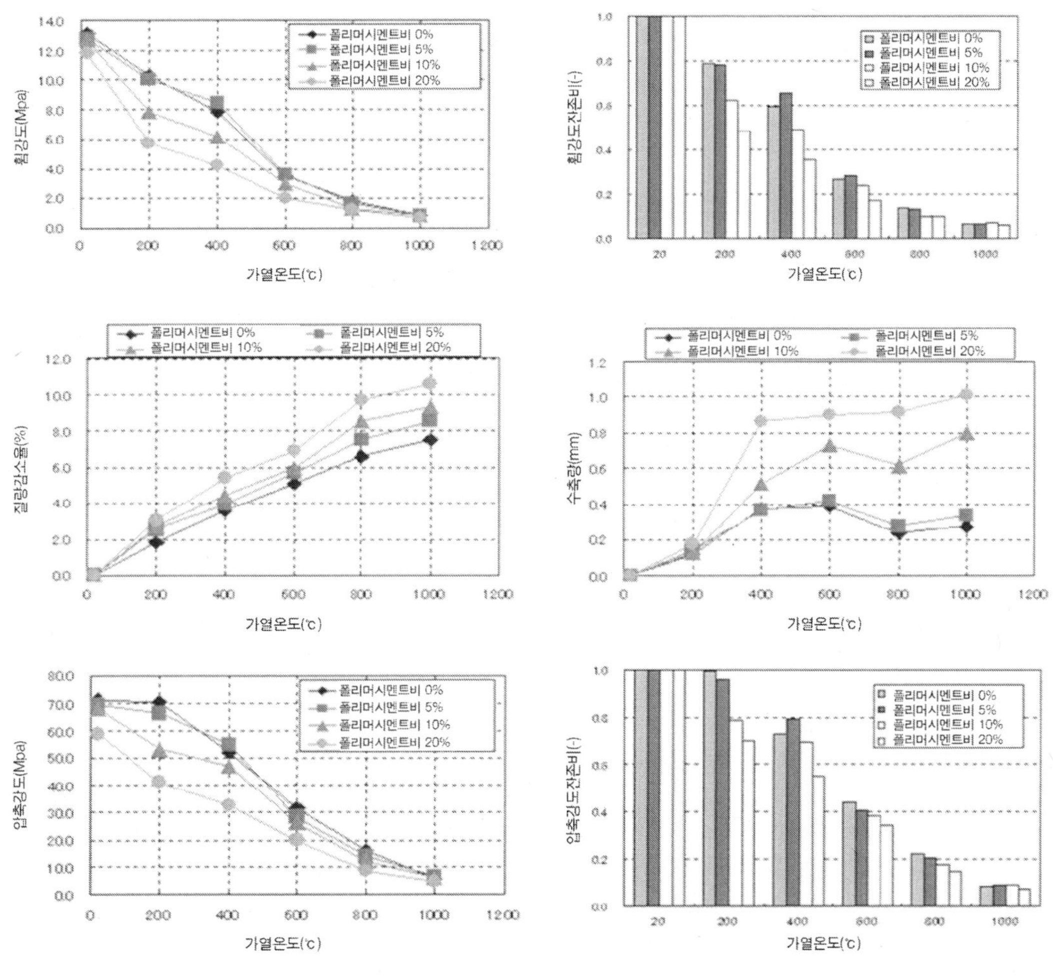

부록도 3.1 폴리머시멘트비가 미치는 가열온도와 처짐강도 · 질량감소율 · 압축강도의 관계

[참고 Data 2]

철근콘크리트조 건축물의 피복 두께 확보에 관한 일련의 연구 결과[4)]로부터, 「보수용 폴리머 시멘트 모르타르의 내화성에 관한 검토 및 평가」[5)]에서는 중성화저항성과 염분침투 저항성을 폴리머 시멘트비(P/C) 압축강도로 정리하고 있다.

부록표 3.1에 실험에 사용한 폴리머 시멘트 모르타르의 특성을 나타내었다. 시판품으로 사용되고 있는 폴리머는, 에틸렌 · 초산비닐용중합체수지(EVA), 초산비닐 · 버서테트중합체수지(VVA) 및 아크릴 에스텔 중합수지(PAE)이다. 배합이 알려진 폴리머 시멘트 모르타르에 대해서는 P/C와 단위 폴리머량(kg/m^3)을 병기하였다. 폴리머는 JIS A 6203 에 규정되는 EVA(부록표 3.2)을 사용했다.

부록표 3.1 실험에 사용한 폴리머 시멘트 모르타르

구별	기호	폴리머 종류	P/C (폴리머 양)	모르타르 플로우(mm)	공기량(%)	압축강도 (N/mm^2)
시판품	A	EVA	4~8%	150	7.6	50.6
	B	EVA	5~6%	177	13.5	55.6
	C	EVA	약2%	170	8.5	75.5
	D	VVA	5~10%	169	4.6	55.0
	E	PAE	4~10%	164	12.5	51.5
	F	PAE	약 4%	149	5.7	81.0
	G	PAE	4~5%	170	3.4	67.4
	I	PAE	4% 이하	167	13.9	48.1
	J	PAE	5~10%	161	4.8	65.3
	K	PAE	1~5%	192	10.2	43.3
	L	PAE	2~5%	171	4.8	74.8
배합이 달려진 PCM	N	없음	-	188	3.5	66.4
	O	V	4.2% (20kg/m^3)	193	3.2	61.5
	P	V	10.5% (50kg/m^3)	192	3.6	57.0

부록표 3.2 배합이 알려진 폴리머 시멘트모르타르에 사용된 폴리머의 특성치

재 유화형 분말수지	휘발분 (%)	입자경[*1] (%)	산가 (mgKOH/mg)	겉보기 밀도 (g/mL)
EVA	2.0 이하	2이하	2.0 이하	0.50±0.10

*1 300μm 체 잔분

중성화 속도 계수와 폴리머 종류별 P/C량의 관계를 부록도3.2에, 중성화속도계수와 압축강도의 역수와의 관계를 부록도 3.3에 나타냈다. 편차는 크지만, 한편으로는 P/C의 증가에 따라서 중성화속도계수가 작아지는 경향이 있다. 또한, 같은 정도의 강도 레벨의 경우, 각종 폴리머시멘트 모르타르를 사용한 콘크리트와 모르타르의 중성화 속도계수와 비교하면, 폴리머시멘트 모르타르 쪽이 작아지고 있다. 이에 따라, 중성화저항성은, 폴리머의 종류나 양 보다, 압축강도에 의존하고 더욱이, 일반적인 모르타르나 콘크리트와 비교하여 중성화저항성이 크다고 생각된다. 마찬가지로, 염화물 이온 침투깊이에 대해서, 부록도 3.4 및 부록도3.5에 나타낸다. 중성화 저항성과 같은 경향이며, 폴리머 종류별로 압축강도가 클수록 염화물이온 침투성이 작아지는 경향이 인정된다.

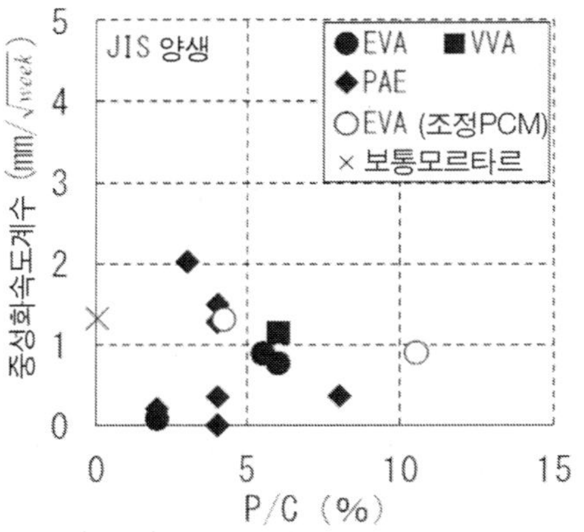

부록도 3.2 중성화속도계수와 P/C [5)]

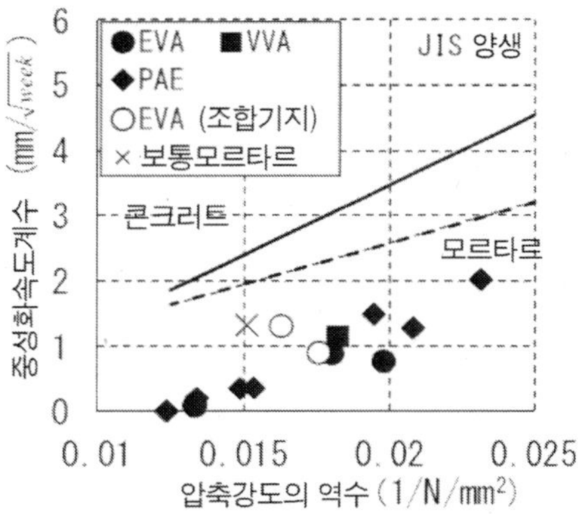

부록도 3.3 중성화속도계수와 압축강도의 역수 [5)]

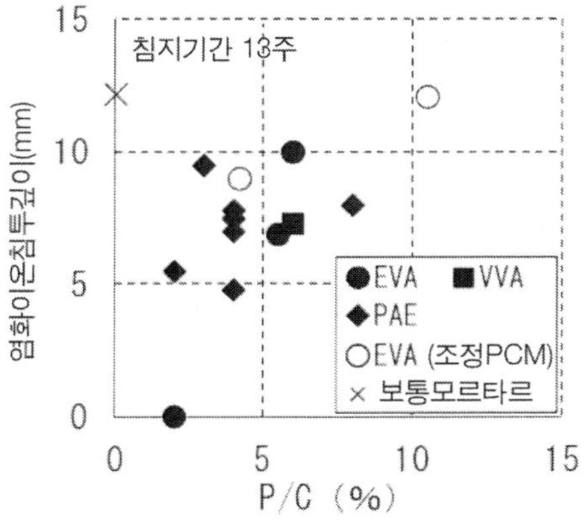

부록도 3.4 염화이온 침투깊이와 P/C [5)]

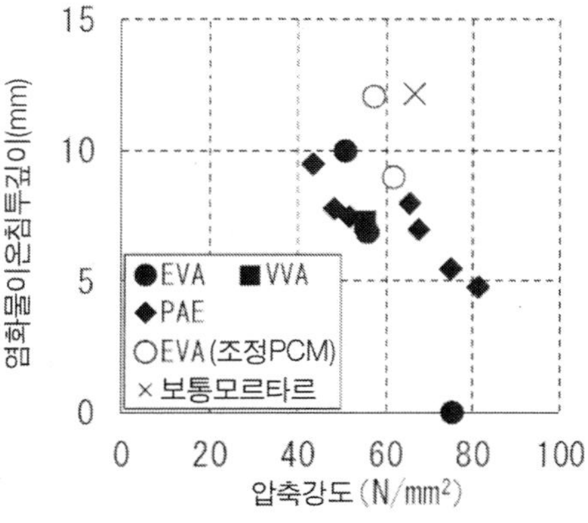

부록도 3.5 염화물 이온 침투깊이와 압축강도의 역수 [5)]

이상에 따라, 폴리머시멘트 모르타르의 중성화저항성은 일반 모르타르나 콘크리트에 비해 크고, 적절한 재료 및 양생에 따라 콘크리트 포면에 시공하는 것으로, 피복 콘크리트와 동등의 보호효과를 얻을 수 있다고 생각할 수 있다.

또한 철근콘크리트조의 건축물의 피복 두께 확보에 관한 일련의 연구[4]에서는 화재시에 단면복구된 RC부재로부터 폴리머시멘트 모르타르가 박락하지 않는 것을 목적으로 한 적절한 박락 방지 공법을 파악하기 위해, 사전에 폭열이 발생하지 않는 것으로 확인된 폴리머 시멘트 모르타르를 이용하여 바닥면 및 기둥면의 보수를 행한 후 내화실험[6][7]을 실시하고 있다.

그 결과, 탈락방지용의 앵커핀이나, 박락 방지용의 스테인레스 메쉬 등의 설치가, 화재시 탈락 방지에 유효함을 나타내고 있다.

또한 문헌[4]에는「피복 두께 확보를 위한 보수 시공 요령서 (안)」,「피복두게 확보를 위한 보수재료 · 공법선정 매뉴얼(안)」이 첨부되어 있으므로 참고로 하는 것이 좋다.

인용 · 참고문헌

1) 沢出稔 他：ポリマーセメントモルタルで被覆したコンクリートの耐火性(その 2：試験体の外観変化)、日本建築学会大会学術梗概集、1986 年 8 月
2) 沢出稔 他：ポリマーセメントモルタルで被覆したコンクリートの耐火性(その 3：試験体の熱的挙動および耐火性の評価)、日本建築学会大会学術梗概集(1986 年 8 月)
3) 王徳東 他：ポリマーセメントモルタルの高温加熱後の曲げ強さおよび圧縮強さ性状、(東京大学工学部　建築学科材料研究室　野口研究室ホームページに掲載された研究概要の文章より)、2006 年 5 月 http://bme.t.u-tokyo.ac.jp/researches/detail/wang_dedong/index.html
4) 独立行政法人建築研究所の建築研究報告 No.147「鉄筋コンクリート造建築物のかぶり厚さ確保に関する研究」、平成 25 年 4 月
5) 高橋祐一ほか：補修用ポリマーセメントモルタルの耐久性に関する検討およびその評価、日本建築学会技術報告集 第 19 巻 第 43 号、pp.813-818、2013 年 10 月
6) 道越真太郎ほか：ポリマーセメントモルタルを用いて補修施工した鉄筋コンクリート造床試験体の耐火試験　その 1・その 2、日本建築学会大会学術講演梗概集（東海)、pp.1115-1118、2012 年 9 月
7) 森田武ほか：ポリマーセメントモルタルを用いて補修施工した鉄筋コンクリート造柱の耐火実験　その 1・その 2、日本建築学会大会学術講演梗概集（東海)、pp.1119-1122、2012 年 9 月

부록 4 강재의 기계적 성질에 대한 조사를 해야 하는 강재온도에 관한 보완

「4.4.1.2 강구조 부재의 기계적성질의 측정」에서는 기계적 성질의 조사 조건을 비조질강에 대해서는 500℃ 이상, 조질강에 대해서는 350℃ 이상으로 하였지만, 이 온도로 결정한 경위를 아래의 「(1)비조질강을 이용한 구조부재에 관한 기계적 성질의 조사여부」와 「(2)조질강을 이용한 구조부재에 관한 기계적 성질의 조사여부」에 나타낸다. 각종 강재의 열처리 프로세스의 개요를 부록표 4.1에, 조형 프로세스의 개요를 부록표 4.2에 나타내었고, 비조질강인가 혹은 조질강인가에 관한 것은 부록표 4.1의 주요 적용 케이스를 참고로 판단한다. 조질강인지 불분명한 철강재는 제조사에 문의해 보는 것이 좋다. 불명확한 경우는 조질강으로 취급한다. 또한, 다음의 조사 결과의 분석 시 유용한 자료이다.

(1) 비조질강을 이용한 구조부재에 관한 기계적 성질의 조사 필요성 여부

건축 구조용 강재 대부분을 차지하는 F값 355N/mm^{2}이하의 JIS 강재는 강편을 고온으로 압연하여 소정의 치수로 성형한 후 (=압연), 자연냉각하여 제품화 되고 있다. (부록표 4.1 참고). 이 「압연상태」라 불리는 강재의 가열 냉각 후의 강도는 부록도4.1(a)~(d)에 나타낸 바와같이, 600℃ 미만의 가열에서는 거의 변화가 없다. 그 이상의 가열에서는 압연공정에서 생긴 결정격자의 왜곡이 감소하기 때문에 강도저하가 발생한다. 본 그림에 나타낸 시험에서는 시험재의 냉각 조건이 있었기 때문에, 750℃ 이상의 가열을 받아도 강도가 떨어지는 경향을 얻을 수 있었지만, Ar_1 변태점(720℃ 전후)을 넘는 가열을 받은 후에 물을 끼얹는 등의 급랭을 하면, 강도가 오르는 것이 취약해진다. 더욱이 부록도4.1(a)~(e)에 나타낸 강재의 가열냉각 후 강도는 1967년에 일본강구조협회 내화소위원회가 조사한 결과[1)]이며, 그림의 제목에 적힌 강판을 그래프 횡축의 온도까지 가열하여 1시간 유지한 후, 상온까지 다시 제냉하여 그 후, JIS에 준거한 상온인장시험을 실시하는 방법이 요구되고 있다. 1967년 당시의 JIS와 현재의 JIS는 미묘하게 다르기 때문에 강재 종류별 기호(SS41등)는 1967년 당시의 것을 채택하였다.

TMCP 제법은 강편을 통상보다 저온에서 압연한 후, 소정의 온도까지 가속냉각하는 것으로 금속조직을 미세화 한다. 소량의 합금으로 고력 · 저 항복비 · 고 용접성의 강재를 얻는 제조 프로세스로 건축분야에서는 1990년대부터 주로 인장강도가 490~590N/mm^2 클래스의 강재의 제조 방법으로 이용되고 있다. 압연온도나 냉각개시 · 종료온도는 제품의 필요 품질과 원강편의 성분마다 다르고, 각각 엄격하게 관리, 제어되고 있지만 화재 후의 기계적 성질에 영향이 큰 냉각종료 온도는 가장 낮은 것으로 550℃ 정도의 값이 사용된다. 화재시의 강재 온도가 냉각종료온도 이하인 경우는 미세화한 금속 조직에 영향이 생길 우려는 없고, 화재 후의 기계적 성질은 대체로 원래의 상태로 돌아간다.

STKN400등의 원형강관이나 BCR295등의 각형 강관의 대부분은 「압연상태」의 강재를 냉간으로 구부려 가공하여 제조되고 있다. (부록표 4.2참조) 이러한 가열냉각후의 강도는 냉간가공으로 결정격자의 왜곡이 증폭되고 있기 때문에, [압연상태]의 강재보다도 100℃정도 낮은 가열로 저하될 우려가 있다. 강재의 가열냉각후의 강도에 미치는 화학 성분의 영향은 화재시의 열로 강재 안의 원소의 이동 일어나 새로운 석출(=원소결합)이 생기면서 발생한다. 새로운 석출이 생기면, 일반적으로는 강재의 가열냉각후 강도는 상승하지만, 500℃이하의 가열에서는 강재 안 원소의 이동은 지극히 발생하기 어렵다. 이상을 감안하여, 비조질강을 이용한 구조부재의 가열 냉각 후의 기계적 성질은 500℃이상으로 가열된 우려가 있는 경우에 한하여 조사한다 로 하였다.

참고로, 2000년 일본건설성 고시 제 2464호는, 신축이나 대규모 수선을 대상으로 한 것이지만, 「강재의 가공에 대하여 500℃를 넘는 가열을 실시하는 경우는, 가공후의 기계적 성질 등이 가공전의 품질과 동등이상인 것」인가를 확인할 것]으로 하고 있다.

(2) 조질강을 이용한 구조부재에 관한 기계적 성질의 조사 필요성 여부

PC강봉으로 대표되는 조질강은, 부록표 4.1 및 부록표 4.2에 나타낸 바와 같이 담금질 공정을 거쳐서 제조되고 있다. 최초의 Ar_3변태점 이상의 온도의 재가열과 그 후의 급냉은 금속 조직을 마르텐사이트 라고 불리는 단단한 고력의 조직으로 변화시키는 공정이다. 계속되는 재가열과 그 후의 서냉은 경화되어 지나치게 취약해진 금속 조직을 적당히 부드럽고 유연한 조직으로 되돌리는 공정이다.

「압연상태」의 프로세스에 따른 경우에 비해 적은 합금으로 강재의 고력화를 도모할 수 있어, 양호한 용접성을 확보 할 수 있다. 일본에서는 1965년 이후, F값이 400N/mm^{2}정도 이상인 고력강의 제조 프로세스로 이용되고 있다. 이 프로세스에 의한 강재는 담금질온도 이상으로 가열되면 다시 담금이 발생하기 때문에 피해 전보다 강도는 내려간다. 부록도 4.1(e)는 비조질형의 SM58과 조질형의 SM58의 가열냉각 후 강도를 나타내고 있다. 부록도 4.1(f)는 800℃가열냉각 후의 SM58의 잔존강도를 나타내고 있다. 그림의 세로축은 800℃가열냉각 후의 인장강도를 가열냉각 전의 인장강도로 나눈 값으로, 가로축은 800℃가열냉각후의 항복점(또는 내력)을 가열냉각전의 항복점(또는 내력)으로 나눈 값이다. 600℃이하의 가열에서는 비조질형과 조질형의 강도변화는 미미하지만, 700℃이상의 가열에서는 조질형에 현저한 강도저하가 나타나고 있다. 부록도 4.2에는 PC강봉의 가열냉각 후의 강도가 제시되어 있다. 이 강재도 400℃이상에서는 새로운 담금이 생기기 때문에 냉각 후의 강도 저하는 현저하다. 열처리 온도는 제조자 별로 제품의 필요성능과 열처리 전 강재 성분에 따라 다양한 값이 채용되고 있어 일정하지 않다. PC강봉등 극히 높은 강도가 요구될 경우는

400℃ 정도의 열처리가 행해지며 비교적 저강도에서는 600℃ 전후의 열처리가 이루어지고 있다. 인성이 필수인 건축 구조용 강재에서는 350℃ 이하의 열처리 온도는 사용되지 않는다.

따라서, 조질강에 의한 구조부재는 기계적 성질의 조사 대상을 350℃ 이상으로 가열된 우려가 있는 부재에 한하여 허용하였다. 또한, 최근에는 TMPC제법에 이용하는 설비를 이용해 200℃ 정도의 온도역까지 가속냉각하는 것으로 금속조직을 강화하고, 그 후에 열처리를 하는 고강화 프로세스가 실용화 되기 시작했다. 이 프로세스는 TMPC제법의 일부로서 구분되기도 하지만, 화재후의 기계적 성질을 검토한 후에는 조질강의 제조 프로세스로서 구분하는 것이 좋다. 열처리온도에 주목하여, 기계적인 성질의 조사 여부를 검토하는 것이 좋다.

부록표 4.1 강판 · 형강 · 봉강의 전형적인 열처리 프로세스

구분	비 조질강				조질강
	압연상태	TMCP제법	응력제거 열처리	담금질	열처리담금
기본 프로세스	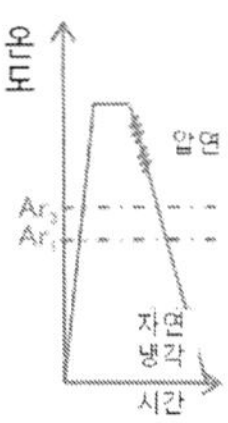	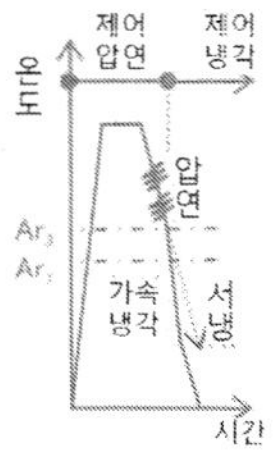	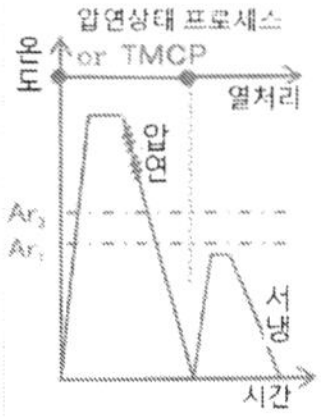	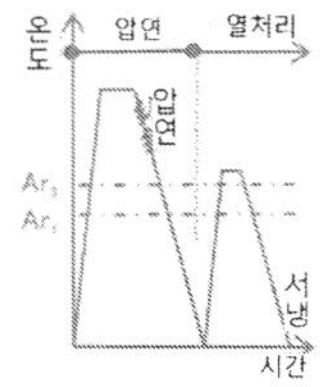	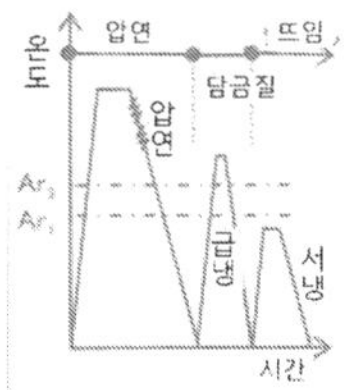
주된 열처리 목적	-	• 고력화 • 합금량경감(용접성개선, 합금코스트경감) • 제조시간단축	• 내부응력완화 • 항복비저감	• 기계적성질의 균질화(결정입자 미세화, 탄화물 등 균질화, 내부 응력제거)	• 고력화 • 합금량경감(용접성개선, 합금코스트경감)
주요 적용 케이스	SS400, SN400, SM490, SN490, SM520, 구SS41, 구SM50등, F값이 355N/mm^{2}이하의 JIS강재	F값이 325~500 N/mm^2 클래스의 저항복비 · 고용접성능강재	• 경후비가 작은 원형강관 • TMCP제법에 의한 강재	주로 기계구조용 강재에 이용된다.	F값이 400N/mm^2 정도 이상의 고인성 · 고용접성강재 (SA440이나PC강봉등이 있다)
기타 비고	• Ar_3 : 냉각시에 오스테나이트조직에서 페라이트 조직으로 변태를 개시하는 온도 (850±30℃ 정도) • Ar_1 : 냉각시에 페라이트또는 페라이트 · 세멘타이트로 변태를 완료하는 온도 (730±10℃ 정도) • 항복점이 400N/mm^{2}클래스의강재는 「압연상태」의 프로세스에서도 제조가능하지만, 합금의 다량 첨가가 필요하여, 용접성과 인성이 저하된다. 이 개선을 위해 소량의 합금으로 고력화 하는 제조방법으로서 담금질 열처리제법이 도입되어, 그후 합리화를 위해 TMCP제법이 개발되었다. • TMCP제법에서는 압연온도의 압연온도의 컨트롤이 중요하므로 제어압연 이라는 호칭이 사용되고 있다. • TMCP제법에서는 냉각개시온도나 냉각속도의 컨트롤이 중요하므로 제어냉각 이라는 호칭이 사용되고 있다. 냉각속도는 강재의 목표품질과 첨가 합금에 따라 설정한다(서냉~급냉) • JIS규격이나 법 제37조 인정은, 열처리 방법을 한정하고 있지 않다. 예를들면, SN490을 TMCP제법으로 제조 하는 것이 가능하다. 열처리가 채택된 경우는 강재검사증명서에 열처리 종별이 기록된다. [열처리기호] N : 열처리한 경우 T : 담금질을 한 경우 Q : 담금질 열처리를 한 경우 TMC : 열가공제어를 한 경우 *** : 기타 적절한 열처리를 하는 경우 (기호 ***은 협정에 따라 정한다) • 응력제거 열처리와 열처리는 압연상태의 프로세스나 TMCP제법 후에 반드시 실시하는 공정이 아니라 필요에 따라 실시 된다. 조질강에 응력제거 열처리를 하기도 한다.				

부록표 4.2 H형강 · 원형강관 · 냉간 롤성형 각형강관 · 데크 플레이트 등의 조형 프로세스 개요

구분	기본 제조 프로세스 (도장공정, 절단공정등 생략)
H · 홈 · 산형강 후판, 열연코일	강편제조 → 열간압연 → 제품검사
원형강관 STKN400,490 STK400,490등	·열연 코일 ·후판 → 냉간 휨가공 → 연결용접 → 제품검사 (연결용접 → 응력제거열처리 → 제품검사)
냉간 롤성형 각형강관 BCR295 STKR400,490등	열연코일 → 냉간 롤성형 (원형으로 성형) → 연결용접 → 냉간 롤성형 (각형으로 성형) → 제품검사
데크 플레이트	·열연 코일 ·냉연코일 → 냉간 롤성형 (각종단면형태로 성형) → 제품검사
PC강봉	압연강봉 → 인발 → 열처리담금질 → 제품검사

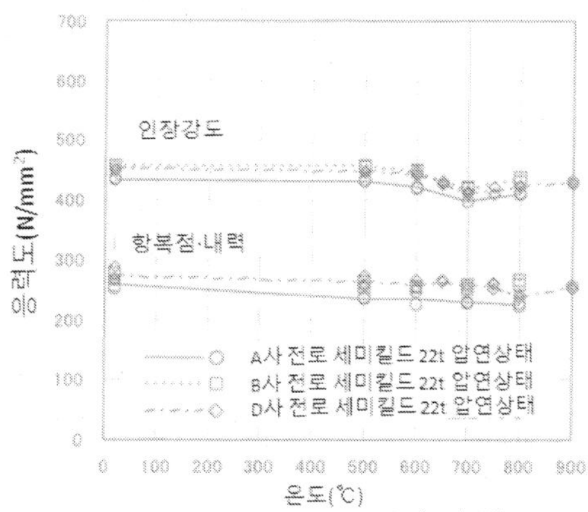

부록도 4.1(a) SS41의 가열냉각 후의 강도 [1)]

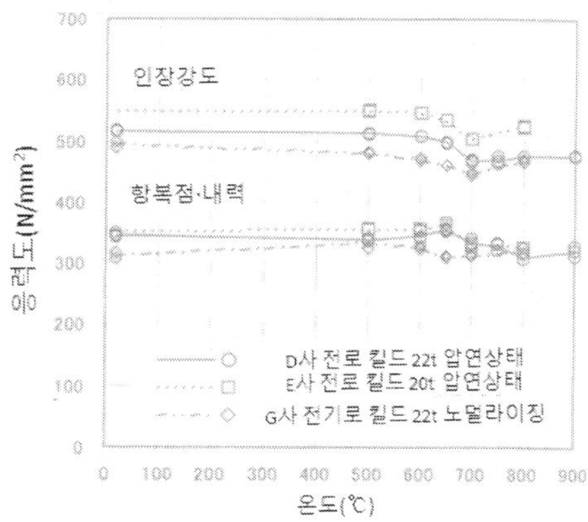

부록도 4.1(b) SM50B의 가열냉각 후의 강도 [1)]

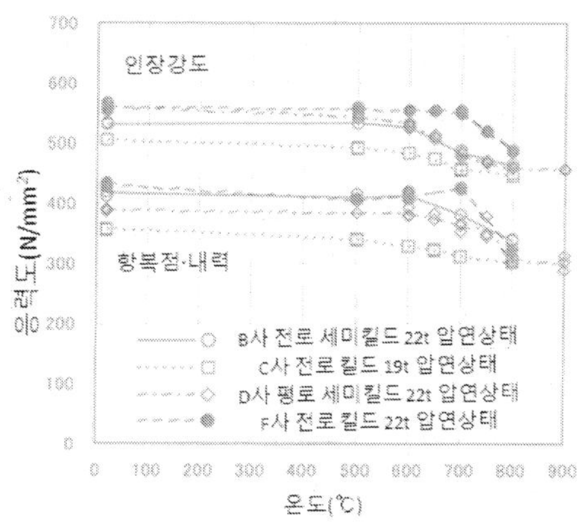

부록도 4.1(c) SM50YB의 가열냉각 후의 강도 [1)]

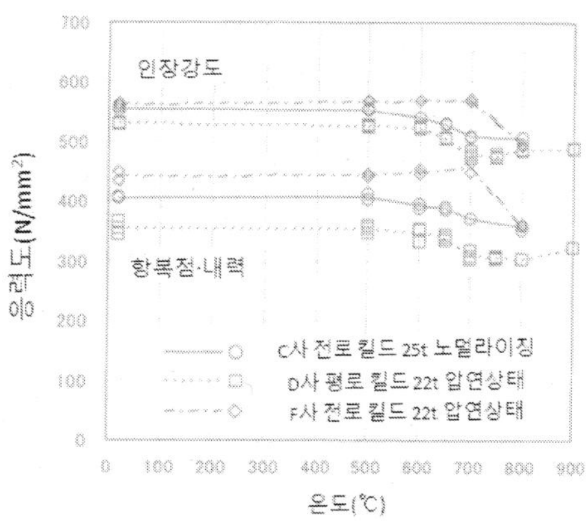

부록도 4.1(d) SM53B의 가열냉각 후의 강도 [1)]

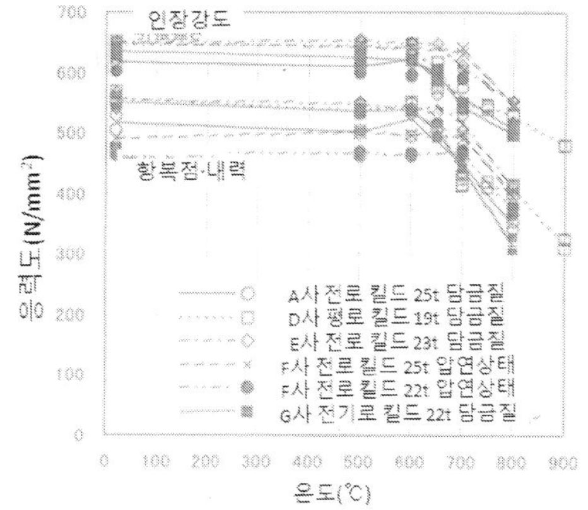

부록도 4.1(e) SM58의 가열냉각 후의 강도[1]

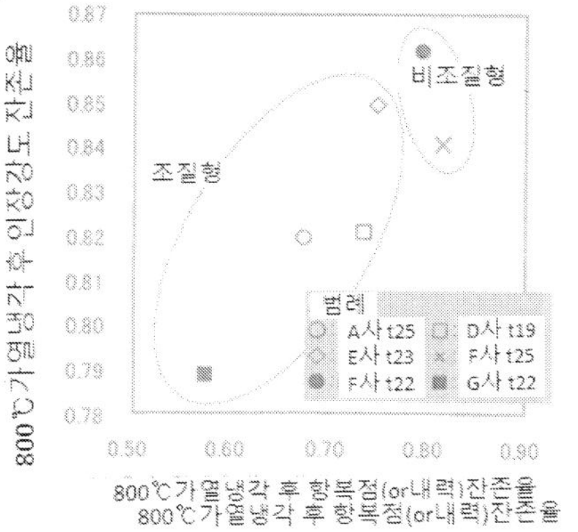

부록도 4.1(f) 800℃ 가열냉각 후의 SM58의 잔존강도

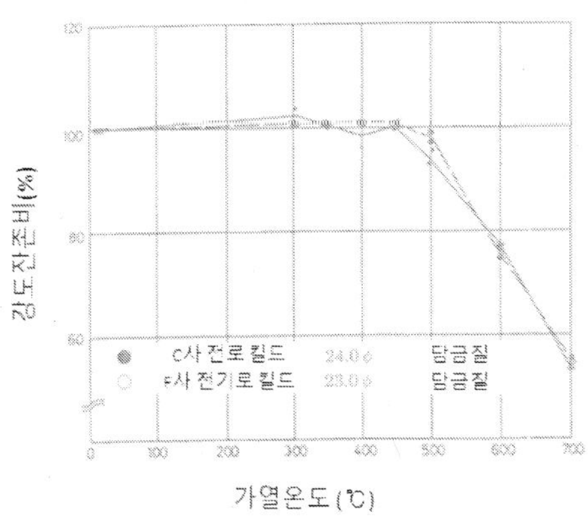

<PC 강봉열처리 3종>

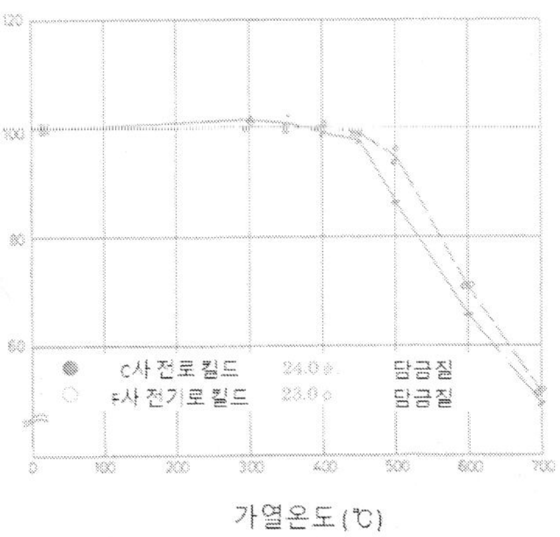

<PC 강봉열처리 3종>

부록도 4.2 가열냉각 후의 PC강봉의 잔존강도(항복점)[2]

인용 · 참고문헌

1) 日本鋼構造協会高温強度班：構造用鋼材の高温時ならびに加熱後の機械的性質,JSSC,Vol.4,No33,1968
2) 日本鋼構造協会：鉄筋コンクリート用棒鋼及び PC 鋼棒・鋼線の高温時ならびに加熱後の機械的性質,JSSC,Vol.5,No45,1969

부록 5 계산에 의한 보완과 근거

계산에 의한 내화 건축물의 화해의 추정은 반세기 전부터 행해지고 있다. [예1)-4)] 문헌1)에는 내화 건축물의 실화재온도의 측정, 문헌2)에는 RC부재의 화재후 허용 내력의 계산, 문헌3)에는 RC라멘 구조의 열응력 계산이 보고되고 있다. 문헌4) 에는 화재온도와 부재내부온도 및 부재 · 골조의 구조내력의 계산방법 및 열응력의 산출예로서 실제로 화해를 입음 철근콘크리트조 공장의 보의 종국강도, 열응력 및 변형의 계산방법을 나타내고 있다. 또한, 문헌5)나 문헌6)등에서는 부재의 내부 온도를 계산하고 수열온도에 따른 구조재료의 강도저하를 고려하여 부재 내력을 추산을 수행하는 방법을 나타내고 있다.

최근에는 공학적 방법에 따른 내화설계의 발전에 따라, 컴퓨터를 이용한 수치계산에 의한 화재 성상 · 부재온도 · 역학성상의 추정이 가능하다. 문헌7)에는 이러한 수치계산 기법을 모아서, 이러한 방법을 사용하여 본편에 제시한 여러 조사 방법으로 얻을 수 없는 성상 및 상태(예를들면 부재 내부의 상세한 온도 분포 · 응력분포 · 변형분포 · 잔류응력 등)을 추정 할 수 있다. 화재후를 상정한 최근의 해석적 검토에는 바닥을 고려한 강구조골조의 화재시 · 화재후의 잔류응력과 잔류변형에 관한 보고[8] 나 RC조 구조의 화재후 지진응답에 관한 보고[9] 등이 있다.

이와 같이 계산에 의한 화재 추정은 전제 조건 · 방법 · 해석도구 등의 한계를 명확히 한 후에 적용하는 것이라면, 화해 진단 및 보수:보강방법의 검토에 대해 보다 적절한 판단을 하기 위한 유용한 정보를 제공하는 것이다.

계산에 의한 방법의 흐름은 부록도 5.1에 나타낸다. 여기서는 화재성상과 부재온도 및 역학적 성상에 관한 해석적인 추정방법의 개요에 대해 기술한다. 또한, 계산에 이용할 수 있는 데이터가 2차 조사 등에서 얻어지는 경우에는, 계산치와의 비교 · 검증이나 다음 단계의 계산의 입력값으로서 해당 데이터를 이용한다. 예를 들면, 2차 조사에 의해서 부재 내부 온도의 데이터를 얻을 수 있는 경우에는, 이 온도 데이터를 직접 입력해 구조 내력의 계산을 실시하는 경우를 생각할 수 있다.

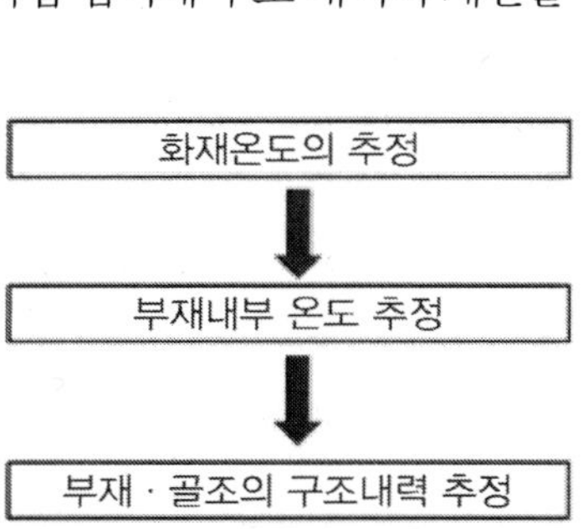

부록도 5.1 계산에 의한 방법의 흐름

1. 화재성상 추정

(1) 개요

건축 부재가 노출된 화재를 실내화재 및 실외화재의 2가지로 크게 분류하면, 실내화재는 국소화재와 성기화재 및 개구부로부터의 분출화염, 실외화재는 인동화재 및 실외가연물의 연소 등을 생각할 수 있다.

국소화재 : 건축공간의 크기에 대하여 가연물량이 적은 경우, 또는 가연물이 서로 분산배치 되어 있는 경우에는 플래시 오버가 발생하지 않고, 공간내에 국소적으로 화염이 발생하는 화재 성상이 된다. 이러한 화재를 국소화재라 하고 있으며, 화염직상에 위치한 보, 마루 등의 부재가 부분적으로 고온에 노출되며, 화염에서 벗어난 부재는 주로 열기류에 의해 가열된다.

최성기화재: 개구부가 한정된 공간(구획된 공간)에 가연물이 많이 존재하는 경우 플래시오버를 일으켜, 공간전체의 가연물이 연소한다. 이러한 화재를 최성기화재라 하며, 공급되는 공기량에 따라 그 화재의 온도 및 계속시간이 지배된다. 성기화재에서는 화재구획내의 온도가 일정한 고온이 되어 구획을 구성하는 기둥 · 보 · 바닥 · 벽 등의 부재가 받는 가열은 위치에 따라 큰 차이가 없다고 생각하는 것이 일반적이다.

개구부에서의 분출화염 : 건물의 외벽이나 외벽보다 바깥쪽에 위치한 부재는 해당 건물의 개구를 통해 분출하는 화염에 의해 가열된다.

인동화재 : 인근 건물에 화재가 발생한 경우, 그 화재에 의해 화해를 받는 경우가 있다. 인근 건물의 화재에 의해 받는 가열은, 인근 건물의 내화 성능에 따라 다르다. 예를 들면, 인근 건물이 내화건축물인 경우에는 개구부로부터의 분출화염에 의해 가열을 받으며, 복조건축물인 경우에는 건물이 하나의 큰 가연물로 가정한 것 같은 화재의 가열을 받는다.

실외가연물의 연소 : 자유공간에서 가연물이 연소한 경우, 화염으로부터의 방사나 대류에 의해 외벽 또는 외벽보다 바깥쪽에 위치한 부재가 국소적으로 가열된다.

(2) 계산방법

설계용의 계산이지만, 화재성상의 계산방법으로 본학회에서 발행한 「강구조내화설계지침」[10] 에 상세한 기술이 있다. 여기서는 상세한 계산방법의 설명은 생략한다. 전술한 문헌을 참고하면 유용할 것이다.

2. 부재 온도의 추정

(1) 개요

추정된 화재 온도와 시간의 관계를 계산 대상으로 하는 부재에 줌으로서, 부재내부온도를 산정한다. 화재온도가 시간에 따라 시시각각으로 변화하므로 부재 온도도 시간에 따라 시시각각 변화한다. 일반적으로 온도해석 프로그램을 이용하여 비정상의 열전도 계산을 실시하고, 부재내부의 온도를 산정한다.

(2) 계산방법

차분법이나 유한요소법에 의한 계산방법이 있다. 화재시의 부재온도의 계산방법에 대해서는 문헌[7]에 상세히 기술되어 있다. 또한, 부재온도의 계산에 필요한 구조재료의 열정수에 대해서는 본회발행의 「구조재료의 내화성 가이드북」[11]에 주요 데이터가 게재되어 있으므로 참고한다.

(3) 주의 사항

적용하는 재료의 열정수에 의해 계산 결과가 좌우된다. 또한, 콘크리트의 수분의 취급에 따라서도 계산결과가 달라질 수 있다. 따라서 전제 조건을 명확히 할 필요가 있다.

3. 구조 내력의 추정

(1) 개요

구조내력을 추정하는 방법으로서, 시간에 따라 변화하는 부재온도를 반영한 해석과, 화재시의 최고수열온도에만 주목한 해석이 있다. 전자에 관해서는 유한요소법 등을 이용한 해석 프로그램이 필요하지만, 부재온도의 시간 의존성을 고려 할 수 있으므로, 부재에 발생하는 열응력 · 변형의 과정을 추적할 수 있다. 후자에 관해서는 최고수열 온도에 대응하는 재료의 잔존강도특성(강도,탄성계수)을 고려하여, 콘크리트나 강철 같은 부재 구성재료의 잔존강도특성을 부재단면에 대해 적분하는 것으로 잔존내력을 추정하는 방법이다.

(2) 계산방법

유한요소법 등을 이용한 해석방법에 대해서는 문헌7)등을 열응력이나 변형의 계산에 필요한 구조재료의 역학특성에 대해서는 본 학회에서 발행한 「구조재료의 내화성 가이드북」[11]에 주요 데이터가 게재되어 있으므로 참고하면 유용할 것이다.

부재를 구성하는 재료의 잔존강도 특성을 부재단면에 대하여 적분함으로서 잔존내력을 추정하는 방법의 일례로서, 가장 단순한 방법은 부재단면에 대하여 최고이력온도에 따른 콘크리트의 잔존압축 강도와 철근의 잔존 강도를 적분하는 것이 있다. 이 방법에 의해 산정된 기둥부재의 잔존내력은 실제의 잔존내력과 비교적 일치한다[12 · 13]. 단, 잔존강도를 적분한 내력은, 화재시의 지지하중[13] · 단면결손 · 균열 · 잔류응력 등의 영향은 고려 할 수 없으므로, 내력의 상한치로 보는 것이 좋다.

(3) 주의사항

구조 내력의 추정에 이르기까지는 화재온도의 추정과 부재온도의 추정이 있으며, 각각의 추정에서는 조건이나 해석 기법에 여러 가정이 있다. 따라서, 추정된 구조 내력에는 각 단계에서 축적되는 여러 가지 오차가 포함되는 것을 부인할 수 없다.

인용 · 참고문헌

1) 藤田金一郎：耐火造室内火災の毎時燃焼量、火災主要期継続時間等の理論的考察と火害コンクリート造建物の経歴温度推定への応用, 日本建築學會研究報告　第6号, 429-431 ,1950
2) 竹之内清次：火害を受けた鉄筋コンクリート梁及び柱の許容耐力に就て：常用設計式による検討 , 日本建築學會研究報告　第12号, 171-174 ,1951
3) 原田有, 仕入豊和,古村福次郎, 寺本隆幸：火熱を受けた鉄筋コンクリート構造の被害について：第2報・建築学会編,鉄筋コンクリート構造計算規準の計算例による熱応力, 日本建築学会論文報告集　第103号, P.384, 1964
4) 原田有：建築耐火工法, 工業調査会, 1973
5) 若松孝旺：被火災コンクリート部材の火害度の推算－矩形鉄筋コンクリート梁の場合について, 22)災害の研究, 第13巻, (社) 日本損害保険協会, 1982
6) 吉田正友：コンクリート系構造部材の火害診断手法に関する研究(学位論文), 1996
7) 国土開発技術研究センター：建築物の総合防火設計法 第4版 耐火設計法, 日本建築センター, 1989
8) 濱田直之, 平島岳夫：鉄骨架構の火災時および火災後における応力変形性状, 2007年度日本建築学会関東支部研究報告集, pp.393-396, 2007
9) 卯野恵美, 衣笠秀行：梁崩壊型 RC 構造物の火災による部分的性能劣化が崩壊機構に及ぼす影響, コンクリート工学年次論文集 Vol.29 No.3, pp.883-888, 日本コンクリート工学協会, 2007
10) 日本建築学会：鋼構造耐火設計指針 第2版, 2008
11) 日本建築学会：構造材料の耐火性ガイドブック 第2版, 2009
12) 清峰俊太郎, 平島岳夫, 上杉英樹：標準加熱を受けるRC柱の断面内応力分布に関する解析的研究、2003年度日本建築学会大会学術講演梗概集（防火), pp.255-256, 2003
13) 菊田繁美：超高強度鉄筋コンクリート柱の耐火性に関する研究, 2006年度日本建築学会大会学術講演梗概集（防火), pp.17-20, 2006

부록 6 철근콘크리트조의 2차 조사에 관한 기타의 방법

철근콘크리트조의 2차 조사의 조사항목에는 본문에서 설명한 UV스펙트럼법 및 과망간산칼륨에 의한 산소소비량의 정량분석 이외에도, 실시예는 적지만 몇개의 방법이 제안되고 있다. 여기에서는 초음파전파속도 측정 (부록-6.1), 초음파 토모그래피법 (부록-6.2), X선회절 (부록-6.3), 시차열 천평분석 (부록-6.4), 비색분석 (부록-6.5)에 대해 소개한다.

부록-6.1 초음파 전파속도의 측정

(1) 개요

화해를 받은 콘크리트의 초음파 전파속도와 압축강도의 사이에 있는 높은 상관관계(부록도 6.1.1 참조)를 이용하여, 가열열화 된 콘크리트의 초음파 전파속도를 측정하고 비파괴에 의한 콘크리트 강도를 추정하는 방법이다. 또, 화해를 받은 콘크리트의 가열열화 깊이를 어느 정도 추정할 수 있다.

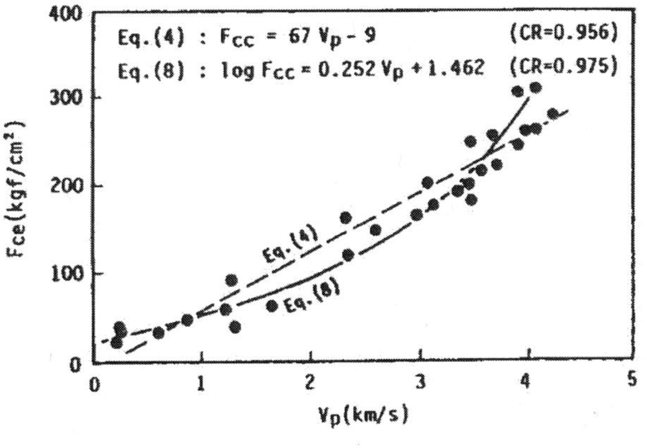

부록도 6.1.1 화해를 받은 콘크리트의 초음파 전파속도와 압축강도 [1)]

(2) 시험방법

i) 시험체, 시료

본 측정은 비파괴시험이므로 시료를 채취할 필요는 없다.

ii) 측정시스템 · 측정방법

측정 시스템의 한 예를 부록도 6.1.2에 나타낸다. 압축강도를 추정하는 경우는 문헌1)에 의하면 가열열화 된 콘크리트에 발진자와 수진자의 위치를 서로 마주보게 배치하고 초음파의 전파속도를 측정한다. (직접법)

한편 가열열화 깊이를 추정하는 방법에는 문헌2)에 따르면, 부록도 6.1.3에 나타내듯이 발 · 수진자의 거리를 바꾸어 동일면상에서 측정하는 방법(반사법)에 따라 10개소 정도의 초음파 전파속도를 측정하여 추정한다.

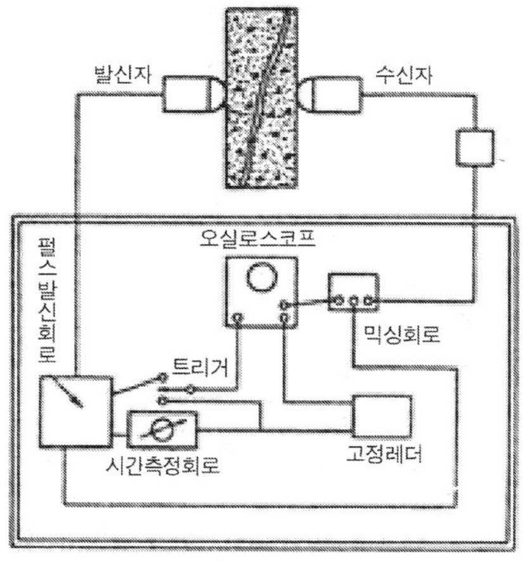

부록도 6.1.2 초음파 전파속도 계측시스템의 예[3)]

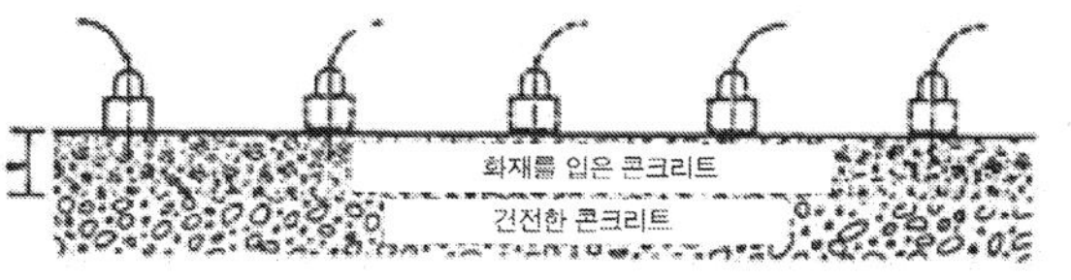

부록도 6.1.3 초음파 전파속도의 측정방법 (반사법)[2)]

iii) 압축강도의 추정

문헌1)에 의하면, 부록도 6.1.1에 나타내는 식(식 6.1.1)에 의해 압축강도를 추정할 수 있다고 보고하고 있다.

$$Log\ \ Fcc = 0.252\,Vp + 1.462 \quad (\text{중상관관계} = 0.975) \qquad (\text{부록식 } 6.1.1)$$

여기서, Fcc : 압축강도(kgf/cm²)

Vp : 초음파 전파속도(km/s)

단, 문헌1)에서 사용하고 있는 콘크리트는 보통 포틀랜드 시멘트, 강모래, 강자갈을 사용한 물 시멘트 비 50%~70%의 콘크리트로서, 100℃~800℃의 범위로 100℃마다 가열열화 된 콘크리트에 대해 초음파 전파 속도를 측정한 결과(부록도 6.1.4 참조)로부터 추정식을 구하고 있다. 따라서,

문헌1)과 다른 재료 또는 다른 조합의 콘크리트의 경우는 가열을 받지 않은 부분에서 시료를 채취하고 부록도 6.1.4의 관계를 측정하여 추정식을 구할 필요가 있다.

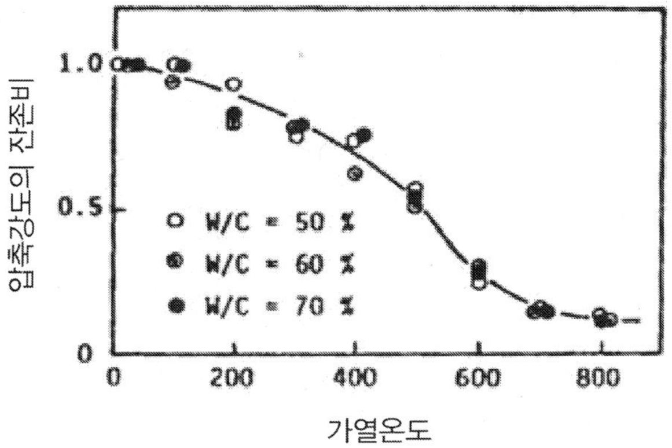

부록도 6.1.4 가열온도에 의한 압축강도의 저하율 [1)]

iv) 가열열화의 깊이 추정

온전한 부분의 음속은 일정하므로, 발·수진자 사이의 거리가 어느 정도 멀어지면, 거리와 속도는 비례한다. 문헌2)에 의하면, 부록도 6.1.5에 나타내는 발·수진자간 거리와 초음파 전파시간의 관계로 부터 변곡점(가열열화 된 콘크리트와 온전한 콘크리트와의 경계)을 구해 그 변곡점까지의 기울기(α)와 그 이후의 기울기(β), 변곡점에 있어서의 발·수진자간 거리(Xo)에 의해, 식 6.1.2를 이용해 가열열화의 깊이(t)를 추정할 수 있다.

$$t = \frac{Xo}{2}\sqrt{\frac{\tan\alpha - \tan\beta}{\tan\alpha - \tan\beta}} \qquad \text{(부록식 6.1.2)}$$

여기서, t : 가열열화의 깊이(mm)

Xo : 부록도 6.1.5의 변곡점의 발·수진자간 거리(mm)

α : 부록도 6.1.5의 변곡점까지 관계식에서의 기울기

β : 부록도 6.1.5의 변곡점 이후의 관계식에서의 기울기

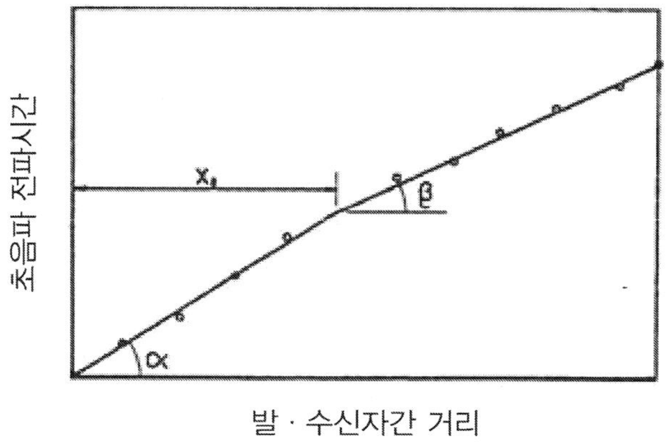

부록도 6.1.5 발 · 수진자 사이의 거리와 초음파 전파시간과의 관계 [2)]

(3) 주의사항

압축강도의 추정에 관해서는 직접법을 통한 측정으로는 추정할 수 있다고 여겨지고 있지만, 반사법으로는 어느 정도의 정확도까지 추정할 수 있는지 명확하지 않다. 또한, 본 추정 방법은 콘크리트 부재를 균일하다고 간주하기 때문에 깊이 방향의 압축 강도 분포까지는 추정할 수 없다. 어떠한 추정 방법도 콘크리트 내의 초음파 전파속도를 측정하는 것으로, 철근이나 배관등의 매설물이 존재할 경우는 추정 정확도가 저하된다.

(4) 적용 예

문헌5)에서는 몇개의 시험방법에 대해서 화해조사로서의 적용성을 검토하고 있다. 초음파법도 이 안에 거론되고 있으며 직접법 및 반사법에 의한 음속측정이 이루어지고 있다. 실험의 결과, 직접법에 비해 반사법이 콘크리트 표층부의 미세 구조의 변화를 민감하게 파악할 수 있고 수열 온도가 높을수록 급격하게 음속이 저하된다고 하고 있다. 또한, 살수나 가열 후의 일수의 영향도 없었다. 이러한 결과로부터 초음파법은 현장에서 직접평가 할 수 있는 시험 방법이며, 구체적인 적용방법으로 사전에 철근탐사기로 철근위치를 파악하여 음속의 영향이 없음을 확인한 후, 반사법에 의한 음속측정을 할 것을 제안하고 있다.

인용 · 참고문헌

1) 谷川恭雄, 太田福男 : 火害を受けたコンクリートの非破壊試験, 日本建築学会大会学術講演梗概集, pp.325-326, 1983.9
2) Hung-Wan Chung and Kwok Sang Law : Assessing Fire Damage of Concrete by the Ultrasonic Pulse Technique, CEMENT, CONCRETE, AND AGGREGATES, pp.84-88, 1985
3) 日本コンクリート工学協会 : コンクリート構造物の診断のための非破壊試験方法研究委員会報告書, pp.8-27, 2001.3
4) fib : Fire design of concrete structures - structural behaviour and assessment. State-of-art report, fib Bulletin No. 46, 2008
5) 小林幸一, 枝広英俊 : 火害を受けたコンクリート構造物に対する非破壊・微破壊試験の適用に関する研究, 日本建築学会構造系論文集 Vol.73, No.629, pp.1027-1034, 2008.7.30

부록-6.2 초음파 토모그래피법

(1) 개요

초음파 전파속도법은 비파괴시험 중에서 예전부터 사용된 방법 중 하나로 지금까지 압축강도나 탄성계수 등 콘크리트의 물성값, 균열의 깊이의 추정 등 나아가 화재로 인한 가열열화의 깊이 추정에도 이용되어 왔다. 또한, 최근에는 의학분야에서 고안된 CT(컴퓨터 · 토모그래피)를 사용해서 초음파 전파전파속도의 토모그래피를 통해 콘크리트 구조체 내부의 품질을 추정하는 방법이 개발되어 왔다[1). 여기서 소개하는 조사기술은 화해를 받은 콘크리트에 대해 초음파 토모그래피법을 응용한 것이며, 본 기술을 적용함으로써 화해 후의 콘크리트 구조체 내부의 초음파 전파속도의 분포를 측정할 수 있어 탄성계수 및 압축강도의 단면분포를 추정할 수 있다[2).

(2) 시험방법

i) 시험체, 시료

본 측정은 비파괴시험이므로 시료를 채취할 필요는 없다.

ii) 측정 시스템

측정 시스템은 부록 - 6.1 「초음파 전파속도 측정」의 시스템과 같다.

iii) 측정방법

측정방법은 부록도 6.2.1에 나타낸바와 같이 측정 대상 부위를 n개의 블록으로 분할한 후 측정 대상 부위를 모두 포함하고 초음파의 발신자(S)와 수신자(R)를 이동시키면서 전파시간의 측정을 반복해서 m회 실시한다. Si · Rk 진동자 간 측정에서 얻어진 초음파의 전파속도(t_{ik})와 측정시에 초음파가 j블록을 통과하는 길이($_{ik}l_j$) 및 j 블록의 초음파 속도(Vj) 사이에 식 (6.2.1)의 관계가 성립하는 것을 이용해 각 블록의 초음파 속도(v_j)를 최소자승법등을 이용해 구한다[3). 부록도 6.2.2에 초음파 전파속도의 단면분포의 일례를 나타낸다. 또한, 초음파주사선의 설정 방법에 따라 2차원적 및 3차원적인 내부 표현이 가능하다.

$$t_{ik} = \sum_{j=1}^{n} \frac{_{ik}l_j}{V_j}$$ 여기서, i=1, 2, 3, ⋯ , m, k=1, 2, 3, ⋯ , m (부록식 6.2.1)

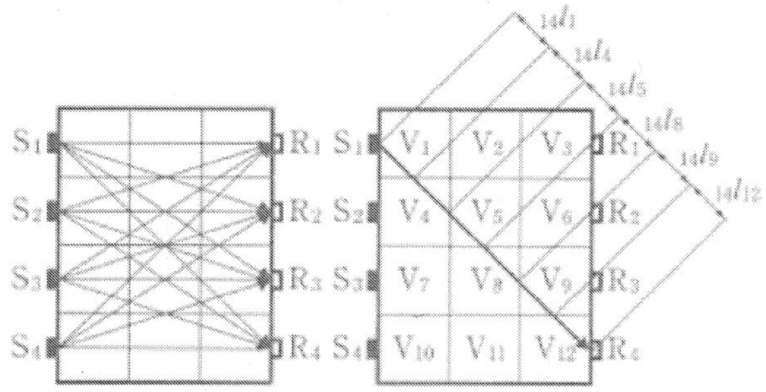

(a) 영역의 블록화 및 발신자 · 수신자의 주사례

(b) 각 블록의 초음파속도 및 초음파 통과 길이의 산정

부록도 6.2.1 측정방법 [3)]

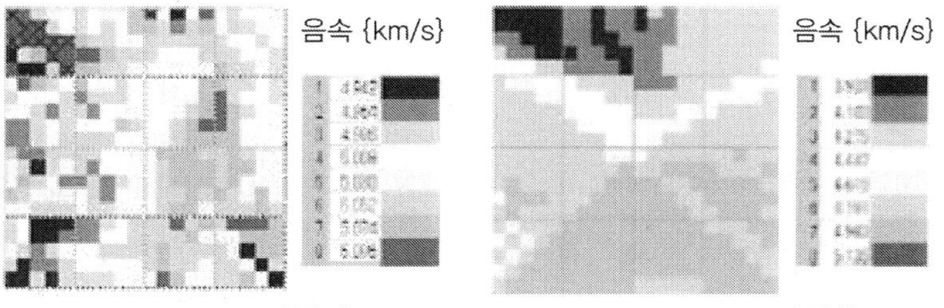

CF20 가열전 CF20 가열후

부록도 6.2.2 초음파 전파속도의 단면분포의 일례 [2)]

iv) 압축강도의 추정

부록도 6.2.3에 나타낸 바와 같이 화해를 받은 콘크리트에서도 초음파 전파속도와 압축강도의 관계는 직선적인 비례관계를 이용해 추정할 수 있다. 화해를 받은 콘크리트 및 건전한 콘크리트의 초음파 전파속도를 몇 개 측정하여, 같은 부분에서 채취한 코어의 압축강도와의 관계를 구하고, 이를 추정식으로써 임의의 화해를 받은 콘크리트의 압축강도를 추정한다.

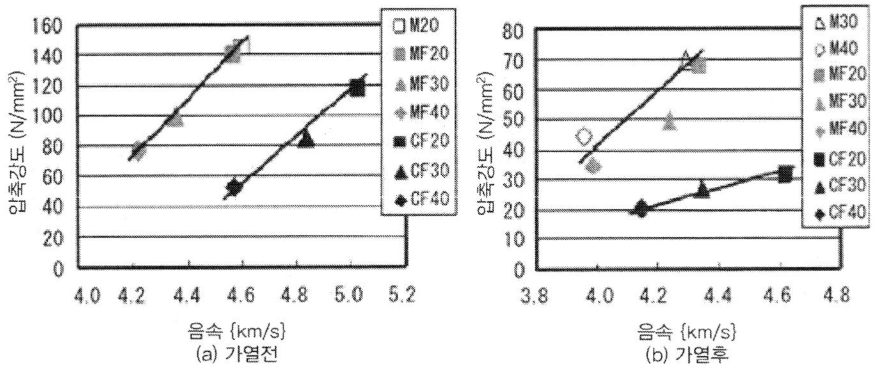

부록도 6.2.3 가열전후의 콘크리트에서 초음파 전파속도와 압축강도와의 관계 [2)]

(v) 탄성계수의 추정

부록도 6.2.4에 나타낸바와 같이 화해를 받은 콘크리트에서도 부록식 6.2.2에 나타낸 이론식을 이용해 초음파 전파속도로부터 구한 탄성계수(동탄성계수)와 실측한 탄성계수(정탄성계수)의 관계는 직선적인 비례관계에 있다. 양자는 거의 비슷한 값이지만 일반적으로 알려진것처럼 초음파 전파속도에서 구한 탄성계수(동탄성계수)의 경우가 조금 더 크다. 이것을 이용해 이론식으로부터 추정하거나 압축강도와 마찬가지로 화해를 받은 콘크리트 및 건전한 콘크리트 초음파 전파속도를 몇 개 측정하여, 같은 부분에서 채취한 코어의 탄성계수와의 관계를 구하고, 이를 추정식으로써 임의의 화해를 받은 콘크리트 탄성계수를 추정한다.

$$E_c = \rho V^2 \frac{(1+\nu)(1-2\nu)}{1-\nu} \qquad \text{(부록식 6.2.2)}$$

여기서, E_c : 영계수

ρ : 밀도

V : 음속

ν : 포아손비

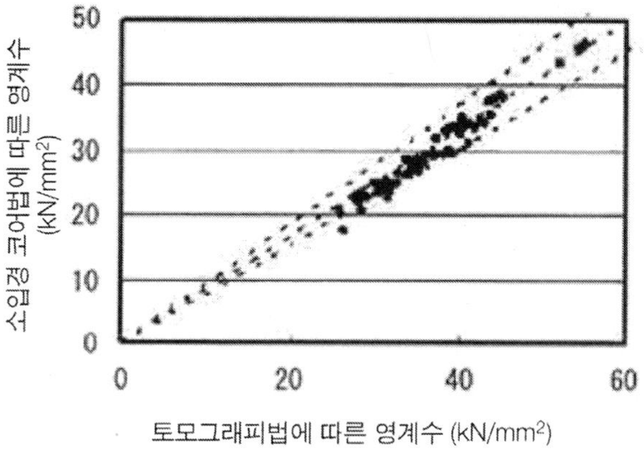

부록도 6.2.4 초음파 전파속도로부터 구한 이론상의 탄성계수와 소입경 코어의 탄성계수와의 관계 [2)]

(3) 주의 사항

본 기술도 초음파 전파속도법의 하나이므로, 부록-6.1「초음파 전파속도의 측정」의 주의사항과 동일하다. 또한, 측정면은 적어도 2면 이상이 필요하고, 기둥 등의 4면을 측정할 수 있는 곳이 아니면 추정 정확도는 낮다.

인용 · 참고문헌

1) 木村芳幹, 谷川恭雄：超音波速度度による高強度コンクリート構造体の品質の推定, コンクリート工学年次論文集, Vol.23, No.1, pp.577-582, 2001.7.

2) 朴相俊, 林口幸子, 谷川恭雄, 寺西浩司, 木村芳幹：超音波トモグラフィー法によるコンクリートの火害度推定方法に関する研究（その１：実験概要および音速分布の結果、その２：超音波トモグラフィー法による火害度推定）, 日本建築学会大会学術講演梗概集（中国）, A-1, pp.799-802, 2008.9

3) 山田和夫：コンクリート構造物の非破壊検査・診断方法（第３章　弾性波を利用した内部探査方法）, セメントジャーナル社, pp.53-54, 2004.9

부록-6.3 X선회절

(1) 개요

건물에 사용되고 있는 모르타르, 콘크리트, 석고보드 등을 X선회절을 통해 소성온도와 결정형 변화와의 관계로부터 수열온도를 추정하는 방법이다. 모르타르의 경우, X선회절의 결과와 소성온도의 관계는 명확히 알려지지 않고 있다. 콘크리트의 X선회절에 대해서도 명확한 차이를 알 수 없다는 보고가 있다 [1]. 석고보드의 경우는 형태의 변화가 상당히 명확하게 나타나므로 수열온도 추정에 도움이 된다. 즉, 석고는 소성가열온도에 의해서 탈수, 결정형의 변화를 나타내는 것으로 그 결정형을 조사하여 수열온도를 매우 명확하게 알 수 있다. 석고는 화학적으로는 3종류로 나눌 수 있다. 즉, $CaSO_4 \cdot 2H_2O$, $CaSO_4 \cdot 1/2H_2O$, $CaSO_4$이다. 그러나 물리적으로는 부록표 6.3.1에 나타낸 바와 같이 7종류로 나눌 수 있다. 이 X선회절의 결과를 전자현미경의 관찰과 함께 각 석고의 형태를 검토해 수열온도의 추정에 이용한다.

부록표 6.3.1 석고의 형태 (7종류) [2]

<table>
<tr><th>화학조성</th><th colspan="2">물질명</th><th>조성식</th><th>관용명</th><th>비고(소성가열온도 등)</th></tr>
<tr><td>$CaSO_4 \cdot 2H_2O$</td><td colspan="2">이수석고</td><td>$CaSO_4 \cdot 2H_2O$</td><td>석고 · 결정석고</td><td>-</td></tr>
<tr><td rowspan="2">$CaSO_4 \cdot 1/2H_2O$</td><td rowspan="2">반수석고</td><td>α형</td><td>$\alpha \cdot CaSO_4 \cdot 1/2 \cdot H_2O$</td><td rowspan="2">소석고</td><td rowspan="2">-</td></tr>
<tr><td>β형</td><td>$\beta \cdot CaSO_4 \cdot 1/2 \cdot H_2O$</td></tr>
<tr><td rowspan="4">$CaSO_4$</td><td rowspan="2">Ⅲ형 무수석고</td><td>α형</td><td>Ⅲα · $CaSO_4$</td><td rowspan="2">가용성무수석고</td><td>250~300℃</td></tr>
<tr><td>β형</td><td>Ⅲβ · $CaSO_4$</td><td>$CaSO_4 \cdot 1/2 \cdot H_2O$로 회귀함</td></tr>
<tr><td colspan="2">Ⅱ형 무수석고</td><td>Ⅱ · $CaSO_4$</td><td>무수석고</td><td>800~900℃</td></tr>
<tr><td colspan="2">Ⅰ형 무수석고</td><td>Ⅰ · $CaSO_4$</td><td>고온형 무수석고</td><td>1,150~1,200℃</td></tr>
</table>

(2) 시험방법

X선회절계(X-ray diffractometer)를 이용하여 일반적으로 이용되고 있는 방법으로 X선의 반사조건, 강도측정 등을 행하고, X선 스펙트럼의 결과를 해석하여 실시한다.

(3) 주의 사항

석고보드의 수열온도의 추정은 가능하지만, 콘크리트의 수열온도는 명확히 파악되지 않을 수도 있다.

(4) 적용예

i) 콘크리트의 X선회절의 예 [3)]

각 가열온도 (110℃, 300℃, 500℃ 및 600℃)에서 콘크리트의 X선회절을 실시했다.

그 결과를 부록도 6.3.1 ~ 6.3.4 에 나타낸다. 4종류의 결정물질 (석영 (Quartz, SiO_2), 장석 (Feldspar), 방해석(Calcite, $CaCO_3$), 포틀랜다이트(Portlandite, CaO · H_2O)의 동정을 실시했다. 그림 중에는 각 기호(○-석영, □-장석, ◇-방해석, △-포틀랜다이트)로 표기되어 있다. 본 예에서는 각 결정물질의 온도변화에 의한 경향이 인지되지 않아 뚜렷한 차이를 볼 수는 없었다.

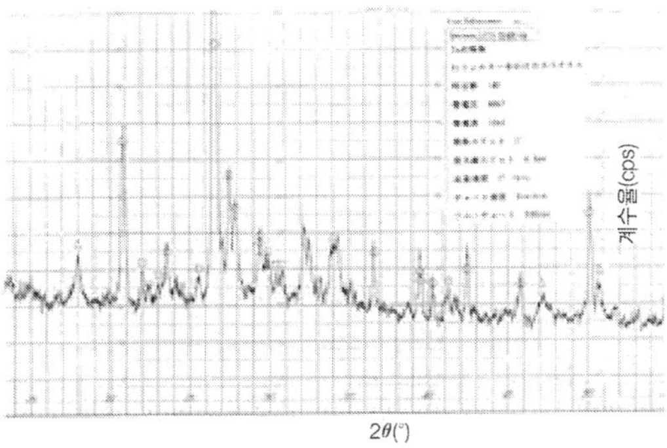

부록도 6.3.1 콘크리트의 X선회절 분석결과 [3)]
(110℃)

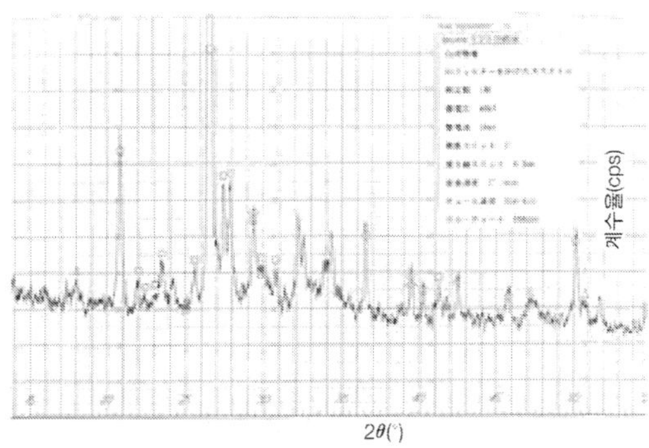

부록도 6.3.2 콘크리트의 X선회절 분석결과 [3)]
(300℃)

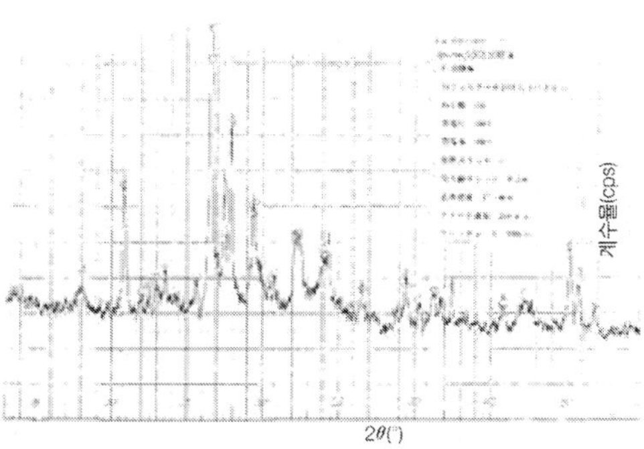

부록도 6.3.3 콘크리트의 X선회절 분석결과 [3)]
(500℃)

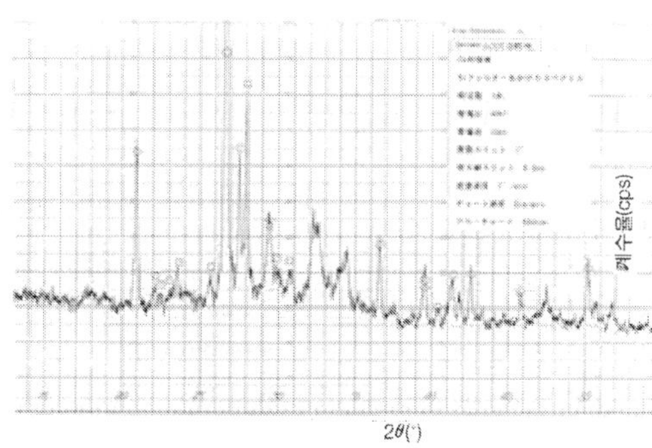

부록도 6.3.4 콘크리트의 X선회절 분석결과 [3)]
(600℃)

ii) 석고보드의 X선회절의 예[2)]

화해를 받은 석고보드와 받지 않은 석고보드의 X선회절의 그래프는 부록도 6.3.5 ~ 6.6에 나타낸바와 같이 상당히 다르며, 이 결과와 전자현미경의 관찰에 의해 결정형을 검토하는 것으로 수열온도의 추정이 가능하다.

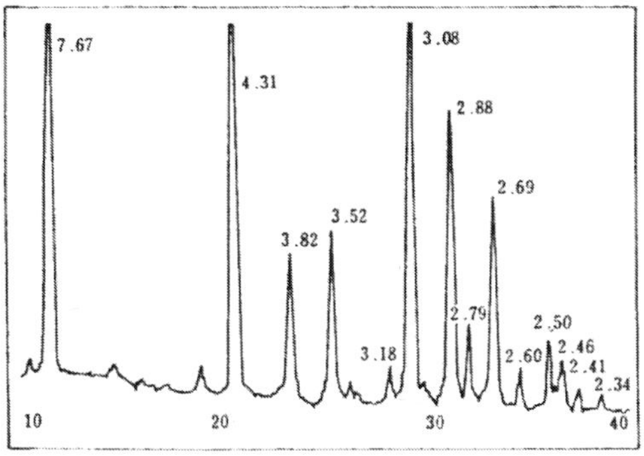

부록도 6.3.5 화해를 받지 않은 석고보드의 X선회절 결과[2)]

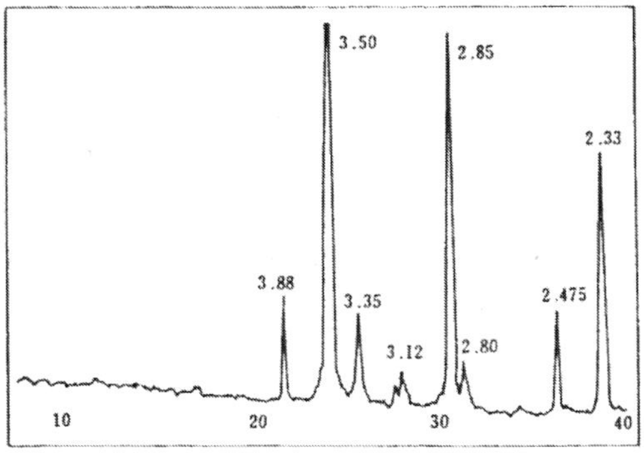

부록도 6.3.6 화해를 받은 석고보드의 X선회절 결과[2)]

iii) 콘크리트의 X선회절 실험의 예[4)]

문헌4)에서는, X선회절법의 화재조사에서의 적용성을 검토하고 있다. 실험에서는 X선회절 장치에 의해 $Ca(OH)_2$(포틀랜다이트) 및 $CaCO_3$(칼사이트)의 X선회절 강도를 측정하여 $Ca(OH)_2$의 정량에서는 수열온도가 높으면 회절강도는 감소고, $CaCO_3$의 정량으로부터 살수조건이나 경과일수에 의해 결과가 다르다는 것 등이 나타나 있다. 또한, 이러한 결과로부터 X선회절에서는 분말로 제조한 콘크리트 시료의 $Ca(OH)_2$(포틀랜다이트)를 정량하는 것이 유용하다.

인용 · 참고문헌

1) 若松孝旺：被火災コンクリート部材の火害度の推算－矩形鉄筋コンクリート梁の場合について, 22)災害の研究, 第 13 巻, (社) 日本損害保険協会, 1982
2) 岸谷孝一, 森実：火害を受けた鉄筋コンクリート造建物の火害度と受熱温度の推定, 火災, No.85, pp.8-20, 1972.5
3) 吉田正友：コンクリート系構造部材の火害診断手法に関する研究(学位論文), 1996
4) 小林幸一, 枝広英俊：火害を受けたコンクリート構造物に対する非破壊・微破壊試験の適用に関する研究, 日本建築学会構造系論文集 Vol.73, No.629, pp.1027-1034, 2008.7.30

부록-6.4 시차열 천평분석

(1) 개요

건전부로부터 채취한 콘크리트를 사전에 각 온도로 소성하여, 자유수나 결정수의 탈수, SiO_2의 변형, CO_2 가스의 방출의 변화를 조사해 그 결과를 화해부의 콘크리트와 비교함으로서 수열온도를 추정하는 방법이다. 화재를 입은 건물의 경우 방수등으로 인해 수분이 당연히 포함되어 있으므로, 자유수나 결정수로부터는 추정하기는 어렵다. 그러나 고온역에서는 CO_2 가스의 방출등의 열분해로부터 추정이 가능하다. 비가열시료와 가열시료의 열질량 감소율의 차를 구하고, 그 기울기가 변화되는 온도에 따라 수열온도를 추정하는 방법도 제안되고 있고 이 방법에서는 화재후 방수된 경우에도 추정이 가능하다.

(2) 시험방법

시차열 분석과 열천평이 결합한 시차열 천평을 이용하여 물질의 흡열 · 발열 · 감량을 조사하는 방법이다. 화해를 받은 콘크리트와 받지 않은 콘크리트에서 이 분석을 실시해, 사전에 조사해 둔 자료 (각 온도에서 뜨거운 모르타르의 흡열 · 발열 · 감량의 데이터)를 이용해 수열 온도의 추정에 이용한다. 일반적으로 시차열 분석은 측정하고자 하는 시료와 그 측정 범위에 있어서 열적으로 중성인 시료(표준 시료)를 동시에 동일한 화로에서 같은 조건으로 가열한다. (부록도 6.4.1 참조) 이때 표준시료는 외부로부터 주어진 열량에 비해 부록도 6.4.2의 실선과 같이 온도가 상승된다. 한편 측정하고자 하는 시료에 화학변화가 생기면 시료의 온도 상승이 멈추거나 혹은 산화처럼 급격히 상승한다. (부록도 6.4.2의 점선은 흡열의 경우) 이와 같이 온도변화를 검출하여 표준시료와 측정시료의 온도차를 확대해 기록한 것이 시차열곡선으로, 측정시료에 열변화가 일어난 경우, 부록도 6.4.2 아래와 같이 피크가 되어 기록된다. 또한, 동시에 표준시료의 온도도 검출하여 같은 기록계에 기록하면 온도에 대한 시료의 열적 변화를 동일한 기록지상에서 읽어낼 수 있다. 이렇게 얻은 곡선의 위치와 형태로부터 시료의 물질고정, 물리변화, 화학변화 등의 추구가 가능하며, 또한 피크면적이나 기울기로부터 열량측정, 활성에너지, 결정화도의 측정을 실시할 수 있고, 열천칭의 결합에 의해 각 피크시의 감량을 알고 시료의 해석에 이용한다.

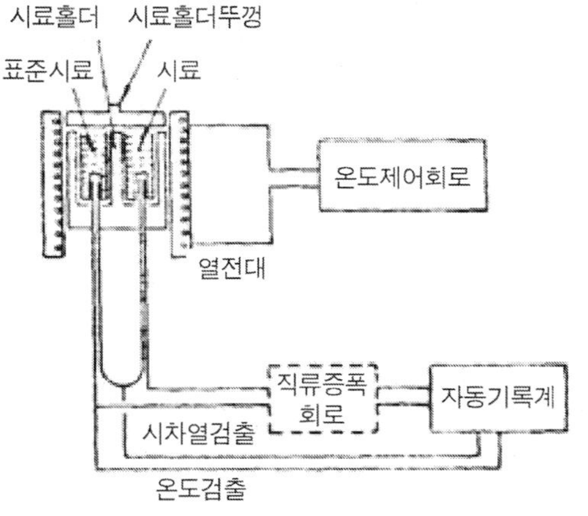

부록도 6.4.1 시차열 천칭분석 측정장치 [1)]

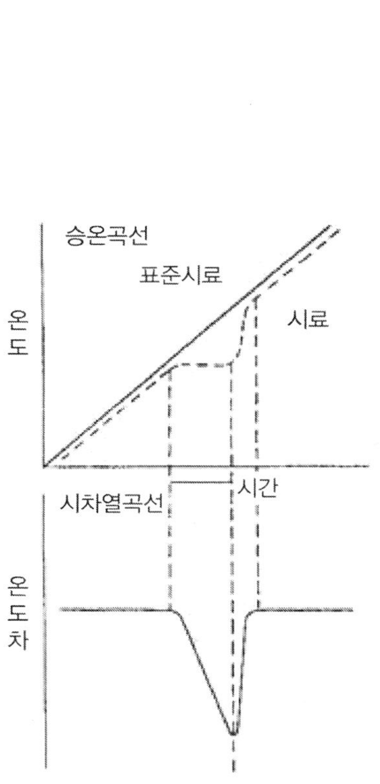

부록도 6.4.2 시차열 분석 원리도 [1)]

(3) 주의사항

소화시의 방수등에 의해 화학 변화가 일어나 화재전의 상태로 돌아가는 일이 있다. 그 사례를 적용예 i)에 나타낸다. 방수등의 영향을 받은 경우에는 적용예 ii)에서 기술한 방법을 사용할 필요가 있다.

(4) 적용예

i) 시차열 분석의 결과를 직접 이용하는 방법의 예 [2)]

각 온도 (400℃, 500℃ 및 600℃)로 가열한 후 대기에 3일간 방치한 콘크리트 시차열 중량분석(TGA, DTA)의 관계를 부록도 6.4.3에 나타낸다. 중량분석(TGA)에 있어서는 각 온도시의 중량감소의 특이성을 찾아낼 수 없기 때문에 TGA에서는 온도추정을 시도하는 것은 어렵다. 또한 시차열 분석(DTA)에서는 450℃ 전후, 570℃ 전후로 흡열반응이 나타난다. 450℃ 전후의 흡열반응은 $Ca(OH)_2 \rightarrow CaO+H_2O$으로 나타난다. 이 반응은 흡수로 인해 가역반응을 일으켜 원래의 상태로 돌아간다. 즉, 부록도 6.4.3에서 나타낸바와 같이 600℃에 가열 후, 대기에 방치한 콘크리트에서도 450℃~470℃로 흡열반응을 일으키고 있다. 따라서 이러한 경향을 이용해 수열온도를 추정하는 것은 어렵다.

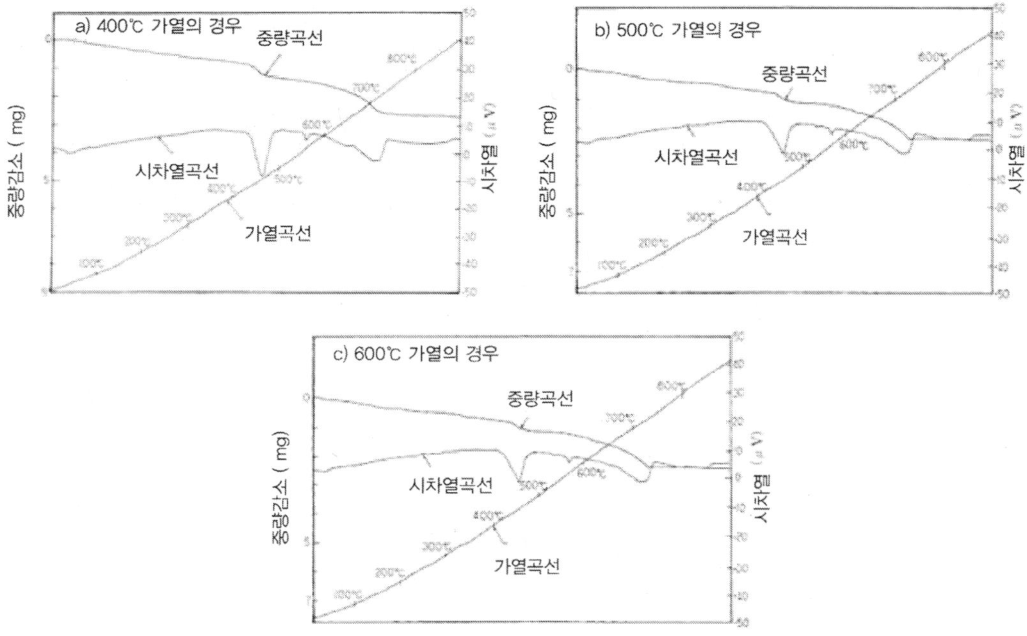

부록도 6.4.3 콘크리트의 시차열 중량분석 결과[2)]

문헌3)에서는 열분석의 화재조사로의 적용성을 검토하고 있다. 결정수의 탈수 및 CO_2 가스의 방출 등을 시차열천칭(TG-DTA)에 의해 측정하여 $Ca(OH)_2$의 정량에서는 수열온도가 높으면 $Ca(OH)_2$ 량은 감소하고, $CaCO_3$의 정량에서는 살수조건이나 경과일수에 따라 결과가 다르므로 화재평가에 적합하지 않다는 것 등이 기술되어 있다. 이러한 결과로부터 시차열천칭에서는 분말로 한 콘크리트 시료의 $Ca(OH)_2$(포틀랜다이트)를 정량하는 것이 유용하다고 보고하고 있다.

ii) 열질량감소율의 기울기 변화를 이용하는 방법의 예[4)]

물시멘트비 60%, 시멘트:모래질량비 1:2.5, 무가와(鵡川)산 모래를 사용해 3년 양생 모르타르를 이용한 실험예를 나타낸다. 시험체는 비빔 · 성형후 1일 봉함 양생상태로 탈형후 20℃ 수중에서 양생되어 있다. 양생종료 후의 시험체를 조크러셔로 파쇄해 5mm의 체를 모두 통과시켜, 2.5mm 체에 남는 것을 시료로 했다. 모르타르 시료에 가해지는 온도는 200℃ · 400℃ · 600℃ · 800℃로 하고, 가열은 전기로를 이용해 진행하였다. 소요 온도까지 30분 만에 온도가 상승하고 1시간동안 온도를 유지한 뒤 자연 냉각했다. 가열 후의 시료는 건조 공기중과 수중에서 24시간 정치한 후 50℃로 조절한 건조기 안에서 보존했다. TG-DTA 측정용의 시료는 전자식 미분쇄장치로 한번 더 분쇄하고, 0.15mm 체를 전량 통과시켜 채취했다. TG-DTA 측정은 질소가스 상태 중에 실시해 온도상승속도는 10℃/분, 최고온도는 950℃로 했다.

시료가 모르타르이기 때문에 분체시료간에 골재의 함유량에 차이가 있어 결과의 해석에 영향을 주는 것을 고려할 수 있다. 그 때문에 1% 희염산을 이용해 용해시험을 실시하고 불필요 잔량으로부터 분체중의 시멘트량을 산정해, TG의 측정결과를 단위 시멘트 질량 당의 열질량 변화율로 환산했다.

실험 결과를 부록도 6.4.4에 나타낸다. 이것은 비가열 시료와 각각의 가열시료의 열질량감소율의 차를 구한 것이다. 곡선마다 기울기가 변화하는 온도가 존재하며 이를 그림에서 ○으로 나타내었다. 흡수의 유무와 관계없이 시료마다 수열온도와 거의 동등의 온도를 얻을 수 있다. 이 온도 이하에서는 비가열 시료와의 열질량감소율 차가 크고 이것을 넘는 범위에서는 양자가 동등해진다. 이상의 결과에 의해 시멘트 수화물의 열분해에 착안한 TG 측정결과를 이용하는 것으로 열질량감소율의 기울기가 변화하는 점으로부터 수열온도의 추정이 가능한 것으로 판단할 수 있다.

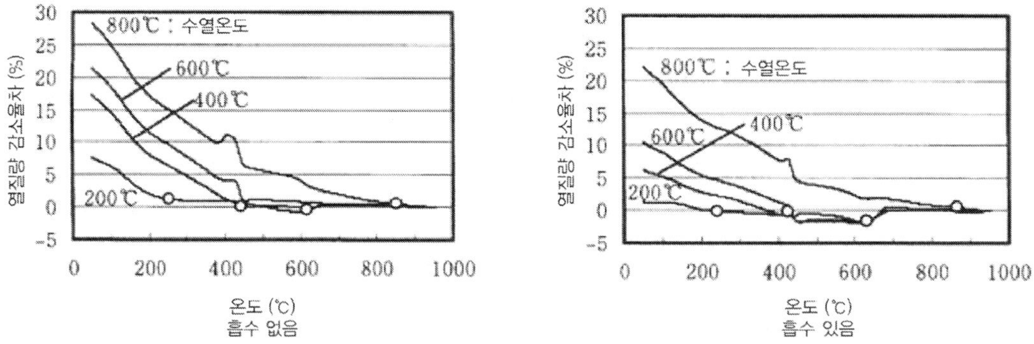

부록도 6.4.4 열질량 감소율차의 수열온도에 의한 변화 [4)]

인용 · 참고문헌

1) 岸谷孝一, 森実 : 火害を受けた鉄筋コンクリート造建物の火害度と受熱温度の推定, 火災, No.85, pp.8-20, 1972.5
2) 吉田正友 : コンクリート系構造部材の火害診断手法に関する研究(学位論文), 1996
3) 小林幸一, 枝広英俊 : 火害を受けたコンクリート構造物に対する非破壊・微破壊試験の適用に関する研究, 日本建築学会構造系論文集 Vol.73, No.629, pp.1027-1034, 2008.7.30
4) 松村宇, 桂修, 南慎一 : 示差熱天秤を用いた受熱温度の推定に関する研究, 日本建築学会大会学術講演梗概集(材料施工), 2001.9

부록-6.5 콘크리트의 비색 분석

(1) 개요

콘크리트는 수열온도에 의해 변색된다. (해설표 3.3.5 참조) 이 변색 상황은 콘크리트의 화재정도를 판단하는 지표가 되며 육안으로 콘크리트 표면의 수열온도를 정성적으로 대략 파악할 수 있다. 콘크리트의 비색 분석은 콘크리트의 색채의 변화를 정량적으로 측정하고, 수열온도를 추정하는 것이다. 콘크리트 부재의 표면의 색상을 측색하는 것으로 표면의 수열온도[1)]를 추정하고 콘크리트 코어와 콘크리트 코어공 등의 색상을 측색하여 화해에 의한 열화 깊이[2)]를 추정할 수 있다. 이것은 각각의 비파괴시험과 미소파괴시험시 다양한 표색계를 이용하여 정량적으로 측색결과를 평가할 수 있다.

(2) 시험방법

측색계를 이용해 콘크리트 시료를 직접 측색하는 방법[1)]이나, 일반적인 디지털카메라로 촬영한 화상을 이용해 화상분석에 의해 측색하는 방법[2)]이 있다.

(3) 주의사항

콘크리트는 사용재료에 의해 변색상황이 다르다. 따라서, 화해 부재와 동일 조합의 콘크리트를 동일 건물의 건전한 부분에서 샘플로 채취하고, 화재 진단시 비교용 데이터로서 상온시나 가열 냉각 후의 측색값 데이터를 조사해 두는 것이 바람직하다. 또한, 사용하는 표색계에 따라 콘크리트의 색의 차이가 수치로 표현되기 어려운 경우가 있다.

(4) 적용예

i) 콘크리트 표면의 수열 온도를 평가한 예 [1)]

문헌1)에서는 길이 1000mm × 폭 500mm × 두께 200mm의 슬래브를 상정한 3수준의 물시멘트비의 RC부재를 제작해 슬래브 하면으로부터 ISO 834에서 규정하는 표준가열곡선에 따른 가열을 하고 있다. 가열면의 표면온도가 300℃ · 500℃ · 750℃ · 950℃가 된 시점에서 가열을 종료하고 대기중에서 자연냉각한 경우와 방수에 의해 급냉한 경우로, 색채의 변화를 분광측색계에 의해 측색하여 측색치를 비교하고 있다. 콘크리트 가열면의 상태를 부록표 6.5.1에, 가열한 콘크리트의 사용 재료를 부록표 6.5.2에, 콘크리트의 배합과 시험체 정치 기간을 부록표 6.5.3에, 측색 결과를 부록도 6.5.1에 각각 나타낸다. 여기에서는 JIS Z 8781-4:2013「측색 - 제4부 : CIE 1976L*a*b*색공간」를 이용한 평가 (L* : 명도지수, a* : 색좌표【-】녹 ⇔ 적【+】, b* : 색좌표【-】청 ⇔ 황【+】)를 행하고 있다. 수열온도에 따라 측색값에 일정한 경향이 보여 지며, 측색계에 의한 측색값을 이용하는 것으로 육안조사에 의한 수열온도의 판단이 용이해질 수 있다.

부록표 6.5.1 콘크리트 가열면의 상태 [1)]

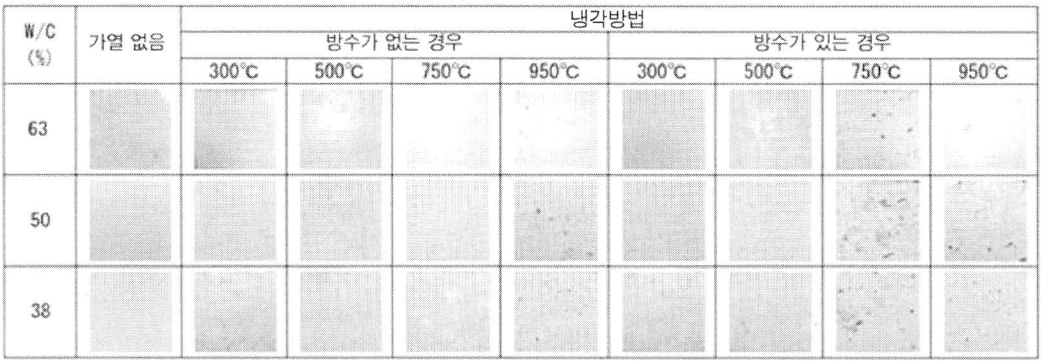

부록표 6.5.2 콘크리트의 사용재료

재료	물 성
시멘트(C)	보통 포틀랜드시멘트(밀도: 3.16g/cm^3)
세골재(S)	사가현해사, 경도부 쇄사혼합(표건밀도: 2.56g/cm^3, 큰합비 70:30)
조골재(G)	경도부 경질사암계 쇄서(표건밀도: 2.67g/cm^3, 실적율, 58.0%)
혼화제(Add.)	W/C (63%) : AE 감수제 표준형 I종, W/C: 고성능 AE 감수제 표준형 I종)

부록표 6.5.3 콘크리트의 배합과 시험체 정치기간

W/C (%)	S/a (%)	단위량(kg/m^3)					실측치			정치기간 (일)
		시멘트 *C*	물 *W*	세골재 *S*	조골재 *G*	혼화재 *Add.*	슬럼프 (cm)	공기량 (%)	압축강도[주)] (N/mm^2)	
63.0	45.4	292	184	556	991	2.920	15.0	3.9	29.7	94
50.0	48.3	360	180	823	913	2.916	19.0	4.8	35.5	94
38.0	44.2	474	180	712	932	3.792	18.5	4.2	54.2	95

주) 28일간 표준양생한 시험체의 압축강도를 나타냄.

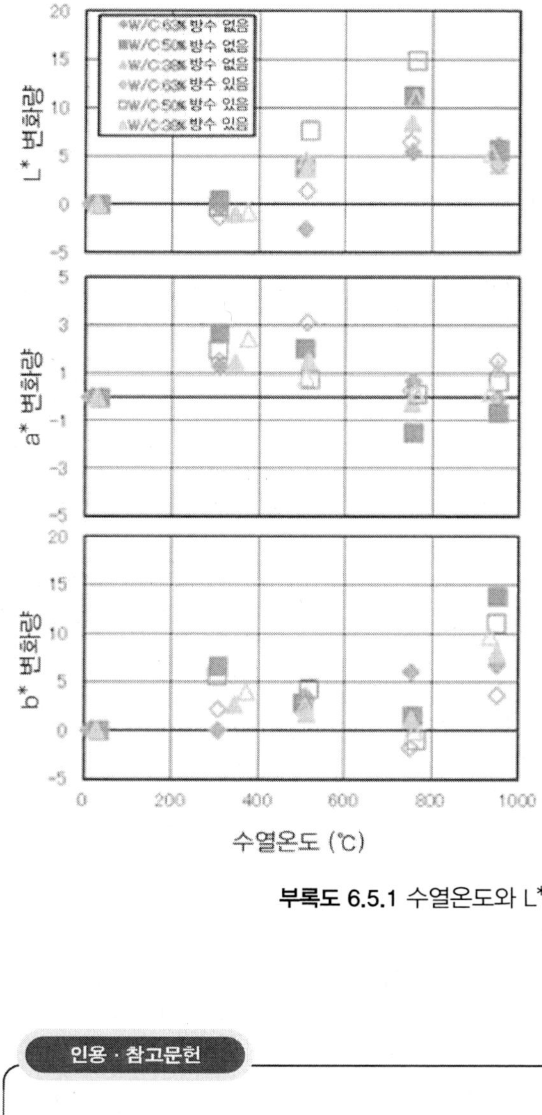

그래프 Y 축의 범례

L*a*b* 표색계

L* : 명도지수

【−】 암 ⇔ 명 【+】

a* : 색좌표 【−】 녹 ⇔ 적 【+】

b* : 색좌표 【−】 청 ⇔ 황 【+】

부록도 6.5.1 수열온도와 L*값, a*값, b*값의 관계 [1)]

인용 · 참고문헌

1) 阪口明弘, 春畑仁一, 皿井剛典 : 火害を受けたコンクリート構造物の劣化診断手法の検討 その2 コンクリート加熱面の非破壊・微破壊試験結果, 日本建築学会大会学術講演梗概集, pp.233-234, 2014. 9

2) fib : Fire design of concrete structures - structural behaviour and assessment. State-of-art report, fib Bulletin No. 46, 2008

부록 7 화해조사 준비물품 목록 및 화해조사표

부록-7.1 화해조사 준비물품 리스트

여기서는 화해조사를 실시하는 경우, 미리 확인해 둘 것과 준비해야 할 물품의 목록을 게재했다. 조사대상에 따라 취사선택하여 이용할 수 있다.

용 도		물 품					
조사환경 정비용	전원관계		통전확인		발전장치		
	발판관계		접사다리		비계 등		
	조명기구		투광기		회중전등		
조사전반	복장 등		작업복		헬멧		안전화
			장갑		세정도구		마스크
			장화				
	참고서적	건물의 화재안전진단 및 보수보강 방법지침 · 동해설					
예비조사 결과	건물개요 자료		준공년도등		구조계산서		과거의 화해상황
	설계도서		도면		마감표		설비관계계통도
	관련법규자료		건축기준법		소방법 관련법규		각 지방별 건축관계법규
			각 지방별 소방관계 법규				
	화재개요 자료		신문기사		화재조사표 (부록7.2)		
1차조사 실시용	사진기록		카메라		저장용 미디어		전지(예비)
			칠판		분필		사진기록지
	타음 검사		검사봉				
	표면조사		표면정리기				
	리바운드해머 시험		리바운드해머		테스트엔빌		
	모스경도계에 의한 긁힘시험		모스경도계				
	긁힘 시험기에 의한 긁힘시험		긁힘 시험기		크랙 스케일		

용 도		물 품		
	중성화시험 (조각 포함)	페늘프탈레인1% 에틸알콜 용액	물	분무기
		해머	전동 픽	대형 브레이커
	탄화깊이 측정	와이어 브러시	톱날	
	필기구류	필기구	매직팬	화판
	기타	각 조사시트	계산기	
2차조사 실시용	코어 채취시	철근탐사기	코어채취기	물
	강재 절단시	가스절단기		
	균열폭 측정	크랙스케일	측정자	수평기
	처짐 측정	레벨기	표식자	수평기
	치수 계측	콘벡스	강철자	내림봉
		물실	레이저 수준기	

부록-7.2 화해조사표

건물명		기입자명	
		기입일	년 월 일

항목		기재 예	기입란
건물개요	구조 종별	RC조 · 강구조 등	
	구조형식	라멘구조 · 벽식구조 등	
	용도	공동주택 · 창고 등	
	층수	지상○층, 지하○층	
	면적	○,○○○m^2	
	소재지	○○시 ○○동	
	준공(예정)년	○○○○년	
	내화피복의 유무, 종류	로크울 분무 등	
	(RC)콘크리트 종류	보통 · 경량 등	
	(RC)콘크리트 설계기준강도(Fc)	Fc=18N/mm^2	
	(S)강재종별	SS400 등	
화재 및피해의 개요 ※1	화재발생일	○○○○년 ○월 ○일	
	출화원인	주방의 불이 커튼에 옮겨 확대됨	
	출화추정위치	○층 ○○호실 부엌	
	출화추정시각	오전○○시○○분	
	소화개시시각	오전○○시○○분	
	진압시각	오전○○시○○분	
	진화시각	오전○○시○○분	
	연소경로 및 화해범위 (최대피해부위)	○층 ○○호실 전체로 화재 확대. 최대 피해 장소는 부엌	
	출화시의 기상	날씨 : ○, 기온 : ○℃, 습도 : ○○%RH, 풍향 : ○○, 풍속 : ○○m/s	
	특이사항	부엌 천장에 폭열 있음	
건물현황 ※2	구조체가 화재 직후의 상황이 보존되어 있는가		
	피해 부재에 접근하여 육안으로 관찰 할 수 있는가 (비계가 확보되어 있는가)		
건물도면 ※2	각층 평면도, 평면 상세도		
	단면도, 단면 상세도, 입면도(동서남북)		
	구조도(바닥,복도), 축조도, 부재단면 리스트, 배근도 등		
	마감표, 각 실 전개도(피해 부분만 해당)		
사진	피해상황 사진 (몇 장)		
기타	조사 시기에 대한 요청 등 (기타 필요사항 기입)		

※1 : 화재 및 피해의 개요에 관해서는 필요에 따라 소방서 등에 확인한다.

※2 : 건물현황 및 건물 도면은 이 용지와는 별도로 준비한다.

부록 8 화재사례

부록-8.1 SRC조 건물의 화해조사 실시 예

화해를 입은 철골철근콘크리트조 지하 1층, 지상 9층 건물로, 조사를 실시한 예를 나타낸다.

1. 조사건물의 개요

- 건물명: 동경공업대학 총이공실험동(G5동)
- 주소지: 가나가와현 요꼬하마시 4359
  (동경공업대학 구내)
- 구조: 철골철근콘크리트조
  지하 1층, 지상 9층
- 용도: 학교(실험실 외)
- 건축면적: 719m^2
- 연면적: 6717m^2
- 준공년월: 1995년 1월
- 콘크리트 설계기준강도: 24N/mm^2

부록표 8.1.1 측정위치 및 측정항목 일람

측정위치 번호	부위		슈미트 해머에 의한 반발경도측정	콘크리트 코어 번호	압축강도 시험	중성화깊이 시험	UV 스펙트럼 법에 의한 수열온도측정
①	화재 피해부	벽	×	①	○	○*	○**
②		보	○	②			
③		기둥	○	③			
④		기둥	○	④-1	○	×	○
				④-1	×	○	×
⑤		벽	×	⑤	○	○*	○**
⑥		보	○	⑥			
⑦		기둥	○	⑦-1	○	×	○
				⑦-2	×	○	×
⑧		벽	○	⑧	○	○*	○**
⑨		보	○	⑨			
⑩		벽	×	⑩			
⑪		벽	○	⑪			
⑫		보	○	⑫			
⑬		바닥	○	⑬			
⑭		바닥	×	⑭			
⑮		바닥	×	⑮			
⑯	건전부	벽	○	⑯	○	×	○
⑰		벽	×	⑰		○	×

주: ○는 조사를 실시한 부위를 나타냄.
*: 코어할렬 후 절반의 샘플로 실시함.
**: 코어할렬 후 남은 절반의 샘플로 실시함.
④, ⑦은 코어 채취 시, 도중에 절단된 짧은 샘플을 각각 ④-2, ⑦-2로서 중성화 깊이 측정에 사용함.

조사건물의 화해실 부근의 평면도를 부록도 8.1.1에, 조사대상 실의 평면도를 부록도 8.1.2에, 단면도를 부록도 8.1.3에, 조사건물 전경을 부록사진 8.1.1에 나타낸다.

또한 화해부분의 지하 1층 설계도, 기둥심 설계도, 철골 설계도, 기둥 단면 리스트, 보 단면 리스트, 벽 배근 리스트, 작은 보 상세도를 말미에 부록참고그림 8.1.1~8.1.7에 나타낸다.

2. 화재의 개요

- 출화 원인: 시험시료(탄화재료)로부터 자연발화
- 출화 장소: 지하 1층 환경제어 실험준비실(부록도 8.1.1 참조)
- 출화 추정시각: 2002년 8월 14일
  오전 10시 10분 경
  (화재감지기의 작동시각)
- 방수개시 시각: 동일 오후 0시 00분 경
- 진압시각: 불명
- 진화시각: 동일 오후 0시 06분 경
- 출화 당시의 기상: 날씨: 맑음 기온: 31.3℃ (당일 10시의 상대습도: 52%RH 풍향: 서남서 동경의 기상) 풍속: 4.1m/sec

3. 조사항목(조사흐름)

조사는 화재진단의 흐름(해설도 3.1.2)에 따라서 다음의 순서로 실시하였다.

① 예비조사 건물개요의 조사, 화재정보의 수집(전술한 「화재의 개요」에 나타냄), 설계도서의 준비를 실시하였다.

② 1차조사 외관 조사(결과는 4.1에 나타냄)에 따라, 지하 1층 환경제어 실험준비실과 환경제어 실험실부근(부록도 8.1.1~3참조)는 화해등급 II급 이상으로 판단했다. 단, 환경제어 실험실 오른쪽 벽은 경량 철골제의 기초가 존재하고 있었기 때문에 화해등급 I급으로 하였다. 또한 상기 실 이외의 부분도 모두 화해등급 I급으로 판단하였다.

리바운드 해머(슈미트 해머)에 따른 콘크리트의 반발경도시험(압축강도측정)을 실시하였다(결과는 4.2에 나타냄). 화해부분의 압축강도 측정치는 건전부와 큰 차이를 보이지 않았다.

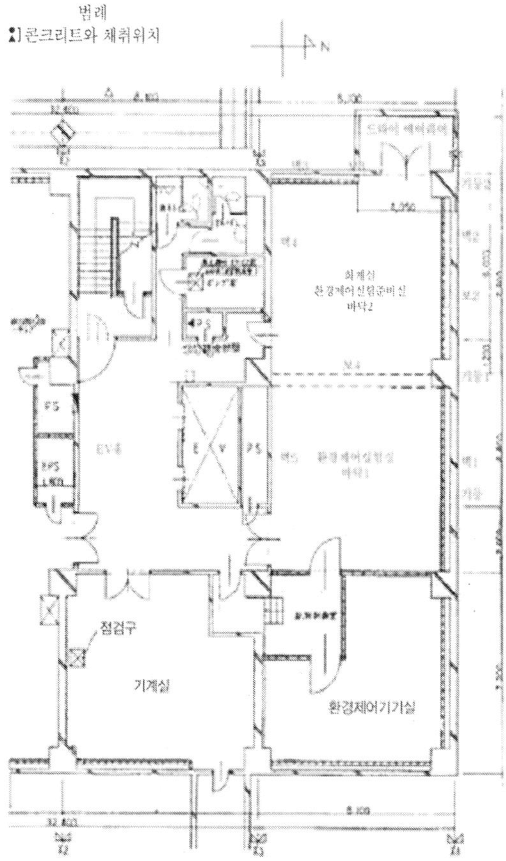

부록도 8.1.1 조사대상건물(화재실 부근) 평면도

③ 2차조사〈역학적 시험에 따른 방법〉

콘크리트 코어에 따른 압축강도 시험 및 콘크리트 코어에 따른 중성화 깊이 측정을 실시하였다. 조사결과에 따른 화해등급은 Ⅲ급 이하였으며, 이것만으로도 조사는 충분하지만 이번은 보수범위를 확정하기 위하여 〈재료분석에 따른 방법〉인 UV 스펙트럼 법에 따른 콘크리트의 수열온도측정도 실시하였다.

그 결과, 조사는 화재를 받은 지하 1층 환경제어실험준비실과 환경제어실험실 부근(부록도 8.1.1~3참조)를 대상으로 아래 항목 ㄱ~ㅁ에 대하여 실시하는 것으로 하였다. 조사 ㄴ~ㅁ의 측정위치 및 측정항목의 일람을 부록표 8.1.1에 나타낸다.

ㄱ) 화재상황의 육안조사

ㄴ) 리바운드 해머에 따른 콘크리트의 반발경도시험(압축강도측정)

ㄷ) 콘크리트 코어에 따른 압축강도시험

ㄹ) 콘크리트 코어에 따른 중성화깊이 측정

ㅁ) UV 스펙트럼 법에 따른 콘크리트의 수열온도측정

4. 조사방법 및 조사결과

4.1 화해상황의 육안조사

화해의 육안조사는 2003년 2월 7일에 실시하였다.

육안조사는 화해를 입은 지하 1층 환경제어실험준비실과 환경제어실험실 부근(부록도 8.1.1~3 참조)를 대상으로 하였다. 또한 조사 시에는 벽·천장면에 붙어있던 보온패널(아연철판)이나 비품류 등은 모두 철거되어있었다.

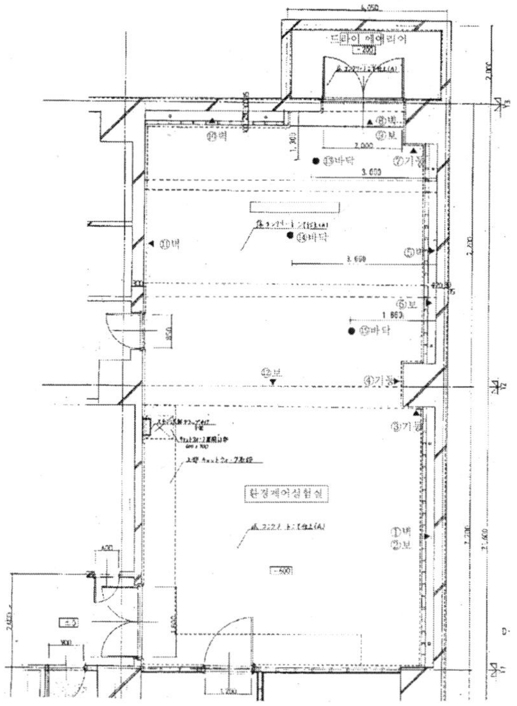

부록도 8.1.2 조사대상실 평면도

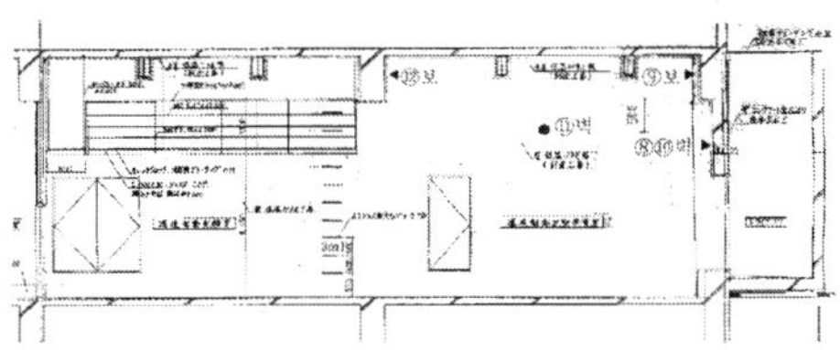

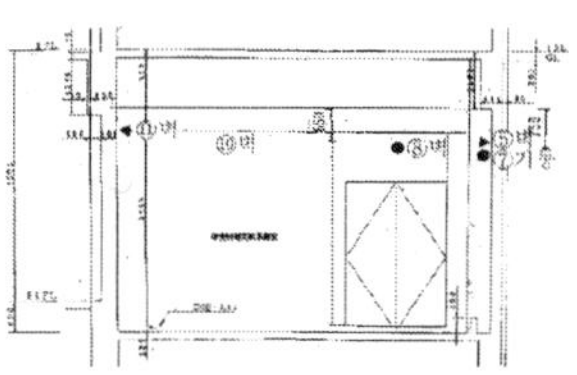

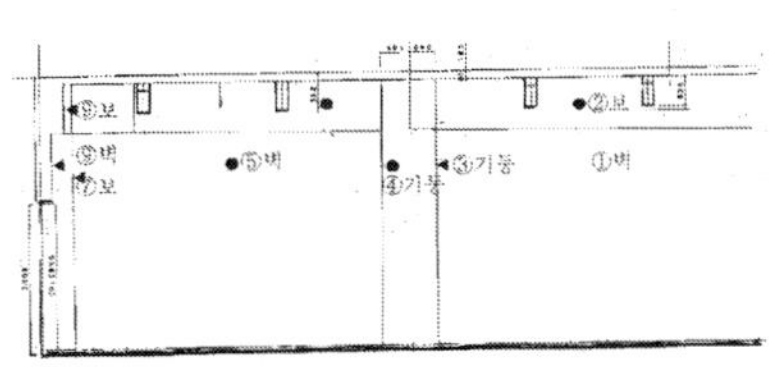

부록도 8.1.3 조사대상실 단면도

아래에 조사대상부(부록도 8.1.1~3 참조)의 손상상황을 나타낸다. 또한 부록사진 8.1.2~16에 화해 상황을 나타낸다.

1) 기둥의 손상상황

1)-1. 기둥1(부록사진 8.1.4 참조)

서쪽 면(환경제어실험준비실 측)은 상부는 비교적 광범위하게 핑크색으로 변색되었으며, 그 부분에는 균열이 확인되었다. 하부에는 그을음이 부착되어있었으며, 부분적으로 균열이 확인되었다.

남쪽 면은 상부와 하부에 소규모인 콘크리트 표층박락이 확인되었다. 상부는 핑크색으로 변색되었고 표층박락 부분부터 동쪽 부분에 균열이 있는 것이 확인되었다. 하부에는 그을음이 부착되어있었다.

동쪽 면(환경제어실험실 측)은 상부에 부분적인 균열이 확인되었으며, 전체에 그을음이 부착되어 있었다.

1)-2. 기둥2(부록사진 8.1.6 참조)

동쪽 면은 중앙부근에 콘크리트 표층박락(최대 깊이: 7mm)가 있었다. 표층박락부분부터 상부는 핑크색으로 변색되었고, 미세한 균열이 확인되었다. 하부에는 그을음이 부착되어 있었다.

남쪽면은 상부는 핑크로 변색되었으며, 부분적으로 미세한 균열이 확인되었다. 하부에는 그을음이 부착되어있었다.

이상에 따라, 기둥 1, 2의 수열온도는 콘크리트의 핑크색으로 변색된 부분에서 300~600℃(화해등급 III), 그을음 부착부분에서 300℃ 이하(화해등급 II)였던 것으로 추정된다.

2) 보 및 작은 보의 손상정도

2)-1. 보1 (부록사진 8.1.3 참조)

측면 및 밑면 모두 전체적으로 그을음이 부착되어있었다.

2)-2. 보2 (부록사진 8.1.5 참조)

측면 및 밑면 모두, 전체적으로 핑크색으로 변색되었고, 균열이 확인되었다. 또한 동측 모서리가 긴 범위로 탈락되어있었다.

2)-3. 보3 (부록사진 8.1.7 참조)

측면과 아랫면 모두 전체적으로 핑크색으로 변색되어있었다.

2)-4. 보4 (부록사진 8.1.12, 13 참조)

동쪽 면(환경제어실험실 측)은 상부에 그을음이 부착되어있었고, 하부는 핑크색으로 변색되었으며, 부분적으로 균열이 확인되었다.

하부는 기둥1에 가까운 부분에 콘크리트의 표층박락이 있었다. 전체적으로 핑크색으로 변색되었으며, 균열이 많이 확인되었다.

서쪽 면(환경제어실험준비실 측)은 전체적으로 핑크색으로 변색되었으며, 남북방향으로 긴 균열이 확인되었고, 특히 북쪽 방향에 균열이 많이 확인되었다.

2)-5. 철골 작은 보 (부록사진 8.1.11 참조)

전체적으로 갈색으로 변색되었다.

이상에 따라, 보1~4의 수열온도는 콘크리트의 핑크색으로 변한 부분에서 300~600℃(화해등급 III), 그을음의 부착부분은 300℃ 이하(화해등급 II)였던 것으로 추정된다.

3) 벽의 손상상황

3)-1. 벽1 (부록사진 8.1.3 참조)

남쪽 면 상부에 그을음이 부착되어있었다.

3)-2. 벽2 (부록사진 8.1.4, 5, 6 참조)

남쪽 면 하부(높이 약2m)에 그을음이 부착되었으며, 콘크리트 표층박락이 다수 확인되는 곳이 있었다. 또한 벽면의 서쪽부터 중앙에 이르기까지 긴 균열이 확인되었으나, 콜드 조인트(cold joint)에 기인한 균열일 것으로 사료된다.

3)-3. 벽3 (부록사진 8.1.6, 7 참조)

동쪽 면 하부에 그을음이 부착되었으며, 상부는 핑크색으로 변색되어있었다. 북측에 있는 개구부 상부에 작은 면적의 콘크리트 표층박락이 다수 확인되었다. 또한 개구부부터 남측 상부에는 균열이 다수 확인되었다.

3)-4. 벽4 (부록사진 8.1.8 참조)

북쪽 면 하부에 그을음이 부착되었고, 상부는 핑크색으로 변색되어있었다. 또한 상부의 곳곳에 균열이 확인되었다.

3)-5. 벽5 (부록사진 8.1.9 참조)

북쪽 면의 왼쪽 대부분은 변색되지 않았지만, 그 외의 부분에는 그을음이 부착되어있었다. 또한 보4의 하부는 핑크색으로 변색되었으며 균열이 확인되었다.

이상에 따라, 벽1~5의 수열온도는 콘크리트의 핑크색으로 변색된 부분에서 300~600℃(화해등급 Ⅲ), 그을음 부착부분에서 300℃ 이하(화해등급 Ⅱ)였던 것으로 추정된다.

4) 바닥(천장 슬래브)의 손상상황

4)-1. 바닥1 (부록사진 8.1.11 참조)

바닥1의 아랫면(데크 플레이트 마감)은 전체적으로 짙은 갈색으로 변색되어있었다.

4)-2. 바닥2 (부록사진 8.1.14 참조)

바닥 2 아랫면 왼쪽부분(왼쪽 작은 보보다 왼쪽부분, 콘크리트가 노출되는 마감)은 전면이 핑크색으로 변색되어있었다.

바닥2 아랫면 오른쪽부분(왼쪽 작은 보보다 동쪽 부분, 데크 플레이트 마감)은 짙은 갈색으로 변색되어있었다ㅏ.

이상에 따라, 바닥1, 2(천장 슬래브)의 수열온도는 콘크리트의 핑크색으로 변색된 부분에서 300~600℃(화해등급 Ⅲ)였던 것으로 추정된다.

5) 그 외 부분

5)-1. 동쪽 벽(부록사진 8.1.10 참조)

경량철골제 하지가 잔존하고 콘크리트 부분에 그을음이 부착되어있는 것이 확인되었다.

5)-2. 엘리베이터 홀(부록사진 8.1.15 참조)

벽 상부에 그을음이 부착되어있었다.

5)-3. 드라이 에어리어 상부(1층부분) (부록사진 8.1.16 참조)

외벽 타일에 그을음이 부착되어있었지만, 이미 모두 벗겨져있었다.

부록표 8.1.2 콘크리트 코어의 시험결과

공시체 번호	부위		압축강도측정									슈미트 해머에 의한 콘크리트의 추정강도	
			평균직경 d(mm)	높이 h(mm)	질량 w(kg)	최대하중 Pmax. ($\times 10^3$N)	압축강도※1 F(N/mm^2)	보정계수	보정 후의※2 압축강도 (N/mm^2)	공시체 내의 철근수량 (수량-입경)	화해 균열부 절단길이 (mm)	보정 반발경도	압축강도 추정치※3 (N/mm^2)
①	화재피해부	벽	102.9	133.8	2.44	272	32.7	0.937	30.6	없음	45		
②		보	103.1	154.9	2.91	319	38.2	0.961	36.7	없음	35	47.4	26.7
③		기둥	83.0	165.2	2.01	176	32.5	1.000	32.5	없음	없음	42.3	22.6
④		기둥	83.1	150.5	1.84	190	35.0	0.984	34.4	1-ϕ7	없음	43.8	23.8
⑤		벽	102.5	131.2	2.47	290	35.1	0.934	32.8	1-D16	54		
⑥		보	102.5	170.9	3.11	223	27.0	0.974	26.3	없음	40	46.7	26.1
⑦		기둥	83.1	161.4	1.96	192	35.4	1.000	35.4	없음	45	43.4	23.4
⑧		벽	102.4	161.2	2.97	265	32.2	0.967	31.1	없음	40	45.4	25.0
⑨		보	102.6	198.8	3.65	276	33.4	1.000	33.4	없음	50	42.2	22.5
⑩		벽	102.6	168.3	3.11	277	33.5	0.972	32.6	없음	46		
⑪		벽	102.6	160.5	2.95	275	33.3	0.966	32.2	없음	46	46.4	25.9
⑫		보	103.0	160.1	2.99	269	32.3	0.965	31.2	없음	38	46.1	25.6
⑬		바닥	103.2	169.7	3.10	216	25.8	0.972	25.1	없음	없음	47.5	23.6
⑭		바닥	103.1	156.0	2.93	258	30.9	0.962	29.7	1-D10	없음		
⑮		바닥	103.1	136.7	2.52	261	31.3	0.941	29.5	없음	35		
⑯	건전부	벽	103.1	118.4	2.17	293	35.1	0.909	31.9	없음	없음	45.4	25.0
⑰		벽	103.1	118.4	2.19	326	39.0	0.909	35.5	없음	없음		

※1: 압축강도 F는 아래의 식으로 계산한다.

$F = Pmax. \times 4/(\pi d^2)$ (N/mm^2)

여기서 Pmax.: 최대하중 (N)

d: 공시체의 직경(mm)

※2: 보정후의 압축강도는 공시체의 직경과 높이와의 비가 1.0을 상회하고 1.90보다 작은 경우에, JIS A 1107-2002에서 규정하는 보정계수를 곱하여 직경의 2배 높이를 갖는 공시체 강도로 환산한 값을 나타낸다. 단, 보정후의 압축강도가 40N/mm^{2}을 상회하는 경우에는 압축강도의 보정은 하지 않았다.

※3: 압축강도추정치 Fc는 다음 식으로 계산한다.

$Fc = \alpha(-184+13R0) \times 9.8/100$ (N/mm^2)

(표계속)

부록표 8.1.2 콘크리트 코어의 시험결과

공시체 번호	부위		중성화 깊이(mm) 추정[*1] 각 측정치			평균값	최대값	마감제 두께 (mm)	UV 스펙트럼 법에의한 수열온도추정 수열온도추정치 (상단: 화해측으로부터의 샘플 위치) (하단: 수열온도 추정치(℃))			
①	화재피해부	벽	12,0	10.5	13.0	12.8	25.0	없음	10-20mm	20-30mm	30-40mm	40-50mm
			12,5	11.0	10.0				측정불가[*2]	측정불가[*2]	측정불가[*2]	측정불가[*2]
			25,0	14.5	18.0							
②		보	12.0	9.5	15.5	13.4	18.5	없음	10-20mm	20-30mm	30-40mm	40-50mm
			15.5	8.0	14.0				210	170	150	110 이하
			12.0	15.0	18.5							
③		기둥	9.5	4.0	9.0	12.4	18.0	없음	10-30mm	30-50mm	50-70mm	70-90mm
			6.5	18.0	13.0				측정불가[*2]	160	140	130
			9.5	14.5	16.0							
④		기둥	8.0	10.0	10.5	11.1	13.5	없음	20-30mm	30-40mm	40-50mm	50-60mm
			10.0	12.5	8.5				250	200	140	120
			12.5	11.5	13.5							
⑤		벽	8.0	6.0	22.5	15.3	26.5	없음	10-20mm	20-30mm	30-45mm	45-55mm
			12.5	5.5	16.0				290	230	200	180
			6.0	26.5	15.5							
⑥		보	16.0	14.0	15.5	10.9	19.0	없음	10-20mm	20-30mm	30-40mm	40-50mm
			19.0	10.0	12.0				410	220	200	150
			15.5	5.0	9.0							
⑦		기둥	3.5	3.0	16.0	7.8	16.0	없음	10-20mm	20-30mm	30-40mm	40-50mm
			8.0	2.0	11.5				170	130	120	110 이하
			4.0	4.0	10.0							
⑧		벽	15.5	4.0	3.5	6.4	14.5	없음	10-20mm	20-35mm	35-45mm	45-55mm
			12.0	14.5	6.5				측정불가[*2]	280	210	170
			9.5	6.5	3.5							
⑨		보	8.5	10.5	7.5	10.9	19.0	없음	10-20mm	20-40mm	40-50mm	50-60mm
			19.0	14/0	8.0				270	230	110	110 이하
			10.0	7/5	18.0							
⑩		벽	6.5	26/0	10.5	13.4	26.0	없음	10-20mm	20-40mm	40-50mm	50-60mm
			12.5	11.0	7.0				290	250	220	190
			22.5	13.0	13.0							
⑪		벽	5.0	13.0	14.5	14.4	18.0	없음	10-20mm	20-35mm	35-45mm	45-55mm
			8.5	14.0	11.0				300	250	200	140
			11.0	16.0	18.0							
⑫		보	15.0	16.0	11.0	11.2	16.0	없음	10-20mm	20-35mm	35-45mm	45-55mm
			8.0	6.5	6.5				280	250	110 이하	110 이하
			11.0	11.5	15.5							

(표계속)

<table>
<tr><th rowspan="2">공시체
번호</th><th colspan="2" rowspan="2">부위</th><th colspan="7">중성화 깊이(mm) 추정*1</th><th colspan="4">UV 스펙트럼 법에의한 수열온도추정</th></tr>
<tr><th colspan="4">각 측정치</th><th>평균값</th><th>최대값</th><th>마감제
두께
(mm)</th><th colspan="4">수열온도추정치
(상한: 화해측으로부터의 샘플 위치)
(하한: 수열온도 추정치(℃))</th></tr>
<tr><td rowspan="3">⑬</td><td rowspan="9"></td><td rowspan="3">바닥</td><td colspan="2">4.5</td><td>16.0</td><td>6.0</td><td rowspan="3">9.1</td><td rowspan="3">16.0</td><td rowspan="3">없음</td><td>10-20mm</td><td>20-30mm</td><td>30-40mm</td><td>40-50mm</td></tr>
<tr><td colspan="2">7.0</td><td>8.0</td><td>7.0</td><td rowspan="2">290</td><td rowspan="2">260</td><td rowspan="2">190</td><td rowspan="2">110 이하</td></tr>
<tr><td colspan="2">11.0</td><td>5.0</td><td>12.5</td></tr>
<tr><td rowspan="3">⑭</td><td rowspan="3">바닥</td><td colspan="2">2.0</td><td>0.0</td><td>3.0</td><td rowspan="3">1.3</td><td rowspan="3">3.0</td><td rowspan="3">데크
(아연강판
두께0.45)</td><td colspan="4" rowspan="3">측정불가*3</td></tr>
<tr><td colspan="2">1.0</td><td>0.0</td><td>2.5</td></tr>
<tr><td colspan="2">0.0</td><td>0.0</td><td>2.5</td></tr>
<tr><td rowspan="3">⑮</td><td rowspan="3">바닥</td><td colspan="2">2.0</td><td>1.0</td><td>3.0</td><td rowspan="3">1.9</td><td rowspan="3">3.0</td><td rowspan="3">데크
(아연강판
두께0.45)</td><td>10-20mm</td><td>20-30mm</td><td>30-40mm</td><td>40-50mm</td></tr>
<tr><td colspan="2">2.0</td><td>1.5</td><td>2.5</td><td rowspan="2">280</td><td rowspan="2">220</td><td rowspan="2">180</td><td rowspan="2">140</td></tr>
<tr><td colspan="2">1.5</td><td>2.5</td><td>1.0</td></tr>
<tr><td>⑯</td><td rowspan="7">건
전
부</td><td>벽</td><td colspan="2"></td><td></td><td></td><td></td><td></td><td></td><td colspan="4">검량선작성</td></tr>
<tr><td rowspan="6">⑰</td><td rowspan="6">벽</td><td rowspan="3">P
S
측</td><td>2.0</td><td>0.0</td><td>3.0</td><td rowspan="3">2.7</td><td rowspan="3">7.5</td><td rowspan="3">없음</td><td colspan="4" rowspan="6"></td></tr>
<tr><td>5.0</td><td>7.5</td><td>6.5</td></tr>
<tr><td>0.0</td><td>0.0</td><td>0.0</td></tr>
<tr><td rowspan="3">EV홀
측</td><td>2.5</td><td>5.0</td><td>4.5</td><td rowspan="3">3.8</td><td rowspan="3">5.0</td><td rowspan="3">없음</td></tr>
<tr><td>5.0</td><td>2.0</td><td>3.5</td></tr>
<tr><td>3.0</td><td>3.5</td><td>5.0</td></tr>
</table>

*1: 표 중, 밑줄숫자 부분은 콘크리트 표면에 균열이 확인된 위치에서의 중성화 깊이이며, 경년열화의 가능성도 생각할 수 있음.

*2: 화해 측의 수열온도가 낮을 것으로 추정되어 수열온도추정이 불가능했던 개소를 나타냄. 이것은, 화해측의 콘크리트 코어에 리그닌술폰산계 혼화제 이외의 유기물이 혼입되어있었던 것에 의한 것으로 생각되어짐.

*3: 모든 흡광도가 추정식의 값보다 너무 크고, 수열온도의 추정이 불가능함.

4.2 리바운드 해머에 따른 콘크리트의 반발경도시험(압축강도 추정)

화해부분 및 건전부에 대해 N형 리바운드 해머를 이용하여 콘크리트의 반발경도를 측정하였으며, 콘크리트의 압축강도를 측정하였다. 측정결과를 부록표 8.1.2에, 추정강도 측정위치를 부록도 8.1.1~3에, 측정상황을 부록사진 8.1.28에 나타낸다.

압축강도추정치 Fc는 다음식으로 계산한다.

$Fc=\alpha(-184+13R_0)\times 9.8/100$ (N/mm^2)

여기서 R_0: 반발경도, α: 재령에 따른 보정계수 단, 타격방향이 수평이 아닌 경우, (⑬), R_o는 경사각에 대하여 보정치$\triangle R(=5)$을 주었다.

4.3 콘크리트 코어에 따른 압축강도시험

전항 4.1의 육안조사에 따라, 건전한 벽 부분으로 2개소 및 화해를 입은 기둥, 보, 바닥, 벽부분으로 15개소, 총 17개소(부록도 8.1.1~3 참조)에 대하여 콘크리트 코어를 채취하였으며, 압축강도시험을 2003년 2월 26일에 실시하였다. 또한 콘크리트 코어 채취시에는 철근 탐색기를 이용하여 되도록 철근을 포함하지 않는 샘플이 되도록 조정하였다.

콘크리트 코어 채취상황을 부록 사진 8.1.17~19에, 채취한 콘크리트 코어의 상황을 부록사진 8.1.20에 각각 나타낸다.

콘크리트 코어의 압축시험방법은 JIS A 1107-2002「콘크리트로부터의 코어와 보의 절취방법 및 강도시험방법」에 따라, 각 공시체의 재하면은 연마 또는 석고 캐핑을 실시하였다.

또한 압축강도 F는 아래의 식에 따라 계산한다.

$F=Pmax. \times 4/(\pi d^2)$ (N/mm^2)

여기서 Pmax. : 최대하중(N)

d: 공시체의 직경(mm)

또한, 보정후의 압축강도는 공시체의 직경과 높이와의 비가 1.0을 상회하고 1.90보다 작은 경우에, JIS A 1107-2002에서 규정하는 보정계수를 곱하여 직경의 2배 높이를 갖는 공시체 강도로 환산한 값을 나타낸다. 단, 보정후의 압축강도가 $40N/mm^2$을 상회하는 경우에는 압축강도의 보정은 하지 않았다.

콘크리트 코어의 압축강도시험 결과를 부록표 8.1.2에 나타낸다.

4.4 콘크리트 코어에 따른 중성화깊이 측정

전항 4.3의 시험후, 공시체를 종방향으로 할렬하고, 할렬면에 페놀프탈레인 1% 에틸알코올용액을 뿌리고, 적변반응을 이용하여 콘크리트의 중성화 깊이측정을 2003년 4월 10일에 실시하였다.

중성화 깊이 상황을 부록 사진 8.1.21~27에, 측정결과를 부록표 8.1.2에 각각 나타낸다.

또한 중성화깊이 측정은 시약의 분무로부터 약 72시간 후에, 콘크리트 표면으로부터 적자색부분까지의 거리를 거의 등간격으로 9개소씩 측정하였다. 또한 이들 측정치와는 별개로 최대치를 측정하였다.

4.5 UV 스펙트럼 법에 따른 콘크리트의 수열온도추정

콘크리트 코어의 채취위치를 4.5.1, 수열온도 추정용 시약의 채취방법을 4.5.2, 수열온도의 추정방법을 4.5.3, 그리고 추정결과를 4.5.4에 각각 나타낸다.

4.5.1 콘크리트 코어 채취위치

채취한 콘크리트 코어 시료일람을 부록표 8.1.1에, 채취위치를 부록표 8.1.1~3에 나타낸다.

4.5.2 수열온도 추정용 시약 채취방법

수열온도 추정용 시약의 채취방법을 부록도 8.1.4에 나타낸다. 단, 유기화합물의 연소가스가 콘크리트 내부에 침투하여있을 것으로 사료되는 표면으로부터 0~10mm 부분을 제거하여 샘플로 하였다. (부록표 8.1.2 참조)

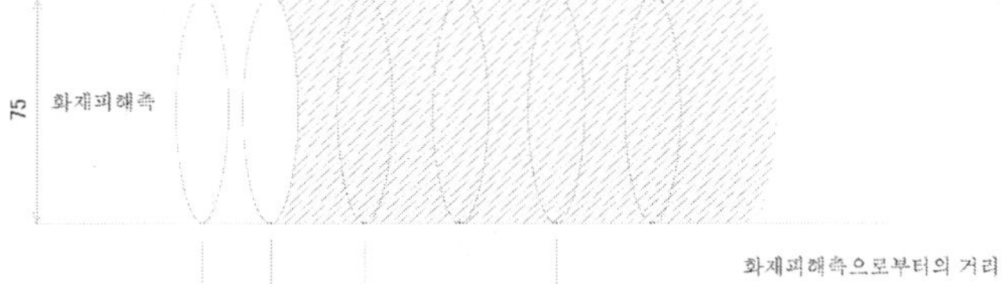

주) 그림 내의 단면치수는 콘크리트 코어에 따라 다름(부록표 8.1.2 참조)

부록도 8.1.4 수열온도 추정용 시료(치수단위:mm)

4.5.3 수열온도 추정방법

(1) 검량선용 시료

검량선용 시료는 ⑯(건전부)의 코어를 두께 15mm 마다 절단을 실시하고, 전기로 내에서 소정 온도(110℃, 200℃, 250℃, 300℃, 400℃, 그리고 500℃)에 한 개씩 1시간 가열을 실시하였다. (부록사진 8.1.29 참조)

(2) 시료분말의 작성

화해부분 및 건전부를 절단한 시료는 철발 내에서 콘크리트 중의 쇄석이 원상인 채로 남을 정도로 분쇄하였다. 그 후, 36Mesh(425㎛)의 체를 통과하는 부분을 진동밀에 미분쇄(5~10㎛)하여 시료분말로 하였다.

(3) 시료용액의 작성

시료분말 3g을 200ml비커에 채취하고, 90ml의 순수를 넣어 1시간 끓인 후, 흡인여과를 실시했다. 여과액은 미리 염산(1+1) 1ml를 넣은 100ml 메스 플라스크에 채취하고, 여과 후 정용으로 하였다.

또한, 여과 후의 여과지 위의 잔유물은 다시 상기 사용 비커에 물로 씻어 100ml로 하여 1시간 재가열한 후, 이하 동일한 방법으로 실시하여 2차 추출 시료용약으로 하였다.

(4) UV 스펙트럼 측정

시료 용액을 50mm 석영 셀에 옮기고, 분광광도계(시마즈제작소 제 UV-200)을 사용하여 UV 스펙트럼 분석을 실시하였다. 가열온도의 다름에 따라 흡광도의 차이가 현저히 나타났으며, 더욱이 안정적으로 측정 가능한 파장 250nm에서의 가열온도와 흡광도의 관계를 수열온도측정에 이용하였다(파장 250nm의 흡광도는 1차 추출시료용액의 흡광도와 2차 추출시료용액의 흡광도와의 합계치(이하, 합계흡광도라 칭함)로 하였다).

추정식을 이용하여 화해를 입은 콘크리트 코어의 수열온도를 추정하였다.

(5) 수열온도의 추정

검량선용(건전부) 시료에 대하여 파장 260nm에 있어서 흡광도와 가열온도의 관계를 나타내는 검량선을 작성, 110℃~300℃까지의 수열온도 추정식(회귀식)을 산출하였다.

4.5.4 수열온도 추정결과

4.5.4.1 검량선

검량선을 부록도 8.1.5에 나타낸다.

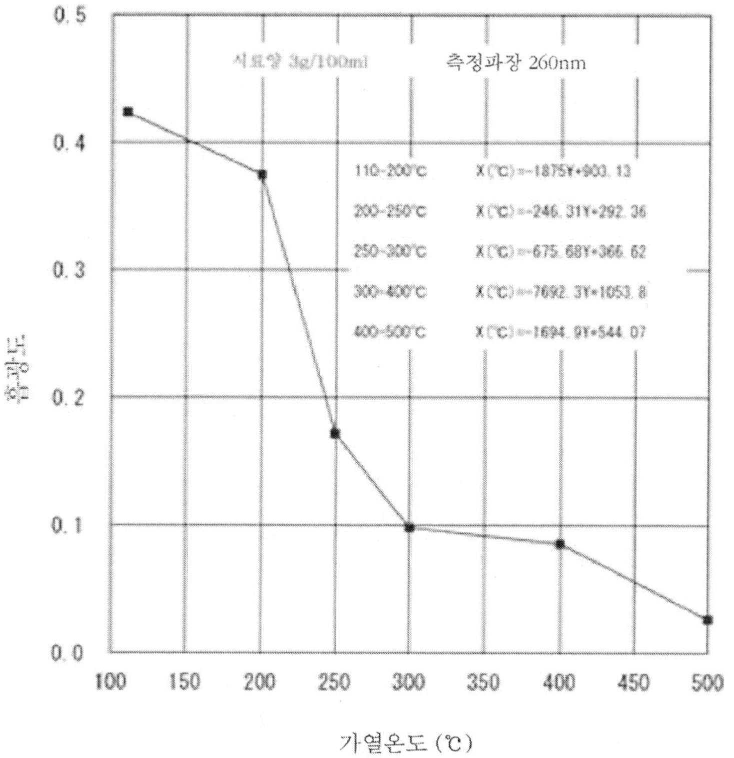

부록도 8.1.5 검량선

4.5.4.2 추정결과

수열온도 추정식으로부터 구해진 수열온도 추정결과의 예를 부록표 8.1.3에 나타낸다.

부록표 8.1.3 수열온도 추정결과의 예(②)

	1차 추출	2차 추출	합계	수열온도,℃
②-1	0.280	0.065	0.345	210
②-2	0.322	0.068	0.390	170
②-3	0.325	0.077	0.402	150
②-4	0.375	0.080	0.455	110 이하

5. 결론

이상의 조사결과로부터 다음과 같이 판명되었다.

(1) 외관관찰결과로부터, 콘크리트 표면의 수열온도는 화해에 따른 손상이 비교적 큰 핑크색으로 변색된 개소에서 600℃이하로 추정되었지만, 그 이외의 부분은 대체로 300℃ 이하였던 것으로 추정된다.

(2) 콘크리트 코어의 압축강도시험 결과로부터, 화해부분의 강도는 25.1~36.7N/mm^2, 건전부에서 31.9~35.5N/mm^{2}이었다. 화해부분이 건전부보다도 약간의 강도저하가 확인되는 것도 있었지만, 화해부분은 모두 설계기준강도 24N/mm^{2}를 상회하였다.

(3) 콘크리트 코어의 중성화깊이 추정결과로부터, 화해부분(⑭⑮는 데크 붙임 바닥이기 때문에 제외)의 중성화 깊이는 평균값으로 6.9~14.1mm, 건전부는 2.7~3.8mm였다.

(4) UV 스펙트럼 법에 의한 콘크리트 수열온도 추정결과로부터, 화해부분의 수열온도는 최고 410℃(⑥보)였다. 그 외의 부분은 대부분 300℃ 이하였다.

가장 피해가 컸던 것으로 사료되는 부분(⑥보)의 콘크리트 표층(화해 측으로부터의 거리 10~20mm)으로, 수열온도는 약 410℃로 추정되지만, 대상부위 부근의 중성화 상황이 19mm 이하이며, 표층으로부터 20mm까지 중성화는 진행하지 않았다. 또한 콘크리트 코어의 중성화 깊이는 최대로도 26.5mm(⑤벽, 균열부분)이며, 피복두께 30mm 이상의 주근은 수열온도 500℃ 이상에 달하지 않았던 것으로 추정된다.

화해 측으로부터 10mm까지의 표층부분의 수열온도는 410℃ 이상의 부분도 있었던 것으로 추정된다.

부록사진 8.1.1 조사건물 전경

부록사진 8.1.2 조사대상실 전경 (앞부분: 환경제어실험실, 내부부분: 환경제어실험준비실)

부록사진 8.1.3 벽1, 보1

부록사진 8.1.4 기둥1, 좌:벽1, 우: 벽2

부록사진 8.1.5 벽2, 보2

부록사진 8.1.6 기둥2, 좌: 벽2, 우: 벽3

부록사진 8.1.7 벽3, 보3

부록사진 8.1.8 벽4

부록사진 8.1.9 벽5

부록사진 8.1.10 동벽

부록사진 8.1.11 바닥1

부록사진 8.1.12 보4(동쪽 면)

부록사진 8.1.13 보4 서쪽면

부록사진 8.1.14 바닥2

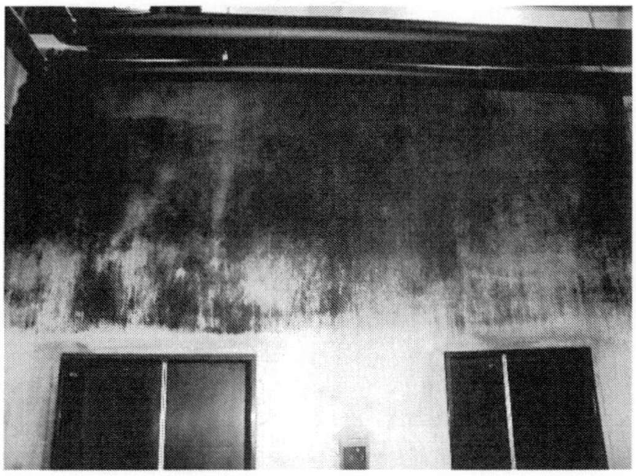

부록사진 8.1.15 엘리베이터 홀

부록사진 8.1.16 드라이 에어리어 상부(1층부분)
(세정완료) 보4(동면)

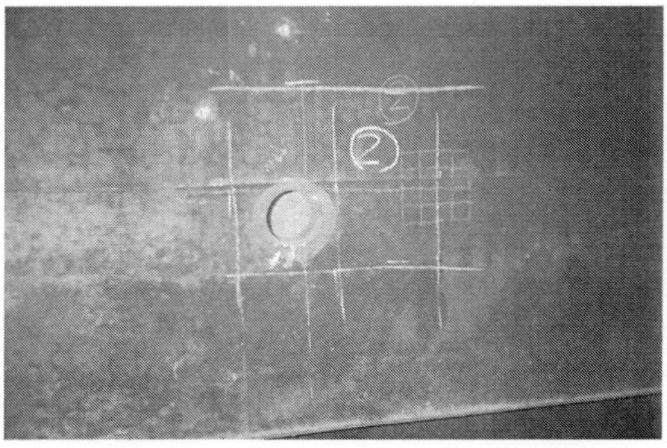

부록사진 8.1.17 콘크리트 코어 채취상황
②보

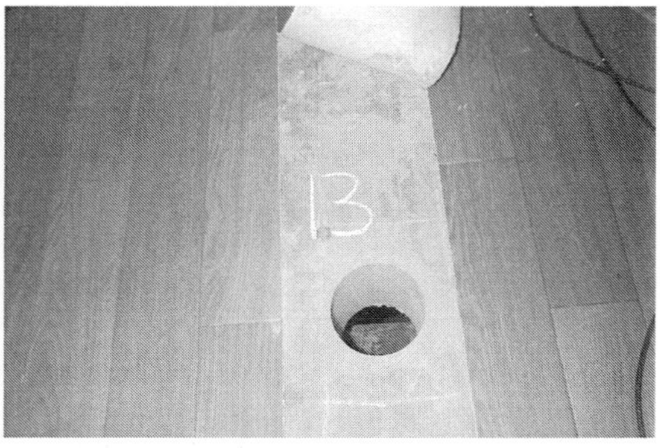

부록사진 8.1.18 콘크리트 코어 채취상황
⑬바닥

부록사진 8.1.19 콘크리트 코어 채취상황
⑯⑰벽(건전부)

부록사진 8.1.20 채취한 콘크리트 코어
①,②,③(화해부분)

부록사진 8.1.21 중성화시험 후의 콘크리트 코어
①,②,③(화해부분)
주)*→: 콘크리트 표면에 균열이 확인됨

부록사진 8.1.22 중성화시험 후의 콘크리트 코어
④-b, ⑤(화해부분)

부록사진 8.1.23 중성화시험 후의 콘크리트 코어
⑥,⑦-b(화해부분)

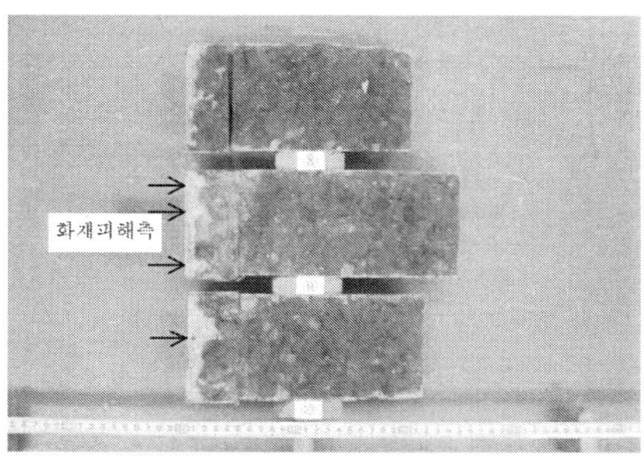

부록사진 8.1.24 중성화시험 후의 콘크리트 코어
⑧,⑨,⑩(화해부분)

부록사진 8.1.25 중성화시험 후의 콘크리트 코어 ⑪,⑫,⑬(화해부분)

부록사진 8.1.26 중성화시험 후의 콘크리트 코어 ⑭,⑮(화해부분)

부록사진 8.1.27 중성화시험 후의 콘크리트 코어 ⑰(건전부)

부록사진 8.1.28 슈미트 해머에 의한 반발경도 측정상황 ⑥(보)

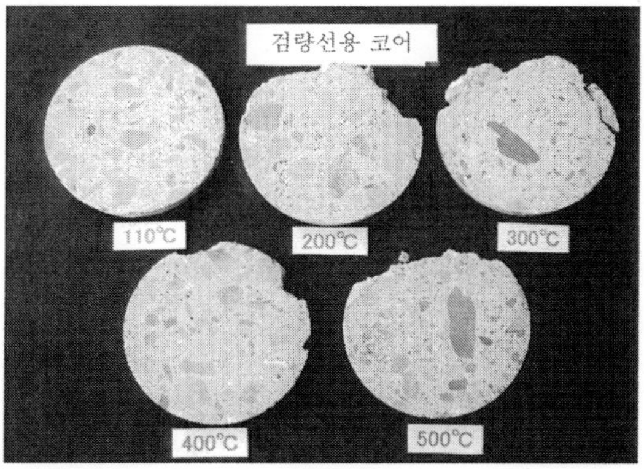

부록사진 8.1.29 분쇄 전의 검량선용 콘크리트 코어 외관 (110℃, 200℃, 250℃, 300℃, 400℃, 500℃)

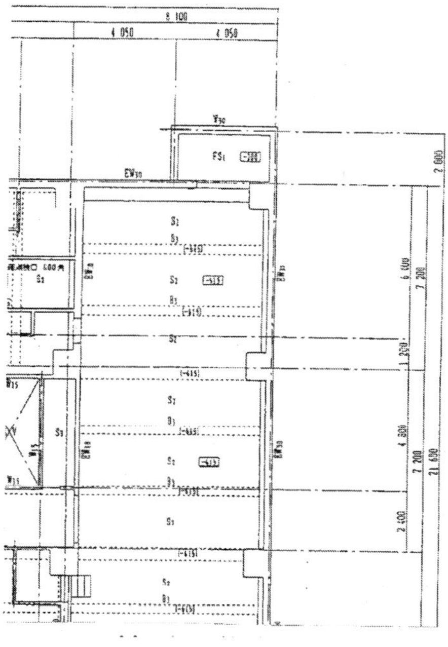

부록 참고도 8.1.1 지하 1층 구조도

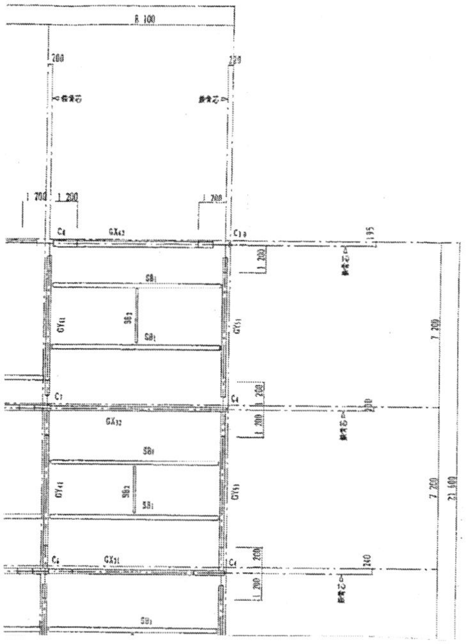

부록 참고도 8.1.2 기둥심 구조도

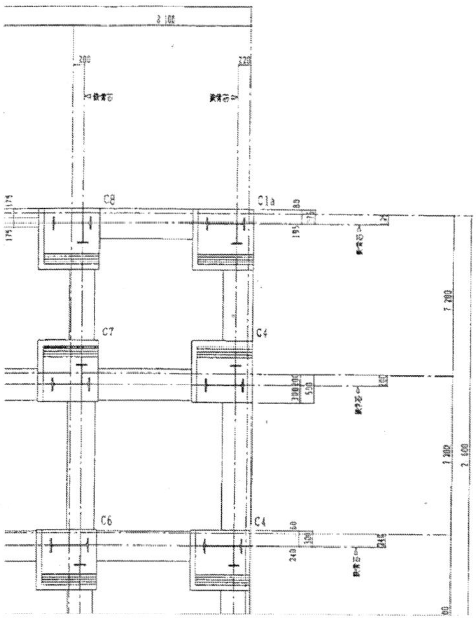

부록 참고도 8.1.3 1층 철골 구조도

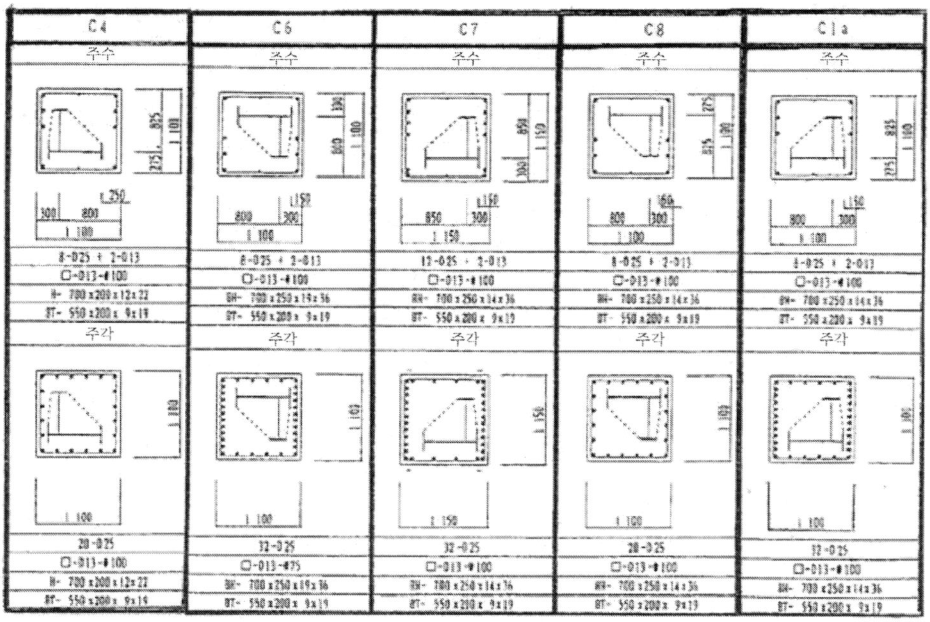

부록 참고도 8.1.4 기둥 단면 리스트

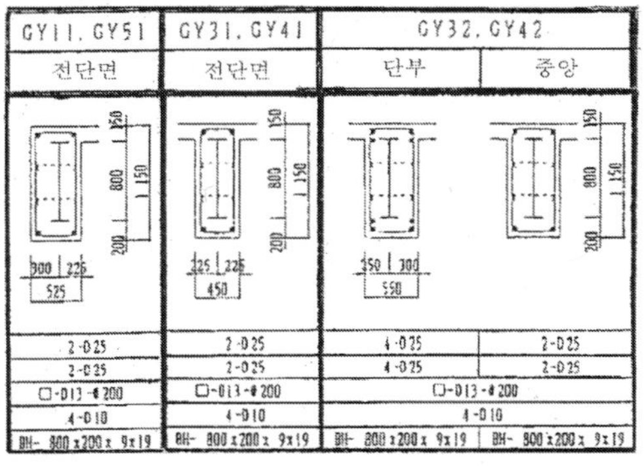

부록 참고도 8.1.5.1 큰보 단면 리스트

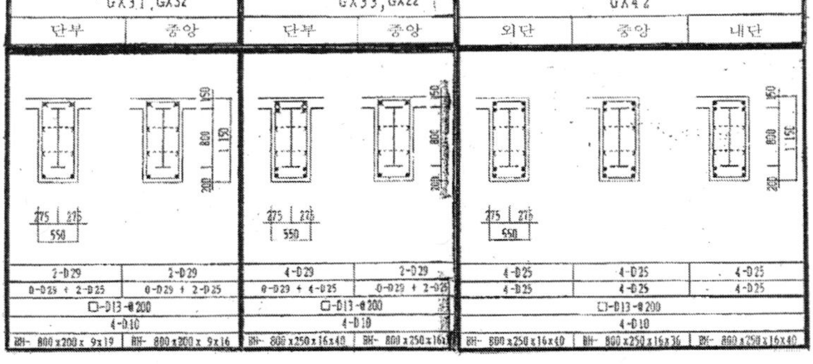

부록 참고도 8.1.5.2 큰보 단면 리스트

EW30	EW18, W18	W35	W30
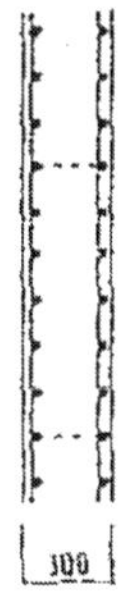		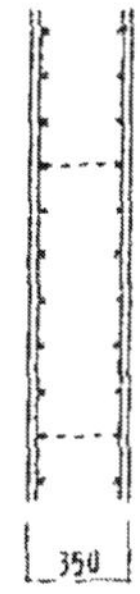	
D16-@150 더블	D10-@150 더블	D13-@150 더블	D13-@100 더블
D16-@150 더블	D10-@150 더블	D13-@150 더블	D13-@150 더블
2-D22+2-D16	2-D16+2-D13	4-D16	
2-D22+2-D16	2-D25+2-D13 (W18 2-D16+2-D13)	4-D16	
4-D13	2-D13	2-D13	

부록 참고도 8.1.6 벽 배근 리스트

SB1	SB2
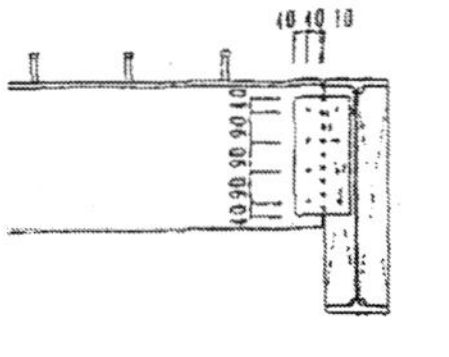	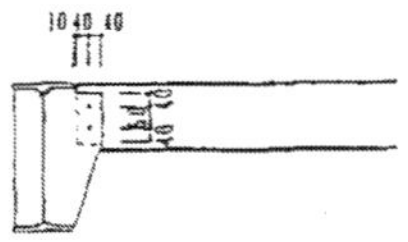
H - 450 x 200 x 9 x 14	H - 200 x 100 x 5.5 x 8
2WPL - 9 HT8 4 - M20	G PL - 6 HT8 2 - M16
STD - 19Ø l = 100 @-300	

부록 참고도 8.1.7 작은 보 상세도

부록-8.2 SRC조 건물의 화해보수 실시 예

부록-8.1에 나타낸 화해조사결과에 기초하여 보수공사를 실시했던 예를 나타낸다.

건물명: 동경공업대학 총이공실험동(G5동)

화재개요: 부록-8.1 화해조사 실시 예 참조

보수내용

(1) 회복목표의 설정

구조안전성, 내화성의 회복목표는, 설계조건을 만족하는 것으로 하였다. 내구성의 회복목표는 다른 건전부위와 같은 정도 이상의 내구성으로 복구하는 것을 목표로 하였다.

(2) 보수 · 보강공법의 선정

- 벽 · 기둥 · 보: 화해 등급Ⅲ급 이하이며, 피복 콘크리트의 보수방법 중에서 모르타르 그라우트법을 선정하였다. 각 부재의 치핑깊이는 화해조사 결과를 기반으로 결정하였다.
- 바닥: 데크형틀 슬래브의 밑면이 피해를 받은 상태이며, 보수 · 보강법으로서 이하의 세 방법이 있으나, 소유자의 의향에 따라 방법 1을 채용하였다.
- 방법1: 슬래브를 작은 보(SB)와 함께 제거하고 완전히 새롭게 시공하여 보수한다.
- 방법2: 하단의 강판과 피해부분의 콘크리트를 제거하고 콘크리트탈락방지용 핀과 접착성이 높은 모르타르로 보수한다.
- 방법3: 현재의 슬래브를 보수하지 않고 추가로 작은 보를 여러개 설치한다.

(3) 보수 · 보강공사

① 치핑공사

- 공사기간: 2003년 3월 5일 ~ 3월 31일
- 공사내용: 화재에 의해 열화된 중요 구조부(벽, 기둥, 보)의 표면부를 워터젯 공법으로 제거한다.
- 콘크리트 치핑 벽: 두께 20~30mm, 기둥: 두께 15mm, 보: 두께 15mm
- 순서: 1. 양생(측구, 개구부, 공조배관 등)
  2. 워터젯 치핑
  3. 손 치핑(보 부분, 측구 부분)
  4. 치핑 후 브러시로 세정

② 모르타르충전 공사

- 공사기간: 2003년 5월 6일 ~ 6월 30일
- 공사내용: ①에 따라 열화부분을 제거한 중요구조부(벽, 기둥, 보)에, 박리 방지용 시트를 시공하고, 무수축 모르타르를 충전한다.
- 벽 · 기둥 · 보 · 무수축 모르타르 충전 마감(두께 50mm)
- 순서: 1. 세퍼레이터용 마킹
  2. 와이어 메쉬 설치
  3. 흡수조정제 산포
  4. 합판형틀용 세퍼레이터 설치, 조정
  5. 합판형틀조립
  6. 형틀수치 확인
  7. 무수축 모르타르 타설
  8. 타설 후 시트 양생
  9. 합판형틀 해체
  10. 서서히 진행하며 2~9의 작업을 반복한다.
  11. 보 부분에 대해서 강제거푸집과 합판거푸집을 병용한다.
  12. 모든 형틀을 제거하여 완료

③ 슬래브 신설공사

- 공사기간: 2003년 8월 21일 ~ 9월 30일
- 공사내용: 화재를 입은 1층 콘크리트 슬래브를 모두 철거하고 새롭게 콘크리트 슬래브를 설치한다. 기존철골보는 녹방지 도장을 실시한다.
- 콘크리트 바닥 슬래브: 설계기준강도 $24N/mm^2$, 슬래브 18cm
- 순서: 1. 양생, 비계가설
  2. 구 슬래브 콘크리트 해체 (데크나 철근은 절단)
  3. 보 형틀, 슬래브 형틀 설치
  4. 무수축 모르타르 타설
  5. 데크 플레이트 설치
  6. 슬래브 배근
  7. 슬라부 내 전기배관 시공
  8. 이어치기부 접속재 도포
  9. 콘크리트 타설
  10. 지하 1층 강재 녹방지 도장

① 치핑공사

A. 공사개요도

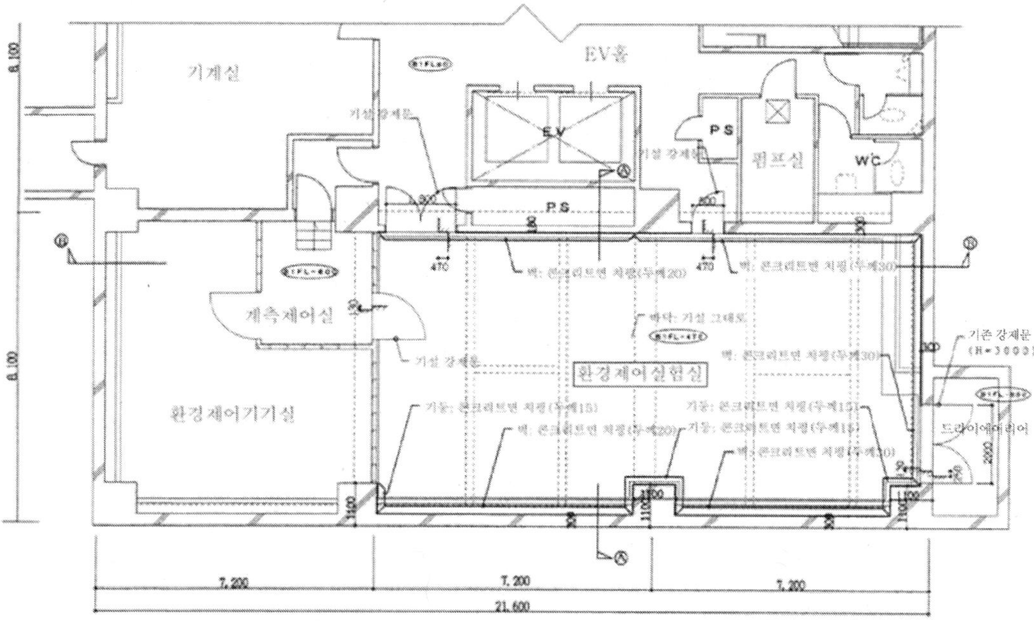

부록도 8.2.1 지하 1층 평면도

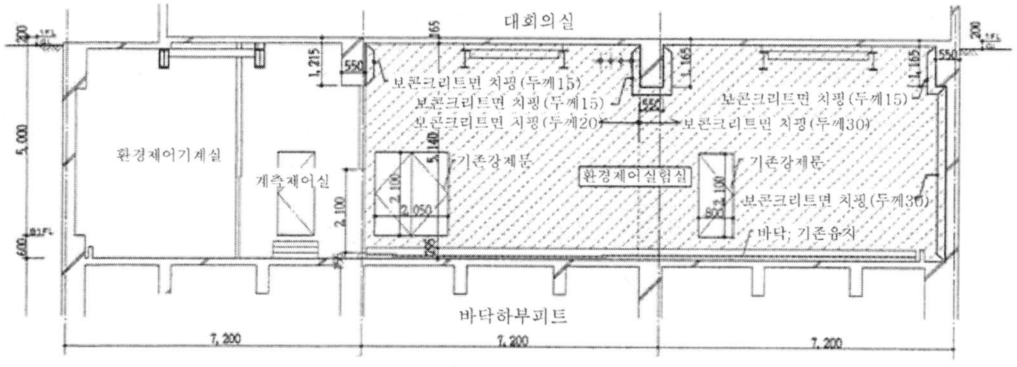

부록도 8.2.2 B-B 단면도

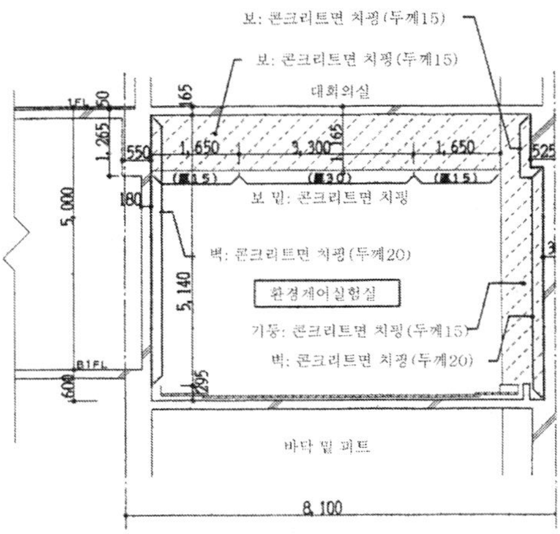

부록도 8.2.3 A-A 단면도

B. 공사 상황 사진

부록사진 8.2.1 워터젯 치핑 상황(벽C면)

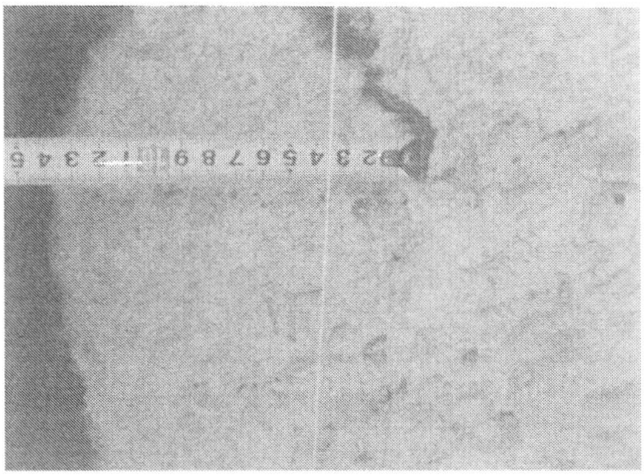

부록사진 8.2.2 치핑 후의 상황(완성상태 측정)(벽C면)

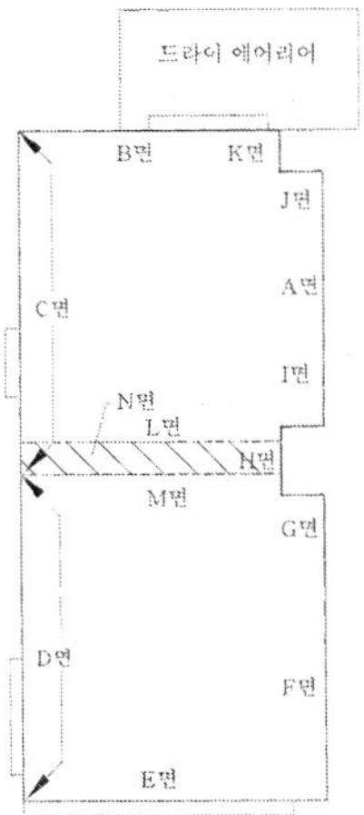

부록사진 8.2.3 치핑 후 세정(벽C면)

② 모르타르충전 공사

A. 공사개요도

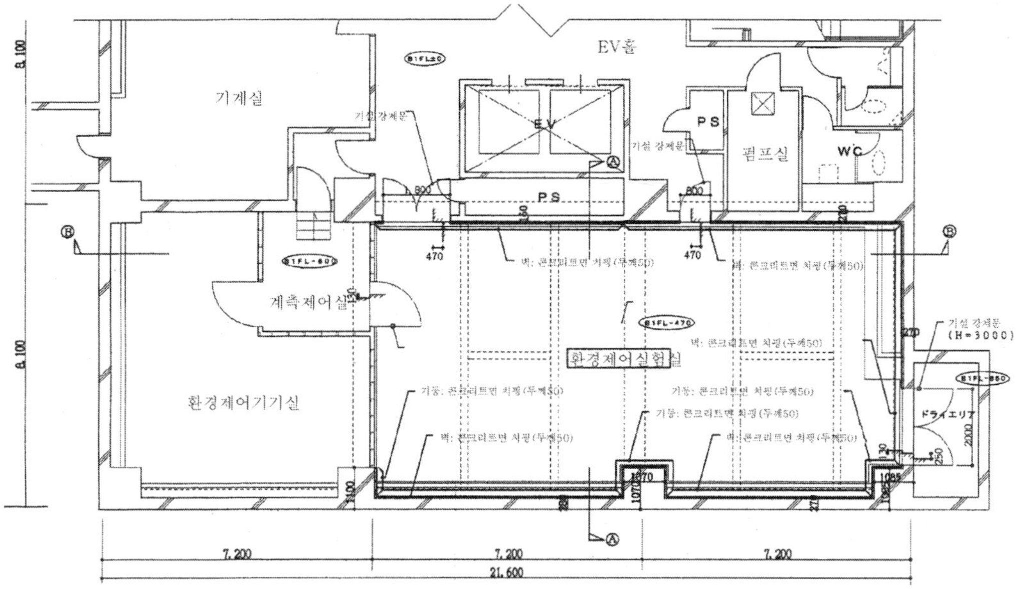

부록도 8.2.3 지하 1층 평면도

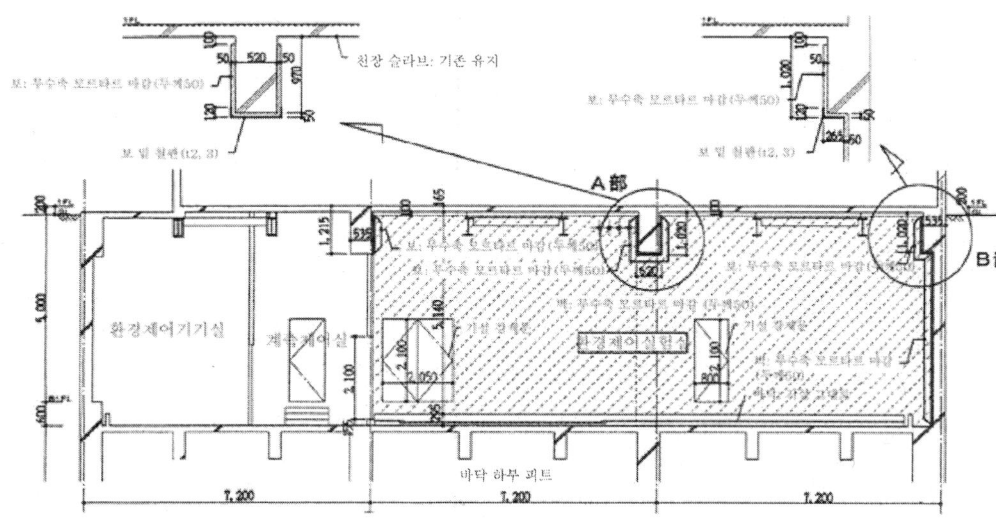

부록도 8.2.4 B–B 단면도

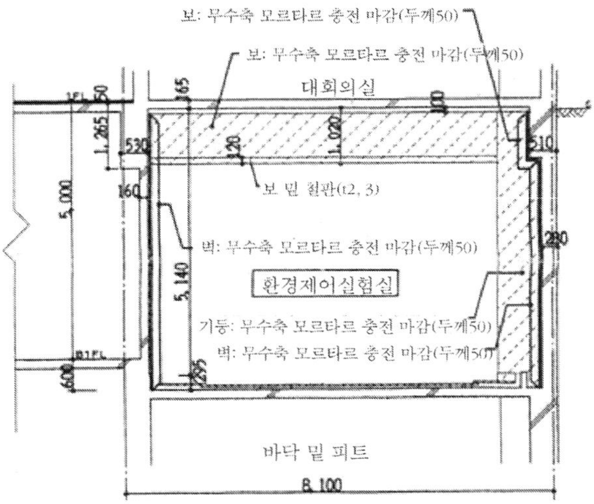

부록도 8.2.5 A–A 단면도

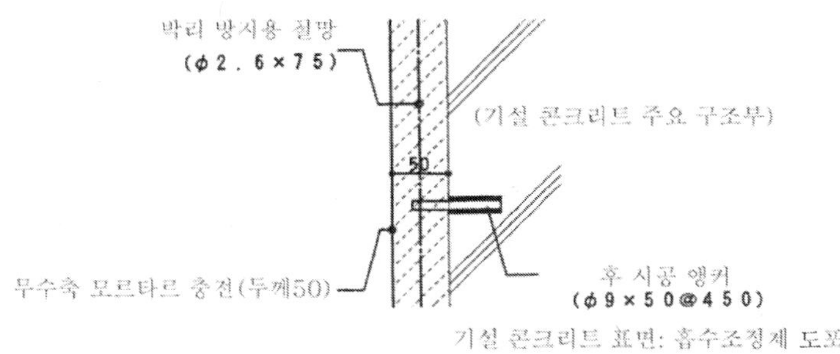

부록도 8.2.6 구조체 개수단면도

B. 공사 상황 사진

부록사진 8.2.4 와이어 메쉬 부착상황(벽C면)

부록사진 8.2.5 와이어 메쉬 부착상황(보B면)

부록사진 8.2.6 흡수조정재 시공 상황(벽C면)

부록사진 8.2.7 합판형틀부착 완료(벽C면)

부록사진 8.2.8 합판형틀 치수확인(벽C면)

부록사진 8.2.9 강제형틀 부착완료(보B면)

부록사진 8.2.10 무수축 모르타르 타설 상황(벽B면)

부록사진 8.2.11 무수축 모르타르 타설 상황(보E면)

부록사진 8.2.12 형틀 해체 완료(벽C면)

부록사진 8.2.13 무수축 모르타르 충전공사 완료(벽C면)

부록사진 8.2.14 무수축 모르타르 충전공사 완료(기둥H면)

부록사진 8.2.15 무수축 모르타르 충전공사 완료(보N면)

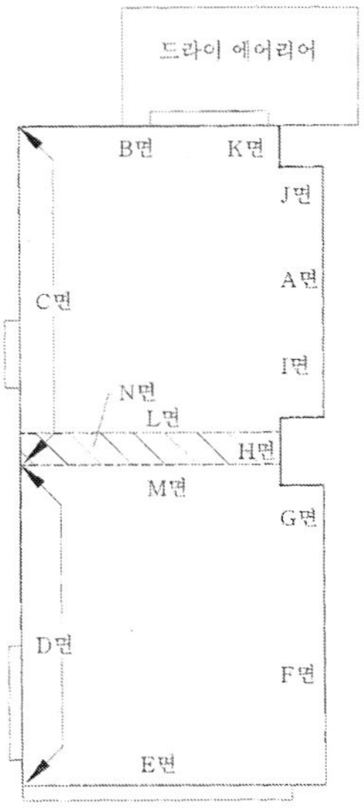

③ 슬래브 신설 공사

A. 공사개요도

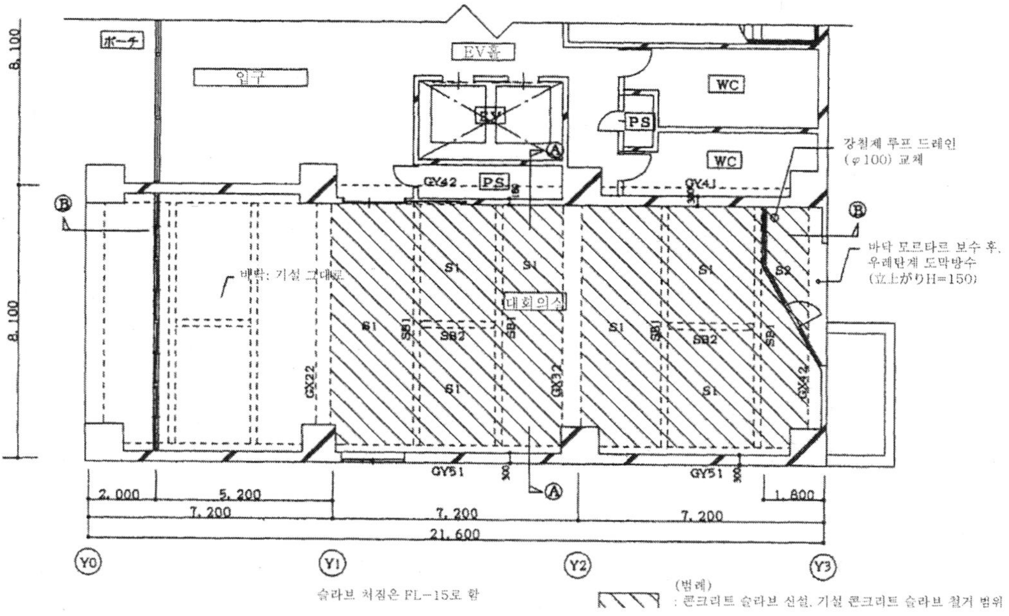

부록도 8.2.7 1층 평면도

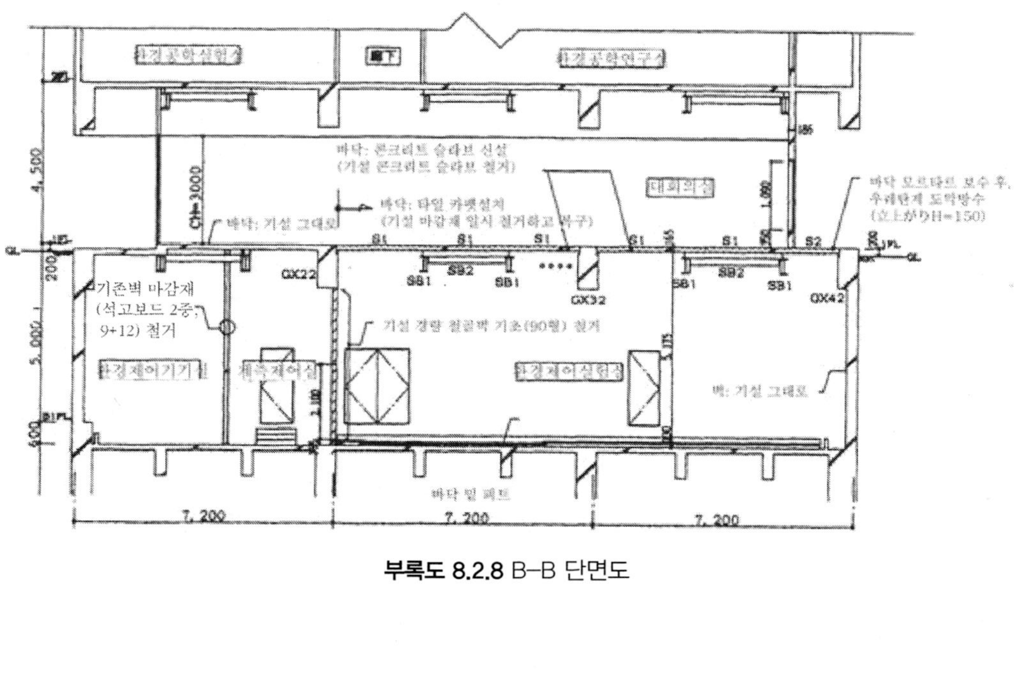

부록도 8.2.8 B-B 단면도

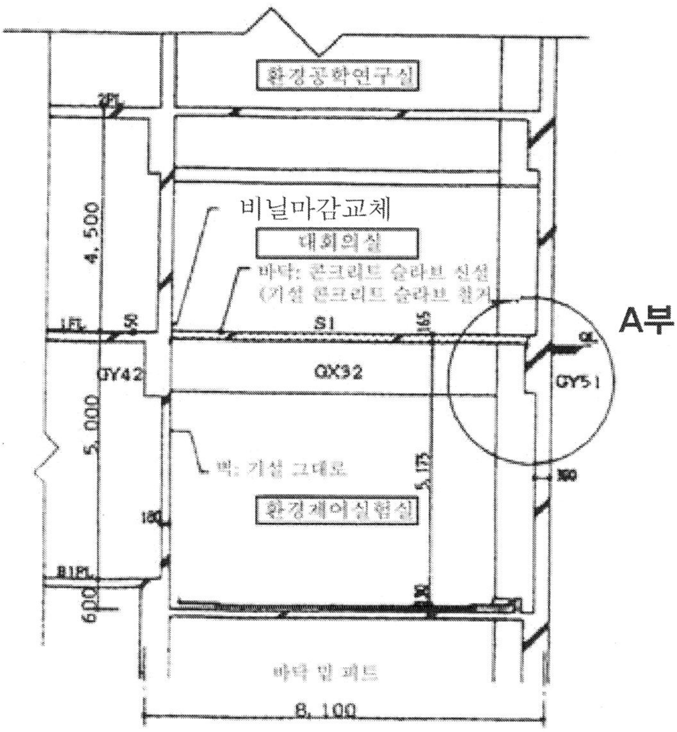

부록도 8.2.9 A–A 단면도

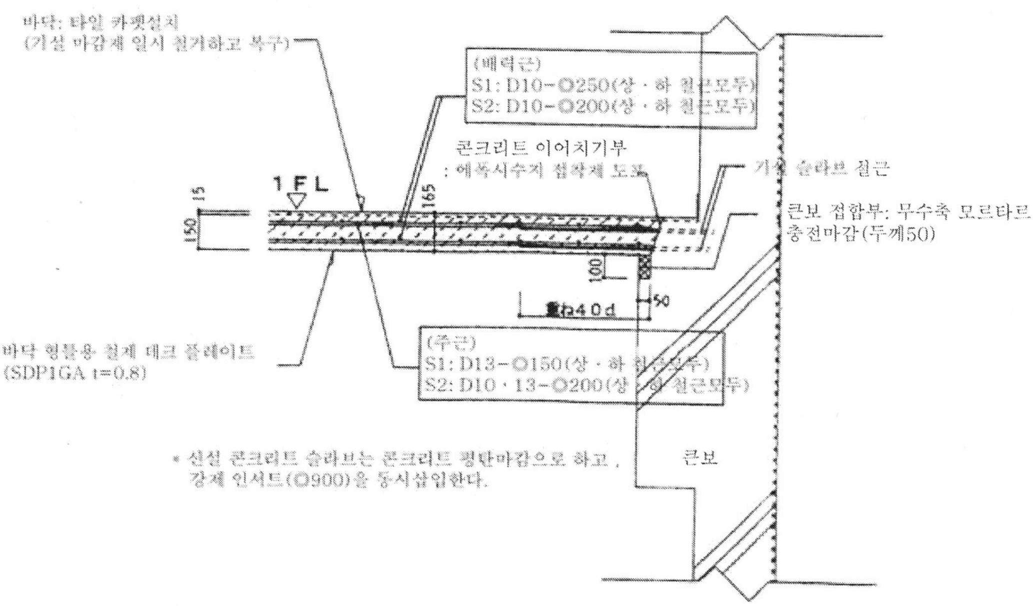

부록도 8.2.10 A부 상세도

B. 공사 상황 사진

부록사진 8.2.16 슬래브 콘크리트 해체 상황

부록사진 8.2.17 슬래브 콘크리트 해체 완료

부록사진 8.2.18 슬래브 형틀 시공

부록사진 8.2.19 데크 플레이트 설치

부록사진 8.2.20 슬래브 배근

부록사진 8.2.21 콘크리트 타설

부록사진 8.2.22 철골 보 녹방지 도장완료

부록–8.3 강구조 창고의 화해조사 실시 예

1. 조사대상건물의 개요

소재지: 중부지방

구조: 강구조, 2층 건물

용도: 창고(냉동 · 냉장창고)

건축면적: 4817.46m^2

연면적: 8555.08m^2

준공: 2004년

평면도를 부록도 8.3.1에 나타냄

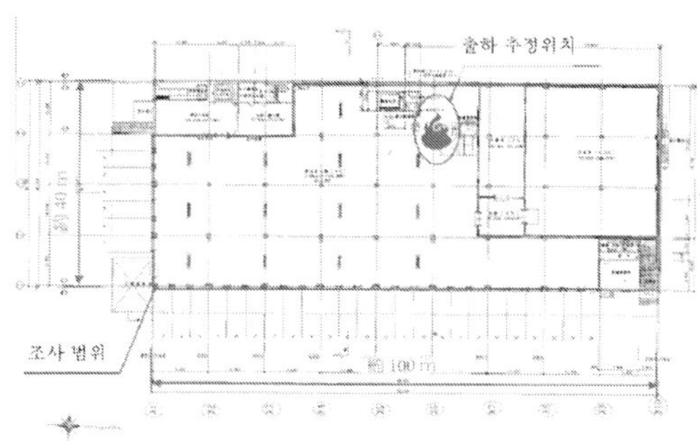

부록도 8.3.1 조사대상 건물 평면도

2. 화재상황

출화원인: 불명

출화점: 2층 바닥과 1층 천장의 사이,
X6-Y4부근(첨부도 8.3.1, 8.3.2 참조)

화재발생년: 2009년

화재시간: 약 8시간반

날씨: 맑음, 기온: 27℃

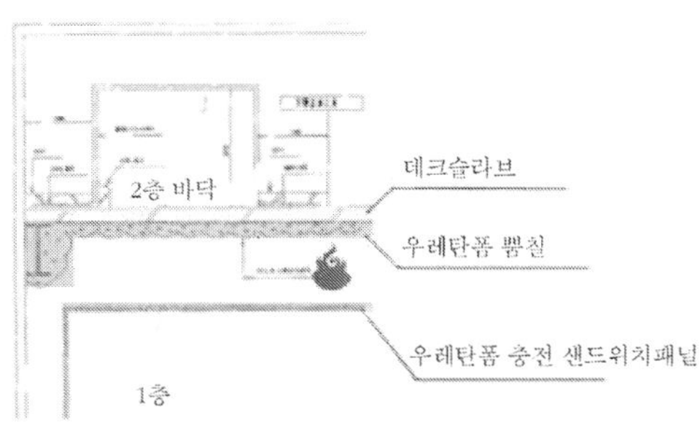

부록도 8.3.2 조사대상 건물 부분단면도

3. 조사항목

(1) 화해상황의 육안조사

(2) 기둥의 전도량과 보의 처짐 양의 측정

(3) 강재의 인장강도 및 탄성계수 시험

(4) 고력 볼트의 인장강도시험

4. 조사결과

4.1 화해 상황의 육안조사

화해의 상황으로부터, X6축Y4축부근의 천장 뒤부터 출화된 화재는, 시간을 두고 X7축Y2축~X8축Y1축방향 및 X2축Y2축~X1축Y축방향으로 확대되고, 동측 개구부의 급기로 인하여 연소가 확대된 것으로 추정된다. 피해가 컸던 것은, X6축Y4축부근, X7축Y2축부근, X1축Y축부근이었다.

주요 구조부의 수열온도는 강재의 도료 및 피복재(분무경질 우레탄폼)의 상황으로부터 부록표 8.31에 나타낸 A~D의 네 분류로 추정하였다. 관찰결과에 기반한 각 부재의 추정 수열온도를 부록표 8.3.3에 나타낸다. 또한 육안으로 명확한 변형이 확인된 보를 부록도 8.34에, 육안으로 확인가능했던 고력볼트의 파단 개수를 부록도 8.3.5에 나타낸다. 보의 변형상태의 예를 부록사진 8.3.1에, 고력볼트 파단상태 상황의 예를 부록사진 8.3.2에 나타낸다.

부록표 8.3.1 육안조사결과의 분류

분류	육안조사 결과	추정 수열온도	추정근거
A	• 분무경질 우레탄폼 및 도료가 완전히 소실되어 있었다.	600℃ 이상	도료의 소실은 600℃ 이상
B	• 분무경질 우레탄폼 및 도료가 일부 소실되었고, 그을음이 소실되어있었다.	500℃ 이상	그을음의 소실은 500℃ 이상
C	• 분무경질 우레탄폼이 탄화하여 잔존하고 있었다.	300~500℃	B와 D의 중간임
D	• 분무경질 우레탄폼의 위에 그을음이 부착되어있었다. 피복재를 제거하니 건전한 도장이 잔존하고 있었다. • 또는 화재에 의한 피해를 확인할 수 없었다.	300℃ 이하	그을음 부착은 300℃ 이하

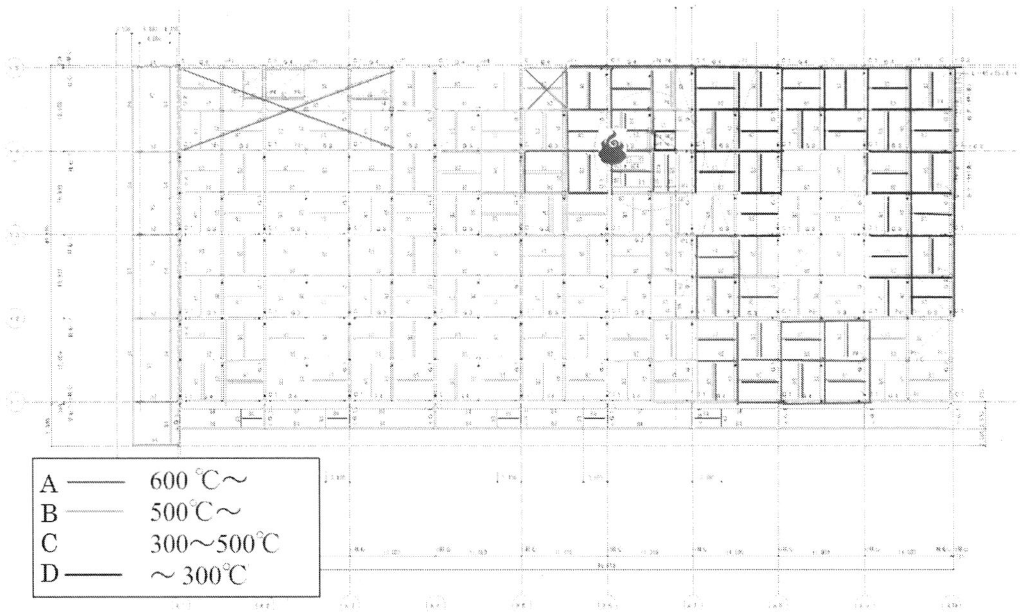

부록도 8.3.3 부재의 수열온도 추정결과

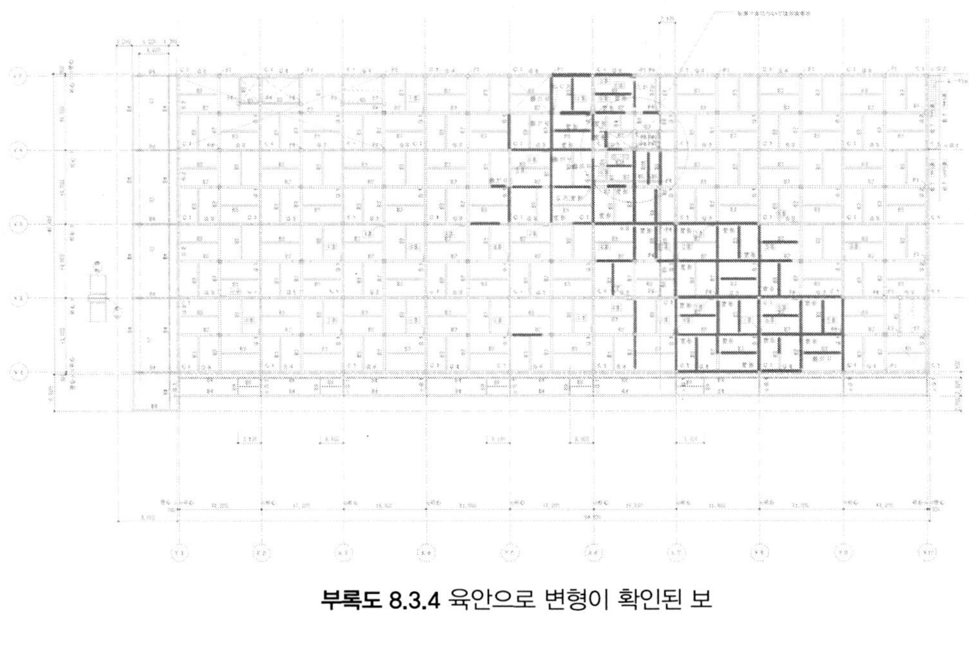

부록도 8.3.4 육안으로 변형이 확인된 보

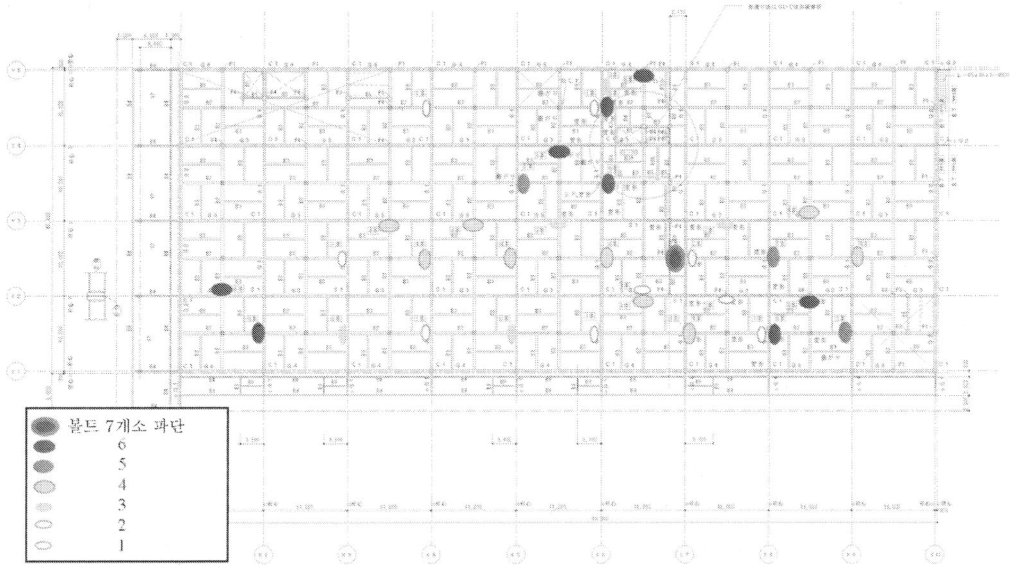

부록도 8.3.5 고력볼트의 파단 개소 및 개수

부록사진 8.3.1 보의 변형(국부좌굴)의 예

부록사진 8.3.2 고력볼트의 파단이 보인 보-보 접합부 및 파단된 볼트

수열온도가 600℃ 이상으로 추정되는 부재는, X6축Y4축부근 및 X7축Y2축부근에 집중되어있다. 철골부재의 변형 피해는, X5축Y5축~X9축Y1축의 범위에 집중되어있다. 또한 고력볼트의 파단은 조사범위 내에 넓게 분포해 있었다.

4.2 기둥 전도량 및 보의 처짐양의 측정

조사범위 내의 기둥 전도량 및 보의 처짐양을 조사하였다.

기둥의 전도량의 측정은 다림 추를 이용하여 높이 4m의 전도량을 측정하였다. 보의 처짐양의 측정은 X1Y1 위치를 기준으로 트랜싯을 이용하여 실시하였다.

기둥의 전도량 측정결과를 부록도 8.3.6에, 보의 처짐양의 측정결과를 부록도 8.3.7에 나타낸다. 기둥의 잔류변형은 X5축~X8축에서 크고, X8Y2기둥에서 최대 북쪽으로 25mm, 동쪽으로 10mm 전도량이 측정되었다. 또한 보의 잔류변형은 조사범위 내의 거의 전역에서 확인되어 X6축 보에서 최대 62mm 처져있었다.

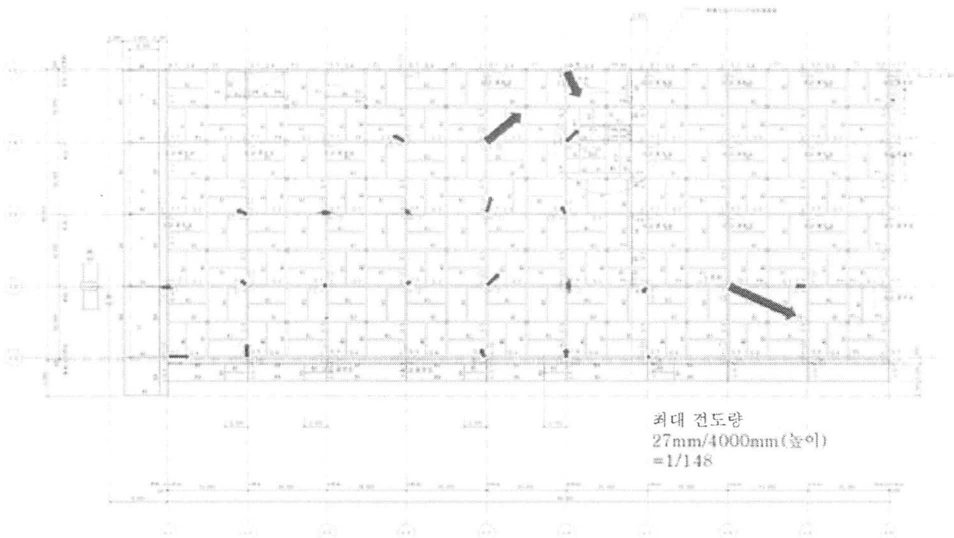

부록도 8.3.6 기둥 전도량의 측정결과

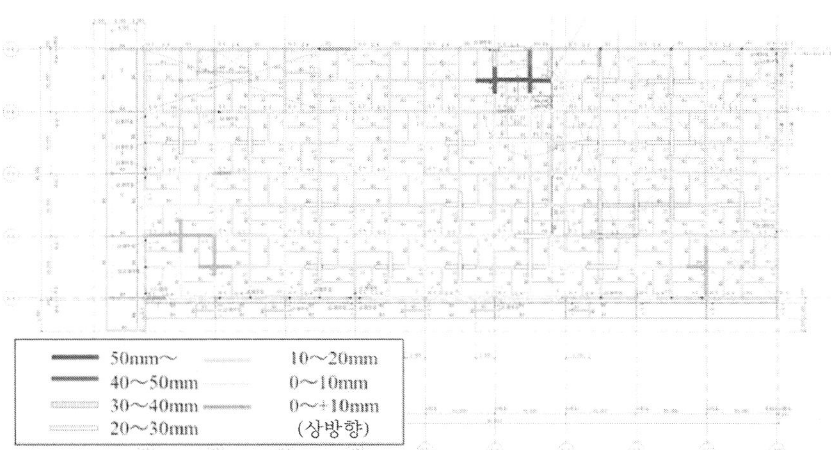

부록도 8.3.7 보의 처짐양의 측정결과

4.3 강재의 인장강도 및 탄성계수시험

육안조사에서 수열온도가 300℃ 이상으로 판단된 A~C등급의 강재의 잔존강도를 추정할 목적으로 1층의 부록도 8.3.8에 나타낸 5개소의 작은 보로부터 각각 시험체 1개(랭크 A에서 3편, B에서 1편, C에서 1편, 합계 5개)를 채취하여 인장강도 및 정탄성계수시험을 실시하였다.

채취위치를 부록도 8.3.8에 나타낸다. 강재의 인장강도시험 결과를 부록표 8.3.2에, 강재의 기계적 성질(JIS G 3101 규격값)을 부록표 8.3.3에. 시험편 번호A의 응력변형곡선을 부록도 8.3.9에 각각 나타낸다.

또한, 강재의 시험편 및 인장시험법은 JIS Z 2201-1998[금속재료 인장시험편] 및 JIS Z 2241-1998 「금속재료 인장강도시험방법」에 준하여 실시하였다.

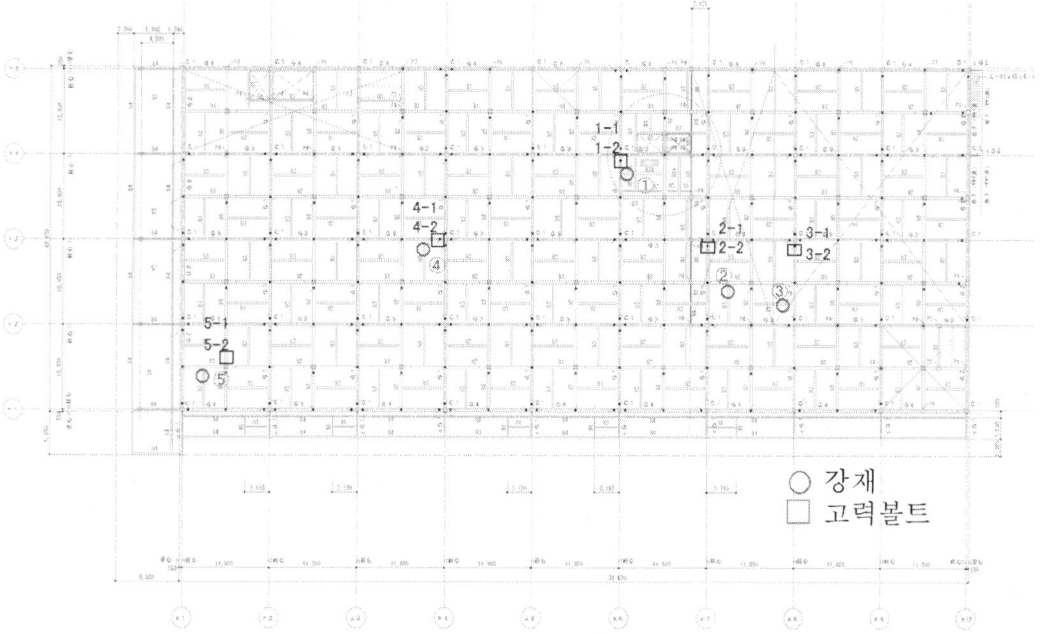

부록도 8.3.8 강재 및 고력볼트 채취위치

부록표 8.3.2 강재의 인장강도 및 탄성계수 시험결과

채취 위치	시험편 번호	상 항복점 (N/mm²)	인장강율 (N/mm²)	파단신도 (%)	정탄성계수 (kN/mm²)
A	1	303	443	31	207
	2	277	419	31	209
	3	301	445	30	205
B	4	347	452	33	206
C	5	296	436	31	206

부록표 8.3.3 강재의 기계적 성질(JIS G 3101에 따른 규격값)

종류의 기호	두께 (mm)	항복점 또는 내력 (N/mm²)	인장강도 (N/mm²)	신율 (%)
SS400(SS41)	16이하	245 이상	400~510	17 이상

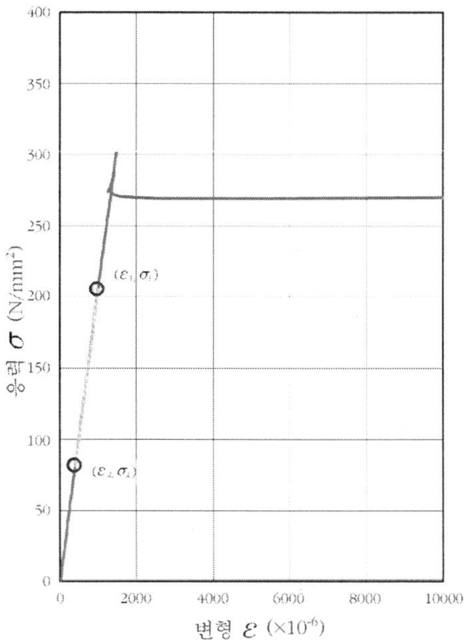

부록도 8.3.9 응력변형곡선
(시험편 번호: No.1)

A~C 랭크로부터 채취한 모든 시험편에 대하여, 항복점, 인장강도, 신율에 관한 시험결과가 JIS 규격값의 범위내에 있었다. 또한 정탄성계수는 205~209(kN/mm²)으로, 응력변형곡선으로부터 명확하게 항복점을 확인할 수 있었으므로 강재의 수열온도는 변태점(720℃) 이하였던 것으로 추정가능하다.

4.4 고력볼트의 인장강도시험

육안조사로 수열온도가 300℃ 이상으로 판단되었던 A~C 랭크의 고력볼트 접합부의 건전성을 추정할 목적으로 부록도 8.3.8에 나타낸 5개소(랭크 A에서 2개소, B에서 1개소, C에서 2개소)로부터 고력볼트를 각 2개씩 합계 10개를 채취하고 인장강도시험을 실시하였다.

인장강도시험결과를 부록표 8.3.4에, 고력볼트의 기계적 성질(JIS B 1186 규격값)을 부록표 8.35에 나타낸다.

또한 고력볼트의 인장강도 시험은 JIS B 1186 「마찰접합용 고력육각볼트, 육각너트, 와셔의 세트」의 시험방법에 준하여 실시하였다.

부록표 8.3.4 고력볼트의 인장강도 시험결과

채취 위치	시험체 기호	최대하중(kN)
A	1-1	245
	1-2	253
	2-1	349
	2-2	345
C	3-1	350
	3-2	351
	4-1	350
	4-2	348
B	5-1	319
	5-2	280

부록표 8.3.5 고력볼트 제품의 기계적 성질 (JIS B 1186에 의한 규격값)

볼트의 기계적 성질에 따른 등급	인장강도(최소) (kN) (나사 명: M22)	경도
F10T	303	27~38 HRC

A~C랭크에서 채취한 고력볼트의 인장강도시험으로부터, A랭크의 시험체 1-1 및 시험체 1-2, B랭크의 시험체 5-2가 JIS B 1186의 인장강도 규격값을 만족하지 못하고 있었다.

4.5 화해조사 결과(결론)

육안조사결과로부터 수열온도가 600℃ 이상으로 추정되는 부재는, X6축Y4축부근 및 X7축Y2축부근에 집중되어있었다. 철골부재의 변형 피해는 X5축Y5축~X9축Y1축의 범위에 집중되어 있었다. 또한 고력볼트의 파단은 조사범위 내에 넓게 분포하고 있었다.

조사범위 내의 보와 기둥의 잔류변형량 조사결과, 보의 잔류변형은 조사범위 내의 거의 전역에서 확인되어 X6축보에서 최대 62mm 처짐이 있었다. 또한 기둥의 잔류변형은 X5축~X8축에서 크고 X8Y2 기둥에서 최대 북쪽으로 25mm, 동쪽으로 10mm의 전도가 계측되었다.

채취한 모든 강재 시험편에 대하여, 항복점, 인장강도, 신도에 관한 시험결과가, JIS 규격값 범위 내였다. 또한 정탄성계수는 205~209(kN/mm^2)으로 응력변형곡선으로부터 명확하게 항복점을 확인할 수 있었으므로 강재의 수열온도는 변태점(720℃) 이하였었던 것으로 추정할 수 있다.

채취한 고력볼트의 인장강도시험결과로부터, A랭크의 시험체 1-1 및 시험체 1-2, B랭크의 시험편 5-2가 JIS B 1186의 인장강도 규격값을 만족하지 못하고 있었다.

5. 화해 등급의 판정

본 학회편「건물의 화해진단 및 보수 · 보강방법 지침(안) · 동해설」의 순서에 따라 부재의 화해 등급을 결정하였다.

외관으로 변형이 확인된 부재는 화해등급 V로 하였다. 추정수열온도가 300℃ 이하로 허용변형량(1) 이하의 것은 화해등급 II로 하였다. 추정수열온도가 500℃ 이하로 허용변형량(2) 이하의 것은 화해등급 III으로 하였다. 추정수열온도 500℃ 이상의 부재는 강재의 강도에는 문제가 없었기 때문에 화해등급 V로는 분류하지 않고, 화해 등급 IV로 하였다. 건물의 피재도는 B(보수 · 보강에 따른 재사용가능)로 하였다.

추정한 화해등급의 일람을 부록도 8.3.10에 나타낸다.

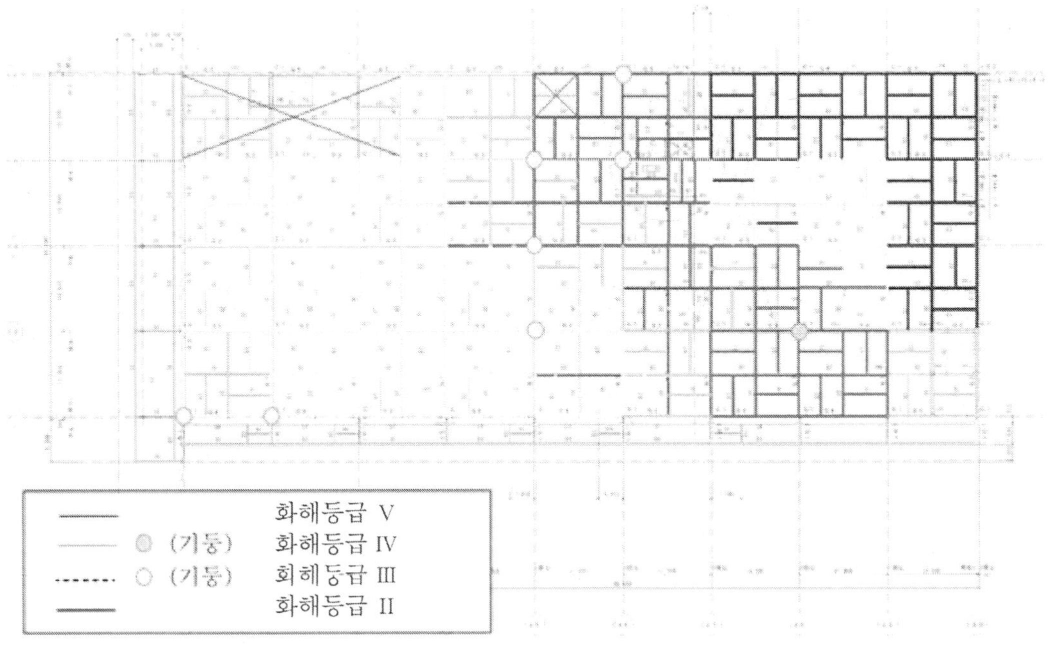

부록도 8.3.10 추정한 화해등급 일람

6. 화해조사 후

화해조사에서는 몇몇의 부재를 교환 또는 보수 · 보강한다면 건물은 재사용가능한 것으로 판단되었지만, 건물의 소유자는 철거 후 재건축하는 것을 결정하였다. 그 이유는, 비용적인 면과 건설기간(창고를 폐쇄해 두는 기간)을 고려한 결정이었다.

부록-8.4 SRC조 집합주택의 화해조사 실시 예

1. 조사대상 건물의 개요

주소지: 관동지방

구　조: 철근철골 콘크리트조

(지상 13층 건물)

용　도: 공동주택

준공년: 1982년

조사대상 주택의 평면도를 부록도 8.4.1에 나타냄

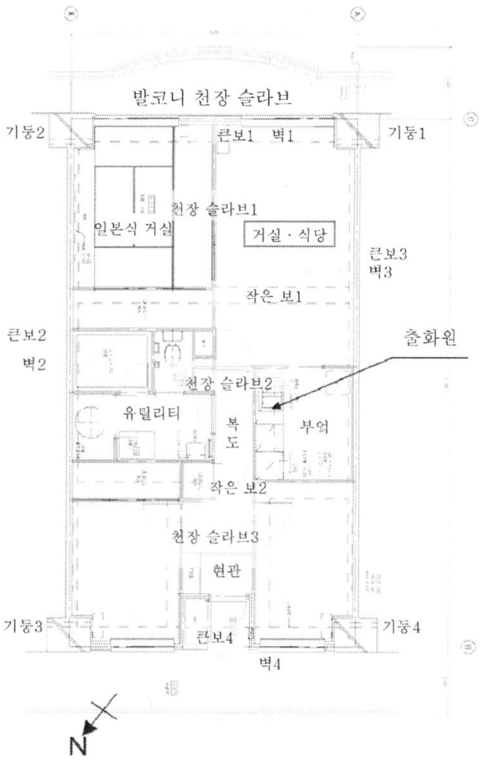

부록도 8.4.1 조사대상 주택 평면도

2. 화재상황

출화원: 부엌 튀김기름

출화추정시각: 2011년 ○월○일 오후 9시 23분경

진화시각: 동일 오후 11시 10분경

출화당시의 기상: 기온 9.5℃

풍향: 남동, 풍속: 2.7m/sec

3. 조사항목

(1) 화해 상황에 대한 육안조사

(2) 보 · 천장 슬래브의 잔류변형량 조사

(3) 콘크리트 코어의 압축강도시험 및 중성화깊이 시험

4. 조사결과

4.1 화해상황의 육안조사

이하의 외관결과 및 청취조사에 의해 조사범위를 대상실(발코니 포함)로 한정하였다.

윗층의 상황: 베란다로부터 그을음이 유입된 흔적이 있었지만, 윗층 실내까지 화재는 확대하지 않은 것을 확인하였다.
문 등의 시설에 비틀림이 있다. (청취조사)
바닥이 약간 가라앉은 것 같이 느껴졌다. (청취조사)

아래층의 상황: 물로 인한 피해는 있었지만, 아래층으로 연소가 확대되지 않은 것을 확인하였다.

옆실의 상황: 발코니 천장부분은 도료의 잔재 위에 그을음이 부착되어있었다. 그 외에는 화재에 의한 피해는 확인되지 않았다.

조사대상실의 육안조사의 결과, 거실 · 식당부분의 피해가 가장 컸으며, 일본식 거실부분, 부엌부분이 그 다음으로 피해가 있었다. 큰보1, 큰보3, 작은 보1, 벽3에 수열온도가 950℃ 이상으로 추정되는 부분이 있으며, 큰보 1~3, 천장슬래브 1, 2, 벽 2에 수열온도가 600~950℃로 추정되는 부분이 있었다. 상세 내용을 부록표 8.4.1에 나타낸다.

부록표 8.4.1 육안조사 결과 상세(중요 구조부의 추정 수열온도 및 추정근거)

부위	부재		육안조사 결과	주요 구조부의 추정수열온도	추정근거*
	부재명	상세			
기둥	기둥1	북쪽 면 · 동쪽 면	• 그을음이 부착되어있었다.	300℃ 이하	8
	기둥2	북쪽 면 · 서쪽 면	• 그을음이 부착되어있었다.	300℃ 이하	8
	기둥3	남쪽 면 · 서쪽 면	• 화재에 의한 피해는 없었다.	피해 없음	-
	기둥4	남쪽 면 · 동쪽 면	• 화재에 의한 피해는 없었다.	피해 없음	-
큰보	큰보1	북쪽 면 거실 · 식당 부분	• 콘크리트가 담황색으로 변색되어있었다.	950℃ 이상	1
		북쪽 면 일본식방 부분	• 콘크리트가 회백색으로 변색되어있었다.	600~950℃	2
	큰보2	서쪽 면 일본식방 부분	• 콘크리트가 회백색으로 변색되어있었다. • 표층폭열 7~8 곳 있음. • 「들뜸부위」 있음	600~950℃	2
		서쪽 면 유틸리티 부분	• 그을음이 부착되어있었다.	300℃ 이하	1
		서쪽 면 거실(1) 부분	• 마감크로스가 탄화되어 잔존해있었다. • 콘크리트 표면은 건전했다.	300℃ 이하	9

(표계속)

부위	부재		육안조사 결과	주요 구조부의 추정수열 온도	추정 근거*
	부재명	상세			
	큰보3	동쪽 면 거실 · 식당 부분	• 콘크리트가 담황색으로 변색되어있었다. • 코너박락 4개소, 표층폭열 1개소 있음. • 「들뜸부위」 있음 • 균열 많음 • 거북이등 형태의 균열 있음	950℃ 이상	1
		동쪽 면 부엌 부분	• 콘크리트가 회백색으로 변색되어있었다. • PC이음매부의 모르타르가 박락되어 있었다. • 상부 그을음 부착, 하부 그을음 소실 • 코너 박락, 「들뜸부위」 있음	600~950℃	2
		동쪽면 거실(2) 부분	• 마감크로스가 탄화되어 잔존해있었다. • 콘크리트 표면은 건전했다.	300℃ 이하	9
	큰보4	거실(1) 부분, 거실(2) 부분	• 마감크로스가 탄화되어 잔존해있었다. • 콘크리트 표면은 건전했다.	300℃ 이하	9
		현관 부분	• 도장이 남은 위에 그을음이 부착되어 있었다.	300℃ 이하	8
작은보	작은보1	남쪽 면 · 아랫면 거실 · 식당 부분	• 콘크리트가 담황색으로 변색되어있었다. • 거의 전면에 걸쳐 코너박락(최대높이 170mm 깊이140mm)있음. • 주근 노출. • 균열 많음.	950℃ 이상	1
		북쪽 면 거실 · 식당 부분	• 콘크리트가 담황색으로 변색되어있었다. • 거의 전면에 걸쳐 코너박락. • 「들뜸부위」 있음	950℃ 이상	1
		남쪽 면 · 아랫면 일본식방 부분	• 상부에 그을음이 부착되어 있었다. • 하부에 그을음이 소실되어 있었다. • 「들뜸부위」 있음	500℃ 이상	5
		북쪽 면 일본식방 부분	• 동측은 그을음이 부착되어 있었다. • 서측은 그을음이 소실되어 있었다. • 코너박락 있음. • 「들뜸부위」 있음	500℃ 이상	5
	작은보2	남쪽 면 · 북쪽 면 부엌 부분	• 그을음이 부착되어있었다.	300℃ 이하	8
		아랫면 부엌 부분	• 마감크로스가 건전하게 잔존해있었다.	피해 없음	-
		남쪽 면 · 아랫면 복도 부분	• 그을음이 부착되어있었지만, 콘크리트는 취약화되어 있었기 때문에, 화재 후에 부착되었을 가능성 있음. • 「들뜸부위」 있음	500℃ 이상	6

(표계속)

부위	부재		육안조사 결과	주요 구조부의 추정수열 온도	추정 근거*
	부재명	상세			
천장슬래브		북쪽 면 복도 부분	• 그을음이 소실되어 있었다.	500℃ 이상	5
		남쪽 면 · 아랫면 · 북쪽 면 유틸리티부분	• 그을음이 부착되어 있었다.	300℃ 이하	8
	천장 슬래브	거실 · 식당 부분	• 콘크리트가 담황색으로 변색되어있었다. • 균열(최대 0.9mm폭) 있음.	600~950℃	2
		일본식방 부분	• 그을음이 소실되어 있었다. • 균열(최대 0.9mm폭) 있음.	500℃ 이상	5
천장슬래브	천장 슬래브2	거실 · 식당 부분	• 콘크리트가 회백색으로 변색되어있었다. • 거북이등 형태의 균열 있음.	600~950℃	2
		부엌 부분	• 그을음이 소실되어 있었다. • 거북이등 형태의 균열 있음. (동남측)	580℃ 이상	4
		복도 부분	• 그을음이 부착되어 있었다.	300℃ 이하	8
		일본식방 부분	• 그을음이 소실되어 있었다.	500℃ 이상	5
		유틸리티 부분	• 그을음이 부착되어 있었다. • 남측의 일부에서 그을음이 소실되어 있었다.	300℃ 이하 (일부 500℃ 이상)	5
	천장 슬래브3	거실(1) 부분	• 마감크로스가 탄화되어 잔존해있었다. • 콘크리트 표면은 건전했다.	300℃ 이하	9
		현관 부분	• 그을음이 소실되어 있었다.	500℃ 이상	5
		거실(2) 부분	• 마감크로스가 탄화되어 잔존해있었다. • 콘크리트 표면은 건전했다.	300℃ 이하	9
	발코니 천장 슬래브	거실 · 식당 앞 부분	• 일부 도장이 소실되어있었다. • 도장이 남은 부분에는 그을음이 부착되어 있었다.	600℃ 이상	3
		일본식방 앞 부분	• 도장이 남은 부분에는 그을음이 부착되어 있었다.	300℃ 이하	8
벽	벽1	북쪽 면 거실 · 식당 부분	• 그을음이 소실되어 있었다.	600~950℃	5
		북쪽 면 일본식방 부분	• 그을음이 부착되어 있었다.	300℃ 이하	8
		남쪽 면 거실 · 식당 개구부 앞 상부	• 하부는 콘크리트가 담황색으로 변색되어있었다. • 상부는 도장이 소실되어있었다.	300~500℃	2
		남쪽 면 개구부 부분	• 도장이 남은 위에 그을음이 부착되어 있었다.	300℃ 이하	8
		남쪽 면 일본식방 개구부 앞 상부	• 도장이 소실되기 시작하고 있었다.	300~500℃	7

(표계속)

부위	부재		육안조사 결과	주요 구조부의 추정수열 온도	추정 근거
	부재명	상세			
	벽2	일본식방 부분	• 콘크리트가 회백색으로 변색되어있었다. • 표면폭열(약 1200mm×800mm) 있음. • 거북이등 형태의 균열 있음. • 그을음이 부착된 부분도 있었지만, 화재 후에 부착된 것으로 생각됨.	600~950℃	2
		유틸리티 부분	• 그을음이 부착되어 있었다.	300℃ 이하	8
		거실(1) 부분	• 마감크로스가 탄화되어 잔존해있었다. • 콘크리트 표면은 건전했다.	300℃ 이하	9
	벽3	거실 · 식당 부분	• 하부는 콘크리트가 담황색으로 변색되어있었다. • 표면폭열 4개소 있음. • 거북이등 형태의 균열 있음. • 그을음이 부착된 부분도 있었지만, 화재 후에 부착된 것으로 생각됨.	950℃ 이상	1
		부엌 부분	• 그을음이 부착되어 있었다. • 북측과 상부에 · 그을음이 소실되어 있었다.	300℃ 이하 (일부 500℃ 이상)	5
		거실(2) 부분	• 마감크로스가 탄화되어 잔존해있었다. • 콘크리트 표면은 건전했다.	300℃ 이하	9
	벽4	거실(1) 부분 · 현관 부분 · 거실(2) 부분	• 콘크리트 표면은 건전했다.	피해 없음	-

※추정근거

1. 콘크리트가 담황색으로 변색하는 온도는 950℃ 이상
2. 콘크리트가 회백색으로 변색하는 온도는 600~950℃
3. 도장의 소실은 600℃ 이상
4. 거북이등 형태 균열은 580℃ 이상
5. 그을음의 소실은 500℃ 이상
6. 그을음이 부착되어 있지만, 콘크리트는 취약화되어 있었기 때문에, 화재 후에 부착되었을 가능성이 있으므로, 수열온도는 북쪽 면과 동등한 500℃ 이상으로 추정하였다.
7. 그을음의 소실은 500℃ 이상, 그을음의 부착은 300℃ 이하이며, 그 중간이기 때문에 300~500℃로 추정하였다.
8. 그을음의 부착은 300℃ 이하
9. 마감크로스가 탄화하여 잔존하는 콘크리트 표면이 건전했던 것으로부터 그을음이 부착된 상황(6)보다 수열온도는 낮을 것으로 추정하였다.

4.2 보 · 천장 슬래브의 잔류변형량 조사

화해를 입은 것으로 추정되는 큰보1, 작은 보1, 2, 그리고 천장 슬래브 1, 2, 3의 잔류변형량(처짐량)을 조사하였다.

잔류변형량(처짐량)은 바닥면에 설치한 레이저빔으로 수평면을 기준으로 한 각 부재의 높이를 콘벡스룰을 이용하여 계측하였다. 각 부재의 높이 중, 가장 높았던 위치를 ±0로 하고, 처짐량을 정값으로서 표시하였다

잔류변형량(처짐량) 조사결과를 부록도 8.4.2에 나타낸다. 천장 슬래브1에서 최대 27mm, 천장 슬래브2에서 최대 30mm, 작은 보1에서 최대 9mm, 작은 보2에서 최대 7mm의 잔류변형(처짐)이 확인되었다.

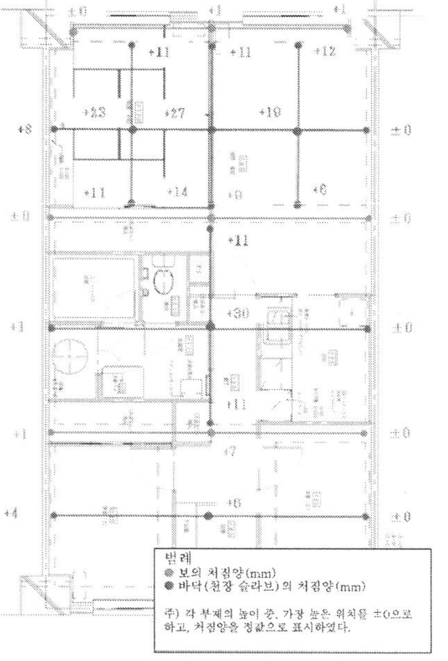

부록도 8.4.2 잔류변형량 조사결과

4.3 콘크리트 코어의 압축강도시험 및 중성화깊이 시험

화해상황의 육안조사결과로부터, 화재에 의한 영향이 우려되는 보에서 6개(공시체기호: 보1, 2-1, 2-2, 3, 4, 5), 벽에서 3개(공시체 기호: 벽1-1, 1-2, 2), 천장 슬래브에서 1개(시험체기호: 천1)와 화재의 영향을 별로 받지 않은 보와 벽에서 2개(공시체기호: 보건, 벽건) 콘크리트 코어를 채취하고 압축강도시험을 실시하였다. 또한, 압축강도시험 후의 코어를 세로로 할렬하고, 할렬면에 페놀프탈레인1%에틸알콜용액을 분무하여 적변반응을 이용한 콘크리트 중성화깊이 측정을 실시하였다. 단, 공시체기호: 보2-1, 보2-2, 보3, 벽1-2, 천1은 채취한 코어의 길이가 짧았기 때문에 압축강도시험은 행하지 않고 중성화 깊이 측정만을 실시하였다.

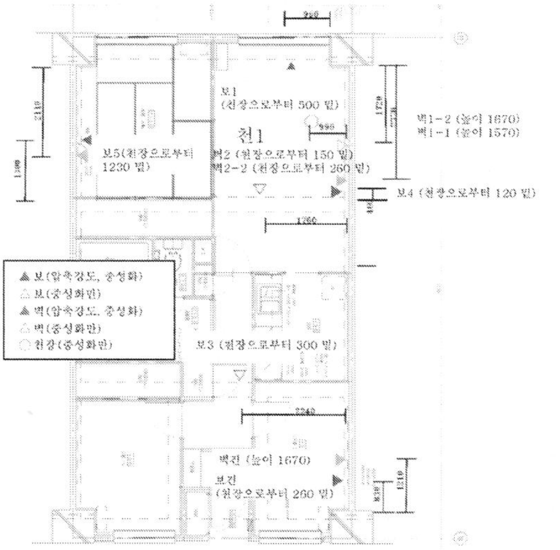

부록도 8.4.3 콘크리트코아 채취 위치

콘크리트 코어의 채취위치를 부록도 8.4.3에, 압축강도시험결과를 부록표 8.4.2에, 중성화깊이 시험결과를 부록표 8.4.3에 나타낸다.

또한 콘크리트 코어의 압축시험은 JIS A 1107-2002「콘크리트에서 코어 채집방법 및 압축강도시험방법」에 준하여 실시하였다.

벽1-1, 벽2는 건전부에 비하여 강도저하 하였지만, 설계기준강도($21N/mm^2$)을 만족하고 있었다. 보1, 보5는 건전부 이상의 강도를 가지고 있었지만, 보4(큰보3에서 채취)는 설계기준강도를 만족하지 못했다.

콘크리트 코어의 중성화 깊이 시험결과로부터, 건전부의 중성화깊이에 대해서 벽 및 보5는 특히 중성화는 진행하지 않았다. 반면, 보1~4 및 천장1은 중성화가 진행되어있었고, 화재에 따른 수열온도가 높았을 가능성이 있다.

부록표 8.4.2 압축강도시험 결과

공시체 기호	압축강도(보정후) (N/mm^2)
벽1-1	21.8
벽2	22.4
보1	31.6
보4	19.3
보5	30.5
벽건	28.3
보건	25.4

부록표 8.4.3 중성화깊이 측정결과

공시체 기호	중심화 깊이(mm)		공시체 기호	중심화 깊이(mm)	
	평균	최대		평균	최대
벽1-1	3.6	6.5	보3	16.7	26.0
벽1-2	4.6	6.0	보4	5.0	11.0
벽2	0	0	보5	1.3	2.0
보1	17.4	28.5	천1	19.6	23.0
보2-1	7.8	13.0	벽건	2.4	5.0
보2-2	9.5	12.0	보건	2.2	6.0

4.4 화해조사 결과(결론)

육안조사결과로부터, 거실 · 식당부분의 피해가 가장 컸으며, 일본식 방부분, 부엌부분이 그 다음으로 피해가 있었다. 큰보1, 큰보3, 작은 보1, 벽3에 수열온도가 950℃ 이상으로 추정되는 부분이 있으며, 큰보1~3, 천장 슬래브 1, 2, 벽2에 수열온도가 600~950℃로 추정되는 부분이 있었다.

보 · 천장 슬라부의 잔류변형량 조사결과로부터, 전장 슬래브 1에서 최대 27mm, 천장 슬래브2에서 최대 30mm, 작은 보1에서 최대 9mm, 작은 보2에서 최대 7mm의 잔류변형(처짐)이 확인되었다.

콘크리트 코어의 압축강도시험결과로부터, 벽1-1, 벽2는 건전부에 비해 강도저하 하였지만, 설계기준강도(21N/mm2)을 만족하였다. 보1, 보5는 건전부 이상의 강도를 가지고 있지만, 보4(큰보3에서 채취)는 설계기준강도를 만족하지 못했다.

콘크리트 코어의 중성화깊이 시험결과로부터, 건전부의 중성화깊이에 대해서 벽 및 보5는 특히 중성화는 진행되지 않았다. 반면, 보1~4 및 천장1은 중성화가 진행되었으며, 화재에 따른 수열온도가 높았을 가능성이 있다.

5. 화해등급의 판정

부재에 따라서는 부재 내에서 피해상황이 크게 다른 부재도 있었지만, 그 부재 중에서 가장 피해가 심한 상태부터 피해등급을 추정하였다. 추정결과를 부록표 8.4.4 및 부록도 8.4.4에 나타낸다. 건물의 피재도는 B(보수 · 보강에 따른 재사용가능)로 하였다.

6. 화해조사 후

건물의 피재도는 B였기 때문에, 보수 · 보강을 실시하였다.

부록표 8.4.4 각 부재의 추정화해등급

부재명	추정화해 등급	근 거	부재명	추정화해 등급	근거
기둥1	II	그을음 부착	천장 슬래브1	IV	추정수열온도 600~950℃ 처짐 27mm
기둥2	II	그을음 부착	천장 슬래브2	IV	추정수열온도 600~950℃ 처짐 30mm
기둥3	I		천장 슬래브3	III~IV	추정수열온도 500℃ 이상
기둥4	I		발코니 천장 슬래브	IV	추정수열온도 600℃ 이상
큰보1	IV	추정수열온도 950℃ 이상 압축강도는 설계기준값 이상 중성화 진전	벽1	III~IV	추정수열온도 500℃ 이상 압축강도는 설계기준값 이상
큰보2	III~IV	추정수열온도 600~950℃ 압축강도는 설계기준값 이상	벽2	III~IV	추정수열온도 600~950℃ 압축강도는 설계기준값 이상
큰보3	IV~V	추정수열온도 950℃ 이상 압축강도는 설계기준값 이하	벽3	IV	추정수열온도 600~950℃ 압축강도는 설계기준값 이상
큰보4	II	그을음 부착	벽4	I	
작은 보1	IV	추정수열온도 950℃ 이상 코너 박락, 중성화 진전			
작은 보2	III~IV	추정수열온도 500℃ 이상 중성화 진전			

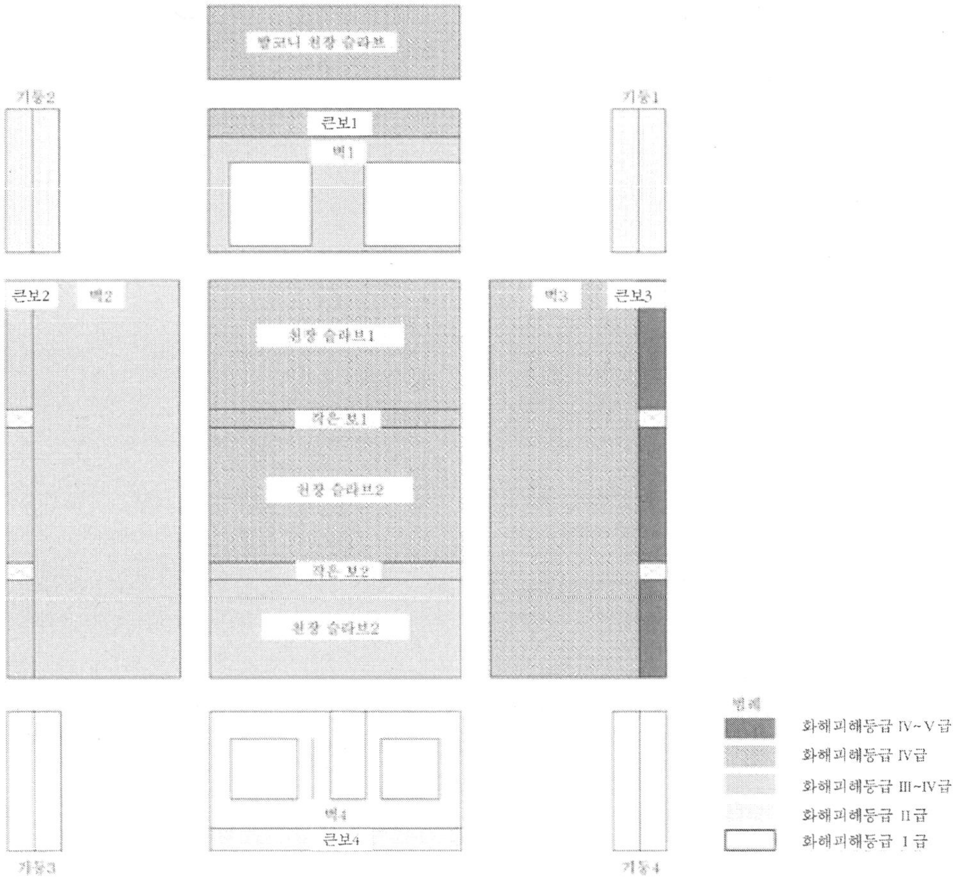

부록도 8.4.4 각 부재의 추정화해등급

本指針作成関係委員（2015年2月）

―五十音順・敬称略―

防火委員会

委員長：山田　常圭

委　員：（省略）

火害診断補修小委員会

主　査：池田　憲一

幹　事：大橋　宏和　　黒岩　秀介　　阪口　明弘　　宮本　圭一
森田　　武

委　員：上杉　英樹*　梅本　宗宏　　梶田　秀幸　　近藤　史朗
雑喉　良介*　杉田　和直　　高橋　一郎*　高橋　晃一郎
棚池　　裕　　松戸　正士　　吉田　正友　　李　　柱国

コンクリート系ワーキンググループ

主　査：黒岩　秀介

幹　事：高橋　晃一郎

委　員：梅本　宗宏　　大和　征良　　梶田　秀幸　　加藤　雅樹
阪口　明弘　　長尾　覚博　　西田　浩和　　春畑　仁一
松戸　正士　　三上　藤美　　森田　　武　　山﨑　順二

鋼系ワーキンググループ

主　査：大橋　宏和

幹　事：近藤　史朗

委　員：阪口　明弘　　雑喉　良介*　鈴木　隆生*　村上　行夫

（*印：途中退任）

執筆担当

第1章　　火害診断補修小委員会

第2章　　火害診断補修小委員会

第3章　　火害診断補修小委員会、コンクリート系ワーキンググループ

第4章　　火害診断補修小委員会、鋼系ワーキンググループ

付　録　　火害診断補修小委員会、コンクリート系ワーキンググループ、鋼系ワーキンググループ

指針(案)作成関係委員（2010年2月）

―五十音順・敬称略―

防火委員会

委員長：田中峰義

委　員：（省略）

火害診断補修小委員会

主　査：吉田正友

幹　事：池田憲一　宮本圭一　森田　武

委　員：上杉英樹　大橋宏和　梶田秀幸　黒岩秀介
小林秀雄* 近藤史朗　阪口明弘　雑喉良介
杉田和直　鈴木淳一* 鈴木弘之* 高橋一郎
高橋晃一郎　棚池　裕　長尾覚博* 西垣太郎*
三上藤美*

コンクリート系ワーキンググループ

主　査：黒岩秀介

幹　事：阪口明弘

委　員：梶田秀幸　高橋晃一郎　長尾覚博
西田浩和　三上藤美　森田　武

鋼系ワーキンググループ

主　査：池田憲一

幹　事：大橋宏和

委　員：小林秀雄* 近藤史朗　阪口明弘　雑喉良介

（*印：途中退任）

執筆担当

第1章　火害診断補修小委員会

第2章　火害診断補修小委員会

第3章　火害診断補修小委員会、コンクリート系ワーキンググループ

第4章　火害診断補修小委員会、鋼系ワーキンググループ

付　録　火害診断補修小委員会、コンクリート系ワーキンググループ、鋼系ワーキンググループ

건축물의 화재안전진단 및 보수 · 보강지침

초판 1쇄 인쇄 | 2021년 01월 20일
초판 1쇄 발행 | 2021년 01월 25일

저　　자 | 일본건축학회
역　　자 | (사)한국시설물안전진단협회
펴 낸 이 | 정헌준
펴 낸 곳 | 태림문화사

인지
생략

등　　록 | 1979. 3. 27 (2-679)
주　　소 | 서울시 영등포구 문래동1가 39번지 센터플러스 1022호
전　　화 | (02) 714-2478 / 716-2473
팩　　스 | (02) 718-4580
전자우편 | taerim79@hanmail.net

ISBN　978-89-8205-242-2　93540
가 격　**25,000원**